职业教育“十三五”数字媒体应用
人 才 培 养 规 划 教 材

◎ 袁懿磊 邓楚君 主编
◎ 陈彦 缪晓宾 赵盈颖 副主编

Photoshop 建筑与室内效果图后期制作

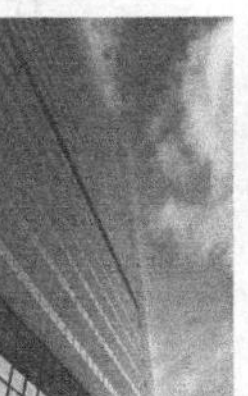

人民邮电出版社
北 京

图书在版编目（CIP）数据

Photoshop建筑与室内效果图后期制作 / 袁懿磊，邓楚君主编. -- 北京 : 人民邮电出版社，2017.5（2024.3重印）
职业教育“十三五”数字媒体应用人才培养规划教材
ISBN 978-7-115-44516-2

Ⅰ. ①P… Ⅱ. ①袁… ②邓… Ⅲ. ①室内装饰设计－计算机辅助设计－应用软件－职业教育－教材 Ⅳ. ①TU238-39

中国版本图书馆CIP数据核字(2016)第316306号

内容提要

本书全面系统地介绍了 Photoshop 的基本操作方法及在室内设计与建筑设计领域的应用技巧。

全书内容共 15 章，前 11 章以软件功能的解析为主，通过与案例的有机结合，使学生在快速熟悉软件功能的同时，掌握在实际工作中的应用技巧；第 12 章到第 15 章以案例实训为主，通过 Photoshop 在室内设计与建筑设计领域的应用，提高学生的实际工作能力和艺术创意思维；课堂练习和课后习题，可以拓展学生的实际应用能力，开阔设计视野。

本书可作为院校建筑、室内、园林等相关专业的教材，也适合相关设计从业人员阅读使用。

◆ 主　　编　袁懿磊　邓楚君
　副 主 编　陈　彦　缪晓宾　赵盈颖
　责任编辑　桑　珊
　责任印制　焦志炜

◆ 人民邮电出版社出版发行　　北京市丰台区成寿寺路 11 号
　邮编　100164　　电子邮件　315@ptpress.com.cn
　网址　https://www.ptpress.com.cn
　涿州市般润文化传播有限公司印刷

◆ 开本：787×1092　1/16
　印张：20.75　　　　　2017 年 5 月第 1 版
　字数：543 千字　　　　2024 年 3 月河北第 11 次印刷

定价：49.80 元

读者服务热线：(010) 81055256　印装质量热线：(010) 81055316
反盗版热线：(010) 81055315
广告经营许可证：京东市监广登字 20170147 号

前言 FOREWORD

Photoshop 是由 Adobe 公司开发的图形图像处理和编辑软件。它功能强大、易学易用，已经广泛应用到室内设计与建筑设计领域，成为这一领域流行的软件之一。目前，我国很多高职院校的艺术类专业，都将“Photoshop”作为一门重要的专业课程。为了帮助高职院校的教师全面、系统地讲授这门课程，使学生能够熟练地使用 Photoshop 来进行创意设计，我们几位长期在高职院校从事 Photoshop 教学的教师和专业平面设计公司经验丰富的设计师，共同编写了本书。

本书按照“软件功能解析－课堂练习－课后习题”这一思路进行编排，力求通过软件功能解析使学生深入学习软件功能和制作技巧；通过课堂练习和课后习题，拓展学生的实际应用能力。在内容编写方面，我们力求细致全面、重点突出；在文字叙述方面，我们注意言简意赅、通俗易懂；在案例选取方面，我们强调案例的针对性和实用性。

本书配套云盘中包含了书中所有案例的素材及效果文件，下载链接 pan.baidu.com/s/1nuQvxaT。另外，为方便教师教学，本书配备了详尽的课堂练习和课后习题的操作步骤以及 PPT 课件、教学大纲等丰富的教学资源，任课教师可到人邮教育社区（www.ryjiaoyu.com）免费下载使用。本书的参考学时为 60 学时，其中实训环节为 28 学时，各章的参考学时参见下面的学时分配表。

章　节	课程内容	学时分配	
		讲　授	实　训
第1章	初识 Photoshop	1	
第2章	Photoshop 的基本操作方法	2	
第3章	创建并编辑选区	2	1
第4章	绘图与图像修饰	3	2
第5章	图像色彩的调整	2	1
第6章	图层应用	3	2
第7章	路径	1	2
第8章	文字	1	2
第9章	通道和蒙版应用	2	2
第10章	滤镜	3	3
第11章	动作与自动化	1	1
第12章	彩色平、立面图制作	3	3
第13章	室内效果图后期处理技术	3	3
第14章	建筑效果图后期处理技术	2	3
第15章	效果图专题及特效制作	3	3
课时总计		32	28

本书由袁懿磊、邓楚君任主编，陈彦、缪晓宾、赵盈颖任副主编，参与编写的还有蒋厚亮、刘艳。

编　者

2017年1月

Photoshop

教学辅助资源及配套教辅

素材类型	名称或数量	素材类型	名称或数量
教学大纲	**1 套**	**课堂实例**	**22 个**
电子教案	**15 单元**	**课后实例**	**14 个**
PPT 课件	**15 个**	**课后答案**	**14 个**
第 2 章 Photoshop 的基本操作方法	加大相框的尺寸	第 9 章 通道和蒙版应用	为效果图添加天空
	加大镜子的尺寸		室内效果图后期处理
第 3 章 创建并编辑选区	改变窗外背景	第 10 章 滤镜	制作柔和效果
	改变天空背景		制作油画效果
第 4 章 绘图与图像修饰	更换墙面颜色	第 11 章 动作与自动化	为图像添加边框
	改变天花板颜色		制作老照片效果
第 5 章 图像色彩的调整	室内灯光调整	第 12 章 彩色平、立面图制作	制作彩色平面图
	增强图片对比度		制作彩色立面图
第 6 章 图层应用	更换卧室壁纸		绘制彩色平面图
	添加橱柜图案		绘制建筑立面图
第 7 章 路径	为橱柜换色	第 13 章 室内效果图后期处理技术	室内日景效果后期处理技巧
	制作手机界面		室内夜景效果后期处理技巧
第 8 章 文字	制作房地产宣传单正面		客厅效果图后期处理
	制作房地产宣传单背面		会议室效果图后期处理

续表

素材类型	名称或数量	素材类型	名称或数量
第 14 章 建筑效果图 后期处理技术	建筑日景效果后期处理实例	第 15 章 效果图专题 及特效制作	专题制作
	建筑夜景效果后期处理实例		特效制作
	制作大厦夜景效果		制作雪景效果
	制作别墅效果图		制作水墨效果

CONTENTS
目录

第 1 章　初识 Photoshop　1

第 2 章　Photoshop 的基本操作方法　10

第 3 章　创建并编辑选区　36

CONTENTS
目录

第 4 章 绘图与图像修饰 54

第 5 章 图像色彩的调整 82

CONTENTS
目录

第6章 图层应用 104

第7章 路径 148

CONTENTS

目录

CONTENTS
目录

第 1 章　初识 Photoshop

本章对软件的应用领域、工作界面、功能特色和图像的基础知识进行详细讲解。这些讲解可以帮助读者对软件有一个大体的、全方位的了解，有助于读者在制作图像的过程中快速定位，应用相应知识点完成图像的制作任务。

课堂学习目标

- 了解软件的应用领域
- 熟练掌握软件的工作界面
- 掌握图像的基础知识

1.1 Photoshop 的应用

Photoshop 是 Adobe 公司开发的最强大的图像处理软件之一，是集编辑修饰、制作处理、创意编排、图像输入与输出于一体的图形图像处理软件，深受平面设计人员、电脑艺术和摄影爱好者的喜爱。通过软件版本升级，Photoshop 功能不断完善，已经成为迄今为止世界上最畅销的图像处理软件。

本书将专门讲解 Photoshop 在建筑与室内效果图后期制作中的应用。

1.1.1 Photoshop 在建筑及室内设计专业的应用

制作室内和建筑效果图时，使用 3ds Max 等软件渲染出来的图片通常会使用 Photoshop 进行后期处理，可以在图像中添加人物、车辆、植物和天空等各种装饰，也可以调整部分图像的明暗和色彩，这样不仅节省效果图的渲染时间，也增加了画面的整体感和美感。

1.1.2 Photoshop 在其他领域的应用

Photoshop 是全球领先的数码影像编辑软件，它的应用十分广泛，不论是在视觉创意、数字绘画、平面设计、界面设计、包装设计还是产品设计领域都发挥着不可替代的重要作用。

1.2 Photoshop 工作界面

熟悉工作界面是学习 Photoshop 的基础。熟练掌握工作界面的内容，有助于初学者日后得心应手地驾驭软件。Photoshop 的工作界面主要由菜单栏、属性栏、工具箱、控制面板和状态栏组成，如图 1-1 所示。

图 1-1

1.2.1 Photoshop 工具箱

Photoshop 的工具箱包括选择工具、绘图工具、填充工具、编辑工具、颜色选择工具、屏幕视图工具、快速蒙版工具等，如图 1-2 所示。要了解每个工具的具体名称，可以将鼠标指针放置在具体工具的上方，此时会出现一个黄色的图标，上面会显示该工具的具体名称，如图 1-3 所示。工具名称后面的字母，代表选择此工具的快捷键，只要在键盘上按该字母，就可以快速切换到相应的工具上。

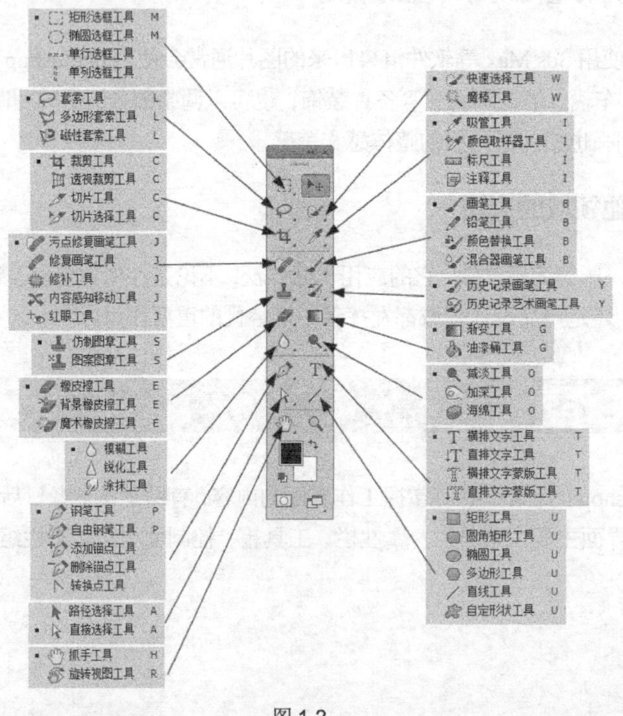

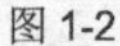

图 1-2

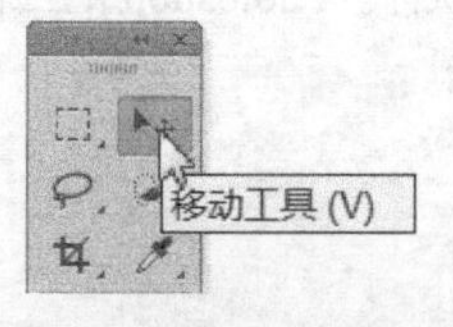

图 1-3

1. 选择类工具

选择类工具用于选择图像，包括选择工具、选框类工具、套索类工具和快速选择类工具，如图 1-4 所示。选框类工具包括矩形选框工具、椭圆选框工具、单行选框工具和单列选框工具，如图 1-5 所示；套索类工具包括套索工具、多边形套索工具和磁性套索工具，如图 1-6 所示；快速选择类工具包括快速选择工具和魔棒工具，如图 1-7 所示。

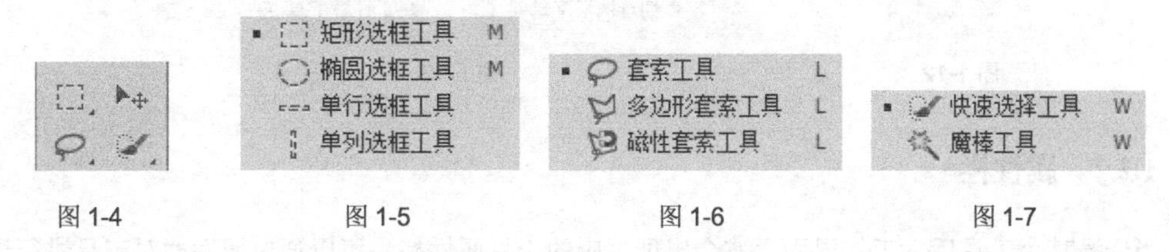

图 1-4　　图 1-5　　图 1-6　　图 1-7

选框类工具用于选择一些规则的方形和圆形图像；套索类工具多用于不规则图像的选择；快速选择类工具多用于选择被选取物体和背景颜色区分较大的图像。

2. 绘图修图类工具

绘图修图类工具主要用于绘制或修复修饰图像，如图 1-8 所示，包括污点修复画笔工具、画笔工具、仿制图章工具、历史记录画笔工具、橡皮擦工具、填充工具、模糊工具和减淡工具，如图 1-9 所示。

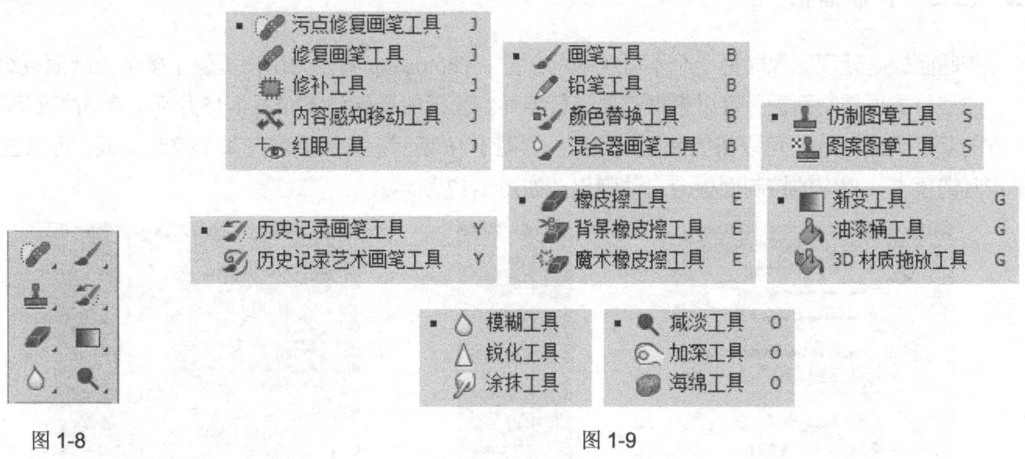

图 1-8　　图 1-9

3. 矢量工具

矢量工具多用于输入文字、选取不规则图像和绘制形状，如图 1-10 所示，包括钢笔类工具、文字类工具、路径选择工具和形状工具，如图 1-11 所示。

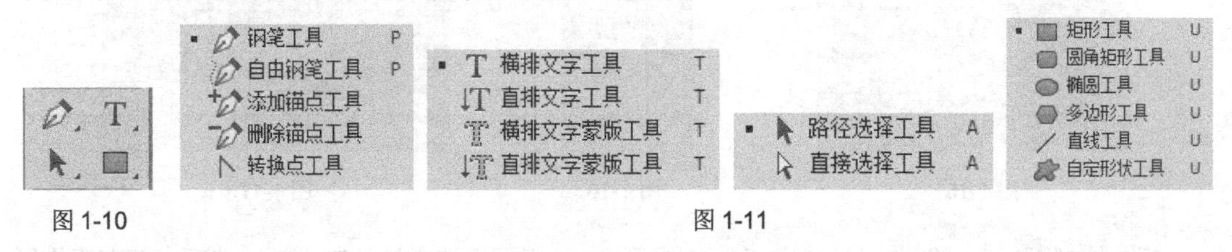

图 1-10　　图 1-11

4. 辅助类工具

辅助类工具用于裁剪、切片、吸取和标注图像，如图 1-12 所示，包括裁剪类工具、计量工具和

3D 工具，如图 1-13 所示。

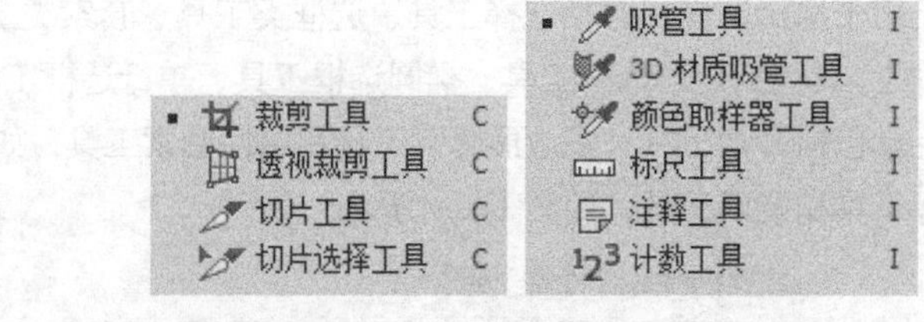

图 1-12　　图 1-13

1.2.2　属性栏

当选择某个工具后，工作界面上方会出现相应的工具属性栏，可以通过属性栏对工具进行进一步的设置。例如，当选择“魔棒”工具时，工作界面的上方会出现相应的魔棒工具属性栏，可以应用属性栏中的各个命令对工具做进一步的设置，如图 1-14 所示。

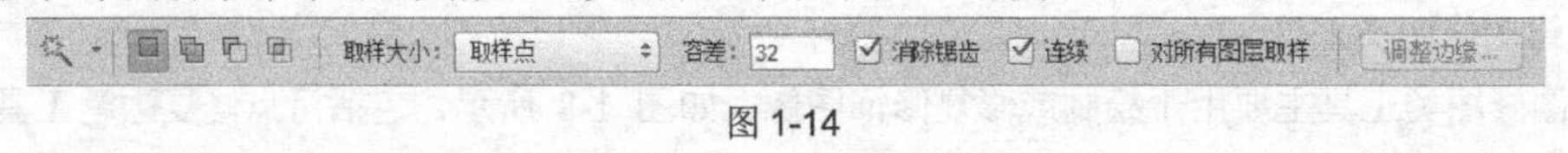

图 1-14

1.2.3　控制面板

控制面板是处理图像时另一个不可或缺的部分。Photoshop 界面为用户提供了多个控制面板组。

收缩与扩展控制面板：可以根据需要进行伸缩。面板的展开状态如图 1-15 所示。单击控制面板上方的双箭头图标，可以将控制面板收缩，如图 1-16 所示。如果要展开某个控制面板，可以直接单击其选项卡，相应的控制面板会自动弹出，如图 1-17 所示。

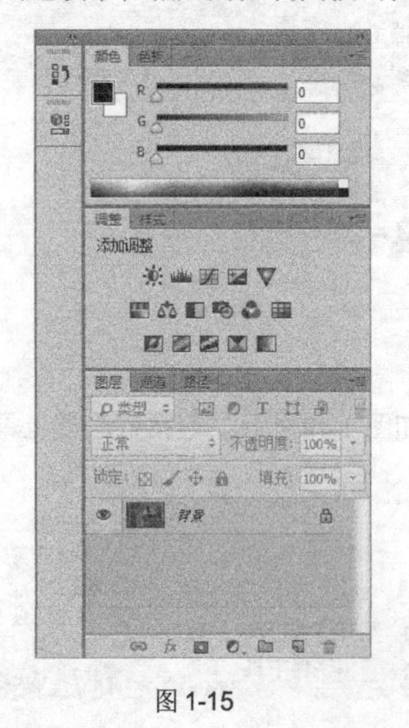

图 1-15　　图 1-16

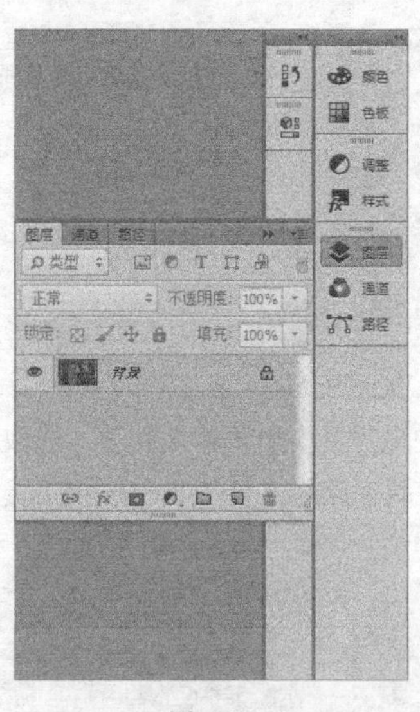

图 1-17

拆分控制面板：若要单独拆分出某个控制面板，可用鼠标选中该控制面板的选项卡并向工作区拖曳，如图 1-18 所示，选中的控制面板将被单独地拆分出来，如图 1-19 所示。

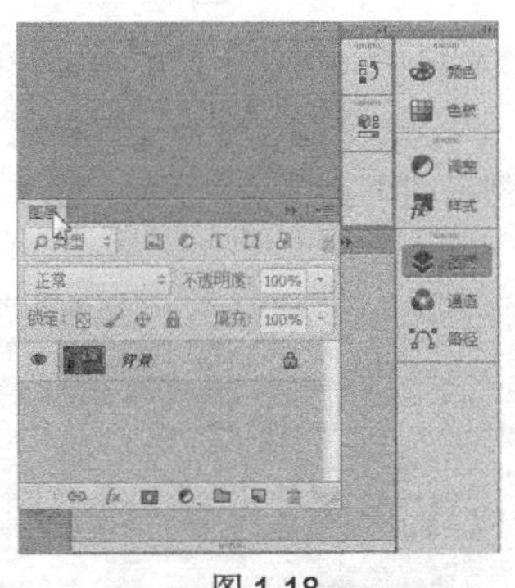

图 1-18

图 1-19

组合控制面板：可以根据需要将两个或多个控制面板组合到一个面板组中，以节省操作空间。要组合控制面板，可以选中外部控制面板的选项卡，用鼠标将其拖曳到要组合的面板组中，面板组周围出现蓝色的边框，如图 1-20 所示，此时，释放鼠标，控制面板将被组合到面板组中，如图 1-21 所示。

控制面板弹出式菜单：单击控制面板右上方的图标，可以弹出控制面板的相关命令菜单，应用这些菜单可以提高控制面板的功能性，如图 1-22 所示。

图 1-20

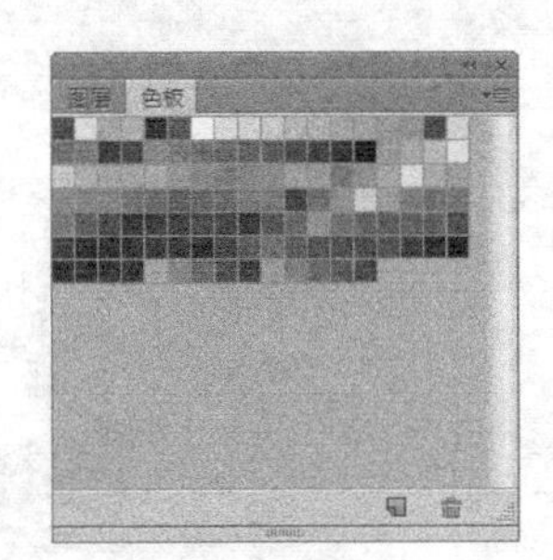

图 1-21

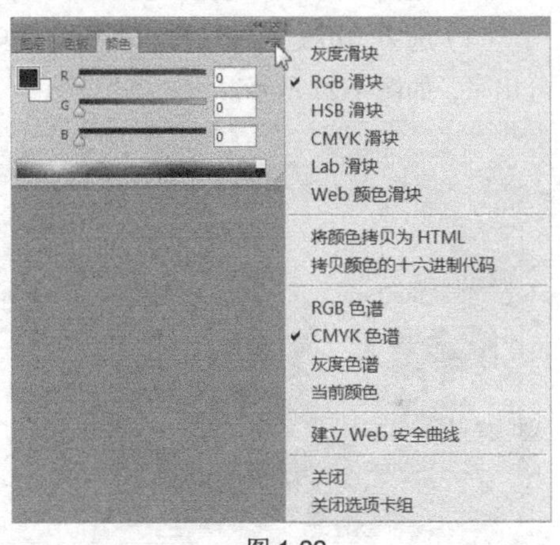

图 1-22

隐藏与显示控制面板：按 Tab 键，可以隐藏工具箱和控制面板；再次按 Tab 键，可显示出隐藏的部分。按 Shift+Tab 组合键，可以隐藏控制面板；再次按 Shift+Tab 组合键，可显示出隐藏的部分。

1.2.4　自定义工作界面

用户可以根据操作习惯自定义工作区、存储控制面板及设置工具的排列方式，设计出个性化的 Photoshop 界面。

1. 切换和存储工作区

单击属性栏右侧的“基本功能”按钮，弹出下拉菜单，如图 1-23 所示，可以切换和存储工作区。

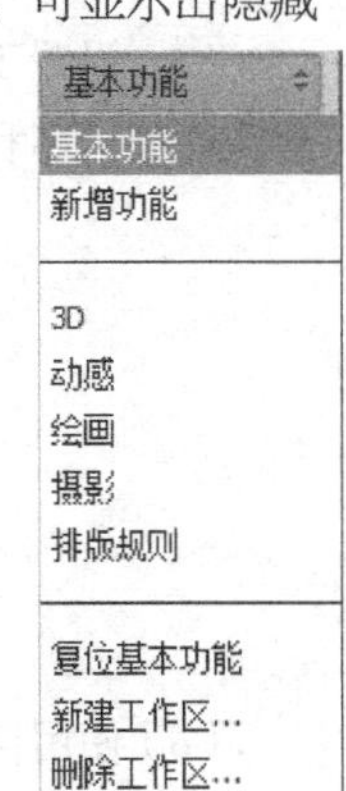

图 1-23

（1）按 Ctrl + O 组合键，打开云盘中的“Ch01 > 素材 > 切换和存储工作区 01”文件，如图 1-24 所示。

（2）单击属性栏右侧的“基本功能”按钮，在弹出的下拉菜单中选择“摄影”，Photoshop 界面如图 1-25 所示。

图 1-24

图 1-25

（3）选择“窗口 > 历史记录”命令，弹出“历史记录”控制面板，如图 1-26 所示。

（4）选中“历史记录”控制面板的选项卡并向工作区拖曳，“历史记录”控制面板将被单独地拆分出来，如图 1-27 所示。

图 1-26

图 1-27

（5）设置工作区后，选择“窗口 > 工作区 > 新建工作区”命令，弹出“新建工作区”对话框，输入工作区名称，如图 1-28 所示，单击“存储”按钮，即可将自定义的工作区进行存储。

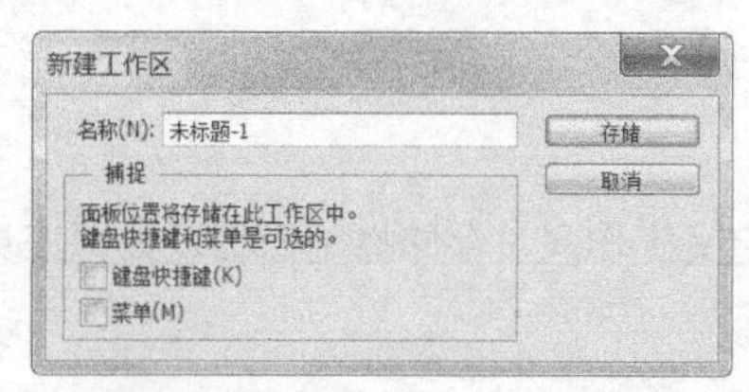

图 1-28

（6）使用自定义工作区时，在“窗口 > 工作区”的子菜单中选择新保存的工作区名称。如果要再恢复使用 Photoshop 默认的工作区状态，可以选择“窗口 > 工作区 > 复位基本功能”命令进行恢复。选择“窗口 > 工作区 > 删除工作区”命令，可以删除自定义的工作区。

2. 自定义工作快捷键

选择“窗口 > 工作区 > 键盘快捷键和菜单”命令，弹出“键盘快捷键和菜单”对话框，如图 1-29 所示。在对话框下面的信息栏中说明了快捷键的设置方法，在“组”选项中可以选择要设置快捷键的组合，在“快捷键用于”选项中可以选择需要设置快捷键的菜单或工具，在下面的选项窗口中选择需要设置的命令或工具进行设置，如图 1-30 所示。

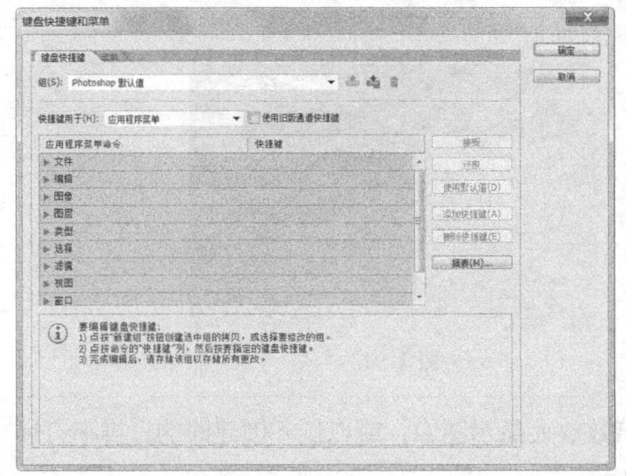

图 1-29

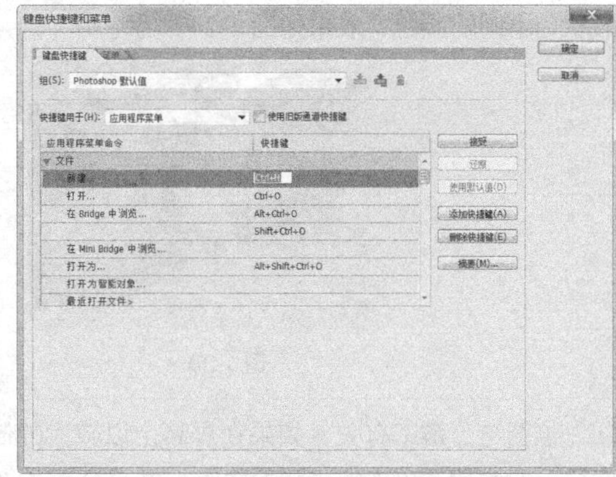

图 1-30

设置新的快捷键后，单击对话框右上方的“根据当前的快捷键组创建一组新的快捷键”按钮，弹出“另存为”对话框，在“文件名”文本框中输入名称，如图 1-31 所示，单击“保存”按钮则存储新的快捷键设置。这时，在“组”选项中即可选择新的快捷键设置，如图 1-32 所示。

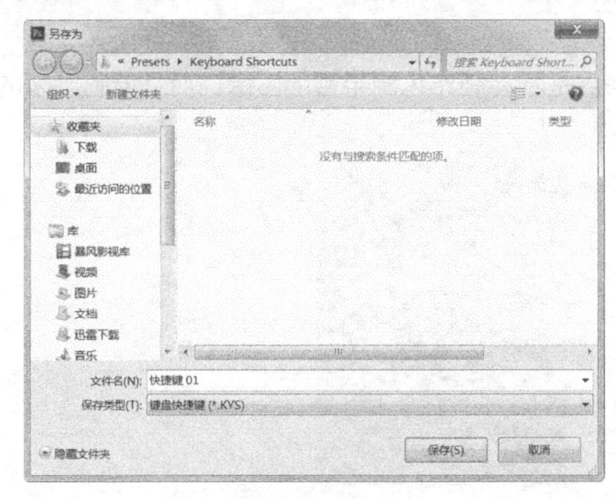

图 1-31

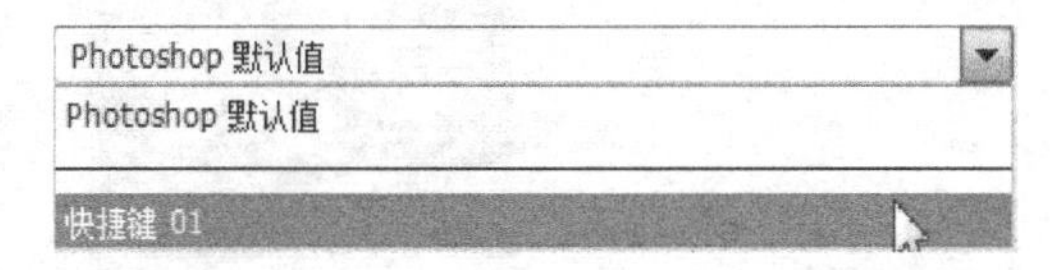

图 1-32

1.3 图像基础知识

1.3.1　位图和矢量图

图像文件可以分为两大类：位图图像和矢量图形。在处理图像或绘图过程中，这两种类型的图像可以相互交叉使用。

位图图像也称为点阵图像，由许多单独的小方块组成，这些小方块又称为像素点。每个像素点都有特定的位置和颜色值。位图图像的显示效果与像素点是紧密联系在一起的，不同排列和着色的像素点组合在一起构成了一幅色彩丰富的图像。像素点越多，图像的分辨率越高，相应地，图像的文件也会越大。

一幅位图图像的原始效果如图 1-33 所示。使用放大工具放大后，可以清晰地看到像素的小方块形状与不同的颜色，效果如图 1-34 所示。

图 1-33

图 1-34

位图与分辨率有关，如果在屏幕上以较大的倍数放大显示图像，或以低于创建时的分辨率打印图像，图像就会出现锯齿状的边缘，并且会丢失细节。

矢量图也称为向量图，它基于图形的几何特性来描述图像。矢量图中的各种图形元素称为对象。每一个对象都是独立的个体，都具有大小、颜色、形状、轮廓等属性。

矢量图与分辨率无关，可以将矢量图缩放到任意大小，其清晰度不变，也不会出现锯齿状的边缘。在任何分辨率下显示或打印，都不会损失细节。图形的原始效果如图 1-35 所示。使用放大工具放大后，其清晰度不变，效果如图 1-36 所示。

矢量图文件所占的容量较少，但这种图形的缺点是不易制作色调丰富的图像，而且绘制出来的图形无法像位图那样精确地描绘各种绚丽的景象。

图 1-35

图 1-36

1.3.2 分辨率

分辨率是用于描述图像文件信息的术语，分为图像分辨率、屏幕分辨率和输出分辨率。下面将分别进行讲解。

1. 图像分辨率

在 Photoshop 中，图像中每单位长度上的像素数目，称为图像的分辨率，其单位为像素/英寸或像素/厘米。

在相同尺寸的两幅图像中，高分辨率的图像包含的像素比低分辨率的图像包含的像素多。例如，一幅尺寸为 1×1 英寸的图像，其分辨率为 72 像素/英寸，这幅图像包含 5 184 个像素（72×72 = 5184）。同样尺寸，分辨率为 300 像素/英寸的图像，图像包含 90 000 个像素。相同尺寸下，分辨率为 72 像素/英寸的图像效果如图 1-37 所示，分辨率为 300 像素/英寸的图像效果如图 1-38 所示。由此可见，在相同尺寸下，高分辨率的图像将更能清晰地表现图像内容。

图 1-37

图 1-38

提 示

如果一幅图像所包含的像素是固定的，那么增加图像尺寸后，就会降低图像的分辨率。

2. 屏幕分辨率

屏幕分辨率是显示器上每单位长度显示的像素数目。屏幕分辨率取决于显示器大小加上其像素设置。PC 显示器的分辨率一般约为 96 像素/英寸，Mac 显示器的分辨率一般约为 72 像素/英寸。在 Photoshop 中，图像像素被直接转换成显示器像素，当图像分辨率高于显示器分辨率时，屏幕中显示出的图像比实际尺寸大。

3. 输出分辨率

输出分辨率是照排机或激光打印机等输出设备产生的每英寸的油墨点数（dpi）。为获得好的效果，使用的图像分辨率应与打印机分辨率成正比。

第 2 章　Photoshop 的基本操作方法

本章将对 Photoshop 的文件和图像的基本操作方法及不同的颜色模式进行详细讲解。通过本章的学习，读者可以快速掌握这些基础知识，有助于更快、更准确地处理图像。

课堂学习目标

- 熟练掌握文件的操作方法
- 掌握图像的基本操作技巧
- 了解图像的不同色彩模式

2.1 文件操作

新建图像是使用 Photoshop 进行设计的第一步。如果要在一个空白的图像上绘图，就要在 Photoshop 中新建一个图像文件。“文件”菜单如图 2-1 所示。

图 2-1

2.1.1 新建图像

选择“文件 > 新建”命令，或按 Ctrl+N 组合键，弹出“新建”对话框，如图 2-2 所示。在对话框中可以设置新建图像的名称、宽度和高度、分辨率、颜色模式等选项，设置完成后单击“确定”按钮，即可完成新建图像。

⊙ 名称：可以输入文件的名称，也可以使用默认的文件名“未标题-1”。

⊙ 预设/大小：提供了各种常用文档的预设选项，如照片、Web、A3、A4 打印纸、胶片和视频等。

⊙ 宽度/高度：可以输入文件的宽度和高度。在右侧的选项中可以选择一种单位，包括“像素”“英寸”“厘米”“毫米”“点”“派卡”和“列”。

⊙ 分辨率：可以输入文件的分辨率。在右侧的选项中可以选择分辨率的单位，包括“像素/英寸”和“像素/厘米”。

⊙ 颜色模式：可以选择文件的颜色模式，包括位图、灰度、RGB 颜色、CMYK 颜色和 Lab 颜色。

⊙ 背景内容：可以选择文件背景的内容，包括“白色”“背景色”和“透明”。

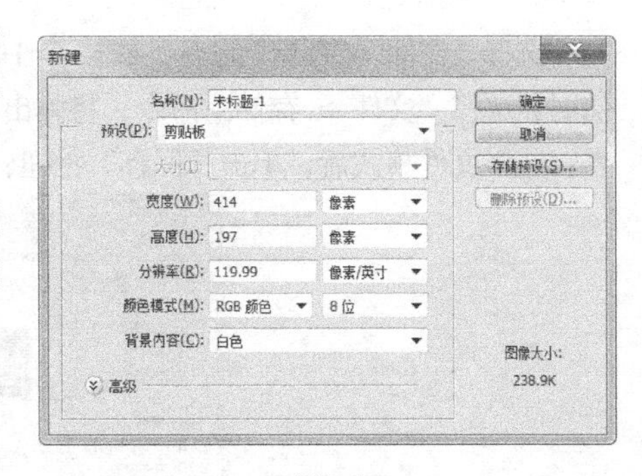

图 2-2

⊙ 高级：单击按钮，可以显示对话框中隐藏的选项，即“颜色配置文件”和“像素长宽比”。在“颜色配置文件”下拉列表中可以为文件选择一个颜色配置文件；在“像素长宽比”下拉列表中可以选择像素的长宽比。

2.1.2　打开图像

如果要对照片或图片进行修改和处理，就要在 Photoshop 中打开需要的图像。

选择“文件 > 打开”命令，或按 Ctrl+O 组合键，弹出“打开”对话框，如图 2-3 所示。在对话框中搜索路径和文件，确认文件类型和名称，通过 Photoshop 提供的预览略图选择文件，然后单击“打开”按钮，或直接双击文件，即可打开所指定的图像文件。

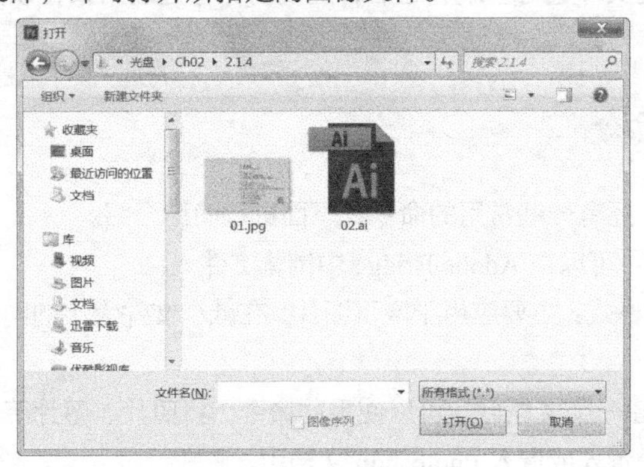

图 2-3

如果使用与文件的实际格式不匹配的扩展名存储文件，或者文件没有扩展名，则 Photoshop 可能无法确定文件的正确格式，导致不能打开文件。遇到这种情况，选择“文件 > 打开为”命令，弹出“打开为”对话框，选择文件并在“打开为”列表中为它指定正确的格式，然后单击“打开”按钮，将其打开。如果这种方法也不能打开文件，则选取的格式可能与文件的实际格式不匹配，或者文件已经损坏。

2.1.3　保存图像

编辑和制作完图像后，就需要将图像进行保存，以便于下次打开继续操作。

选择“文件 > 存储”命令，或按 Ctrl+S 组合键，可以存储文件。当设计好的作品进行第一次存储时，选择“文件 > 存储”命令，将弹出“另存为”对话框，如图 2-4 所示，在对话框中输入文件名、选择文件格式后，单击“保存”按钮，即可将图像保存。

图 2-4

⊙ 作为副本：勾选此项，可以另存一个文件副本。副本文件与源文件存储在同一位置。

⊙ 注释/Alpha 通道/专色/图层：可以选择是否存储图像中的注释信息、Alpha 通道、专色和图层。

新建文件或对打开的文件进行了编辑之后，应及时保存处理结果，以免因断电或死机而造成劳动成果付诸东流。

2.1.4 其他文件命令

在“文件”菜单中，还有一些常用的命令，下面进行简单介绍。

⊙ 在 Bridge 中浏览：可以在 Adobe Bridge 中浏览文件。

⊙ 存储为 Web 所用格式：主要应用于网页图片，在减小文件大小的同时保证图像的质量，也可以直接生成网页。

⊙ 置入：打开或新建一个文档后，可以使用此命令，将照片、图片等位图以及 EPS、PDF、AI 等矢量文件作为智能对象置入或嵌入 Photoshop 文档中。

置入矢量文件的过程中（即按 Enter 键确定操作前），对其缩放、定位、斜切或旋转操作时，不会降低图像品质。

（1）按 Ctrl + O 组合键，打开云盘中的“Ch02 > 素材 > 其他文件命令 1”文件，如图 2-5 所示。

（2）选择“文件 > 置入”命令，弹出“置入”对话框，选择云盘中的“Ch02 > 素材 > 其他文件命令 2”文件，单击“置入”按钮，弹出“置入 PDF”对话框，如图 2-6 所示。单击“确定”按钮，置入文件，如图 2-7 所示。

（3）按住 Shift 键的同时，拖曳右上角的控制手柄等比例缩小图片，并将其拖曳到适当的位置，按 Enter 键确定操作，效果如图 2-8 所示。

⊙ 导入：可以将视频帧、注释和 WIA 支持的文件导入到 Photoshop 中进行编辑操作。新建或打开图像后，选择“文件 > 导入”命令，将其导入到图像中。

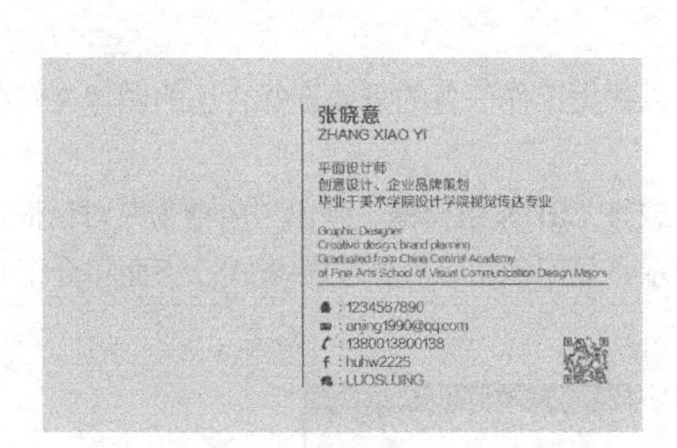

图 2-5

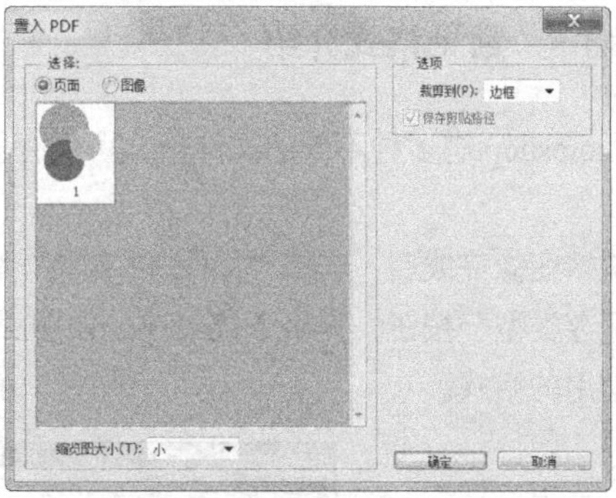

图 2-6

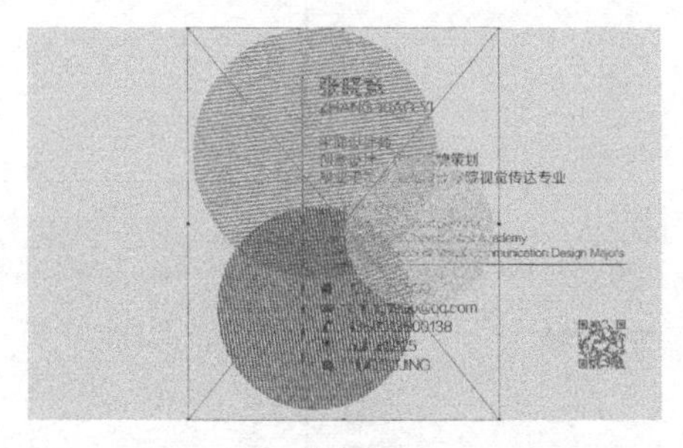

图 2-7

图 2-8

⊙ 导出：在 Photoshop 中创建和编辑的图像可以导出到 Illustrator 或视频设备中，以满足不同的使用需要。选择“文件 > 导出”命令，可以将其导出。

⊙ 关闭/关闭全部：将图像进行存储后，可以选择关闭当前文件或关闭所有文件。

⊙ 自动：可以自动处理文件以提高工作效率。

⊙ 脚本：可以执行逻辑判断，重命名文档等操作，同时更便于携带并重用，支持外部自动化。选择“文件 > 脚本”命令，其子菜单如图 2-9 所示。

⊙ 文件简介：选择此命令，弹出如图 2-10 所示的对话框，可以设置文件信息。

⊙ 退出：退出 Photoshop。

图 2-9

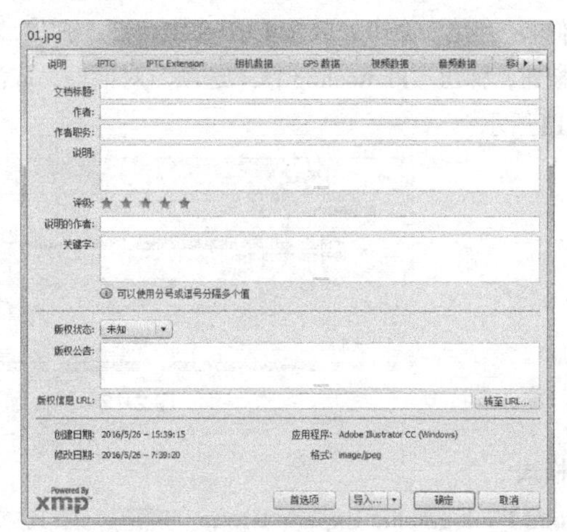

图 2-10

2.1.5 常见格式介绍

Photoshop 有多种不同的文件格式可供存储，可以根据工作任务的需要选择合适的图像文件存储格式。

编辑图像完成后，选择“文件 > 存储”命令，或按 Ctrl+S 组合键，弹出“另存为”对话框，单击“保存类型”按钮，弹出下拉菜单，如图 2-11 所示，显示出可保存的文件格式。下面将介绍几种较为常用的格式。

Photoshop (*.PSD;*.PDD)
大型文档格式 (*.PSB)
BMP (*.BMP;*.RLE;*.DIB)
CompuServe GIF (*.GIF)
Dicom (*.DCM;*.DC3;*.DIC)
Photoshop EPS (*.EPS)
Photoshop DCS 1.0 (*.EPS)
Photoshop DCS 2.0 (*.EPS)
IFF 格式 (*.IFF;*.TDI)
JPEG (*.JPG;*.JPEG;*.JPE)
JPEG 2000 (*.JPF;*.JPX;*.JP2;*.J2C;*.J2K;*.JPC)
JPEG 立体 (*.JPS)
PCX (*.PCX)
Photoshop PDF (*.PDF;*.PDP)
Photoshop Raw (*.RAW)
Pixar (*.PXR)
PNG (*.PNG;*.PNS)
Portable Bit Map (*.PBM;*.PGM;*.PPM;*.PNM;*.PFM;*.PAM)
Scitex CT (*.SCT)
Targa (*.TGA;*.VDA;*.ICB;*.VST)
TIFF (*.TIF;*.TIFF)
多图片格式 (*.MPO)

图 2-11

1. PSD 格式和 PDD 格式

PSD 格式和 PDD 格式是 Photoshop 软件自身的专用文件格式，能够支持从线图到 CMYK 的所有图像类型，但由于在一些图形程序中没有得到很好的支持，所以其通用性不强。PSD 格式和 PDD 格式能够保存图像数据的细节部分，如图层、附加的遮膜通道等 Photoshop 对图像进行特殊处理的信息。在没有最终决定图像存储的格式前，最好先以这两种格式存储。另外，Photoshop 打开和保存这两种格式的文件较其他格式更快。但是这两种格式也有缺点，就是它们所存储的图像文件容量大，占用磁盘空间较多。

选择“文件 > 存储”命令，或按 Ctrl+S 组合键，弹出“另存为”对话框，保存为 PSD 格式，单击“保存”按钮，弹出“Photoshop 格式选项”对话框，取消勾选“最大兼容”复选框可压缩文件大小，如图 2-12 所示。

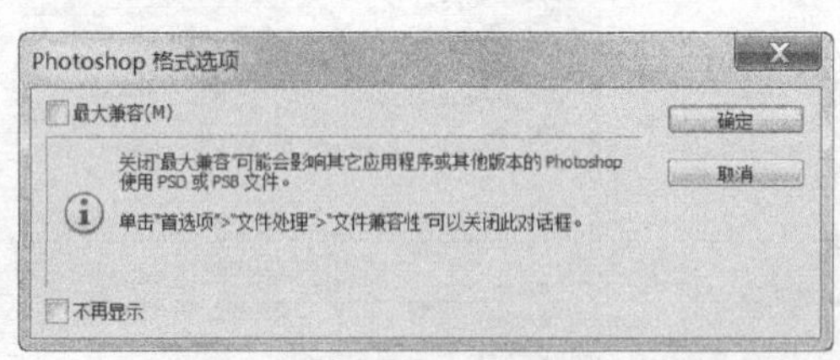

图 2-12

2. JPEG 格式

JPEG 是 Joint Photographic Experts Group 的缩写，中文意思为联合图片专家组。JPEG 格式既是

Photoshop 支持的一种文件格式，也是一种压缩方案。它是 Macintosh 上常用的一种图片存储类型。JPEG 格式是压缩格式中的“佼佼者”，与 TIFF 文件格式采用的 LIW 无损失压缩相比，它的压缩比例更大。但它使用的有损失压缩会丢失部分数据。用户可以在存储前选择图像的最后质量，这就能控制数据的损失程度。

选择“文件 > 存储”命令，或按 Ctrl+S 组合键，弹出“另存为”对话框，保存为 JPEG 格式，单击“保存”按钮，弹出“JPEG 选项”对话框，如图 2-13 所示。可以通过设置来压缩文件大小。

图 2-13

3. TIF（TIFF）格式

TIF 也称 TIFF，是标签图像格式。TIF 格式对于色彩通道图像来说具有很强的可移植性，它可以用于 PC 机、Macintosh 以及 UNIX 工作站三大平台，是这三大平台上使用最广泛的绘图格式。

用 TIF 格式存储时应考虑到文件的大小，因为 TIF 格式的结构要比其他格式更大、更复杂。但 TIF 格式支持 24 个通道，能存储多于 4 个通道的文件。TIF 格式还允许使用 Photoshop 中的复杂工具和滤镜特效。TIF 格式非常适合于印刷和输出。

选择“文件 > 存储”命令，或按 Ctrl+S 组合键，弹出“另存为”对话框，保存为 TIF 格式，单击“保存”按钮，弹出“TIFF 选项”对话框，如图 2-14 所示。可以通过设置来压缩文件大小。

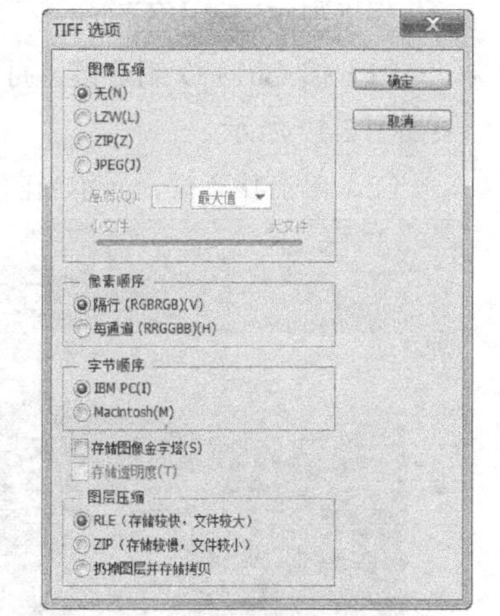

图 2-14

可以根据工作任务的需要选择适合的图像文件存储格式，下面就根据图像的不同用途介绍应该选择的图像文件存储格式。

用于印刷：TIFF。

用于 Internet 图像：JPEG。

用于 Photoshop 工作：PSD、TIFF。

4. BMP 格式

BMP 是 Windows Bitmap 的缩写。它可以用于绝大多数 Windows 下的应用程序。BMP 格式存储选择对话框如图 2-15 所示。

BMP 格式使用索引色彩，它的图像具有极其丰富的色彩，并可以使用 16MB 色彩渲染图像。BMP 格式能够存储黑白图、灰度图和 16MB 色彩的 RGB 图像等。此格式一般在多媒体演示、视频输出等情况下使用，但不能在 Macintosh 程序中使用。在存储 BMP 格式的图像文件时，还可以进行无损失压缩，这样能够节省磁盘空间。

5. EPS 格式

EPS 格式是 Illustrator 和 Photoshop 之间可交换的文件格式。Illustrator 软件制作出来的流动曲线、

简单图形和专业图像一般都存储为 EPS 文件格式。Photoshop 可以处理这种格式的文件。在 Photoshop 中，也可以把其他图形文件存储为 EPS 格式，在排版类的 PageMaker 和绘图类的 Illustrator 等其他软件中使用。EPS 格式存储选择对话框如图 2-16 所示。

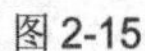

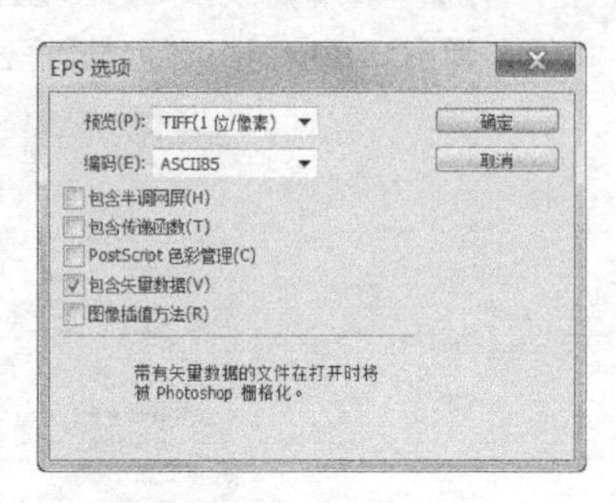

图 2-15　　图 2-16

2.2 图像基本操作

掌握文件的基本操作方法是开始设计和制作作品所必须的技能。下面将具体介绍 Photoshop 软件中图像的基本操作方法。

2.2.1　图像尺寸调整及旋转

根据制作过程中不同的需求，可以随时调整图像的尺寸与角度。

（1）按 Ctrl + O 组合键，打开云盘中的“Ch02 > 素材 > 图像尺寸调整及旋转”文件，图像效果如图 2-17 所示。

（2）单击状态栏，显示当前图像的宽度、高度、通道和分辨率等信息，如图 2-18 所示。

图 2-17

图 2-18

（3）选择“图像 > 图像大小”命令，或按 Alt+Ctrl+I 组合键，弹出“图像大小”对话框，如图 2-19 所示。将“宽度”设置为 3000，单击“确定”按钮，图像效果如图 2-20 所示。取消操作。

（4）选择“图像 > 图像大小”命令，或按 Alt+Ctrl+I 组合键，弹出“图像大小”对话框，单击

“不约束长宽比”按钮，将“高度”设置为 2000，如图 2-21 所示，单击“确定”按钮，图像效果如图 2-22 所示。取消操作。

图 2-19

图 2-20

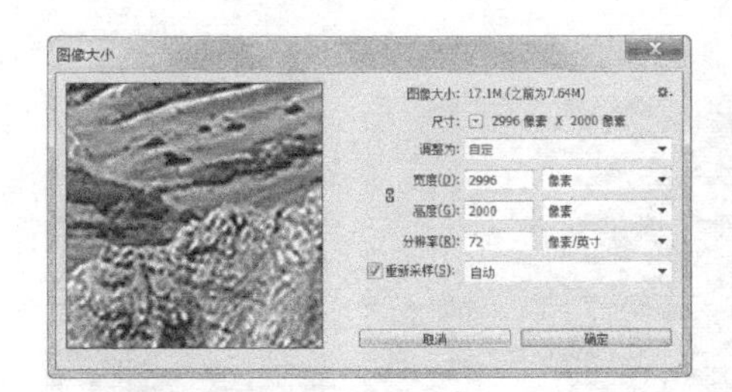

图 2-21

图 2-22

（5）选择“图像 > 图像旋转 > 垂直翻转画布”命令，如图 2-23 所示，图像效果如图 2-24 所示。

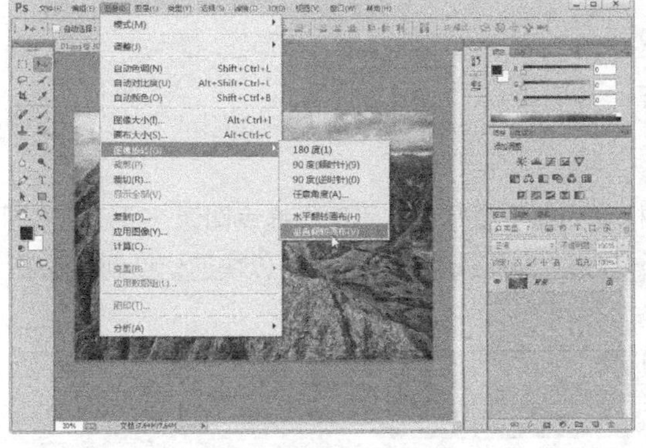

图 2-23

图 2-24

（6）除了垂直翻转画布命令和水平翻转画布命令外，还可以按照几种设定好的角度旋转画布，“图像旋转”菜单如图 2-25 所示。选择“图像 > 图像旋转 > 任意角度”命令，弹出“旋转画布”

对话框，如图 2-26 所示。在“角度”选项中输入数值，即可按照设定的角度和方向精确旋转画布。

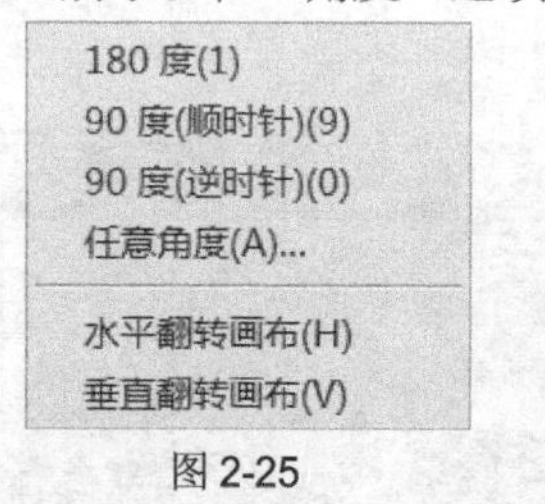

图 2-25

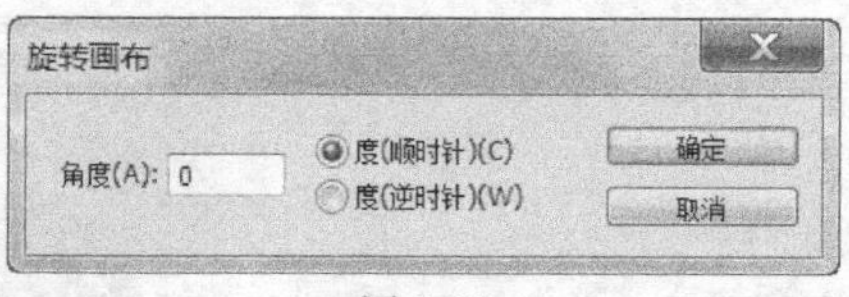

图 2-26

2.2.2 裁剪工具

使用“裁剪”工具可以裁切和重新设置图像，“裁剪”工具属性栏如图 2-27 所示。

图 2-27

（1）按 Ctrl + O 组合键，打开云盘中的“Ch02 > 素材 > 裁剪工具”文件，图像效果如图 2-28 所示。

（2）选择“裁剪”工具，在图像窗口中拖曳鼠标，绘制矩形裁切框，效果如图 2-29 所示，按 Enter 键确定操作，效果如图 2-30 所示。

图 2-28

图 2-29

图 2-30

2.2.3 抓手与缩放工具

1. 抓手工具

选择“抓手”工具，图像窗口中的鼠标光标变为抓手图标，用鼠标拖曳图像，可以观察图像的每个部分。如果正在使用其他的工具进行工作，按住 Space（空格）键，可以快速切换到“抓手”工具。

选择“抓手”工具，其属性栏如图 2-31 所示。

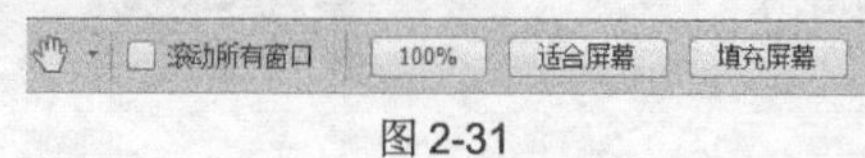

图 2-31

（1）按 Ctrl + O 组合键，打开云盘中的“Ch02 > 素材 > 抓手与缩放工具”文件，图像效果如图 2-32 所示。

图 2-32

（2）选择“抓手”工具 ，单击属性栏中的“填充屏幕”按钮 填充屏幕 ，图像以填充屏幕显示，如图 2-33 所示。用鼠标拖曳图像，效果如图 2-34 所示。

图 2-33

图 2-34

2. 缩放工具

缩放工具 可以放大或缩小观察图像。选择“缩放”工具 ，单击图像窗口，每单击一次鼠标，图像就会放大一倍；按住 Alt 键不放，鼠标光标变为缩小工具图标 ，每单击一次鼠标，图像将缩小一级显示。

（1）按 Ctrl + O 组合键，打开云盘中的“Ch02 > 素材 > 抓手与缩放工具”文件。

（2）选择“缩放”工具 ，在图像窗口中单击鼠标，放大图像，效果如图 2-35 所示。

图 2-35

（3）取消勾选“细微缩放”复选框，在图像上框选出一个矩形选区，如图 2-36 所示，选中需要放大的区域，松开鼠标，选中的区域会放大显示并填满图像窗口，如图 2-37 所示。

图 2-36

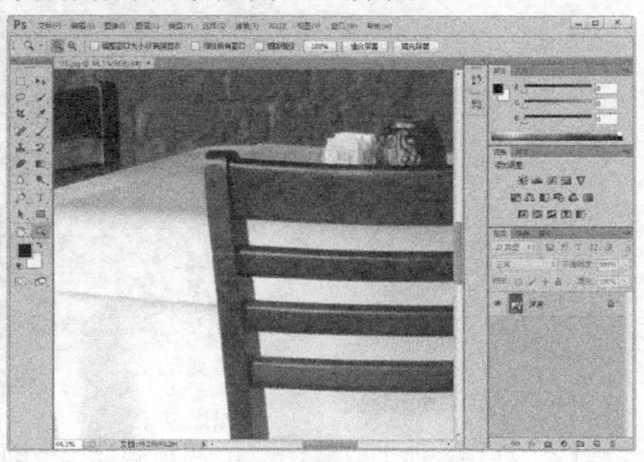

图 2-37

（4）连续单击图像，放大图像。当状态栏数值显示为 3200%时，图像已经放至最大，如图 2-38 所示。

（5）按住 Alt 键不放，鼠标光标变为缩小工具图标 。每单击一次鼠标，图像将缩小显示一级。按住 Alt 键的同时，连续单击图像，可逐次缩小图像，如图 2-39 所示。

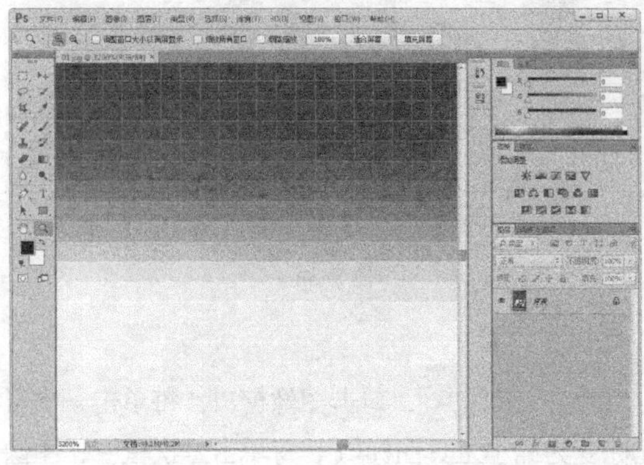

图 2-38

图 2-39

2.2.4 设置颜色

在 Photoshop 中可以使用“拾色器”对话框、“颜色”控制面板、“色板”控制面板对图像进行色彩的选择。

（1）单击“切换前景色和背景色”按钮 ，或按 X 键，可以切换前景色和背景色的颜色。单击“默认前景色和背景色”按钮 ，或按 D 键，可以将前景色和背景色设为默认的前景色和背景色。

（2）单击“设置前景色”工具图标，弹出“拾色器”对话框。用鼠标在中心的彩色色带上进行单击或拖曳两侧的三角形滑块，可以使颜色的色相产生变化。在左侧的颜色选择区中，可以选择颜色的明度和饱和度，垂直方向表示的是明度的变化，水平方向表示的是饱和度的变化。选择好颜色后，在对话框的右侧上方的颜色框中会显示所选择的颜色，右侧下方分别是所选择颜色的 HSB、RGB、CMYK、Lab 值，如图 2-40 所示。单击“确定”按钮，所选择的颜色将变为工具箱中的前景色。

（3）在“拾色器”对话框右侧下方的 HSB、RGB、CMYK、Lab 色彩模式右侧，都带有可以输入数值的数值框，在其中输入所需颜色的数值也可以得到设置的颜色。例如，将 RGB 值设置为 7、96、11，“拾色器”对话框如图 2-41 所示。

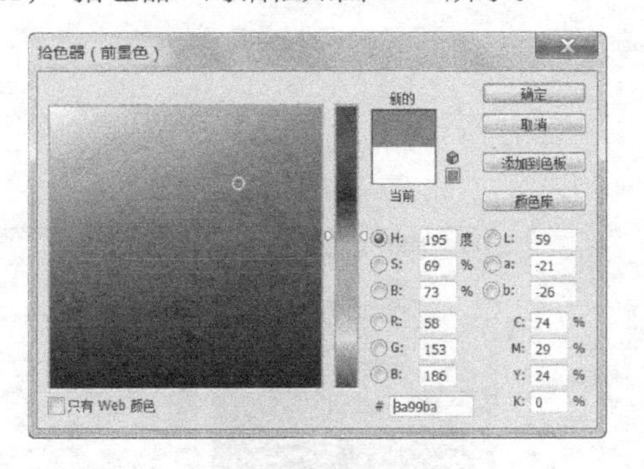

图 2-40

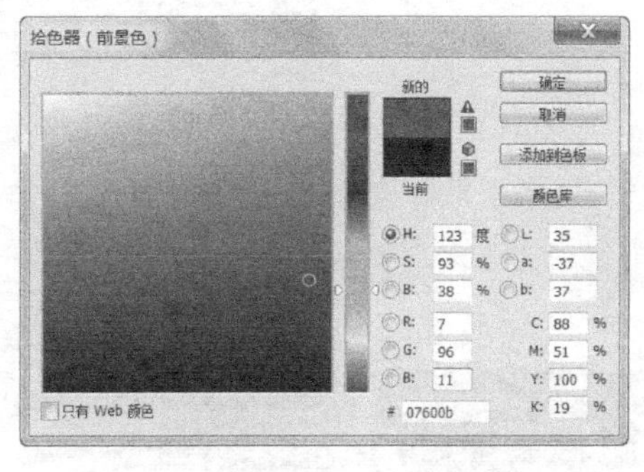

图 2-41

（4）在“拾色器”对话框中将 RGB 值设置为 90、155、244，在右侧的红框标注区域出现警告图标，如图 2-42 所示，表示此颜色为不能被打印机正确打印的“溢色”。由此可以看成出，由于显示器色域的广泛，可能导致在显示器上看到或用 Photoshop 调出的颜色打印不出来。

（5）在警告图标下方出现的小色块，是 Photoshop 提供的与当前颜色最为接近的可打印颜色，单击此色块，可以替换溢色，如图 2-43 所示。

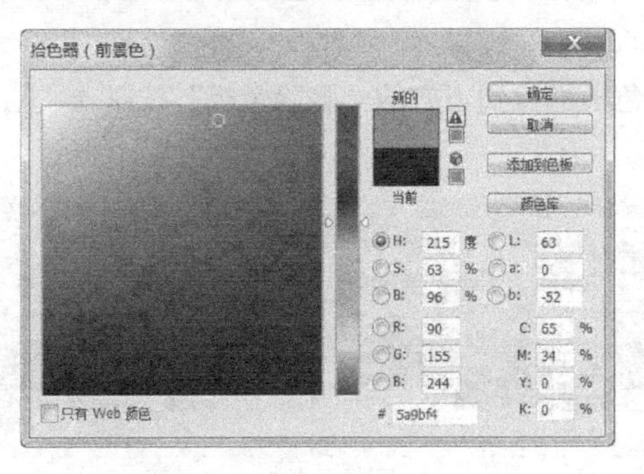

图 2-42

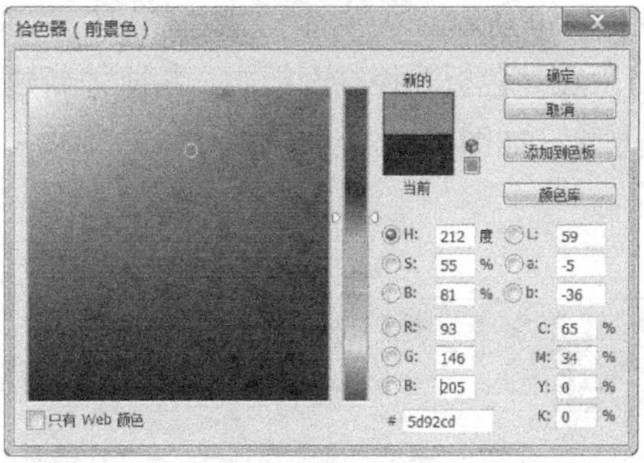

图 2-43

（6）选择“窗口 > 颜色”命令，弹出“颜色”控制面板，如图 2-44 所示，也可以改变前景色和背景色的设置。

（7）单击“颜色”控制面板右上方的图标，弹出下拉命令菜单，如图 2-45 所示，可以设定“颜色”控制面板中显示的颜色模式，从而不同的颜色模式中调整颜色。

（8）选择“窗口 > 色板”命令，弹出“色板”控制面板，如图 2-46 所示。单击“色板”控制面板右上方的图标，弹出下拉命令菜单，如图 2-47 所示。

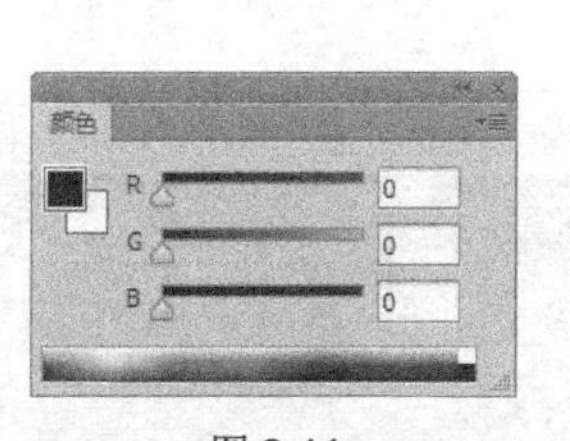

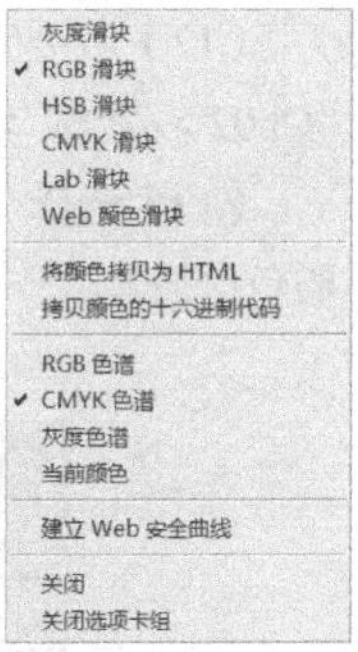

图 2-44

图 2-45

（9）单击“设置前景色”工具图标，弹出“拾色器”对话框，设置如图 2-48 所示，单击“确定”按钮。

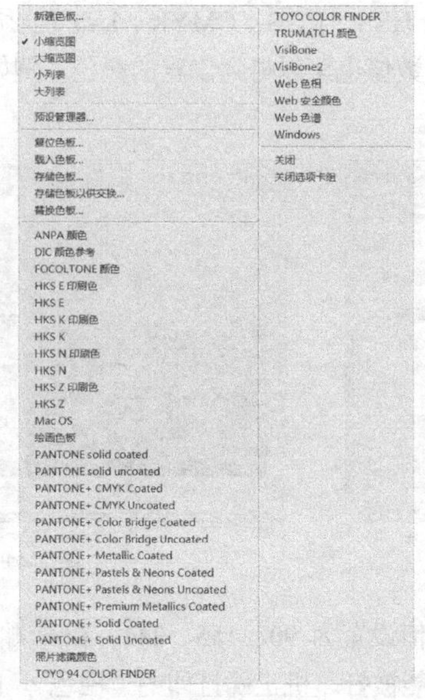

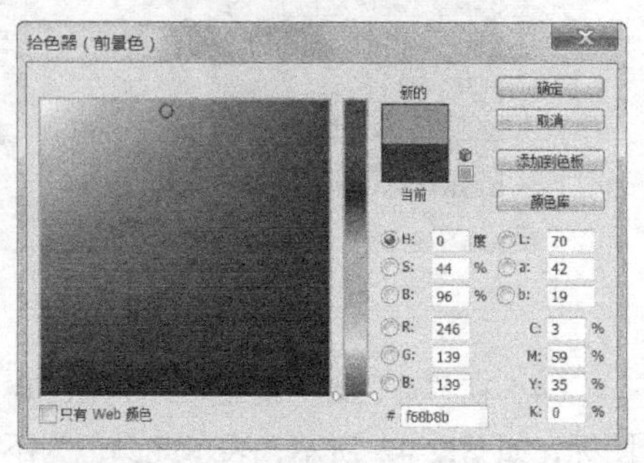

图 2-46　　图 2-47　　图 2-48

（10）单击“色板”控制面板下方的“创建前景色的新色板”按钮，弹出“色板名称”对话框，如图 2-49 所示。重命名后，单击“确定”按钮，即可将设置的前景色添加到“色板”控制面板中，如图 2-50 所示。

（11）在“色板”控制面板中，将刚才新建的色板拖曳到下方的“删除色板”按钮上，即可将色板删除，如图 2-51 所示。

图 2-49

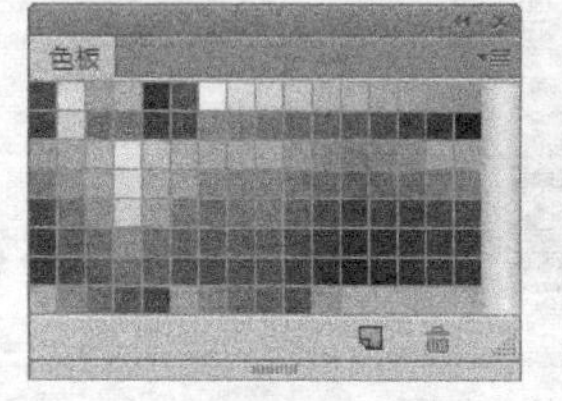

图 2-50

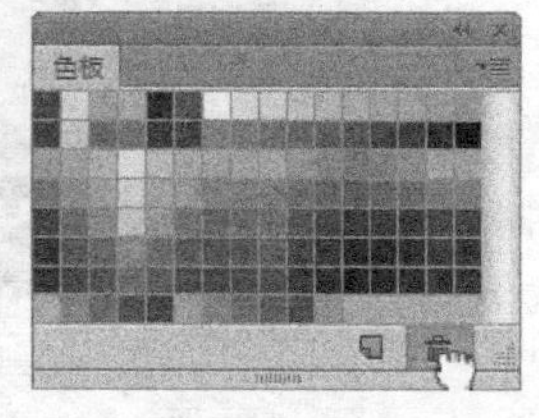

图 2-51

（12）若要查看图像中的溢色，可以使用色域警告命令。按 Ctrl + O 组合键，打开云盘中的“Ch02 > 素材 > 设置颜色”文件，如图 2-52 所示。

（13）选择“视图 > 色域警告”命令，图像效果如图 2-53 所示，画面中被灰色覆盖的区域便是溢色区域。

图 2-52

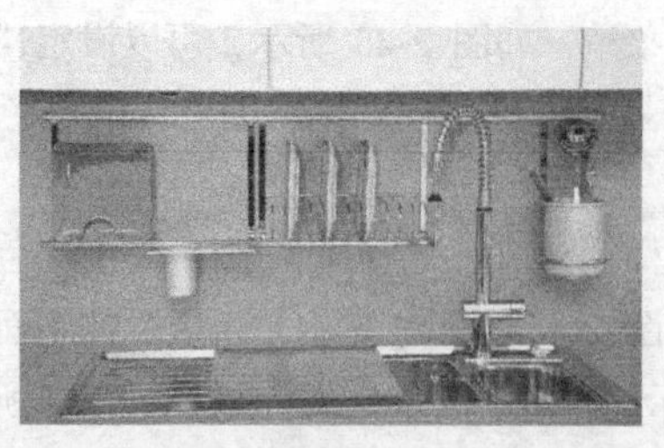

图 2-53

2.2.5　单位与标尺

设置标尺可以精确地编辑和处理图像。

（1）按 Ctrl + O 组合键，打开云盘中的“Ch02 > 素材 > 单位与标尺”文件，如图 2-54 所示。选择“视图 > 标尺”命令，或按 Ctrl+R 组合键，可以将标尺显示，如图 2-55 所示。

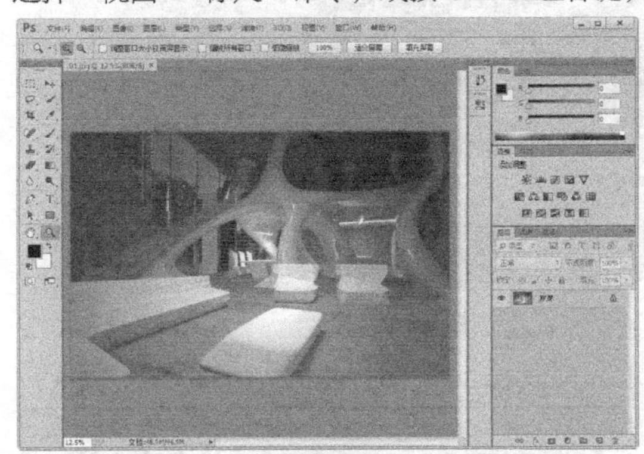

图 2-54

图 2-55

（2）选择“编辑 > 首选项 > 单位与标尺”命令，弹出“首选项”对话框，如图 2-56 所示。在对话框中可以设置“单位”“列尺寸”等数值。

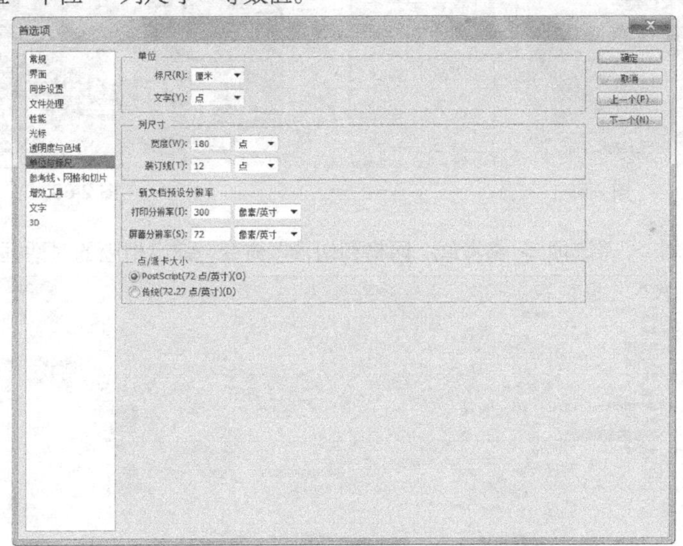

图 2-56

（3）参考线也可以完成选择、定位和编辑图像的操作。将鼠标的光标放在水平标尺上，按住鼠标不放，向下拖曳出水平的参考线；将鼠标的光标放在垂直标尺上，按住鼠标不放，向右拖曳出垂直的参考线。选择“视图 > 新建参考线”命令，弹出“新建参考线”对话框，如图 2-57 所示，设置完成后单击“确定”按钮，图像中出现新建的参考线，如图 2-58 所示。

（4）选择“移动”工具，将鼠标光标放在参考线上，鼠标光标变为时，按住鼠标拖曳，可以移动参考线，如图 2-59 所示。选择“视图 > 清除参考线”命令，可以将参考线清除。

（5）网格线也可以将图像处理得更精准。选择“视图 > 显示 > 网格”命令，可以显示或隐藏网格，如图 2-60 所示。

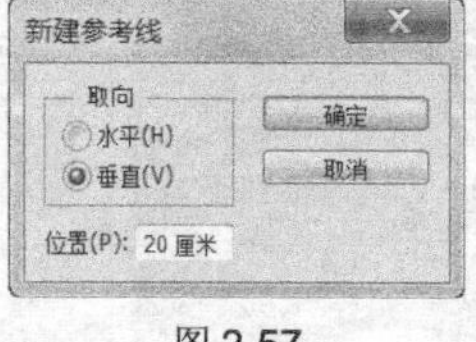

图 2-57

图 2-58

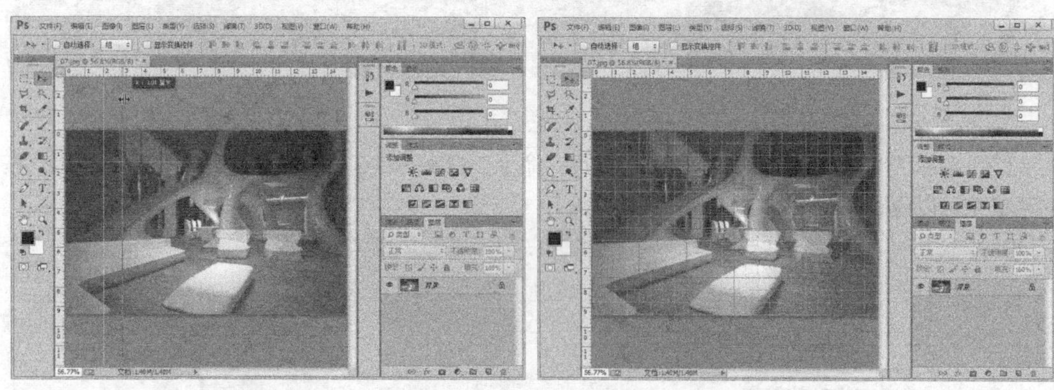

图 2-59　　图 2-60

（6）选择“编辑 > 首选项 > 参考线、网格和切片”命令，弹出相应的对话框，如图 2-61 所示。

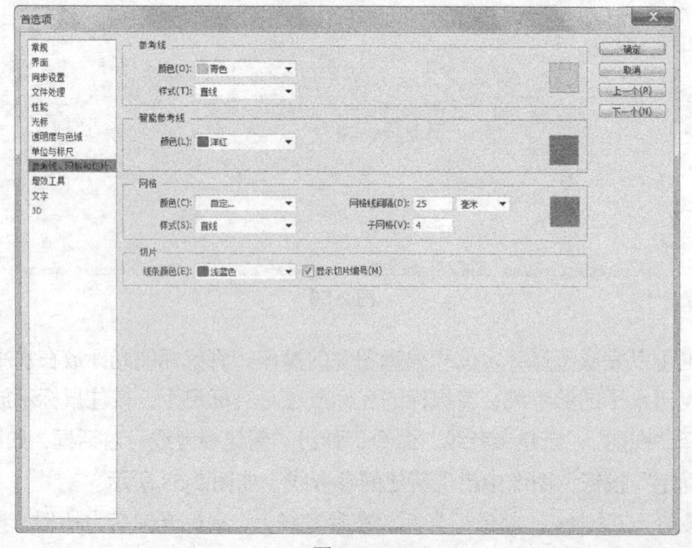

图 2-61

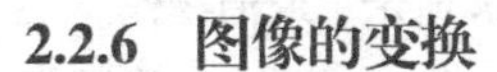

2.2.6　图像的变换

Photoshop 可以对整个图层、图层蒙版、选区、路径、矢量形状、矢量蒙版和 Alpha 通道进行变换和变形。

（1）按 Ctrl + O 组合键，打开云盘中的“Ch02 > 素材 > 图像的变换”文件，如图 2-62 所示。

（2）选择“选择”工具，在“图层”控制面板中选中“图层 1”图层，选择“编辑 > 自由变换”命令，或按 Ctrl+T 组合键，图像周围出现变换框，按住 Shift 键的同时，向内拖曳变换框的控制手柄，等比例缩小图像，如图 2-63 所示。取消操作。

图 2-62

图 2-63

（3）将鼠标光标放在变换框的控制手柄外边，光标变为旋转图标，拖曳鼠标将图像旋转到适当的角度，如图 2-64 所示。取消操作。

（4）图像和选区的旋转是以变换框中央的中心点为原点进行的。默认情况下，中心点位于对象的中心位置，它用于定义对象的变换中心，拖曳它可以移动变换中心位置。移动中心点后图像的旋转效果如图 2-65 所示。取消操作。

图 2-64

图 2-65

（5）在变换框中单击鼠标右键，在弹出的菜单中选择“斜切”命令，将光标移至变换框上方中间的控制手柄上，光标变为斜切图标，拖曳鼠标可以沿水平方向斜切对象，如图 2-66 所示。取消操作。

（6）在变换框中单击鼠标右键，在弹出的菜单中选择“扭曲”命令，将光标放在变换框四周的控制点上，光标变为扭曲图标，拖曳鼠标可以扭曲对象，如图 2-67 所示。取消操作。

（7）在变换框中单击鼠标右键，在弹出的菜单中选择“透视”命令，将光标放在变换框四周的

控制手柄上，光标变为透视图标，拖曳鼠标可以将对象透视，如图 2-68 所示。取消操作。

（8）在变换框中单击鼠标右键，在弹出的菜单中选择“变形”命令，将会显示出变形网格，拖曳节点可以对图像进行变形，如图 2-69 所示。取消操作。

图 2-66

图 2-67

图 2-68

图 2-69

（9）变换命令也可以对图像进行变换。选择“编辑 > 变换”命令，弹出下拉菜单如图 2-70 所示。选择“编辑 > 变换 > 垂直翻转”命令，效果如图 2-71 所示。

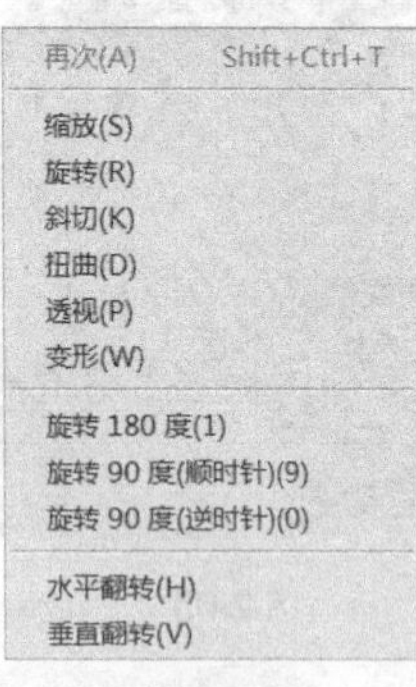

图 2-70

图 2-71

2.2.7 窗口屏幕模式

单击工具箱底部的“更改屏幕模式”按钮，可以显示一组用于切换屏幕模式的按钮，包括“标准屏幕模式”按钮、“带有菜单栏的全屏模式”按钮和“全屏模式”按钮。按 F 键可以在各个屏幕模式之间切换。

（1）按 Ctrl + O 组合键，打开云盘中的“Ch02 > 素材 > 窗口屏幕模式”文件，如图 2-72 所示。

图 2-72

（2）按 F 键，切换到“带有菜单栏的全屏模式”，如图 2-73 所示。

图 2-73

（3）再次按 F 键，切换到“全屏模式”，如图 2-74 所示。

图 2-74

（4）在屏幕的黑色区域单击鼠标右键，在弹出的菜单中选择“选择自定颜色”命令，在弹出的对话框中可以设置需要的画布颜色，单击“确定”按钮，效果如图 2-75 所示。

图 2-75

2.3 颜色模式

Photoshop 提供了多种色彩模式。这些色彩模式正是作品能够在屏幕和印刷品上成功表现的重要保障。在这些色彩模式中，经常使用到的有 CMYK 模式、RGB 模式、Lab 模式以及 HSB 模式。另外，还有索引模式、灰度模式、位图模式、双色调模式和多通道模式等。这些模式都可以在模式菜单下选取。每种色彩模式都有不同的色域，并且各个模式之间可以转换。

选择“图像 > 模式”命令，其子菜单如图 2-76 所示。下面将介绍几种常用的色彩模式。

位图(B)
灰度(G)
双色调(D)
索引颜色(I)...
✔ RGB 颜色(R)
CMYK 颜色(C)
Lab 颜色(L)
多通道(M)
✔ 8 位/通道(A)
16 位/通道(N)
32 位/通道(H)
颜色表(T)...

图 2-76

2.3.1 RGB 颜色模式

RGB 模式应用了色彩学中的加法混合原理，即加色色彩模式。它通过红、绿、蓝 3 种色光相叠加而形成更多的颜色。RGB 是色光的彩色模式，一幅 24bit 的 RGB 图像有 3 个色彩信息的通道：红色（R）、绿色（G）和蓝色（B）。每个通道都有 8bit 的色彩信息，即一个 0 ~ 255 的亮度值色域。也就是说，每一种色彩都有 256 个亮度水平级。3 种色彩相叠加，可以有 256 × 256 × 256=1670 万种可能的颜色。这 1670 万种颜色足以表现出绚丽多彩的世界。

在 Photoshop 中编辑图像时，RGB 模式应是最佳的选择。因为它可以提供全屏幕的多达 24bit 的色彩范围，一些计算机领域的色彩专家称之为“True Color（真色彩）”显示。

（1）按 Ctrl + O 组合键，打开云盘中的“Ch02 > 素材 > RGB 颜色模式”文件，图像效果如图 2-77 所示。

（2）选择“编辑 > 首选项 > 界面”命令，弹出“首选项”对话框，勾选“用彩色显示通道”选项，如图 2-78 所示，单击“确定”按钮。

图 2-77

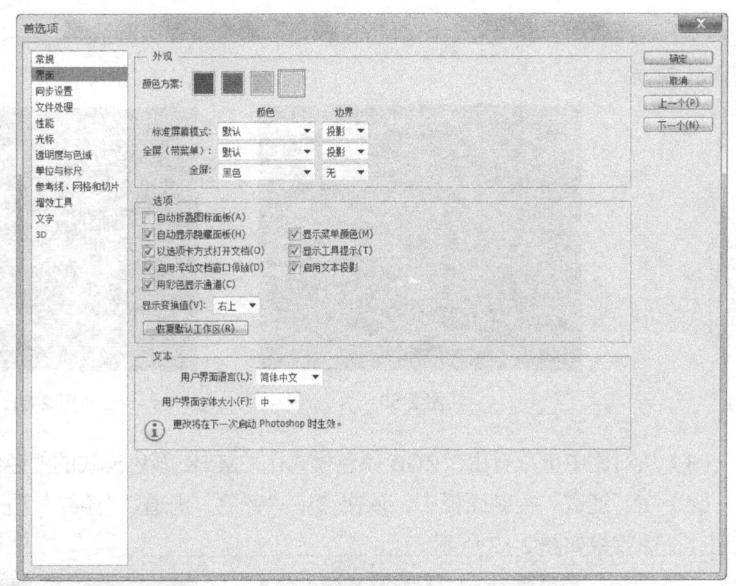

图 2-78

（3）选择“窗口 > 通道”命令，弹出“通道”控制面板，选中“绿”通道，效果如图 2-79 所示。选择“编辑 > 首选项 > 界面”命令，弹出“首选项”对话框，取消勾选“用彩色显示通道”选项，单击“确定”按钮。

图 2-79

2.3.2　CMYK 颜色模式

CMYK 代表了印刷中常用的 4 种油墨颜色：C 代表青色，M 代表洋红色，Y 代表黄色，K 代表黑色。

CMYK 模式在印刷时应用了色彩学中的减法混合原理，即减色色彩模式。它是图片、插图和其他 Photoshop 作品中最常用的一种印刷方式。因为在印刷中通常都要进行四色分色，出四色胶片，然后再进行印刷。

（1）按 Ctrl + O 组合键，打开云盘中的“Ch02 > 素材 > CMYK 颜色模式”文件，图像效果如图 2-80 所示。

（2）选择“图像 > 模式 > CMYK 颜色”命令，弹出对话框，单击“确定”按钮，图像效果如图 2-81 所示。

图 2-80

图 2-81

（3）从对比中可以看出，RGB 颜色模式比 CMYK 颜色模式的颜色纯度更高，更明亮。

（4）在“通道”控制面板中，依次选中“青色”通道、“洋红”通道、“黄色”通道和“黑色”通道，图像效果如图 2-82 所示。

“青色”通道

“洋红”通道

“黄色”通道

“黑色”通道

图 2-82

2.3.3 灰度模式

灰度模式，灰度图又叫 8 bit 深度图。每个像素用 8 个二进制位表示，能产生 2^8（即 256）级灰色调。当一个彩色文件被转换为灰度模式文件时，所有的颜色信息都将从文件中丢失。尽管 Photoshop 允许将一个灰度模式文件转换为彩色模式文件，但不可能将原来的颜色完全还原。所以，当要转换灰度模式时，应先做好图像的备份。

与黑白照片一样，一个灰度模式的图像只有明暗值，没有色相和饱和度这两种颜色信息。0%代表白，100%代表黑。其中的 K 值用于衡量黑色油墨用量。

（1）按 Ctrl + O 组合键，打开云盘中的“Ch02 > 素材 > 灰度模式”文件，图像效果如图 2-83 所示。

（2）选择“图像 > 模式 > 灰度”命令，弹出提示对话框，单击“扔掉”按钮，图像效果如图 2-84 所示。

图 2-83

图 2-84

2.3.4　Lab 颜色模式

Lab 是 Photoshop 中的一种国际色彩标准模式，它由三个通道组成：一个通道是透明度，即 L；其他两个是色彩通道，即色相和饱和度，分别用 a 和 b 表示。a 通道包括的颜色值从深绿到灰，再到亮粉红色；b 通道是从亮蓝色到灰，再到焦黄色。这种色彩混合后将产生明亮的色彩。

Lab 模式在理论上包括了人眼可见的所有色彩，它弥补了 CMYK 模式和 RGB 模式的不足。在这种模式下，图像的处理速度比在 CMYK 模式下快数倍，与 RGB 模式的速度相仿。在把 Lab 模式转成 CMYK 模式的过程中，所有的色彩不会丢失或被替换。事实上，在 Photoshop 中将 RGB 模式转换成 CMYK 模式时，可以先将 RGB 模式转换成 Lab 模式，然后再从 Lab 模式转换成 CMYK 模式，这样会减少图像的颜色损失。

（1）按 Ctrl + O 组合键，打开云盘中的“Ch02 > 素材 > Lab 颜色模式”文件，图像效果如图 2-85 所示。

（2）选择“图像 > 模式 > Lab 颜色”命令。

（3）在“通道”控制面板中，选中“明度”通道，图像效果如图 2-86 所示。

图 2-85

图 2-86

（4）选择“滤镜 > 锐化 > USM 锐化”命令，在弹出的对话框中进行设置，如图 2-87 所示，单

击“确定”按钮。在“通道”控制面板中，选中“Lab”通道，图像效果如图 2-88 所示。

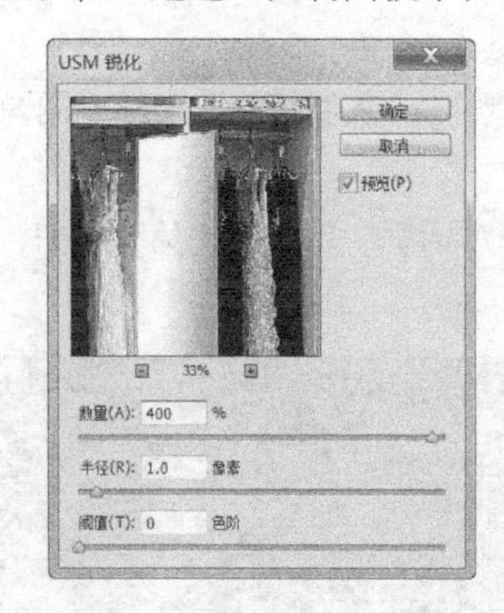

图 2-87　　图 2-88

（5）原图和最终效果如图对比，如图 2-89 所示。

原图

最终效果

图 2-89

2.3.5　位图模式

位图模式为黑白位图模式。黑白位图模式是由黑白两种像素组成的图像，它通过组合不同大小的点，产生一定的灰度级阴影。使用位图模式可以更好地设定网点的大小、形状和角度，更完善地控制灰度图像的打印。只有灰度图像和多通道图像才能被转换成位图模式。

（1）按 Ctrl + O 组合键，打开云盘中的“Ch02 > 素材 > 位图模式”文件，图像效果如图 2-90 所示。

（2）选择“图像 > 模式 > 灰度”命令，在弹出的对话框中单击“扔掉”按钮，图像效果如图 2-91 所示。

图 2-90　　图 2-91

（3）选择“图像 > 模式 > 位图”命令，弹出“位图”对话框，如图 2-92 所示。在“输出”文本框中可以设置图像分辨率，“使用”选项可以选择转换方法，包括“50%阈值”“图案仿色”“扩散仿色”“半调网屏”和“自定图案”。“50%阈值”选项可以将灰度图像中灰度值高于中间色阶（128）的像素转换为纯白色，将低于中间色阶（128）的像素转换为纯黑色；“图案仿色”选项可以将黑白像素点排列成一定序列来模拟图像中的色调；“扩散仿色”可以由无数的细小黑点组成图像，比图案仿色更精确，保留的图像细节最多；“半调网屏”选项可以用一种网屏把墨点过滤成不同的细节来产生图案；“自定图案”选项可以使用自定的图案代替黑点来模拟图像中的色调。应用不同的转换方法转换出的效果如图 2-93 所示。

图 2-92

50%阈值

图案仿色

扩散仿色

半调网屏

自定图案

图 2-93

2.3.6　双色调模式

双色调模式是用一种灰色油墨或彩色油墨来渲染一个灰度图像的模式。在这种模式中，最多可以向灰度图像中添加四种颜色，以打印出比单色灰度图像更有趣的图像。

（1）按 Ctrl + O 组合键，打开云盘中的“Ch02 > 素材 > 双色调模式”文件，图像效果如图 2-94 所示。

（2）选择“图像 > 模式 > 灰度”命令，在弹出的对话框中单击“扔掉”按钮，图像效果如图 2-95 所示。

（3）选择“图像 > 模式 > 双色调”命令，弹出“双色调选项”对话框，在“类型”选项中选择“双色调”，单击“油墨 2”选项的色块，在弹出的“拾色器”对话框中单击“颜色库”按钮，打开“颜色库”对话框，选择合适的油墨，如

图 2-94

图 2-96 所示。单击“确定”按钮，返回到“双色调选项”对话框，设置如图 2-97 所示。单击“确定”按钮，图像效果如图 2-98 所示。

图 2-95

图 2-96

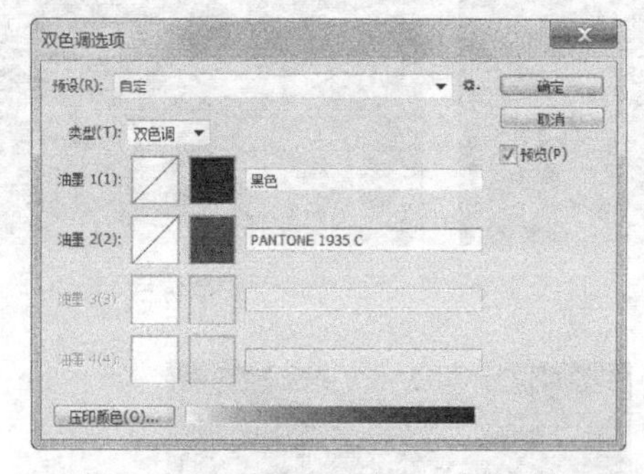

图 2-97

图 2-98

2.3.7 其他颜色模式

1. 索引模式

在索引颜色模式下，最多只能存储一个 8 位色彩深度的文件，即最多 256 种颜色。这 256 种颜色存储在可以查看的彩色对照表中，当打开图像文件时，彩色对照表也一同被读入 Photoshop 中，Photoshop 在彩色对照表中找出最终的色彩值。

2. 多通道模式

多通道模式是由其他的色彩模式转换而来，不同的色彩模式转换后将产生不同的通道数。如 RGB 模式转换成多通道模式时，将产生红、绿、蓝三个通道。

课堂练习——加大相框的尺寸

练习知识要点

使用变换命令将图片中的相框进行放大处理，效果如图 2-99 所示。

图 2-99

效果所在位置

云盘/Ch02/效果/课堂练习.psd。

课后习题——加大镜子的尺寸

习题知识要点

使用钢笔工具绘制路径并转换为选区，使用变换命令将图片中的镜子进行放大处理，效果如图 2-100 所示。

图 2-100

效果所在位置

云盘/Ch02/效果/课后习题.psd。

第 3 章　创建并编辑选区

本章将主要介绍 Photoshop 选区的创建方法以及编辑技巧。通过本章的学习，读者可以快速地绘制规则与不规则的选区，并对选区进行移动、反选、羽化、保存、载入等编辑操作。

课堂学习目标

- 熟练掌握规则选区和不规则选区的制作方法
- 掌握选区的编辑技巧

3.1 规则选区的制作

对图像进行编辑，首先要进行选择图像的操作。能够快捷精确地选择图像，是提高处理图像效率的关键。

选框类工具包括“矩形选框”工具、“椭圆选框”工具、“单行选框”工具和“单列选框”工具。

3.1.1 矩形选框工具

“矩形选框”工具用于创建矩形和正方形选区。选择“矩形选框”工具，或反复按 Shift+M 组合键，其属性栏状态如图 3-1 所示。

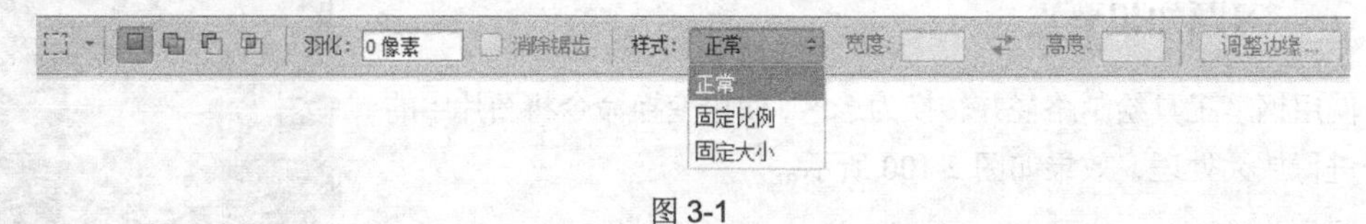

图 3-1

⊙ 选择方式包括“新选区”、“添加到选区”、“从选区减去”和“与选区交叉”4 种。“新选区”按钮：去除旧选区，绘制新选区。“添加到选区”按钮：在原有选区的上面增加新的选区。“从选区减去”按钮：在原有的选区上减去新选区的部分。“与选区交叉”按钮：选择新旧选区重叠的部分。

（1）按 Ctrl + N 组合键，新建一个文件，宽度为 29.7cm，高度为 21cm，分辨率为 150 像素/英寸，颜色模式为 RGB，背景内容为白色，单击“确定”按钮。将前景色设为浅绿色（其 R、G、B 的值分别为 198、228、192）。按 Alt+Delete 组合键，用前景色填充“背景”图层，效果如图 3-2 所示。

（2）选择“矩形选框”工具，在图像窗口中绘制矩形选区，如图 3-3 所示。按住 Shift 键的同时，拖曳鼠标可以创建正方形选区；按住 Alt 键的同时，拖曳鼠标可以创建以单击点为中心的矩形选区；按住 Alt+Shift 组合键的同时，拖曳鼠标可以创建以单击点为中心的正方形选区。

图 3-2　　图 3-3

（3）在选区中单击鼠标右键，在弹出的快捷菜单中选择“取消选择”命令，或按 Ctrl+D 组合键，即可取消选区。按住 Shift 键的同时，在图像窗口中绘制正方形选区，如图 3-4 所示。将鼠标移到选区内，鼠标光标变为▷，拖曳鼠标即可移动选区。如果要轻微移动选区，可以按键盘上的方向键。

（4）单击“图层”控制面板下方的“创建新图层”按钮，生成新的图层。将前景色设为玫红色（其 R、G、B 的值分别为 188、62、109）。按 Alt+Delete 组合键，用前景色填充选区，如图 3-5 所示。

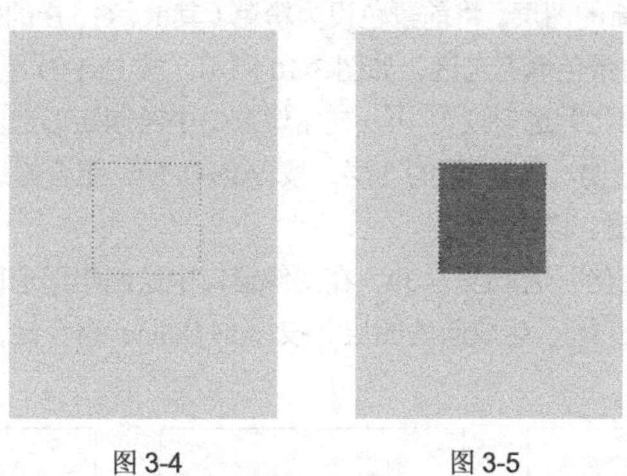

图 3-4　　图 3-5

（5）在图像窗口中绘制矩形选区，新创建的选区会替换原有的选区，如图 3-6 所示。

（6）选中属性栏中的“添加到选区”按钮，在图像窗口中继续绘制选区，如图 3-7 所示，松开鼠标，如图 3-8 所示。

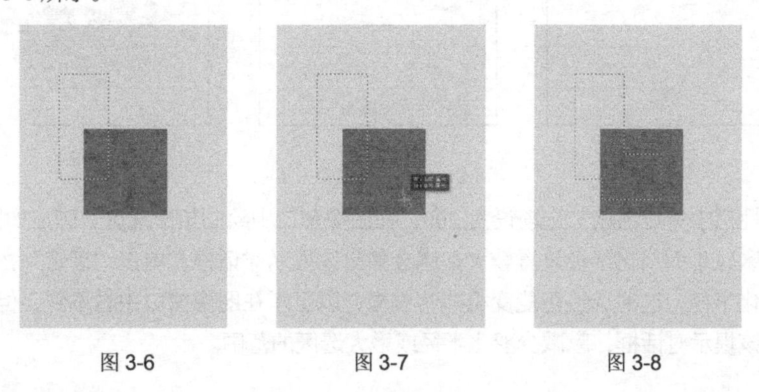

图 3-6　　图 3-7　　图 3-8

（7）若选择“从选区减去”按钮或“与选区交叉”按钮，绘制出的效果如图 3-9 所示。

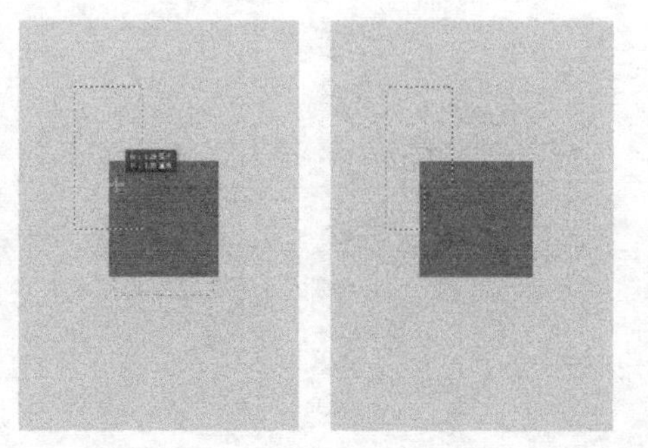

从选区减去　　　　　　　　与选区交叉

图 3-9

⊙ “羽化”选项可以用来设置选区的羽化范围。

（1）按 Ctrl + N 组合键，新建一个文件，宽度为 500 像素，高度为 625 像素，分辨率为 72 像素/英寸，颜色模式为 RGB，背景内容为白色，单击“确定”按钮。

（2）选择“矩形选框”工具，在图像窗口中绘制矩形选区。单击“图层”控制面板下方的“创建新图层”按钮，生成新的图层。将前景色设为粉色（其 R、G、B 的值分别为 243、161、199）。按 Alt+Delete 组合键，用前景色填充选区，如图 3-10 所示。按 Ctrl+D 组合键，取消选区。

（3）在属性栏中将“羽化”选项设为 10，在图像窗口中绘制矩形选区。单击“图层”控制面板下方的“创建新图层”按钮，生成新的图层。按 Alt+Delete 组合键，用前景色填充选区，如图 3-11 所示。按 Ctrl+D 组合键，取消选区。

（4）在属性栏中将“羽化”选项设为 30，在图像窗口中绘制矩形选区。单击“图层”控制面板下方的“创建新图层”按钮，生成新的图层。按 Alt+Delete 组合键，用前景色填充选区，如图 3-12 所示。

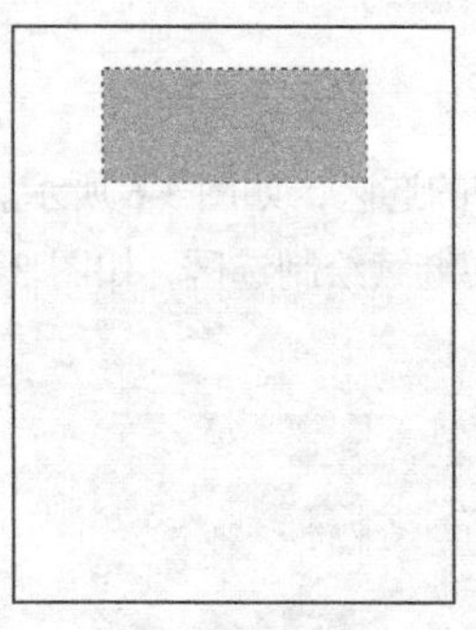
图 3-10

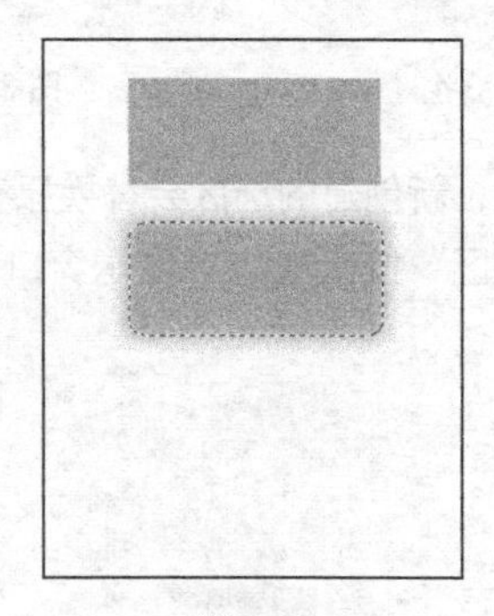
图 3-11

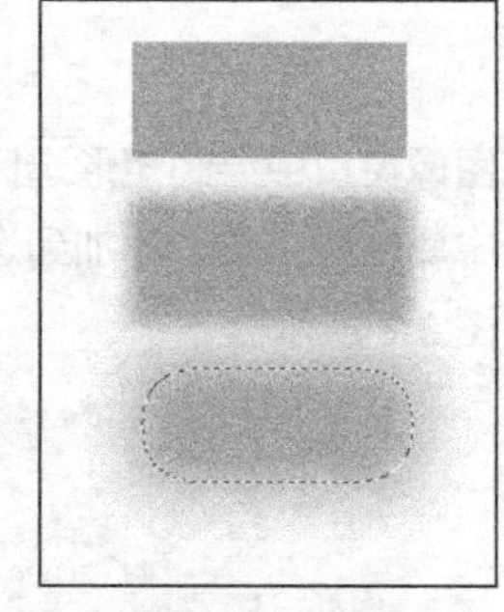
图 3-12

（5）在属性栏中将“羽化”选项设为 200，在图像窗口中绘制矩形选区，弹出如图 3-13 所示的对话框。若选区较小而羽化半径设置较大，就会弹出该提示对话框。单击“确定”按钮，表示确认当前设置的羽化半径，这时选区可能变得非常模糊，以至于在图像窗口中看不到，但选区仍存在。如果不想出现该提示对话框，应减少羽化半径或增大选区的范围。

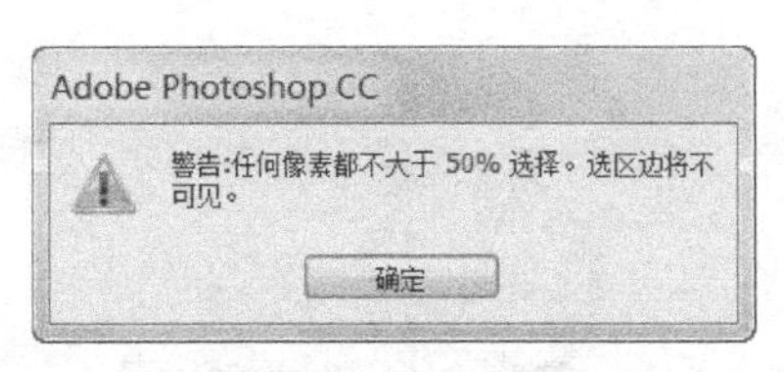

图 3-13

⊙ “样式”可以设置选区的创建方法。默认状态为“正常”选项，可以拖曳鼠标绘制任意大小的选区；选择“固定比例”选项，可以在右侧的“宽度”和“高度”选项中设置宽度和高度，拖曳鼠标绘制固定比例的选区；选择“固定大小”选项，可以在右侧的“宽度”和“高度”选项中设置宽度和高度，在图像窗口中单击创建固定大小的选区，单击“高度和宽度互换”按钮，可以互换“宽度”和“高度”值。

3.1.2　椭圆选框工具

“椭圆选框”工具用于绘制椭圆形选区。按住 Alt 键的同时，拖曳鼠标可以创建以单击点为中心的椭圆形选区；按住 Shift 键的同时，拖曳鼠标可以创建圆形选区；按住 Shift+Alt 组合键的同时，拖曳鼠标可以创建以单击点为中心的圆形选区。

椭圆选框工具与矩形选框工具的属性栏基本相同，只是椭圆选框工具可以使用“消除锯齿”功能，如图 3-14 所示。勾选此选项后，Photoshop 会在选区边缘 1 个像素宽的范围内添加与周围图像相近的颜色，使选区看上去光滑。

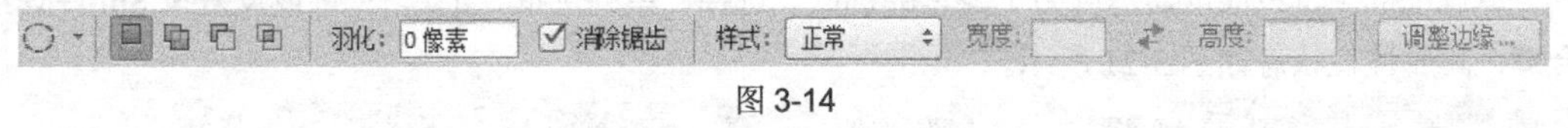

图 3-14

（1）按 Ctrl + O 组合键，打开云盘中的“Ch03 > 素材 > 椭圆选框工具 1、椭圆选框工具 2”文件，图像效果如图 3-15 和图 3-16 所示。

图 3-15

图 3-16

（2）选择“椭圆选框”工具，按住 Shift+Alt 组合键的同时，在钟表图像窗口中拖曳鼠标绘制圆形选区，效果如图 3-17 所示。

（3）选择“移动”工具，将选区中的图像拖曳到家具图像窗口中适当的位置，效果如图 3-18 所示，在“图层”控制面板中生成新图层并将其命名为“表”。

（4）按 Ctrl+T 组合键，图像周围出现变换框，按住 Shift 键的同时，向内拖曳变换框的控制手柄，等比例缩小图像，并将其拖曳到适当位置，按 Enter 键确定操作，如图 3-19 所示。

图 3-17

图 3-18

图 3-19

3.1.3 单行、单列选框工具

1．单行选框工具

单行选框工具只能创建高度为 1 像素的选区。选择“单行选框”工具，或反复按 Shift+M 组合键，其属性栏状态如图 3-20 所示。

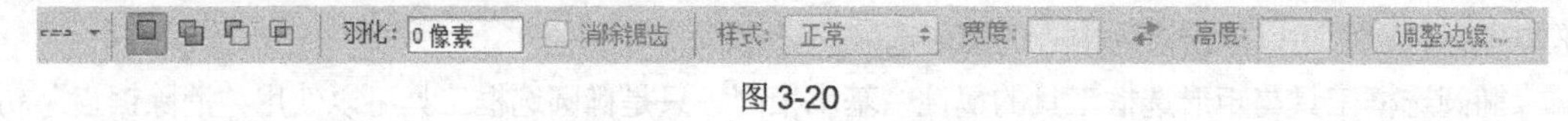

图 3-20

2．单列选框工具

单行选框工具只能创建宽度为 1 像素的选区。选择“单列选框”工具，或反复按 Shift+M 组合键，其属性栏状态如图 3-21 所示。

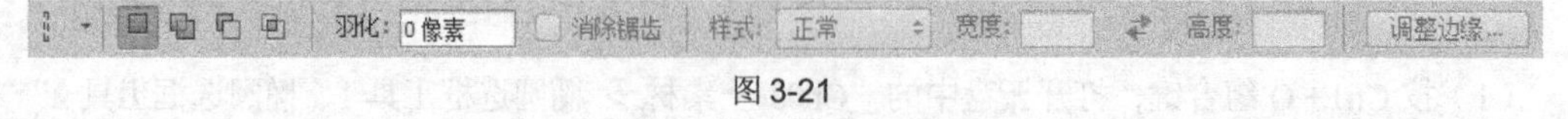

图 3-21

3.2 不规则选区的制作

套索工具、魔棒工具和色彩范围命令可以在图像或图层中绘制不规则的选区以选取不规则的图像。

3.2.1 套索、多边形套索、磁性套索工具

套索、多边形套索、磁性套索工具可以绘制不规则选区。

1．套索工具

套索工具可以徒手绘制不规则选区。选择“套索”工具，或反复按 Shift+L 组合键，其属性栏状态如图 3-22 所示。

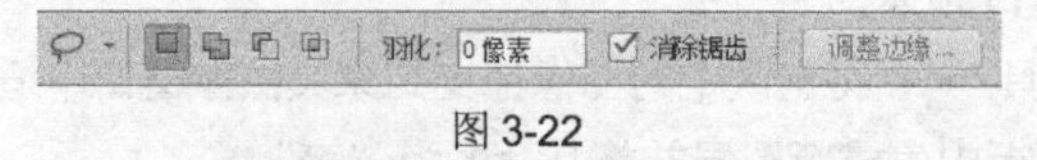

图 3-22

选择“套索”工具，在图像窗口中适当的位置单击并按住鼠标不放，拖曳鼠标在图像上进行绘制，松开鼠标后，选择区域自动封闭生成选区。

（1）按 Ctrl + O 组合键，打开云盘中的“Ch03 > 素材 > 套索工具 1、套索工具 2”文件，图像效果如图 3-23 和图 3-24 所示。

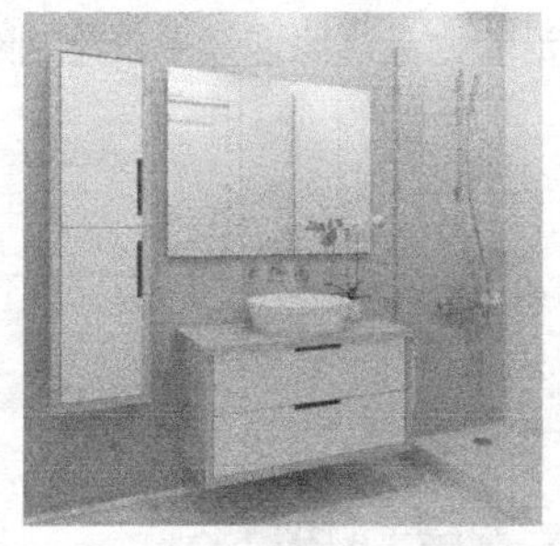

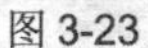

图 3-23

图 3-24

（2）选择“套索”工具，在五角星图像窗口中沿着五角星周围拖曳鼠标绘制选区，如图 3-25 所示。

（3）选择“移动”工具，将选区中的图像拖曳到家具图像窗口中适当的位置，效果如图 3-26 所示，在“图层”控制面板中生成新图层。

图 3-25

图 3-26

（4）按 Ctrl+T 组合键，在图像周围出现变换框，单击鼠标右键，在弹出的菜单中选择“扭曲”命令，拖曳控制手柄可以对图像进行扭曲，如图 3-27 所示，按 Enter 键确认操作。

（5）使用相同的方法制作其他效果，如图 3-28 所示。

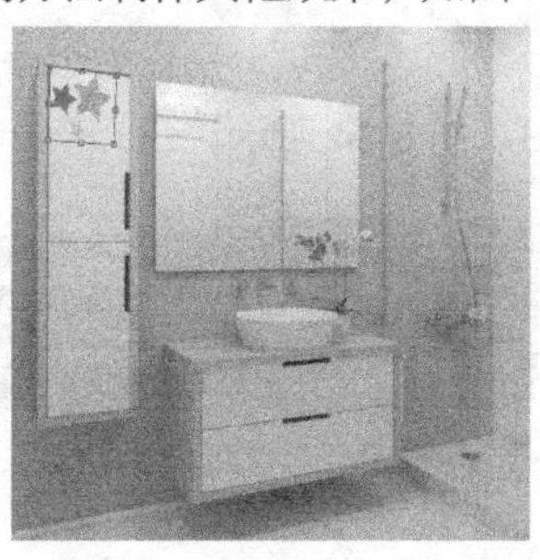

图 3-27

图 3-28

2．多边形套索工具

多边形套索工具可以在图像窗口中连续单击绘制出不规则选区。选择“多边形套索”工具，或反复按 Shift+L 组合键，其属性栏状态与套索工具相同，这里就不再赘述。

（1）按 Ctrl + O 组合键，打开云盘中的“Ch03 > 素材 > 多边形套索工具”文件，图像效果如图 3-27 所示。

（2）选择“多边形套索”工具，在图像窗口中沿着物品边缘连续单击绘制选区，如图 3-30 所示。

图 3-29

图 3-30

3．磁性套索工具

磁性套索工具可以沿着自动识别的对象边界绘制不规则选区。若图像边缘与背景的颜色对比明显，可以使用该工具快速选取对象。

选择“磁性套索”工具，或反复按 Shift+L 组合键，其属性栏状态如图 3-31 所示。

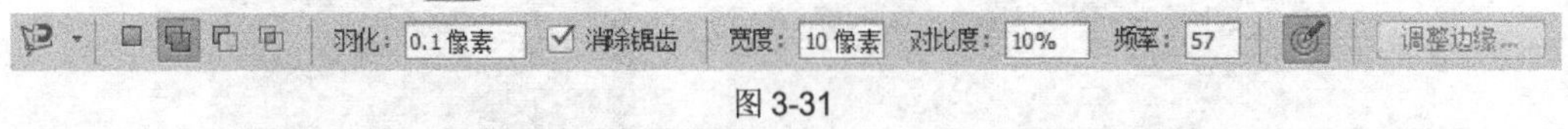

图 3-31

⊙ 宽度：用于设定套索检测范围，磁性套索工具将在这个范围内选取反差最大的边缘。

⊙ 对比度：用于设定选取边缘的灵敏度，数值越大，则要求边缘与背景的反差越大。

⊙ 频率：用于设定选区点的速率，数值越大，标记速率越快，标记点越多。

⊙ 钢笔压力：用于设定专用绘图板的笔刷压力，数值为 0~100。

（1）按 Ctrl + O 组合键，打开云盘中的“Ch03 > 素材 > 磁性套索工具”文件，图像效果如图 3-32 所示。

（2）选择“磁性套索”工具，在属性栏中将“频率”选项分别设为 10 和 99，在图像窗口中沿着唇膏边缘拖曳鼠标分别绘制选区，效果如图 3-33、图 3-34 所示。

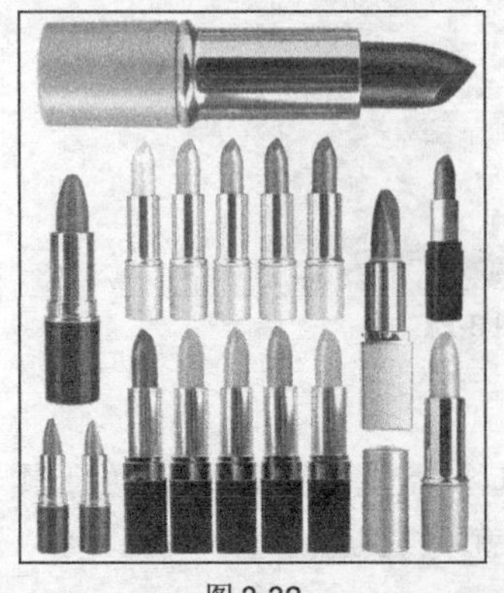

图 3-32

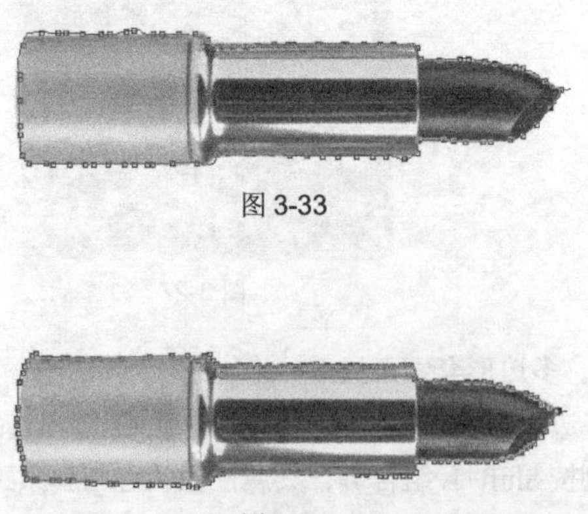

图 3-33

图 3-34

3.2.2　魔棒、快速选择工具

"魔棒"工具和"快速选择"工具可以基于色调和颜色差异创建选区，快速选取颜色与色调相近的图像区域。

1．魔棒工具

"魔棒"工具可以用来选取图像中的某一点，并将与这一点颜色相同或相近的点自动融入选区中。

选择"魔棒"工具，或按 W 键，其属性栏状态如图 3-35 所示。其中的选择方式和消除锯齿选项与其他工具的功能相同，这里就不再赘述。

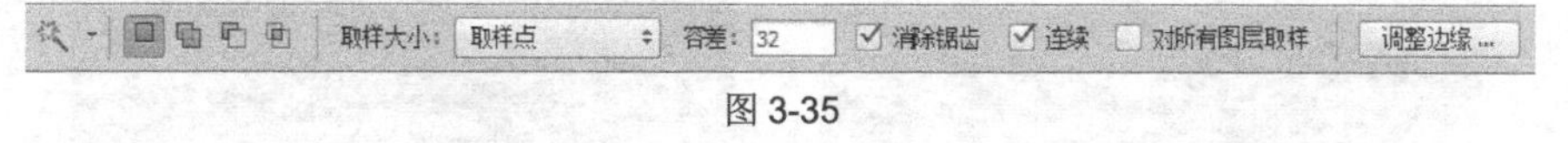

图 3-35

⊙ 取样大小：用于设置取样范围的大小。"取样点"选项可以取样光标位置的像素；"3×3 平均"选项可以取样光标位置 3 个像素区域内的平均颜色。

⊙ 容差：用于控制色彩的范围，数值越大，可以容许的颜色范围越大。

（1）按 Ctrl＋O 组合键，打开云盘中的"Ch03 > 素材 > 魔棒工具"文件，图像效果如图 3-36 所示。

（2）选择"魔棒"工具，在属性栏中将"容差"选项设置为 10，在图像窗口中的天空区域单击，图像周围生成选区，如图 3-37 所示。按 Ctrl+D 组合键，取消选区。

图 3-36

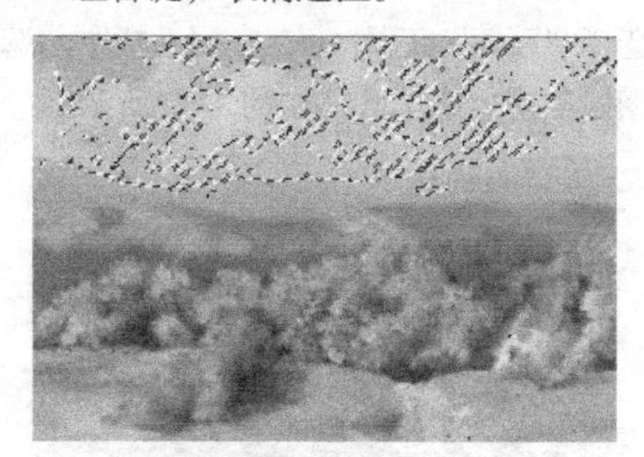

图 3-37

（3）在属性栏中将"容差"选项设置为 80，在图像窗口中的天空区域单击，图像周围生成选区，如图 3-38 所示。按 Ctrl+D 组合键，取消选区。

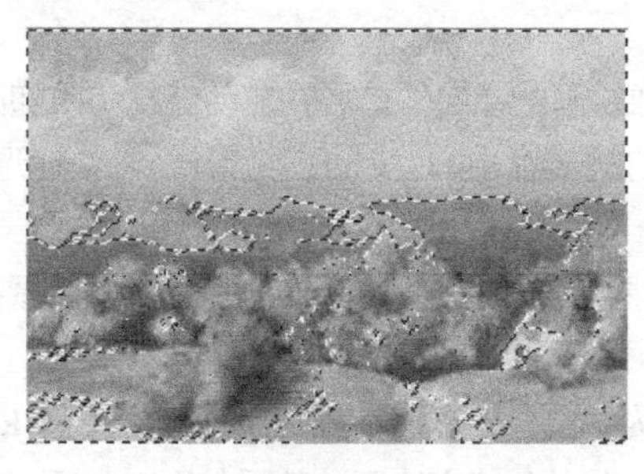

图 3-38

⊙ 连续：勾选该项时，可以选择颜色连接的区域；取消勾选时，可以选择与鼠标单击点颜色相近的所有区域，包括没有连接的区域。

（4）在属性栏中勾选“连续”选项，在图像窗口中的天空区域单击，图像周围生成选区，如图 3-39 所示。按 Ctrl+D 组合键，取消选区。在属性栏中取消勾选“连续”选项，在图像窗口中的天空区域单击，图像周围不连续的区域生成选区，如图 3-40 所示。按 Ctrl+D 组合键，取消选区。

图 3-39

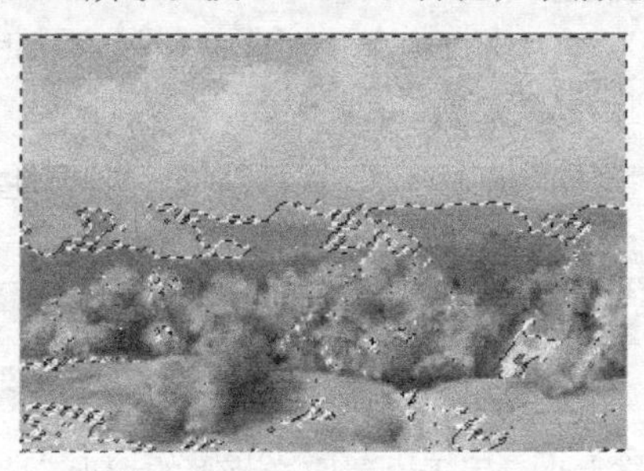

图 3-40

⊙ 对所有图层选样：勾选该项时，可选择所有可见图层上颜色相近的区域；取消勾选时，则仅选择当前图层上颜色相近的区域。

（5）将“背景”图层拖曳到“图层”控制面板下方的“创建新图层”按钮上进行复制，生成新的图层“背景 拷贝”。选择“移动”工具，将复制后的图像拖曳到适当的位置，效果如图 3-41 所示。

（6）选择“魔棒”工具，在属性栏中勾选“对所有图层选样”选项，在图像窗口中的天空区域单击，图像周围生成选区，如图 3-42 所示。

图 3-41

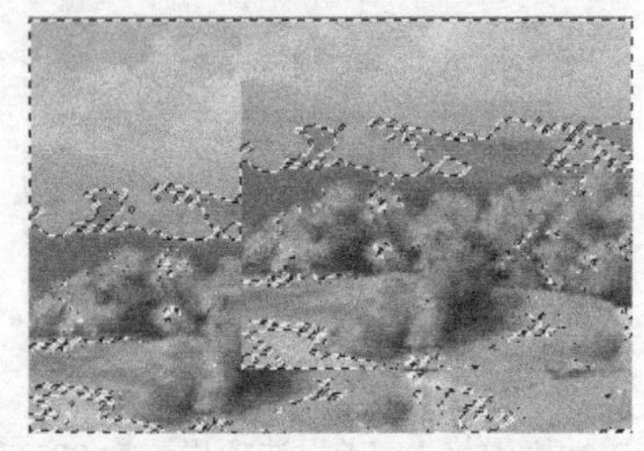

图 3-42

2．快速选择工具

“快速选择”工具可以像绘画一样向外扩展并自动查找和跟随图像中定义的边缘涂抹出选区。

（1）按 Ctrl + O 组合键，打开云盘中的“Ch03 > 素材 > 快速选择工具”文件，图像效果如图 3-43 所示。

（2）选择“快速选择”工具，在图像窗口中的黑色椅子区域拖曳鼠标绘制选区，如图 3-44 所示。

（3）新建图层并将其命名为“红色”。将前景色设为红色（其 R、G、B 的值分别为 255、1、19）。按 Alt+Delete 组合键，用前景色填充选区，效果如图 3-45 所示。在“图层”控制面板上方，将“红色”图层的混合模式选项设为“颜色”，如图 3-46 所示。按 Ctrl+D 组合键，取消选区，图像窗口中的效果如图 3-47 所示。

图 3-43

图 3-44

图 3-45

图 3-46

图 3-47

3.2.3 色彩范围命令

“色彩范围”命令可以根据图像的颜色范围创建选区。

（1）按 Ctrl + O 组合键，打开云盘中的“Ch03 > 素材 > 色彩范围命令”文件，图像效果如图 3-48 所示。

（2）选择“选择 > 色彩范围”命令，弹出“色彩范围”对话框，如图 3-49 所示。光标变为吸管图标，在图像中的粉色墙面上单击，“色彩范围”对话框如图 3-50 所示，预览图中白色部分代表了被选择的区域。

图 3-48

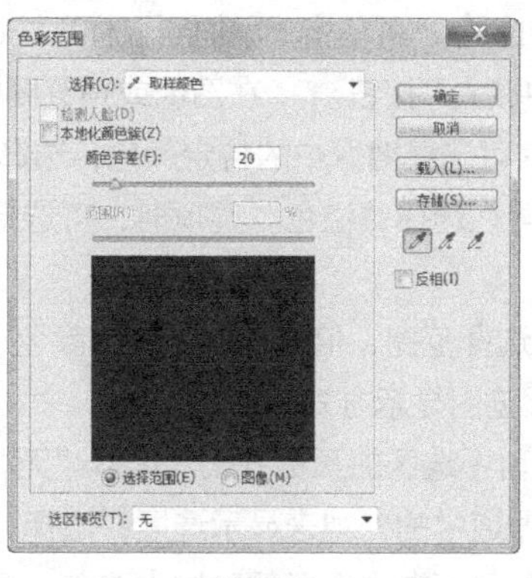

图 3-49

图 3-50

（3）在“色彩范围”对话框中将“颜色容差”选项设为 187，预览图中白色部分增多，如图 3-51 所示。单击“确定”按钮，图像效果如图 3-52 所示。

图 3-51

图 3-52

（4）新建图层并将其命名为“蓝色”。将前景色设为浅蓝色（其 R、G、B 的值分别为 218、242、244）。按 Alt+Delete 组合键，用前景色填充选区，效果如图 3-53 所示。在“图层”控制面板上方，将“蓝色”图层的混合模式选项设为“颜色”，如图 3-54 所示。按 Ctrl+D 组合键，取消选区。图像窗口中的效果如图 3-55 所示。

图 3-53

图 3-54

图 3-55

通过以上案例可以了解色彩范围对话框的作用，下面具体讲解对话框中的各项参数。

⊙ 选择：用来设置选区的创建方式。选择“取样颜色”时，在图像窗口或对话框的预览图中单击，可对颜色进行取样。如果要添加颜色，可单击“添加到取样”按钮，在图像或预览图中单击；如果要减去颜色，可单击“从取样中减去”按钮，在图像或预览图中单击；选择下拉列表中的“红色”“黄色”和“绿色”等选项时，可选择图像中的特定颜色；选择“高光”“中间调”和“阴影”等选项时，可选择图像中的特定色调；选择“溢色”选项时，可选择图像中出现的溢色；选择“肤色”选项，可选择皮肤颜色。

⊙ 颜色容差：用来控制颜色的选择范围，值越大，包含的颜色越广。

⊙ 选择范围/图像：可以选择预览图显示方式。

⊙ 选区预览：用来设置文档窗口中选区的预览方式。选择“无”，表示不在窗口显示选区；选择“灰度”，可以按照选区在灰度通道中的外观来显示选区；选择“黑色杂边”，可在未选择的区域覆盖一层黑色；选择“白色杂边”，可在未选择的区域上覆盖一层白色；选择“快速蒙版”，可显示选区在快速蒙版状态下的效果。

⊙ 反相：可以反转选区。

3.3 选区的编辑

在建立选区后，可以对选区进行一系列的操作，如移动选区、调整选区、羽化选区等。

3.3.1 移动、全选、取消、反选选区

⊙ 移动选区：选择绘制选区工具，将鼠标光标放在选区中，按住鼠标并将选区拖曳到其他位置，即可完成选区的移动。

⊙ 全选：选择“选择 > 全部”命令，或按 Ctrl+A 组合键，即可将图像中的所有图像全部选取。

⊙ 取消选择：选择“选择 > 取消选择”命令，或按 Ctrl+D 组合键，即可取消选区。

⊙ 反选：选择“选择 > 反向”命令，或按 Shift+Ctrl+I 组合键，可以对当前的选区进行反向选取。

（1）按 Ctrl + O 组合键，打开云盘中的“Ch03 > 素材 > 移动全选取消反选选区 1、移动全选取消反选选区 2”文件，图像效果如图 3-56 和图 3-57 所示。

（2）选择“移动”工具，将人物插画拖曳到家具图像窗口的适当位置，并调整其大小，效果如图 3-58 所示，在“图层”控制面板中生成新图层并将其命名为“树”。

图 3-56

图 3-57

图 3-58

（3）选择“魔棒”工具，在属性栏中勾选“连续”选项，在图像窗口中单击生成选区，如图 3-59 所示。

（4）选择“选择 > 反向”命令，或按 Shift+Ctrl+I 组合键，将选区反选。按 Delete 键，删除选区中的图像，效果如图 3-60 所示。按 Ctrl+Z 组合键，取消操作。

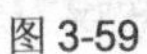

图 3-59

图 3-60

（5）选择“选择 > 反向”命令，或按 Shift+Ctrl+I 组合键，将选区反选。按 Delete 键，删除选区中的图像，效果如图 3-61 所示。

（6）将光标置于选区中，鼠标指针变为▷，拖曳鼠标将选区移动到适当的位置，如图 3-62 所示。按 Ctrl+Z，取消操作。

（7）选择“选择 > 反向”命令，或按 Shift+Ctrl+I 组合键，将选区反选。选择“移动”工具，将选区中的图像拖曳到适当位置，如图 3-63 所示。

图 3-61

图 3-62

图 3-63

3.3.2 边界、平滑、扩展、收缩、羽化选区

创建选区以后，往往要对其进行加工和编辑，才能使选区符合要求。“选择”菜单中包含用于编辑选区的各种命令。

⊙ 边界：选择“选择 > 修改 > 边界”命令，可以将选区的边界向内部和外部扩展。

⊙ 平滑：选择“选择 > 修改 > 平滑”命令，可以让选区变得更加平滑。

⊙ 扩展：选择“选择 > 修改 > 扩展”命令，可以扩展选区范围。

⊙ 收缩：选择“选择 > 修改 > 收缩”命令，可以减小选区范围。

⊙ 羽化：选择“选择 > 修改 > 羽化”命令，可以对选区边缘的图像细节进行模糊羽化。

（1）按 Ctrl + O 组合键，打开云盘中的“Ch03 > 素材 > 边界平滑扩展收缩羽化选区”文件。选择“选择 > 全部”命令，或按 Ctrl+A 组合键，选取全部图像，效果如图 3-64 所示。

（2）新建图层并将其命名为“阴影”。选择“选择 > 修改 > 边界”命令，在弹出的对话框中将“宽度”值设为 100，单击“确定”按钮，图像效果如图 3-65 所示。

图 3-64

图 3-65

（3）连续按 2 次 Ctrl+Shift+I 组合键，将选区反选。将前景色设为黑色，按 Alt+Delete 组合键，用前景色填充选区，效果如图 3-66 所示。按 Ctrl+Z 组合键，取消操作。

（4）选择“选择 > 修改 > 平滑”命令，在弹出的对话框中将“取样半径”值设为 100，单击“确定”按钮，图像效果如图 3-67 所示。

（5）按 Alt+Delete 组合键，用前景色填充选区，效果如图 3-68 所示。

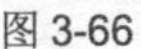

图 3-66

图 3-67

图 3-68

（6）连续按 2 次 Ctrl+Alt+Z 组合键，取消操作。选择“选择 > 修改 > 扩展”命令，在弹出的对话框中将“扩展量”值设为 50，单击“确定”按钮，图像效果如图 3-69 所示。

（7）按 Alt+Delete 组合键，用前景色填充选区，效果如图 3-70 所示。

（8）连续按 2 次 Ctrl+Alt+Z 组合键，取消操作。选择“选择 > 修改 > 收缩”命令，在弹出的对话框中将“收缩量”值设为 20，单击“确定”按钮，图像效果如图 3-71 所示。

图 3-69

图 3-70

图 3-71

（9）按 Alt+Delete 组合键，用前景色填充选区，效果如图 3-72 所示。

（10）连续按 2 次 Ctrl+Alt+Z 组合键，取消操作。选择“选择 > 修改 > 羽化”命令，在弹出的对话框中将“羽化半径”值设为 100，图像效果如图 3-73 所示。

（11）按 Alt+Delete 组合键，用前景色填充选区，效果如图 3-74 所示。按 Ctrl+D 组合键，取消选区，效果如图 3-75 所示。

图 3-72

图 3-73

图 3-74

图 3-75

3.3.3　填充与描边操作

应用“填充”命令可以为图像添加颜色，“描边”命令可以为图像描边。

（1）按 Ctrl + O 组合键，打开云盘中的“Ch03 > 素材 > 填充与描边操作”文件，图像效果如图 3-76 所示。

（2）新建图层并将其命名为“绿色”。选择“矩形选框”工具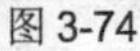，在图像窗口中绘制矩形选区，如图 3-77 所示。

图 3-76

图 3-77

（3）将前景色设为绿色（其 R、G、B 的值分别为 168、212、91）。选择“编辑 > 填充”命令，弹出“填充”对话框，选项的设置如图 3-78 所示，单击“确定”按钮，效果如图 3-79 所示。

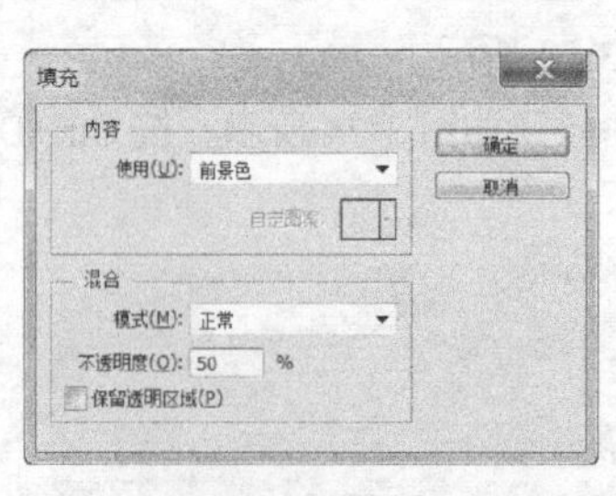

图 3-78

图 3-79

（4）将前景色设为红色（其 R、G、B 的值分别为 201、35、45）。选择“编辑 > 描边”命令，弹出“描边”对话框，选项的设置如图 3-80 所示，单击“确定”按钮。按 Ctrl+D 组合键，取消选区，效果如图 3-81 所示。

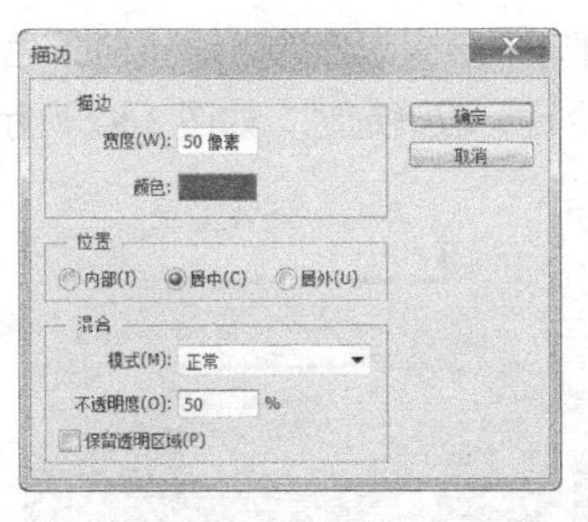

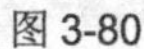
图 3-80

图 3-81

3.3.4　变换、保存、载入选择区域

“变换选区”命令可以对选区进行旋转、缩放等变换操作。“存储选区”命令可将选区保存。“载入选区”命令可将选区载入到图像中。

（1）按 Ctrl＋O 组合键，打开云盘中的“Ch03 > 素材 > 变换保存载入选择区域”文件，图像效果如图 3-82 所示。

（2）选择“矩形选框”工具，在图像窗口中绘制矩形选区，如图 3-83 所示。选择“选择 > 存储选区”命令，在弹出的对话框中将选区命名为“123”。单击“通道”控制面板底部的“将选区存储为通道”按钮，也可将选区存储。按 Ctrl+D 组合键，取消选区。

图 3-82

图 3-83

（3）选择“选择 > 载入选区”命令，在弹出的对话框中进行设置，如图 3-84 所示。单击“确定”按钮，将选区载入，如图 3-85 所示。

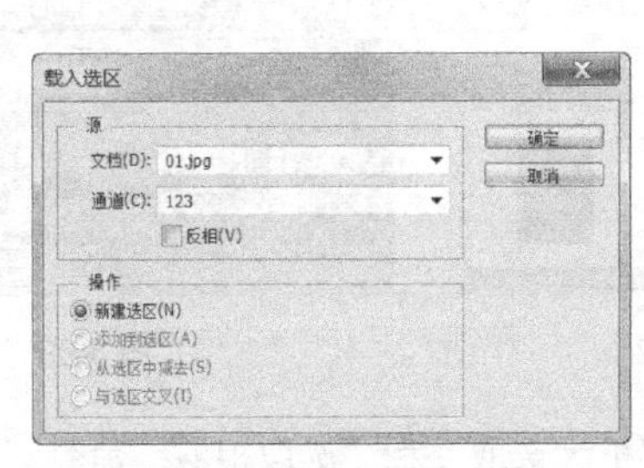

图 3-84

图 3-85

（4）新建图层并将其命名为“白色”。将前景色设为白色。按 Alt+Delete 组合键，用前景色填充选区。按 Ctrl+D 组合键，取消选区，如图 3-86 所示。

（5）新建图层并将其命名为“黑色”。在图像窗口中绘制矩形选区。将前景色设为黑色。按 Alt+Delete 组合键，用前景色填充选区。按 Ctrl+D 组合键，取消选区，如图 3-87 所示。

图 3-86

图 3-87

（6）使用相同的方法制作其他效果，如图 3-88 所示。

（7）新建图层并将其命名为“形状”。在图像窗口中绘制矩形选区，如图 3-89 所示。将前景色设为白色。按 Alt+Delete 组合键，用前景色填充选区。

（8）按 Ctrl+T 组合键，在图像周围出现变换框，单击鼠标右键，在弹出的菜单中选择“斜切”命令，将选区斜切并移动到适当的位置，如图 3-90 所示。按 Enter 键确定操作。

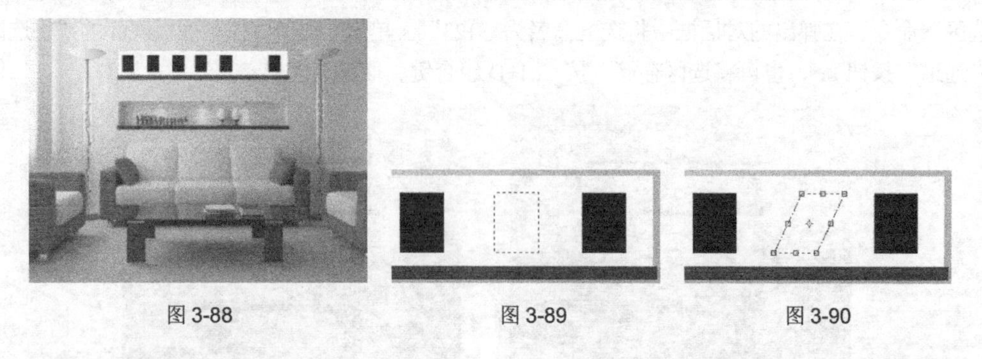

图 3-88　　图 3-89　　图 3-90

（9）选择“编辑 > 描边”命令，在弹出的对话框中进行设置，如图 3-91 所示。单击“确定”按钮，效果如图 3-92 所示。按 Ctrl+D 组合键，取消选区，图像效果如图 3-93 所示。

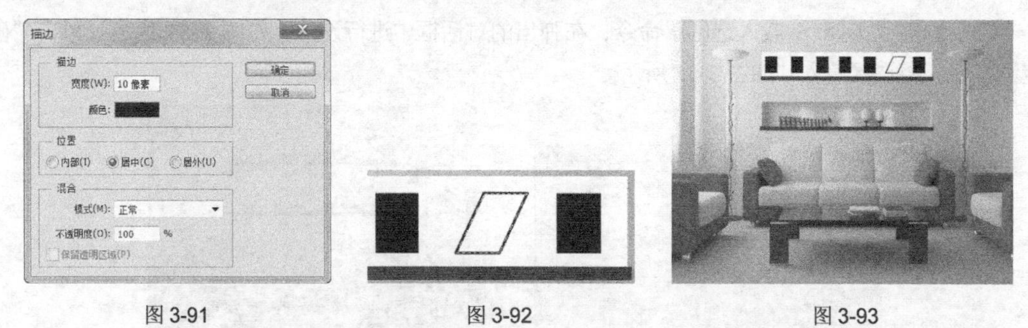

图 3-91　　图 3-92　　图 3-93

在“选择”菜单中，还有 2 个常见的命令：“扩大选取”和“选取相似”命令。“扩大选取”命令可以查找并选择与当前选区中的像素色调相近的像素，从而扩大选区。“选取相似”命令可以查找并选择与当前选区中的像素色调相近且不相邻的像素。这 2 个命令会基于魔棒工具属性栏中的“容差”值来决定选区的扩展范围。“容差”值越高，选区扩展的范围就越大。

课堂练习——改变窗外背景

图 3-94

练习知识要点

使用多边形套索工具绘制选区；使用变换命令对图片进行扭曲操作，效果如图 3-94 所示。

效果所在位置

云盘/Ch03/效果/课堂练习.psd。

课后习题——改变天空背景

图 3-95

习题知识要点

使用魔棒工具绘制选区，效果如图 3-95 所示。

效果所在位置

云盘/Ch03/效果/课后习题.psd。

第 4 章　绘图与图像修饰

本章详细介绍了 Photoshop 绘制、修饰以及填充图像的功能。通过本章的学习，读者可以了解并掌握绘制和修饰图像的基本方法和操作技巧，努力将绘制和修饰图像的各种功能及效果应用到实际的设计制作任务中，真正做到学有所用。

课堂学习目标

- 掌握吸管工具的使用方法
- 熟练掌握绘图和填充图像的技巧
- 掌握移动工具和橡皮擦工具的使用方法
- 熟练掌握图像修饰工具的使用技巧
- 了解其他的绘制和修饰工具
- 掌握历史记录面板的应用

4.1 吸管工具

使用吸管工具可以在图像中单击吸取需要的颜色。

（1）按 Ctrl+O 组合键，打开云盘中的“Ch04 > 素材 > 吸管工具”文件，图像效果如图 4-1 所示。

（2）选择“吸管”工具，用鼠标在图像中需要的位置单击，当前的前景色将变为吸管吸取的颜色，如图 4-2 所示。

图 4-1

图 4-2

4.2 画笔、铅笔工具

画笔工具和铅笔工具可以在空白图像中画出图画，也可以在已有的图像中对图像进行再创作，

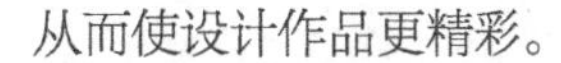

从而使设计作品更精彩。

4.2.1　画笔工具

画笔工具可以模拟画笔效果在图像或选区中进行绘制。

1．属性栏

选择“画笔”工具，或反复按 Shift+B 组合键，其属性栏状态如图 4-3 所示。

图 4-3

⊙ ：单击“画笔”选项右侧的按钮，弹出如图 4-4 所示的画笔选择面板，在面板中可以选择画笔形状。单击面板右上方的按钮，弹出下拉菜单，在菜单中可以选择面板的显示方式，以及载入预设的画笔库等，如图 4-5 所示。

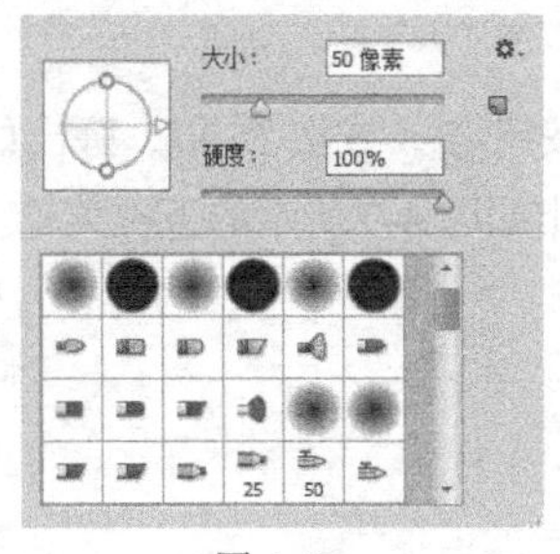

图 4-4

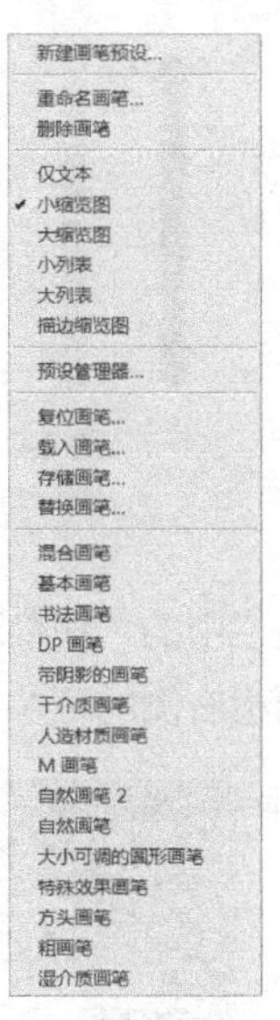

图 4-5

- 新建画笔预设：用于建立新画笔。它与“画笔”控制面板中的“创建新画笔”按钮作用相同。
- 重命名画笔：用于重新命名画笔。
- 删除画笔：用于删除当前选中的画笔。
- 仅文本：以文字描述方式显示画笔选择面板。
- 小缩览图：以小图标方式显示画笔选择面板。
- 大缩览图：以大图标方式显示画笔选择面板。
- 小列表：以小文字和图标列表方式显示画笔选择面板。
- 大列表：以大文字和图标列表方式显示画笔选择面板。
- 描边缩览图：以笔划的方式显示画笔选择面板。
- 预设管理器：用于在弹出的预置管理器对话框中编辑画笔。
- 复位画笔：用于恢复默认状态的画笔。

- 载入画笔：用于将存储的画笔载入面板。
- 存储画笔：用于将当前的画笔进行存储。
- 替换画笔：用于载入新画笔并替换当前画笔。
- 下拉菜单底部是 Photoshop 提供的各种预设的画笔库。

⊙ 模式：用于选择绘画颜色与下面现有像素的混合模式。

⊙ 不透明度：可以设定画笔颜色的不透明度。如图 4-6 所示，从左至右的不透明度分别是 100%、50%和 10%。

⊙ 流量：用于设定喷笔压力，压力越大，喷色越浓。如图 4-7 所示，从左至右的流量设置分别是 100%、50%和 1%。

⊙ “启用喷枪样式的建立效果”按钮：可以启用喷枪功能。

⊙ “绘图板压力”按钮、：使用压感笔压力可以覆盖“画笔”面板中的“不透明度”和“大小”的设置。

图 4-6　　　　图 4-7

2. **画笔面板**

单击画笔工具属性栏中的“切换画笔面板”按钮，或按 F5 键，弹出如图 4-8 所示的“画笔”控制面板。单击控制面板右侧的下拉按钮，弹出如图 4-9 所示的下拉菜单。

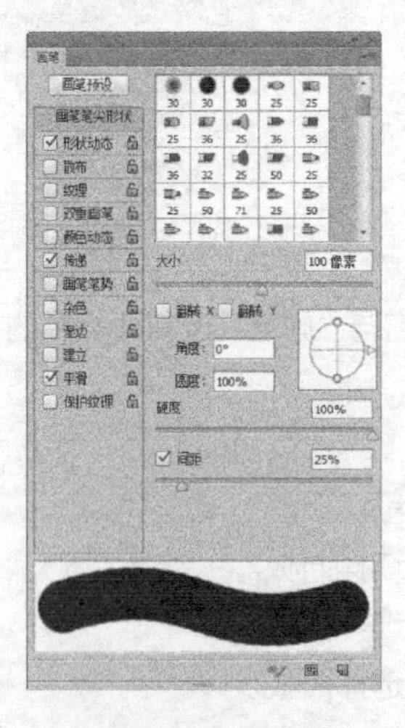

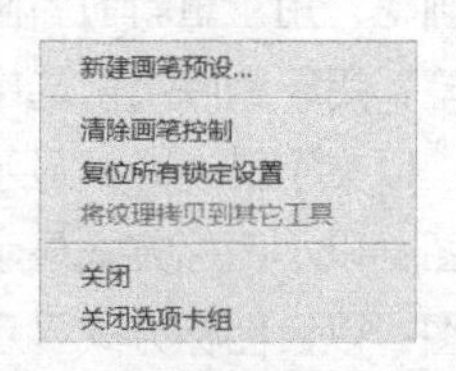

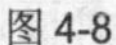

图 4-8　　　　图 4-9

⊙ 画笔笔尖形状：可以修改预设的画笔，如调整画笔的大小、角度、圆度、硬度和间距等笔尖形状特征。

- 大小：用于设置画笔大小，范围为 1~5000 像素。
- 翻转 X/翻转 Y：用于改变画笔笔尖在 X 轴或 Y 轴上的方向。

➢ 角度：用于设置画笔的倾斜角度。可以输入角度值，或拖曳箭头进行调整，如图 4-10 所示。

图 4-10

➢ 圆度：用于设置画笔的圆滑度。可以输入数值，或拖曳控制点进行调整。当该值为 100%时，笔尖为圆形，其他值时将画笔压扁，如图 4-11 所示。

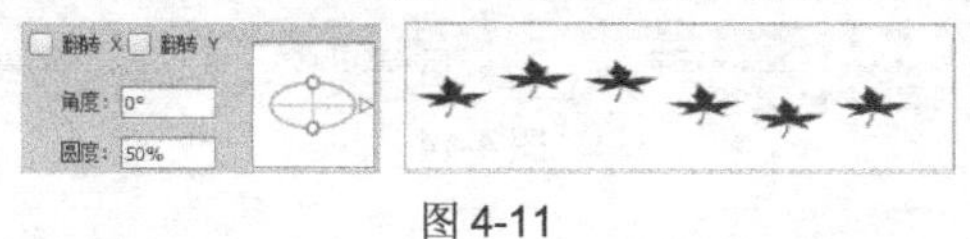

图 4-11

➢ 硬度：用于设置画笔所画图像的边缘柔化程度。值越小，画笔的边缘越柔和，如图 4-12 所示。

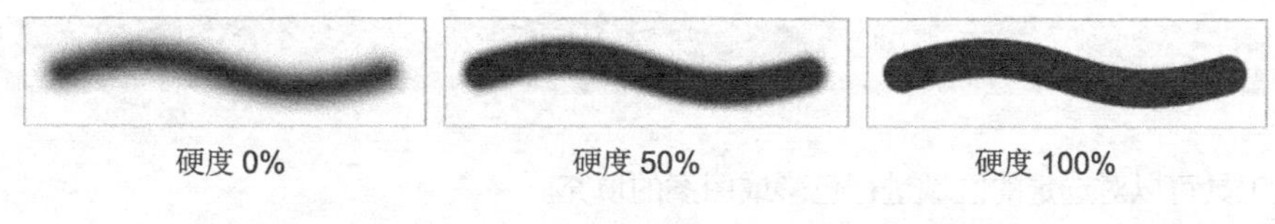

图 4-12

➢ 间距：用于设置画笔画出的标记点之间的间隔距离。该值越高，间隔距离越大，如图 4-13 所示。如果取消选择，则会根据光标的移动速度调整间距。

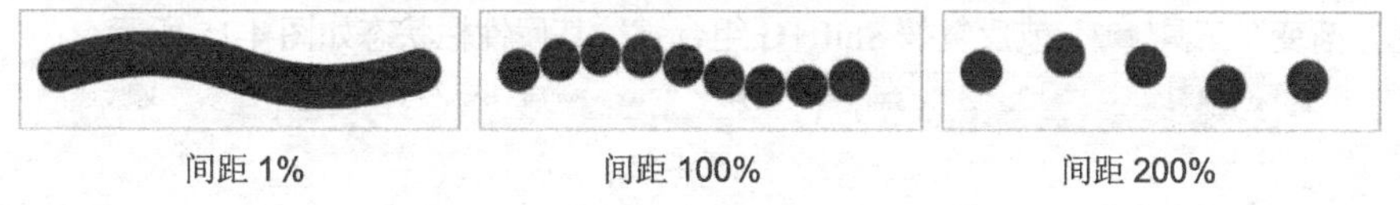

图 4-13

⊙ 形状动态：可以增加画笔的动态效果，可以使画笔的大小、圆度等产生随机变化。
⊙ 散布：可以设置画笔的数目和位置及线条扩散。
⊙ 纹理：可以使画笔纹理化。
⊙ 双重画笔：两种画笔效果的混合。
⊙ 颜色动态：用于设置画笔绘制的过程中颜色的动态变化情况。
⊙ 传递：用于为画笔颜色添加递增或递减效果。
⊙ 画笔笔势：用于调整毛刷画笔笔尖、侵蚀画笔笔尖的角度。
⊙ 杂色：用于为画笔增加杂色效果。
⊙ 湿边：用于为画笔增加水笔的效果。
⊙ 建立：将渐变色调应用于图像，同时模拟传统的喷枪技术。
⊙ 平滑：可以使画笔绘制的线条产生更平滑顺畅的效果。
⊙ 保护纹理：可以对所有的画笔应用相同的纹理图案。
⊙ “切换实时笔尖画笔预览”按钮：在图像窗口中显示毛刷笔尖的样式。
⊙ “打开预设管理器”按钮：可以打开画笔预设管理器。

⊙ “创建新画笔”按钮：将调整后的预设画笔保存为一个新的预设。

“画笔”工具不仅可以像传统的毛笔一样绘画，还能够修改蒙版和通道

4.2.2 铅笔工具

铅笔工具也属于绘画工具，且只能绘制硬边线条。

选择“铅笔”工具，或反复按 Shift+B 组合键，其属性栏状态如图 4-14 所示。除“自动抹除”功能外，其他选项均与画笔工具相同。

图 4-14

⊙ 自动抹除：用于自动判断绘画时的起始点颜色，如果起始点颜色为背景色，则铅笔工具将以前景色绘制，反之如果起始点颜色为前景色，铅笔工具则会以背景色绘制。

4.3 渐变、油漆桶工具

填充工具可以对选定的区域进行色彩或图案的填充。

4.3.1 渐变工具

渐变工具用于在图像或图层中形成一种色彩渐变的图像效果。

选择“渐变”工具，或反复按 Shift+G 组合键，其属性栏状态如图 4-15 所示。

图 4-15

1. 属性栏

⊙ “点按可编辑渐变”按钮：用于选择和编辑渐变的色彩。单击右侧的按钮，在弹出的下拉面板中可选择一个预设渐变，如图 4-16 所示。直接单击，则弹出“渐变编辑器”对话框，如图 4-17 所示，可以编辑渐变颜色。

图 4-16

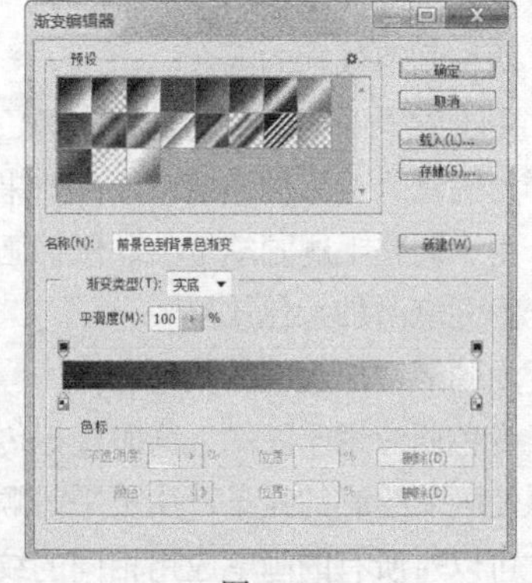

图 4-17

⊙ “线性渐变”按钮：可以创建从起点到终点的直线渐变。

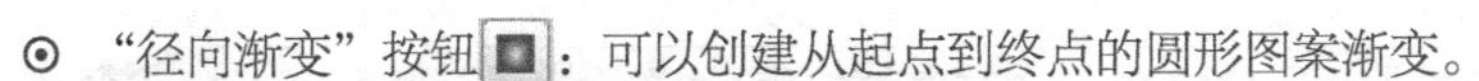

⊙ “径向渐变”按钮：可以创建从起点到终点的圆形图案渐变。

⊙ “角度渐变”按钮：可以创建起点以逆时针扫描方式的渐变。

⊙ “对称渐变”按钮：可以创建以起点的任意一侧均衡的线性渐变。

⊙ “菱形渐变”按钮：可以创建以菱形方式从起点向外的渐变，终点定义菱形一角。

应用不同的渐变类型制作出的效果如图 4-18 所示。

图 4-18

⊙ 模式：用来设置应用渐变时的混合模式。

⊙ 不透明度：用来设置渐变效果的不透明度。

⊙ 反向：可转换渐变中的颜色顺序，得到反方向的渐变效果。

⊙ 仿色：勾选该项，可以使渐变效果更加平滑。主要用于防止打印时出现条带化现象，在屏幕上不能明显地体现出作用。

⊙ 透明区域：勾选该项，可以创建包含透明像素的渐变；取消勾选则创建实色渐变。

2．渐变编辑器

如果要自定义渐变形式和色彩，可单击属性栏中的“点按可编辑渐变”按钮，弹出“渐变编辑器”对话框。

在“渐变编辑器”对话框中，提供了许多可供选择的预设渐变，如图 4-19 所示。

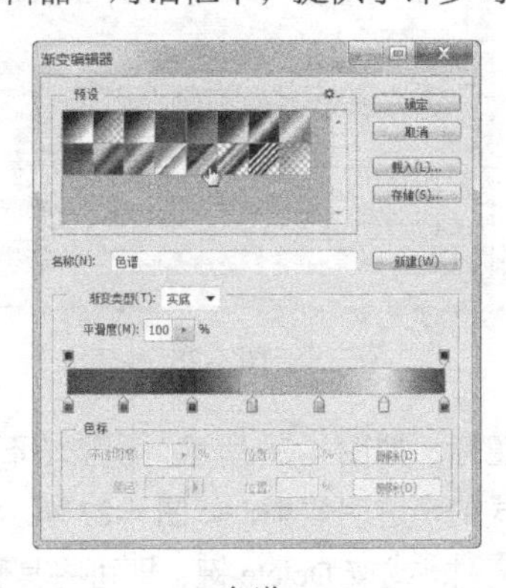

色谱

蓝、红、黄渐变

图 4-19

单击颜色编辑框下方的适当位置，可以增加颜色色标，如图 4-20 所示。颜色可以进行调整，可以在对话框下方的“颜色”选项中选择颜色，或双击刚建立的颜色色标，弹出“拾色器（色标颜色）”对话框，如图 4-21 所示，在其中选择适合的颜色，单击“确定”按钮，颜色即可改变。颜色的位置也可以进行调整，在“位置”选项的数值框中输入数值或用鼠标直接拖曳颜色色标，都可以调整颜色的位置。

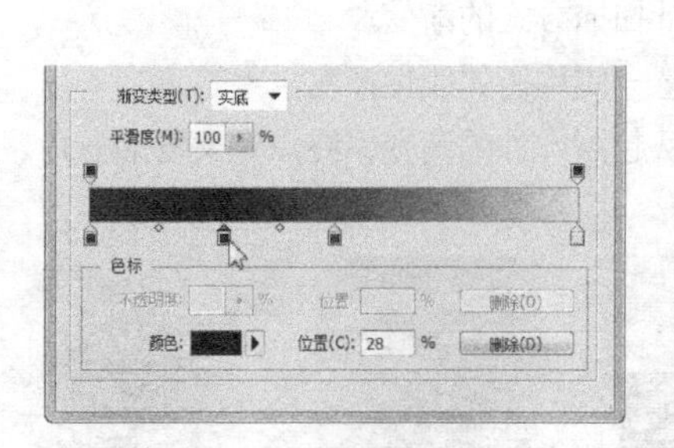

图 4-20

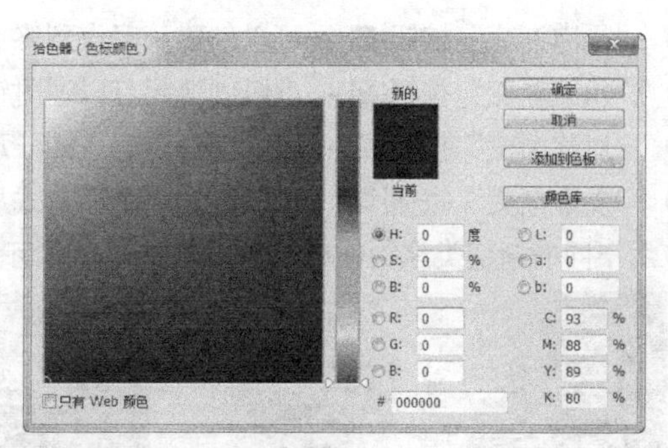

图 4-21

任意选择一个颜色色标，如图 4-22 所示，单击对话框下方的“删除”按钮 删除(D) ，或按 Delete 键，可以将颜色色标删除，如图 4-23 所示。

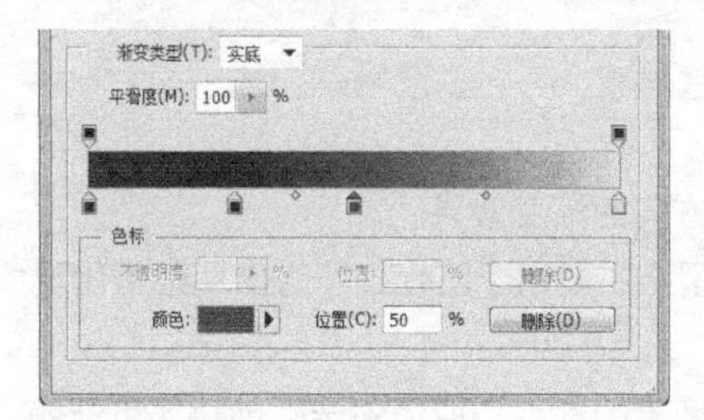

图 4-22

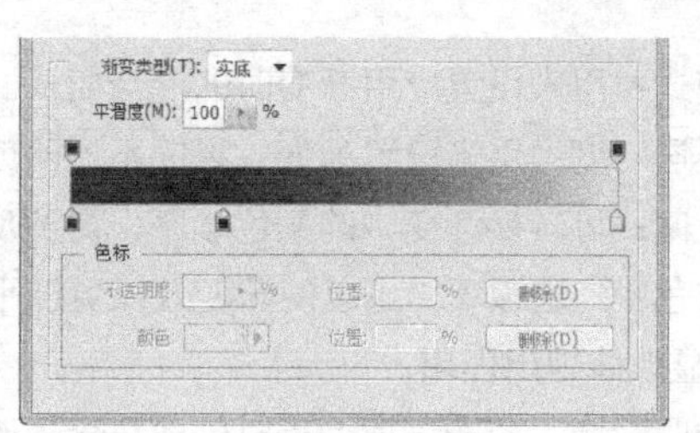

图 4-23

在对话框中单击颜色编辑框左上方的黑色色标，如图 4-24 所示，调整“不透明度”选项的数值，可以使开始的颜色到结束的颜色显示为半透明的效果，如图 4-25 所示。

图 4-24

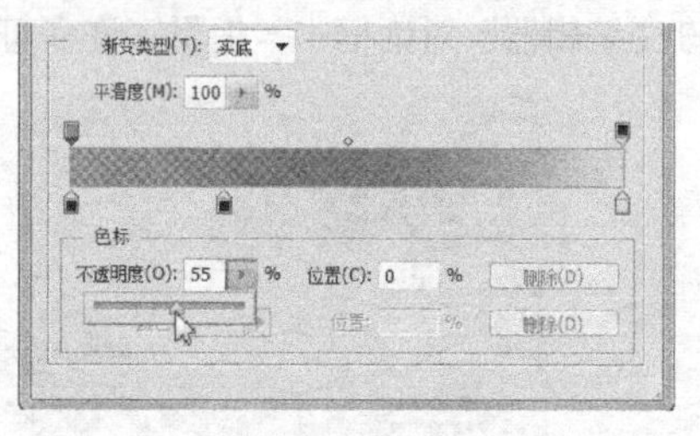

图 4-25

在对话框中单击颜色编辑框的上方，添加新的色标，如图 4-26 所示，调整“不透明度”选项的数值，可以使新色标的颜色向两边的颜色出现过渡式的半透明效果，如图 4-27 所示。如果想删除新的色标，单击对话框下方的“删除”按钮 删除(D) ，或按 Delete 键，即可将其删除。

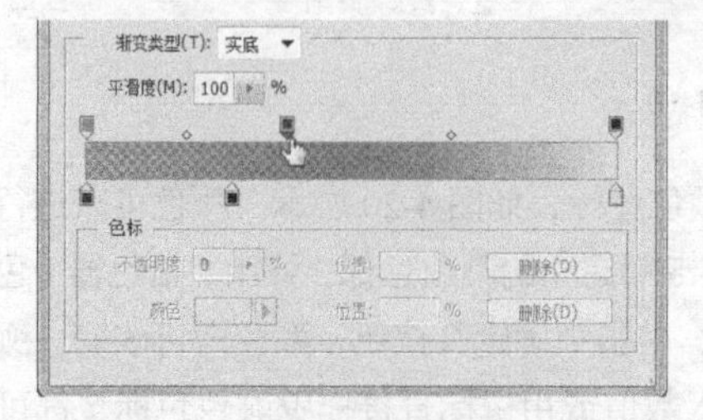

图 4-26

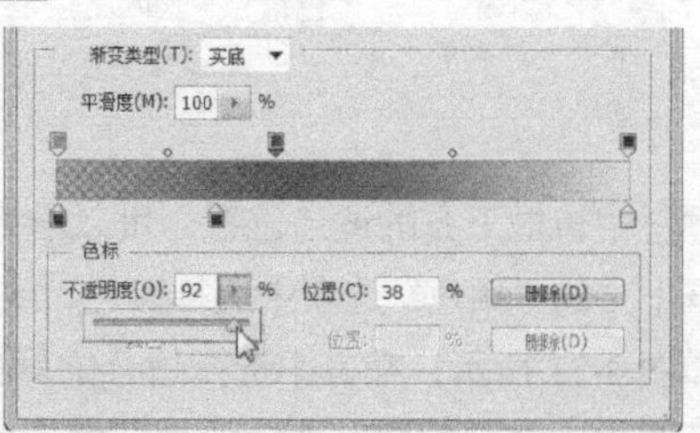

图 4-27

在“预设”选项组中选择需要的渐变，如图 4-28 所示。在“渐变类型”选项中选择“杂色”，“渐变编辑器”对话框如图 4-29 所示。杂色渐变包含了在指定范围内随机分布的颜色，它的颜色变化效果更加丰富。在“粗糙度”文本框中输入 100，如图 4-30 所示。“粗糙度”选项用来设置渐变的粗糙度，该值越高，颜色的层次越丰富，但颜色间的过渡越粗糙。

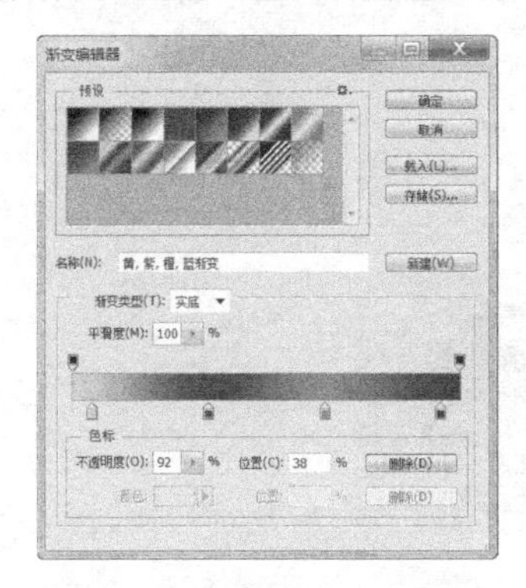
图 4-28

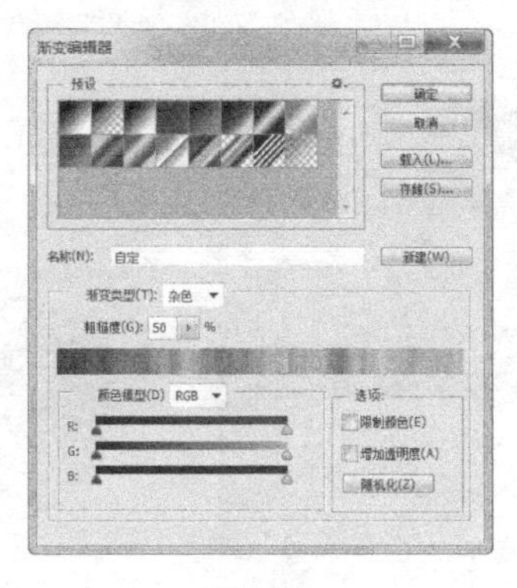
图 4-29

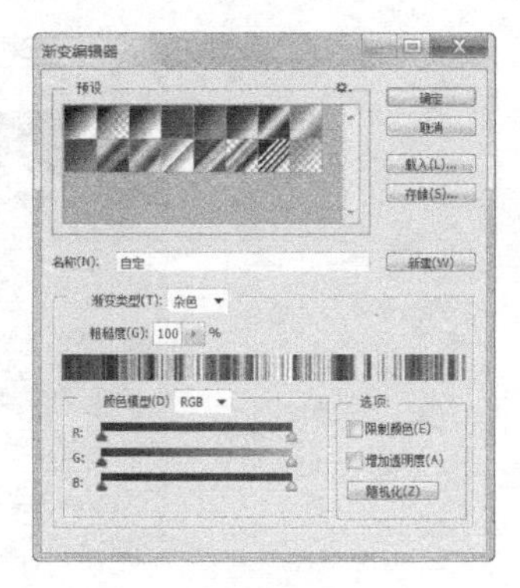
图 4-30

单击“随机化”按钮，随机生成一个新的渐变颜色，如图 4-31 所示。每单击一次该按钮，就会随机生成一个新的渐变颜色，如图 4-32 所示。

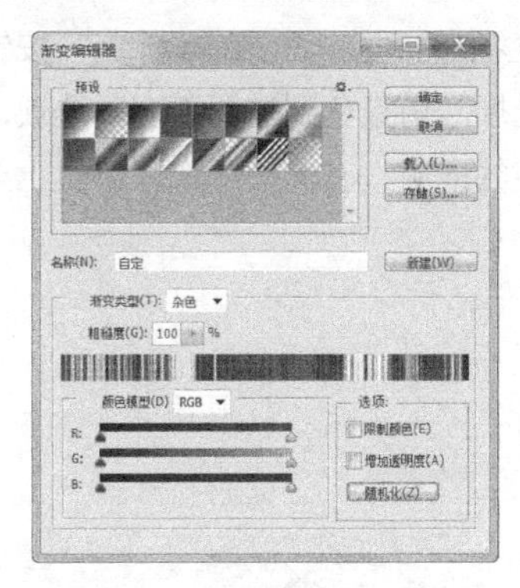
图 4-31

图 4-32

通过课堂案例，学习渐变工具的具体应用。

（1）按 Ctrl + N 组合键，新建一个文件，宽度为 110mm，高度为 100mm，分辨率为 72 像素/英寸，颜色模式为 RGB，背景内容为白色，单击“确定”按钮。将前景色设为浅蓝色（其 R、G、B 的值分别为 218、242、244）。按 Alt+Delete 组合键，用前景色填充“背景”图层，效果如图 4-33 所示。

（2）新建图层并将其命名为“球体”。选择“椭圆选框”工具，按住 Shift 键的同时，在图像窗口中拖曳鼠标绘制圆形选区，效果如图 4-34 所示。

图 4-33

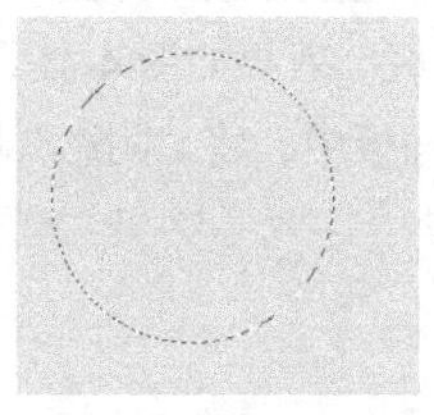
图 4-34

（3）选择“渐变”工具，单击属性栏中的“点按可编辑渐变”按钮，弹出“渐变编辑器”对话框，将渐变颜色设为从浅蓝色（其 R、G、B 的值分别为 174、223、249）到蓝色（其 R、G、B 的值分别为 20、116、246），其他选项的设置如图 4-35 所示。单击“确定”按钮。按住 Shift 键的同时，在圆形选区中由右下角至左上角拖曳鼠标填充渐变色，取消选区后，效果如图 4-36 所示。

图 4-35

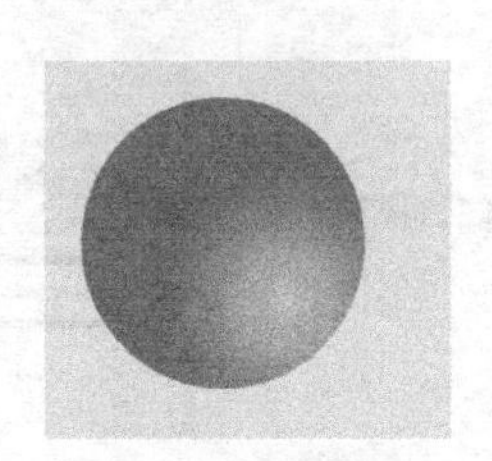

图 4-36

（4）新建图层并将其命名为“高光”。选择“椭圆选框”工具，在图像窗口中拖曳鼠标绘制椭圆形选区，效果如图 4-37 所示。

（5）将前景色设为白色。选择“渐变”工具，单击属性栏中的“点按可编辑渐变”按钮，弹出“渐变编辑器”对话框，在“预设”选项组中选择“前景色到透明渐变”选项，其他选项的设置如图 4-38 所示。单击“确定”按钮。按住 Shift 键的同时，在椭圆形选区中由上至下拖曳鼠标填充渐变色，取消选区后，效果如图 4-39 所示。

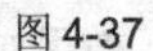

图 4-37

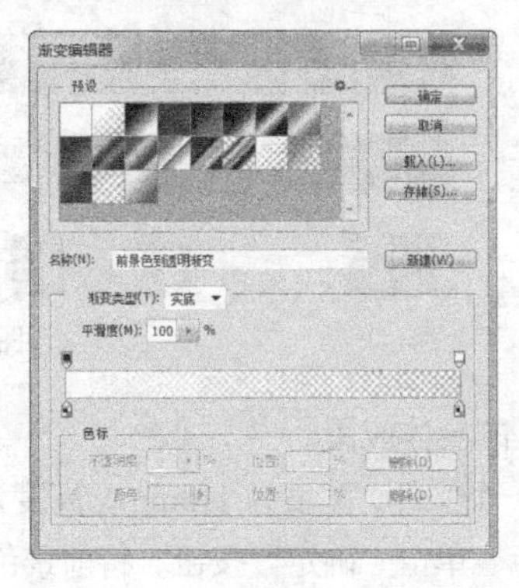

图 4-38

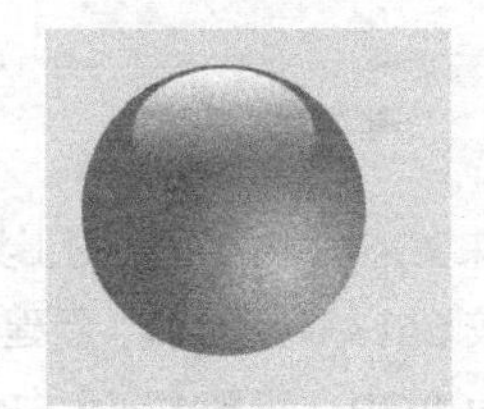

图 4-39

（6）新建图层并将其命名为“阴影”。将前景色设为黑色。选择“椭圆选框”工具，在图像窗口中拖曳鼠标绘制椭圆形选区，效果如图 4-40 所示。按 Alt+Delete 组合键，用前景色填充选区。按 Ctrl+D 组合键，取消选区。效果如图 4-41 所示。

（7）在“图层”控制面板中，将“阴影”图层拖曳到“球体”图层的下方，如图 4-42 所示，图像效果如图 4-43 所示。

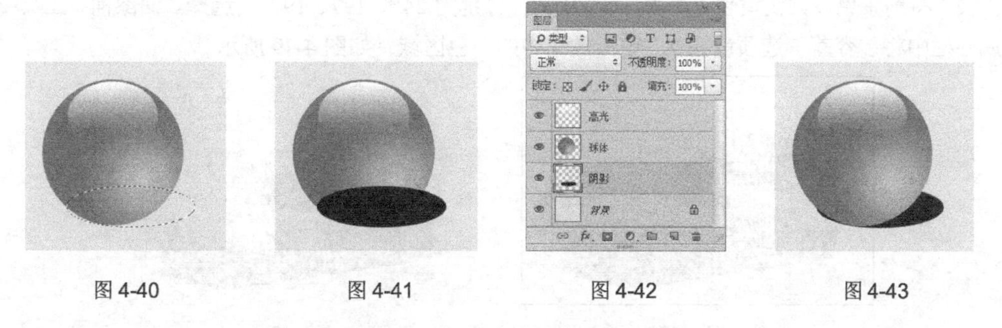

图 4-40　　图 4-41　　图 4-42　　图 4-43

（8）按 Ctrl+T 组合键，在图形周围出现变换框，将鼠标光标放在变换框的控制手柄外边，光标变为旋转图标↷，拖曳鼠标将图形旋转到适当的角度，如图 4-44 所示，按 Enter 键确定操作。

（9）选择“滤镜 > 模糊 > 高斯模糊”命令，在弹出的对话框中进行设置，如图 4-45 所示，单击“确定”按钮，效果如图 4-46 所示。

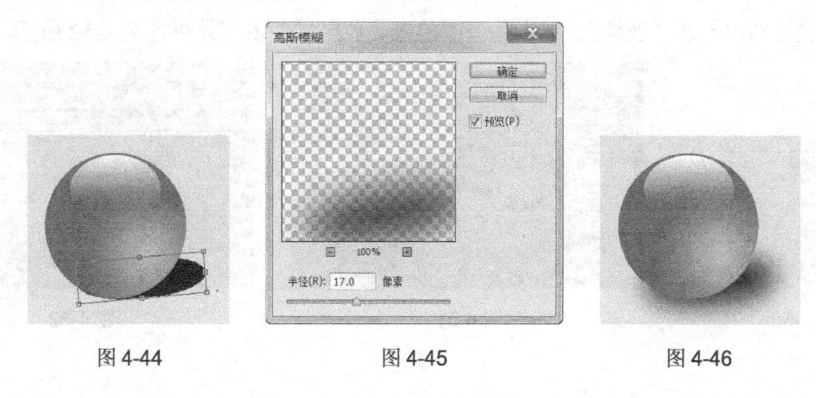

图 4-44　　图 4-45　　图 4-46

4.3.2　油漆桶工具

油漆桶工具可以在图像或选区中对指定色差范围内的色彩区域进行色彩或图案填充。

选择“油漆桶”工具，或反复按 Shift+G 组合键，其属性栏状态如图 4-47 所示。

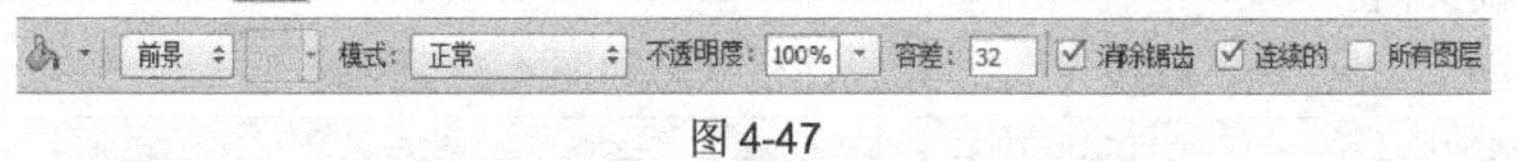

图 4-47

⊙ 模式/不透明度：用来设置填充内容的混合模式和不透明度。如果将“模式”设置为“颜色”，则填充颜色时不会破坏图像中原有的阴影和细节。

⊙ 容差：用来定义必须填充的像素范围。低容差填充像素范围小，高容差填充像素范围大。

⊙ 消除锯齿：可以平滑填充的选区边缘。

⊙ 连续的：勾选该项时，只填充与鼠标单击点相邻的像素，取消勾选时，可填充图像中的所有相似像素。

⊙ 所有图层：勾选该项时，基于所有可见图层中的合并颜色数据填充像素；取消勾选时，则仅填充当前图层。

（1）按 Ctrl + O 组合键，打开云盘中的“Ch04 > 素材 > 油漆桶工具”文件，图像效果如图 4-48 所示。

（2）将前景色设为浅黄色（其 R、G、B 的值分别为 245、197、197），选择“油漆桶”工具，在属性栏中将“容差”选项设为 7。单击图像中的白色区域，如图 4-49 所示。

图 4-48

图 4-49

（3）在属性栏中将“设置填充区域的源”选项设为“图案”，点击“图案拾色器”右侧的小三角，选择需要的图案，如图 4-50 所示。单击图像中的浅黄色区域，填充效果如图 4-51 所示。取消操作。

（4）在属性栏中勾选“连续”，单击图像中的浅黄色区域，填充效果如图 4-52 所示。

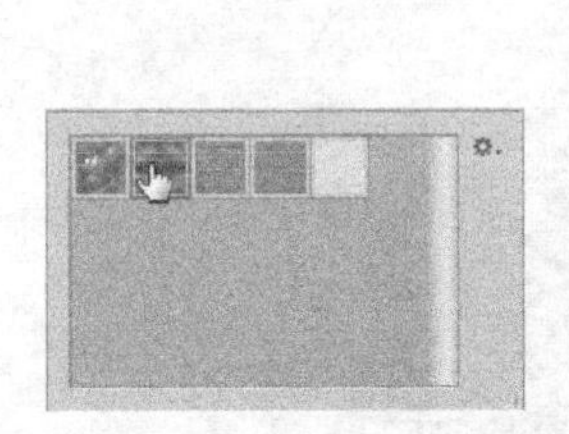

图 4-50

图 4-51

图 4-52

4.4 移动工具

移动工具是最常用的工具之一，可以移动文档中的图像、选区内的图像，还可以将其他文档中的图像拖入当前文档。

选择“移动”工具，或按 V 键，其属性栏状态如图 4-53 所示。

自动选择： 组 显示变换控件 3D 模式：

图 4-53

⊙ 自动选择：勾选该选项可在图像窗口中自动选择和移动图层或组。选择“图层”，可以自动选择最顶层的图像图层；选择“组”，可以自动选择最顶层的图像图层所在的图层组。

（1）按 Ctrl＋O 组合键，打开云盘中的“Ch04 > 素材 >移动工具”文件，图像效果如图 4-54 所示。

（2）选择“移动”工具，移动图片，将会弹出如图 4-55 所示的对话框，提示“背景”图层为锁定状态，单击“确定”按钮，取消提示。双击“背景”图层，弹出图 4-56 所示的对话框。单击“确定”按钮，图层自动重命名为“图层 0”，如图 4-57 所示。

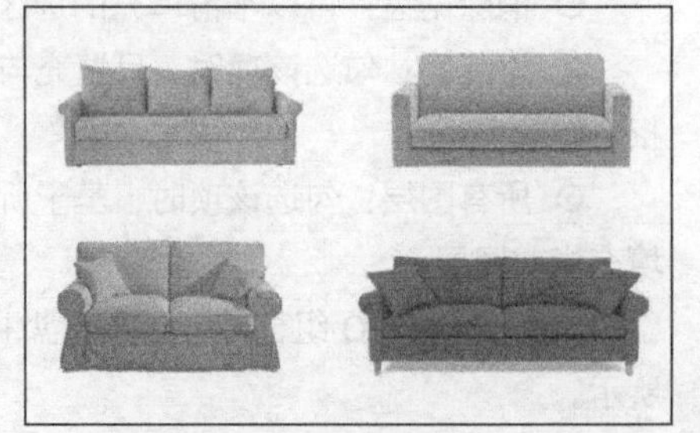

图 4-54

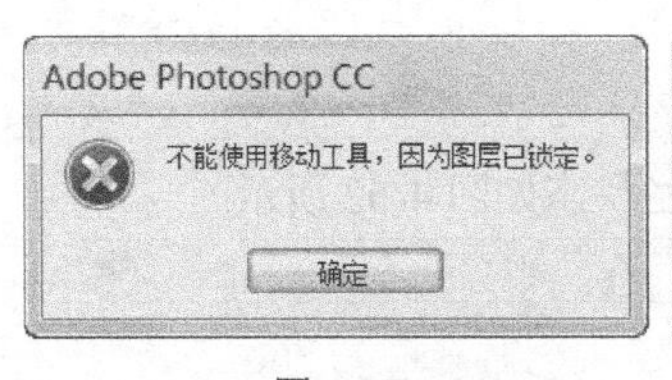

图 4-55

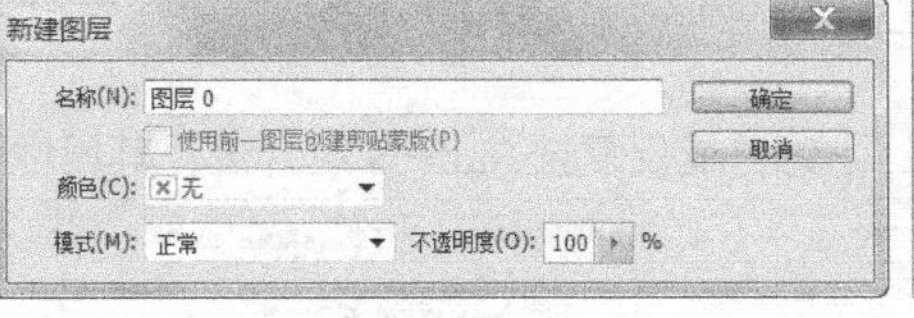

图 4-56

图 4-57

（3）选择“矩形选框”工具，在图像窗口中绘制矩形选区，如图 4-58 所示。选择“移动”工具，将选区中的图像拖曳到适当的位置。按 Ctrl+D 组合键，取消选区，效果如图 4-59 所示。按 2 次 Ctrl+Alt+Z 组合键，取消操作。

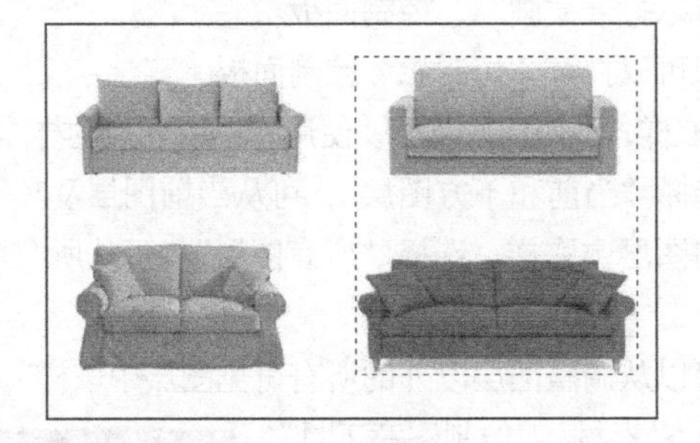

图 4-58

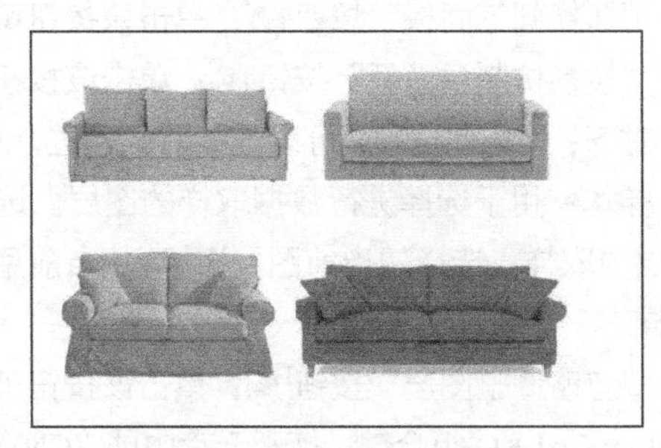

图 4-59

（4）选择“矩形选框”工具，在图像窗口中绘制矩形选区，如图 4-60 所示。选择“移动”工具，按住 Alt 键的同时，拖曳图像到适当的位置，复制图像，如图 4-61 所示。按 Ctrl+D 组合键，取消选区。

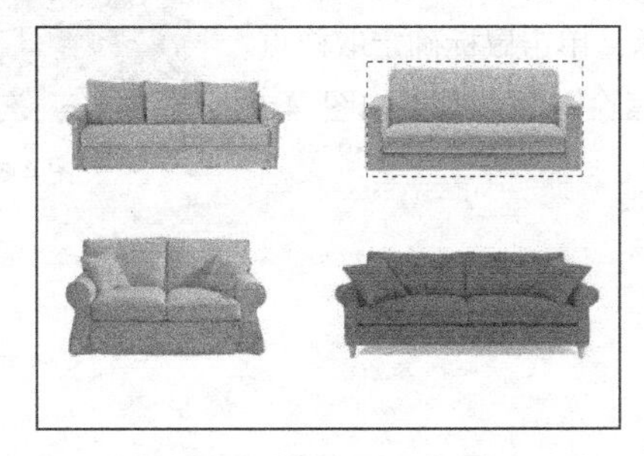

图 4-60

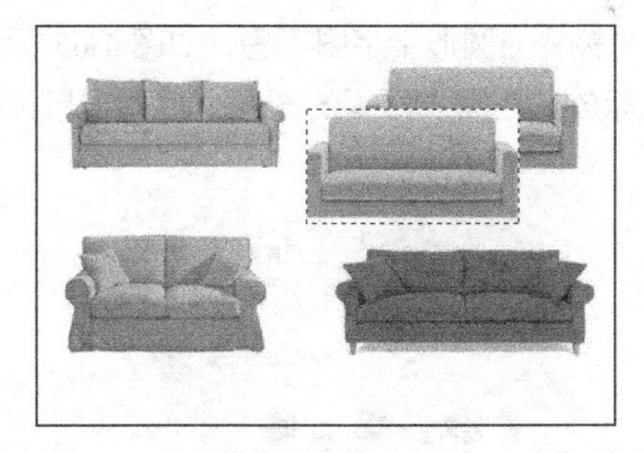

图 4-61

在未解锁“背景”图层的情况下绘制选区，移动后会显示出背景色。

选择“移动”工具，按键盘上的方向键，可以将对象移动 1 个像素的距离。按 Shift+方向键，可以移动 10 个像素的距离。

4.5 仿制图章、图案图章工具

图章工具是最常用的修饰工具，用于对图像局部进行修饰。仿制图章工具可以以指定的像素点

为复制基准点，将其周围的图像复制到其他地方。图案图章工具可以以预先定义的图案为复制对象进行复制。

4.5.1 仿制图章工具

选择“仿制图章”工具，或反复按 Shift+S 组合键，其属性栏状态如图 4-62 所示。

图 4-62

“仿制图章”工具的属性栏包括画笔预设、“切换画笔面板”按钮、“切换仿制源面板”按钮、模式、不透明度、流量、对齐、样本等选项。画笔预设、模式、不透明度、流量已经在之前介绍过，在这里就不再赘述。

⊙ “切换画笔面板”按钮：单击该按钮可以打开“画笔”控制面板。

⊙ “切换仿制源面板”按钮：单击该按钮可以打开“仿制源”控制面板。

⊙ 对齐：勾选此选项，可以连续对像素进行取样；不勾选，则持续使用初始取样点的样本像素。

⊙ 样本：用于选择进行数据取样的图层。选择“当前和下方图层”，可从当前图层及其下方的可见图层中取样；选择“当前图层”，可从当前用图层中取样；选择“所有图层”，可从所有可见图层中取样。

⊙ “忽略调整图层”按钮：单击该按钮可以从调整图层以外的所有可见图层中取样。

（1）按 Ctrl + O 组合键，打开云盘中的“Ch04 > 素材 > 仿制图章工具”文件，图像效果如图 4-63 所示。

图 4-63

（2）选择“仿制图章”工具，在属性栏中单击“画笔”选项右侧的按钮，弹出画笔选择面板，选择需要的画笔形状，将“大小”选项设为 150 像素，如图 4-64 所示。将仿制图章工具放在地面需要取样的位置，按住 Alt 键，鼠标光标变为圆形十字图标⊕，如图 4-65 所示，单击鼠标确定取样点。将鼠标光标放置在需要修复的图像上，单击鼠标擦除图像，效果如图 4-66 所示。

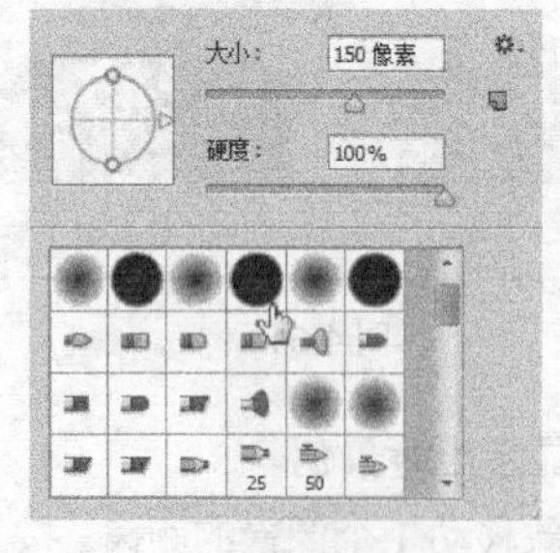

图 4-64

图 4-65

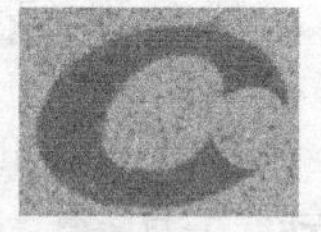

图 4-66

（3）继续单击图像，将不需要的图像擦除，如图 4-67 所示。

（4）使用相同的方法将其他不需要的图像擦除，如图 4-68 所示。

（5）将仿制图章工具放在树梢需要取样的位置，按住 Alt 键的同时，单击鼠标确定取样点。将鼠标光标放置在需要增加树枝的地方，单击鼠标添加树枝，效果如图 4-69 所示。

图 4-67

图 4-68

图 4-69

4.5.2　图案图章工具

选择“图案图章”工具，或反复按 Shift+S 组合键，其属性栏状态如图 4-70 所示。

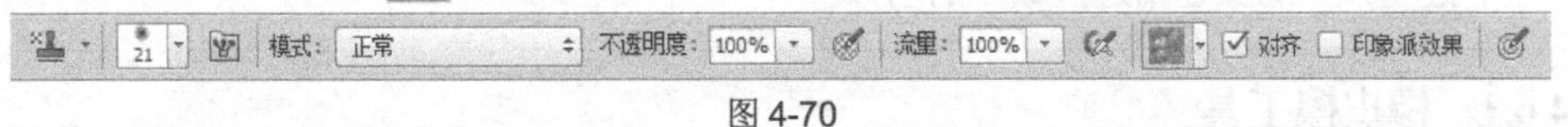

图 4-70

“图案图章”工具的属性栏包括画笔预设、“切换画笔面板”按钮、模式、不透明度、流量、图案、对齐、印象派效果等选项。画笔预设、“切换画笔面板”按钮、模式、不透明度、流量、对齐已经在之前介绍过，在这里就不再赘述。

⊙ 图案：可以选择一个图案作为取样来源，也可自定义图案。

⊙ 印象派效果：勾选此选项，可以保持图案与原始起点的连续性；取消勾选，则每次单击都重新应用图案。

（1）按 Ctrl + O 组合键，打开云盘中的“Ch04 > 素材 > 图案图章工具”文件，图像效果如图 4-71 所示。

（2）选择“矩形选框”工具，在图像窗口中绘制矩形选区，如图 4-72 所示。

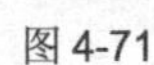

图 4-71

图 4-72

（3）选择“编辑 > 定义图案”命令，弹出对话框，如图 4-73 所示，单击“确定”按钮。选择“图案图章”工具，在属性栏中选择定义好的图案，如图 4-74 所示。按 Ctrl+D 组合键，取消图像中的选区。在适当的位置单击并按住鼠标不放，拖曳鼠标复制出定义好的图案，效果如图 4-75 所示。

图 4-73

图 4-74

图 4-75

4.6 橡皮擦、背景色橡皮擦、魔术橡皮擦工具

擦除工具包括橡皮擦工具、背景橡皮擦工具和魔术橡皮擦工具，应用擦除工具可以擦除指定图像的颜色，还可以擦除颜色相近区域中的图像。

4.6.1 橡皮擦工具

橡皮擦工具可以用背景色擦除背景图像或用透明色擦除图层中的图像。

选择“橡皮擦”工具，或反复按 Shift+E 组合键，其属性栏状态如图 4-76 所示。

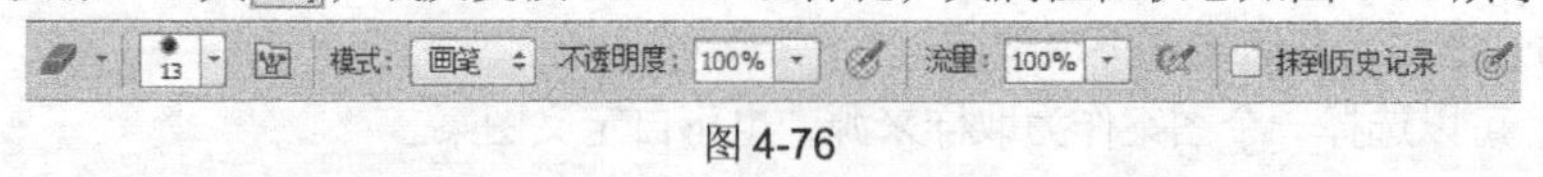

图 4-76

“橡皮擦”工具的属性栏包括画笔预设、“切换画笔面板”按钮、模式、不透明度、流量、抹到历史记录等选项。画笔预设、“切换画笔面板”按钮、不透明度、流量已经在之前介绍过，在这里就不再赘述。

⊙ 模式：用于选择擦除的笔触方式。

⊙ 抹到历史记录：用于确定以“历史”控制面板中确定的图像状态来擦除图像。

在普通图层上直接涂抹，可擦除涂抹区域的像素，若在“背景”图层或锁定了透明区域的图层上涂抹，擦除后会显示出背景色。

（1）按 Ctrl + O 组合键，打开云盘中的“Ch04 > 素材 > 橡皮擦工具”文件，图像效果如图 4-77 所示。将前景色设为红色（其 R、G、B 的值分别为 180、1、7）。选择“橡皮擦”工具，在属性栏中单击“画笔”选项右侧的按钮，弹出画笔选择面板，在面板中选择需要的画笔形状，如图 4-78 所示。在图像窗口中擦除不需要的图像，如图 4-79 所示。

图 4-77

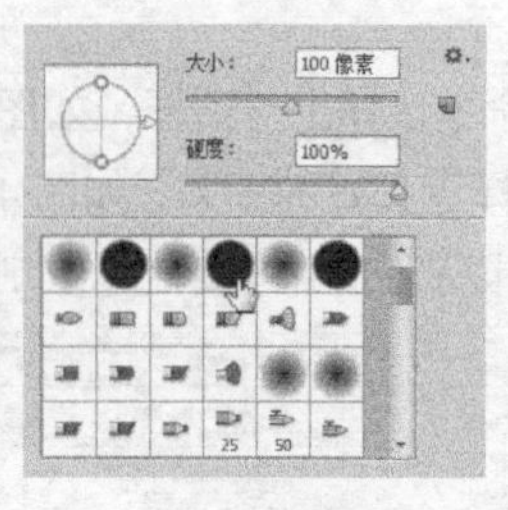

图 4-78

图 4-79

（2）在“图层”控制面板中，双击“背景”图层，弹出如图 4-80 所示的对话框。单击“确定”按钮，解锁图层。

（3）继续在图像窗口中涂抹，效果如图 4-81 所示。

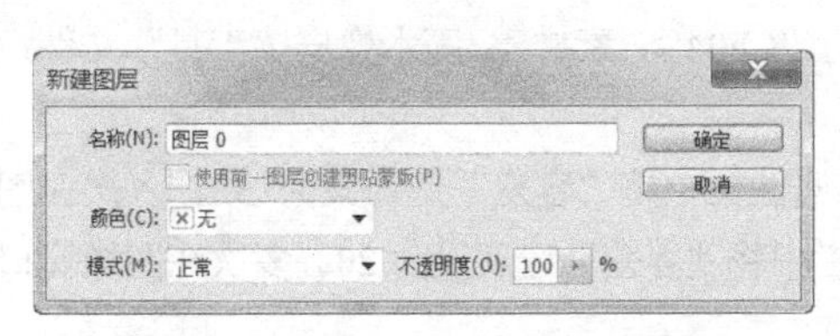

图 4-80

图 4-81

4.6.2　背景橡皮擦工具

背景橡皮擦工具可以用来擦除指定的颜色，指定的颜色显示为背景色。

选择“背景橡皮擦”工具，或反复按 Shift+E 组合键，其属性栏状态如图 4-82 所示。

图 4-82

“背景橡皮擦”工具的属性栏包括画笔预设、限制、容差、保护前景色、取样等选项。

- 画笔预设：用于选择橡皮擦的形状和大小。
- 限制：用于选择擦除界限。
- 容差：用于设定容差值。
- 保护前景色：用于保护前景色不被擦除。

（1）按 Ctrl + O 组合键，打开云盘中的“Ch04 > 素材 > 背景橡皮擦工具”文件，图像效果如图 4-83 所示。

（2）选择“背景橡皮擦”工具，在属性栏中将“画笔大小”选项设为 300，“容差”选项设为 10，在图像窗口中擦除白色区域，效果如图 4-84 所示。

（3）选择“文件 > 恢复”命令，恢复到刚打开图片时的状态。将前景色设为白色。在“背景橡皮擦”工具属性栏中将“容差”选项设为 20，勾选“保护前景色”选项。在图像窗口中擦除白色区域以外的区域，效果如图 4-85 所示。

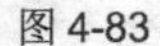

图 4-83

图 4-84

图 4-85

4.6.3　魔术橡皮擦工具

魔术橡皮擦工具可以自动擦除颜色相近区域中的图像。

选择“魔术橡皮擦”工具，或反复按 Shift+E 组合键，其属性栏状态如图 4-86 所示。

图 4-86

（1）按 Ctrl + O 组合键，打开云盘中的“Ch04 > 素材 > 魔术橡皮擦工具”文件，图像效果如图 4-87 所示。

（2）选择“魔术橡皮擦”工具，在属性栏中将“容差”选项设为 32，多次在图像窗口中单击天空区域，效果如图 4-88 所示。在属性栏中将“容差”选项设为 20，多次在图像窗口中单击天空区域，效果如图 4-89 所示。

图 4-87

图 4-88

图 4-89

4.7 模糊、锐化、涂抹工具

模糊、锐化和涂抹工具是图像修饰工具，可改善图像的细节，对图像的小范围和局部进行修饰。

4.7.1 模糊工具

模糊工具可以使图像的色彩变模糊。

选择“模糊”工具，其属性栏状态如图 4-90 所示。

图 4-90

⊙ 强度：用于设定压力的大小。

⊙ 对所有图层取样：用于确定模糊工具是否对所有可见层起作用。

（1）按 Ctrl + O 组合键，打开云盘中的“Ch04 > 素材 > 模糊工具”文件，图像效果如图 4-91 所示。

图 4-91

（2）选择“模糊”工具，在属性栏中单击“画笔”选项右侧的按钮，在弹出的画笔面板中选择需要的画笔形状，将“大小”选项设为 500，“硬度”选项设为 100%，如图 4-92 所示。在图像中单击并按住鼠标不放，拖曳鼠标使图像产生模糊的效果，如图 4-93 所示。

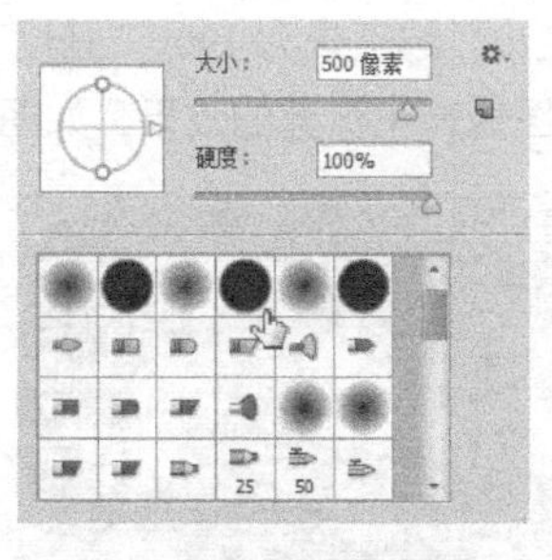

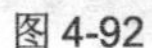
图 4-92

图 4-93

4.7.2　锐化工具

锐化工具可以使图像的色彩感变强烈。

选择“锐化”工具，其属性栏状态如图 4-94 所示。其属性栏中的内容与模糊工具属性栏的选项内容类似。

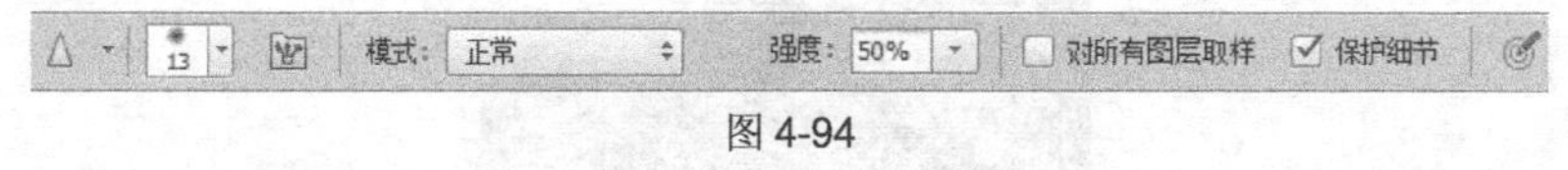

图 4-94

（1）按 Ctrl + O 组合键，打开云盘中的“Ch04 > 素材 > 锐化工具”文件，图像效果如图 4-95 所示。

（2）选择“锐化”工具，在属性栏中将画笔“大小”选项设为 150，“强度”选项设为 100%。在图像中单击并按住鼠标不放，拖曳鼠标使图像产生锐化的效果，如图 4-96 所示。

图 4-95

图 4-96

4.7.3　涂抹工具

选择“涂抹”工具，其属性栏状态如图 4-97 所示。其属性栏中的内容与模糊工具属性栏的选项内容类似，只增加“手指绘画”复选框。

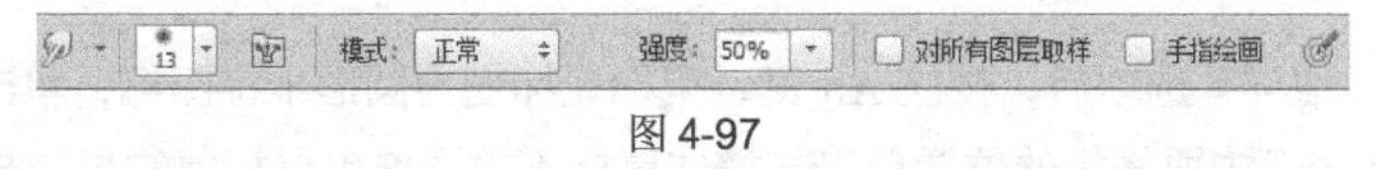

图 4-97

⊙ 手指绘画：勾选此选项，可以在单击点处添加前景色进行涂抹；取消勾选，则直接使用单击点处的图像展开涂抹。

（1）按 Ctrl + O 组合键，打开云盘中的“Ch04 > 素材 > 涂抹工具”文件，图像效果如图 4-98 所示。

（2）选择“涂抹”工具，在属性栏中将画笔“大小”选项设为 190，“强度”选项设为 50%。在图像中的火焰区域单击并按住鼠标不放，拖曳鼠标使图像产生涂抹的效果，如图 4-99 所示。

图 4-98

图 4-99

（3）选择“文件 > 恢复”命令，恢复到刚打开图片时的状态。在“涂抹”工具属性栏中勾选“手指绘画”复选框。将前景色设为红色（其 R、G、B 的值分别为 180、1、7）。在图像中抱枕区域单击并按住鼠标不放，拖曳鼠标使图像产生涂抹的效果，如图 4-100 所示。

图 4-100

4.8 修复画笔、修补工具、污点修复画笔及红眼工具

修复工具用于对图像的细微部分进行修整，是在处理图像时不可缺少的工具。

4.8.1 修复画笔工具

修复画笔工具可将样本的纹理、光照、透明度和阴影等与所修复的像素匹配，修复痕迹不明显，是常用的修饰工具之一。

选择“修复画笔”工具，或反复按 Shift+J 组合键，其属性栏状态如图 4-101 所示。

图 4-101

⊙ 源：选择“取样”选项后，按住 Alt 键，鼠标光标变为圆形十字图标，单击定下样本的取样点，释放鼠标，在图像中要修复的位置单击并按住鼠标不放，拖曳鼠标复制出取样点的图像；选择“图案”选项后，在“图案”面板中选择图案或自定义图案来填充图像。

（1）按 Ctrl + O 组合键，打开云盘中的“Ch04 > 素材 > 修复画笔工具 1”文件，图像效果如图 4-102 所示。

（2）选择“仿制图章”工具，在属性栏中单击“画笔”选项右侧的按钮，弹出画笔选择面板，在面板中选择需要的画笔形状，将“大小”选项设为 100。将仿制图章工具放在白云需要取样的位置，按住 Alt 键的同时，鼠标光标变为圆形十字图标⊕，单击鼠标确定取样点。将鼠标光标放置在需要添加白云的天空上，单击鼠标添加，效果如图 4-103 所示。

（3）按 Ctrl+Z 组合键，取消操作。选择“修复画笔”工具，将修复画笔工具放在白云需要取样的位置，按住 Alt 键的同时，鼠标光标变为圆形十字图标⊕，单击鼠标确定取样点。将鼠标光标放置在需要添加白云的天空上，单击鼠标添加，效果如图 4-104 所示。

从以上操作可以看出，使用仿制图章工具进行的复制只是单纯的复制，复制的痕迹比较明显。而使用修复画笔工具进行的复制则明显有一种白云和天空相互融合的效果，显得更为真实。

图 4-102

图 4-103

图 4-104

修复画笔工具可以修复旧照片或有破损的图像，并保持图像的亮度、饱和度、纹理等，因此常被用于照片的编辑处理。

（1）按 Ctrl + O 组合键，打开云盘中的“Ch04 > 素材 > 修复画笔工具 2”文件，图像效果如图 4-105 所示。

图 4-105

（2）在“修复画笔”工具属性栏中将画笔“大小”选项设为 30。将修复画笔工具放在斑点周围需要取样的位置，按住 Alt 键的同时，鼠标光标变为圆形十字图标⊕，如图 4-106 所示，单击鼠标确定取样点。

（3）将鼠标光标放置在需要修复的斑点上，单击鼠标去掉斑点，效果如图 4-107 所示。使用相同的方法修复其他斑点，如图 4-108 所示。

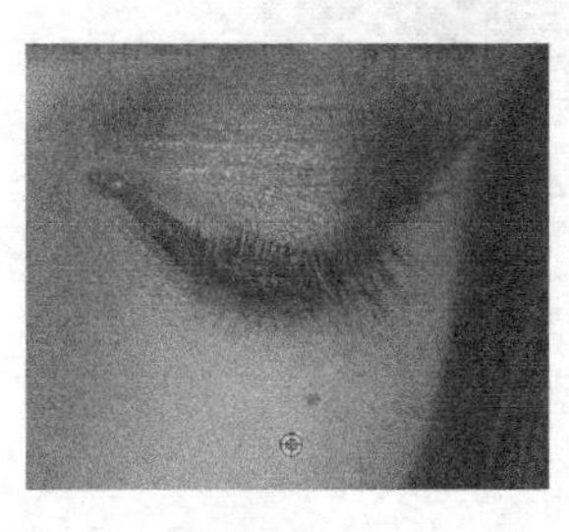

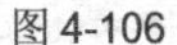

图 4-106

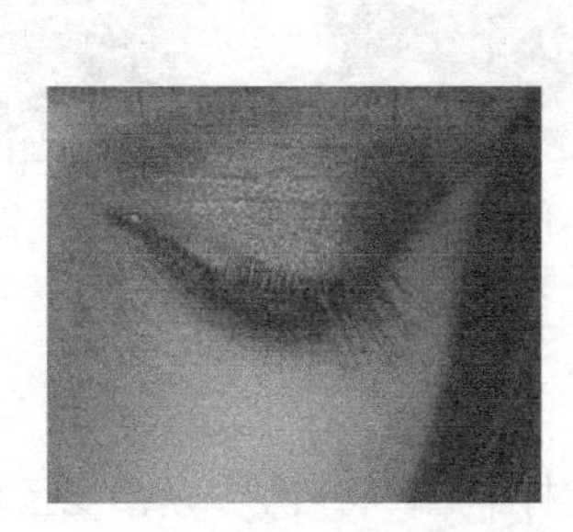

图 4-107

图 4-108

4.8.2　修补工具

修补工具可以用图像中的其他区域或图案来修补当前选中的修补区域。

选择“修补”工具，或反复按 Shift+J 组合键，其属性栏状态如图 4-109 所示。

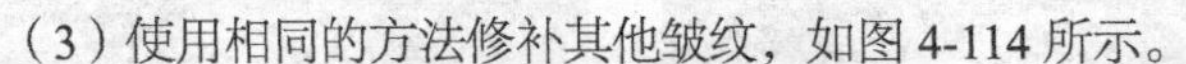

图 4-109

⊙ 源：将拖曳后的目标区域修补选中的图像。

⊙ 目标：将选中的图像复制到目标区域。

（1）按 Ctrl + O 组合键，打开云盘中的“Ch04 > 素材 > 修补工具”文件，图像效果如图 4-110 所示。

图 4-110

（2）选择“修补”工具，在图像窗口中拖曳鼠标圈选皱纹区域，生成选区，如图 4-111 所示。在选区中单击并按住鼠标不放拖曳到上方无皱纹的位置，如图 4-112 所示，松开鼠标，选区中的皱纹被新放置选取位置的图像所修补。按 Ctrl+D 组合键，取消选区，效果如图 4-113 所示。

（3）使用相同的方法修补其他皱纹，如图 4-114 所示。

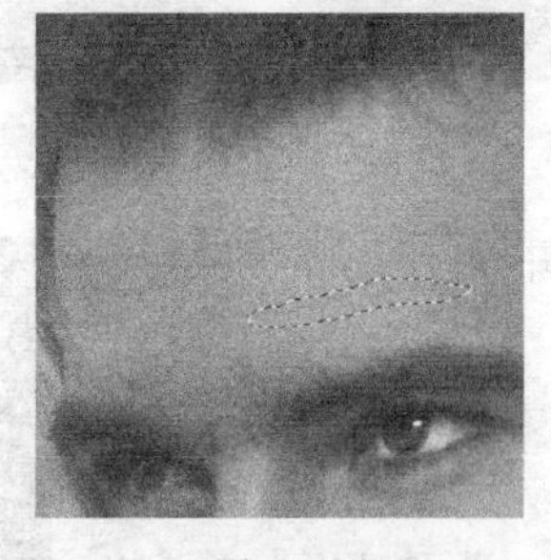

图 4-111

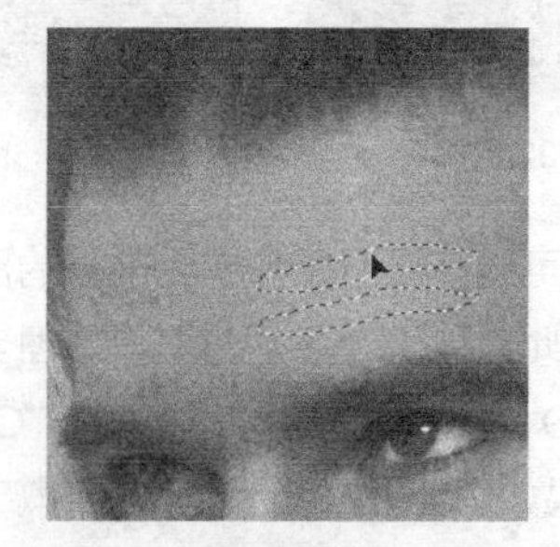

图 4-112

图 4-113

图 4-114

4.8.3 污点修复画笔工具

污点修复画笔工具不需要制定样本点，将自动从所修复区域的周围取样。

选择“污点修复画笔”工具，或反复按 Shift+J 组合键，其属性栏状态如图 4-115 所示。

图 4-115

（1）按 Ctrl + O 组合键，打开云盘中的“Ch04 > 素材 > 污点修复画笔工具”文件，图像效果如图 4-116 所示。

（2）选择“污点修复画笔”工具，在属性栏中将画笔“大小”选项设为 20。在要修复的污点图像上拖曳鼠标，污点被去除，效果如图 4-117 所示。

（3）使用相同的方法修复其他污点，如图 4-118 所示。

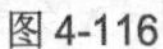

图 4-116

图 4-117

图 4-118

4.8.4　红眼工具

红眼工具可去除用闪光灯拍摄的人物照片中的红眼，也可以去除用闪光灯拍摄的照片中的白色或绿色反光。

4.9　其他工具

4.9.1　颜色替换工具

颜色替换工具能够简化图像中特定颜色的替换。可以使用校正颜色在目标颜色上绘画。颜色替换工具不适用于“位图”“索引”或“多通道”颜色模式的图像。

选择“颜色替换”工具，其属性栏状态如图 4-119 所示。

图 4-119

⊙ 模式：用来设置可以替换的颜色属性，包括“色相”“饱和度”“颜色”和“明度”。

⊙ 取样：用来设置颜色的取样类型。“连续”按钮，可连续对颜色取样；“一次”按钮，替换第一次单击的颜色；“背景色板”按钮，替换当前背景色的颜色。

⊙ 限制：选择“不连续”，可替换单击的样本颜色；选择“连续”，可替换单击的样本颜色和相近的其他颜色；选择“查找边缘”，可替换样本颜色的连接区域，并保留边缘的锐化程度。

（1）按 Ctrl + O 组合键，打开云盘中的“Ch04 > 素材 > 颜色替换工具”文件，图像效果如图 4-120 所示。

（2）将前景色设为蓝色（其 R、G、B 的值分别为 31、167、211）。选择“颜色替换”工具，在属性栏中将“容差”选项设为 20，在图像中的绿色墙面上涂抹，效果如图 4-121 所示。

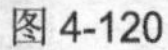

图 4-120

图 4-121

4.9.2　切片工具、切片选择工具

切片工具和切片选择工具是制作网页时常用的工具，可通过优化切片对分割的图像进行压缩，还可为切片制作动画、链接到 URG 地址，或制作翻转按钮。

4.9.3　颜色取样器工具

选择“颜色取样器”工具，在需要观察颜色信息的位置单击，建立取样点，同时弹出“信息”面板显示取样位置的颜色值，如图 4-122 所示。一个图像最多可放置 4 个取样点。单击并拖曳取样点，可以移动它的位置；按住 Alt 键单击取样点，可将其删除。

图 4-122

4.9.4　标尺工具、计数工具

1．标尺工具

标尺工具可以在图像中测量任意两点之间的距离，并可以用来测量角度和坐标。

（1）按 Ctrl + O 组合键，打开云盘中的“Ch04 > 素材 > 标尺工具”文件，图像效果如图 4-123 所示。

（2）选择“标尺”工具，拖曳鼠标在图像中绘制直线，如图 4-124 所示。“信息”面板如图 4-125 所示。按住 Alt 键的同时，拖曳鼠标可以创建第二条测量线。

图 4-123

图 4-124

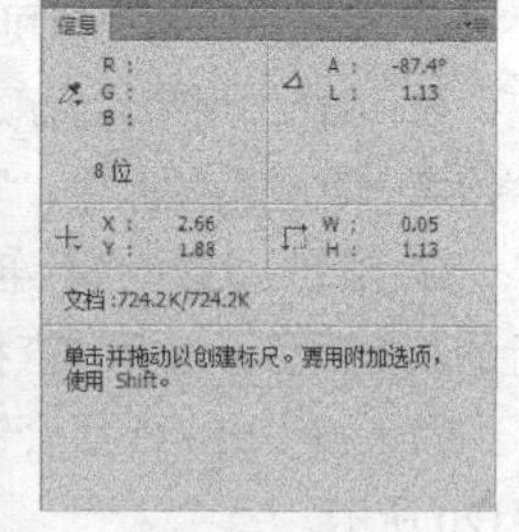

图 4-125

2．计数工具

选择“计数”工具，在图像中多次单击，可以对图像中的对象和多个选定区域计数，并将计

数数目显示在项目和“计数”工具属性栏中。

4.9.5　注释工具

注释工具可以为图像增加文字注释。选择“注释”工具，在图像中单击，弹出“注释”面板，在文本框中输入需要的文字即可。

4.10　历史记录的应用

Photoshop 提供了很多帮助用户恢复操作的功能，包括“历史记录”控制面板、“历史记录画笔”工具和“历史记录艺术画笔”工具，这些面板和工具可撤销在编辑图像过程中出现的失误，将图像恢复到最近保存过的状态。

4.10.1　“历史记录”控制面板

“历史记录”控制面板记录了编辑图像时的每一步操作，单击可将图像恢复到操作过程的某一步或刚打开时的状态，也可回到当前状态，还能创建快照或新文件。

（1）按 Ctrl + O 组合键，打开云盘中的“Ch04 > 素材 > ‘历史记录’控制面板”文件，图像效果如图 4-126 所示。选择“窗口 > 历史记录”命令，弹出“历史记录”控制面板，如图 4-127 所示。

图 4-126

图 4-127

（2）选择“裁剪”工具，在图像窗口中拖曳鼠标，绘制矩形裁切框，效果如图 4-128 所示，按 Enter 键确定操作，效果如图 4-129 所示。

图 4-128

图 4-129

（3）选择“仿制图章”工具，在属性栏中单击“画笔”选项右侧的按钮，弹出画笔选择面板，在面板中选择需要的画笔形状，将“大小”选项设为 500 像素，如图 4-130 所示。将仿制图章工具放在图像中需要取样的位置，按住 Alt 键的同时，鼠标光标变为圆形十字图标⊕，如图 4-131 所示，单击鼠标确定取样点。将鼠标光标放置在需要添加图像的区域，单击鼠标添加图像，效果如图 4-132 所示。多次使用“仿制图章”工具取样并添加图像，最终效果如图 4-133 所示。“历史记录”控制面板如图 4-134 所示。

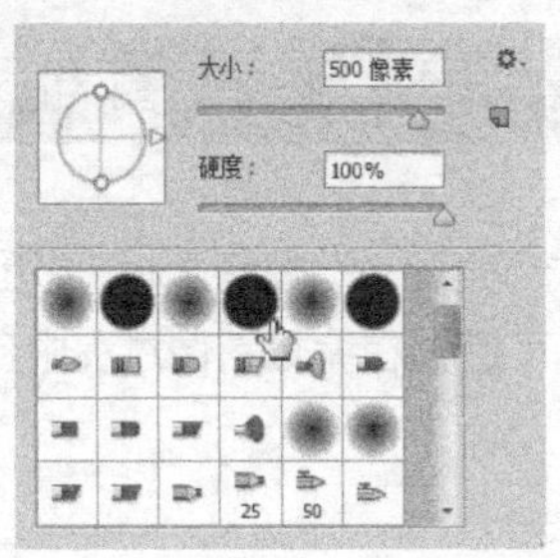

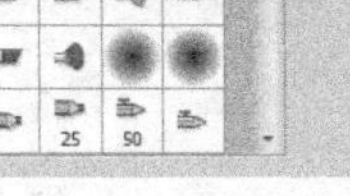

图 4-130

图 4-131

图 4-132

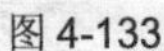

图 4-133

图 4-134

4.10.2 历史记录画笔及历史记录艺术画笔工具

历史记录画笔工具和历史记录艺术画笔工具可以局部恢复操作。历史记录画笔工具主要用于将图像的部分区域恢复到以前某一历史状态。而使用历史记录艺术画笔工具还可以产生艺术效果。

1．历史记录画笔

（1）按 Ctrl + O 组合键，打开云盘中的“Ch04 > 素材 > 历史记录画笔工具”文件，图像效果如图 4-135 所示。

图 4-135

（2）选择“滤镜 > 模糊 > 径向模糊”命令，在弹出的对话框中进行设置，如图 4-136 所示。单击“确定”按钮，效果如图 4-137 所示。

（3）选择“历史记录画笔”工具，在属性栏中单击“画笔”选项右侧的按钮，在弹出的画笔选择面板中选择需要的画笔形状，如图 4-138 所示。在图像中心拖曳鼠标进行涂抹，如图 4-139 所示。

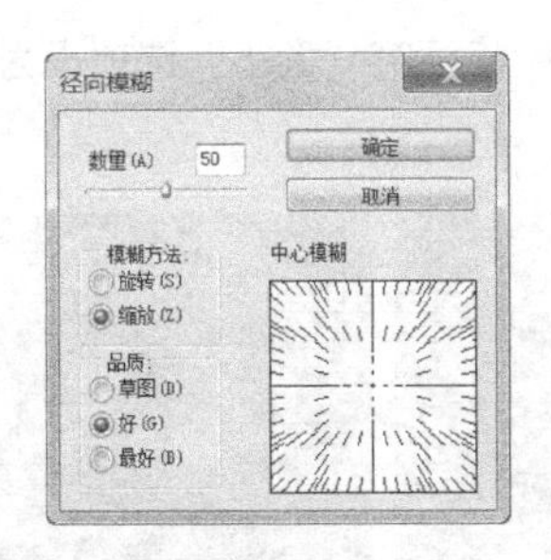

图 4-136

图 4-137

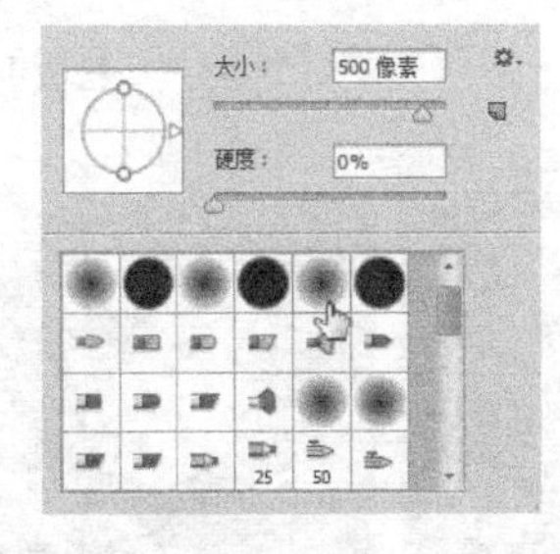

图 4-138

图 4-139

2．历史记录艺术画笔

选择“历史记录艺术画笔”工具，其属性栏状态如图 4-140 所示。

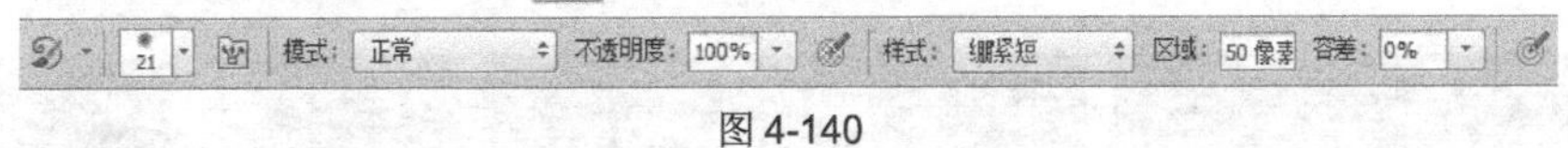

图 4-140

⊙ 样式：用于选择一种艺术笔触。包括“绷紧短”“绷紧长”“松散中等”“松散长”“轻涂”“紧绷卷曲”“紧绷卷曲长”“松散卷曲”和“松散卷曲长”。

⊙ 区域：用于设置画笔绘制时所覆盖的像素范围。

⊙ 容差：用于设置画笔绘制时的间隔时间。

（1）按 Ctrl + O 组合键，打开云盘中的“Ch04 > 素材 > 历史记录艺术画笔工具”文件，图像效果如图 4-141 所示。

（2）将前景色设为绿色（其 R、G、B 的值分别为 43、159、74）。按 Alt+Delete 组合键，用前景色填充“背景”图层，效果如图 4-142 所示。

图 4-141

图 4-142

（3）选择“历史记录艺术画笔”工具，在属性栏中将画笔“大小”选项设为 50，应用不同的样式涂抹出的效果如图 4-143 所示。

图 4-143

课堂练习——更换墙面颜色

练习知识要点

使用吸管工具吸取需要的颜色；使用颜色替换工具更换墙面颜色，效果如图 4-144 所示。

图 4-144

效果所在位置

云盘/Ch04/效果/课堂练习.psd。

课后习题——改变天花板颜色

习题知识要点

使用吸管工具吸取需要的颜色；使用颜色替换工具改变天花板颜色，效果如图 4-145 所示。

图 4-145

效果所在位置

云盘/Ch04/效果/课后习题.psd。

第 5 章　图像色彩的调整

图像色彩的调整是 Photoshop 的强项，也是必须掌握的一项功能。本章全面系统地讲解了调整图像色彩的知识。通过本章的学习，读者可以了解并掌握调整图像色彩的方法和技巧，并能将所学功能灵活应用到实际的设计制作任务中去。

课堂学习目标

- 掌握色彩调整工具的使用方法
- 掌握色彩调整命令的使用技巧

5.1 调整工具

图像色彩调整工具包括减淡工具、加深工具和海绵工具，可调整图像颜色的深浅度和饱和度。

5.1.1 减淡工具

减淡工具可以使图像的亮度提高。

选择“减淡”工具，或反复按 Shift+O 组合键，其属性栏状态如图 5-1 所示。

图 5-1

⊙ 画笔预设：用于选择画笔的形状。

⊙ 范围：用于设定图像中所要提高亮度的区域。

⊙ 曝光度：用于设定曝光的强度。

（1）按 Ctrl+O 组合键，打开云盘中的“Ch05 > 素材 > 减淡工具”文件，图像效果如图 5-2 所示。

（2）选择“减淡”工具，在属性栏中设置如图 5-3 所示。在图像中涂抹百叶窗、窗帘和桌布等亮度不足的区域，效果如图 5-4 所示。取消操作。

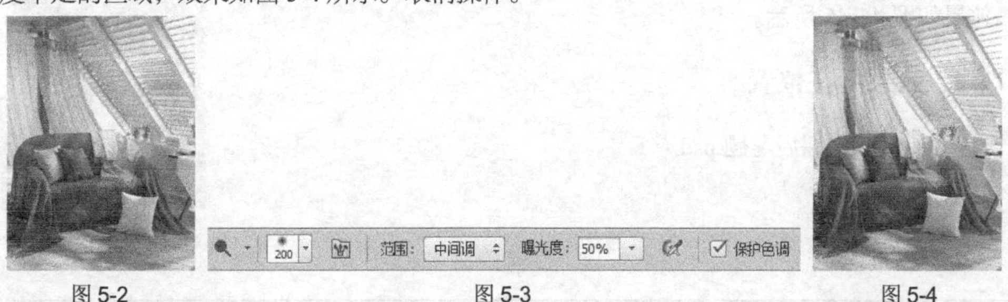

图 5-2　　图 5-3　　图 5-4

（3）在属性栏中设置如图 5-5 所示。在图像中涂抹百叶窗透光的区域，效果如图 5-6 所示。取消操作。

图 5-5

图 5-6

（4）在属性栏中设置如图 5-7 所示。在图像中涂抹沙发和植物区域，效果如图 5-8 所示。

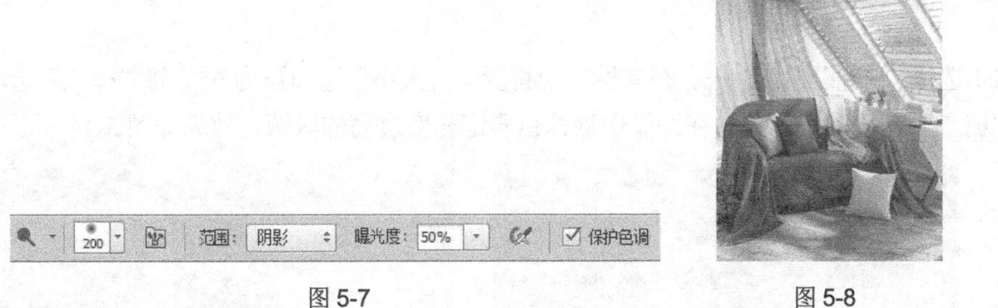

图 5-7　　图 5-8

5.1.2　加深工具

加深工具可以使图像的区域变暗。

选择“加深”工具，或反复按 Shift+O 组合键，其属性栏状态如图 5-9 所示。其属性栏中的内容与减淡工具属性栏选项内容的作用正好相反。

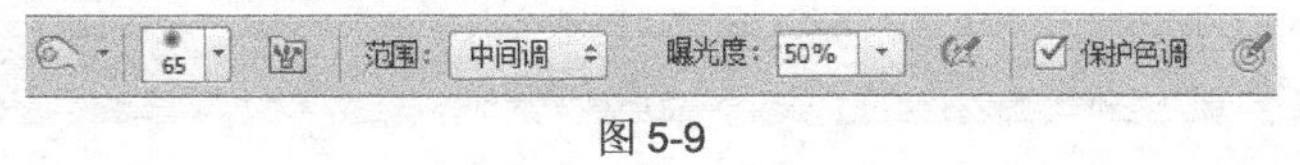

图 5-9

（1）按 Ctrl + O 组合键，打开云盘中的“Ch05 > 素材 > 加深工具”文件，图像效果如图 5-10 所示。

（2）选择“减淡”工具，在属性栏中将画笔“大小”选项设为 200，将“范围”选项设为“中间调”，“曝光度”选项设为 25%。在图像中涂抹稍亮的区域，效果如图 5-11 所示。

图 5-10

图 5-11

5.1.3 海绵工具

海绵工具可以修改色彩的饱和度。

选择“海绵”工具，或反复按 Shift+O 组合键，其属性栏状态如图 5-12 所示。

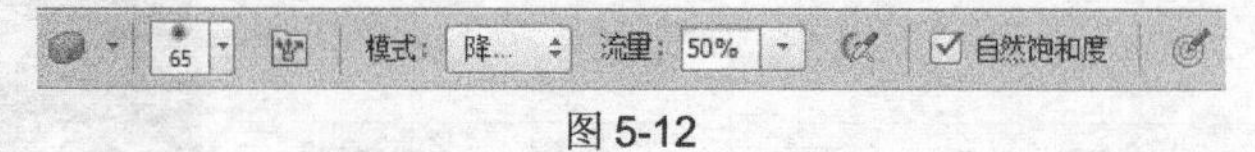

图 5-12

⊙ 画笔预设：用于选择画笔的形状。

⊙ 模式：用于设定饱和度处理方式。

⊙ 流量：用于设定扩散的速度。

（1）按 Ctrl + O 组合键，打开云盘中的“Ch05 > 素材 > 海绵工具”文件，图像效果如图 5-13 所示。

（2）选择“海绵”工具，在属性栏中将画笔“大小”选项设为 65，将“模式”选项设为“去色”，“流量”选项设为 50%。在图像中涂抹色彩饱和度过高的区域，效果如图 5-14 所示。

图 5-13

图 5-14

5.2 调整命令

图像色彩调整命令包含于“图像 > 调整”菜单中，如图 5-15 所示，用于调整图像的色调和颜色。

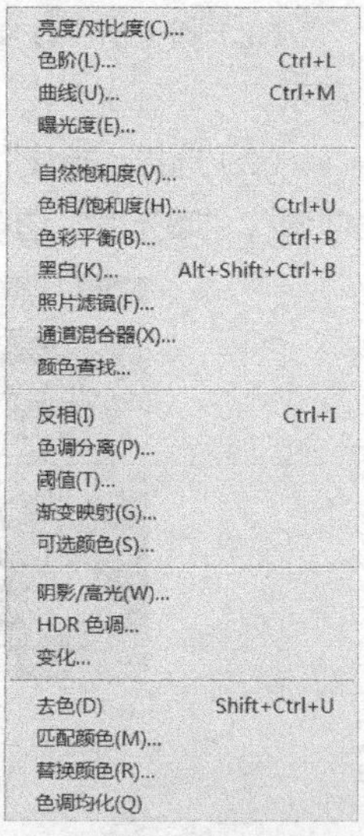

亮度/对比度(C)...
色阶(L)... Ctrl+L
曲线(U)... Ctrl+M
曝光度(E)...
自然饱和度(V)...
色相/饱和度(H)... Ctrl+U
色彩平衡(B)... Ctrl+B
黑白(K)... Alt+Shift+Ctrl+B
照片滤镜(F)...
通道混合器(X)...
颜色查找...
反相(I) Ctrl+I
色调分离(P)...
阈值(T)...
渐变映射(G)...
可选颜色(S)...
阴影/高光(W)...
HDR 色调...
变化...
去色(D) Shift+Ctrl+U
匹配颜色(M)...
替换颜色(R)...
色调均化(Q)

图 5-15

5.2.1 色阶命令

“色阶”命令可以用于调整图像的对比度、饱和度及灰度。

选择“图像 > 调整 > 色阶”命令，或按 Ctrl+L 组合键，弹出“色阶”对话框，如图 5-16 所示。

⊙ 通道：可以从其下拉列表中选择不同的颜色通道来调整图像，如果想选择两个以上的色彩通道，要先在“通道”控制面板中选择所需要的通道，再调出“色阶”对话框。

⊙ 输入色阶：控制图像选定区域的最暗和最亮色彩，通过输入数值或拖曳三角滑块来调整图像。左侧的数值框和黑色滑块用于调整黑色，图像中低于该亮度值的所有像素将变为黑色。中间的数值框和灰色滑块用于调整灰度，其数值范围为 0.01~9.99。1.00 为中性灰度，数值大于 1.00 时，将降低图像中间灰度；小于 1.00 时，将提高图像中间灰度。右侧的数值框和白色滑块用于调整白色，图像中高于该亮度值的所有像素将变为白色。

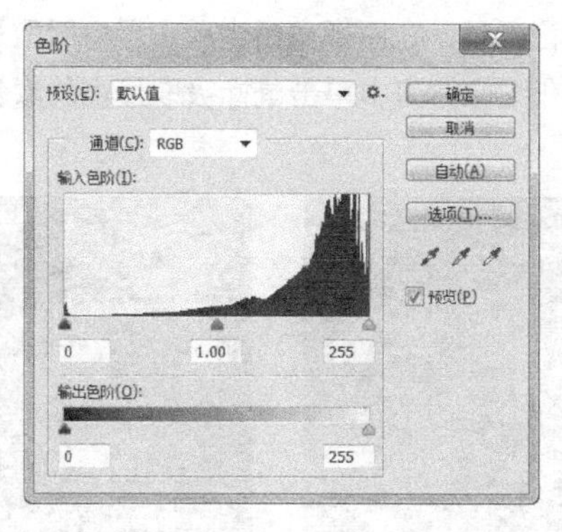

图 5-16

⊙ 输出色阶：可以通过输入数值或拖曳三角滑块来控制图像的亮度范围。左侧数值框和黑色滑块用于调整图像的最暗像素的亮度。右侧数值框和白色滑块用于调整图像的最亮像素的亮度。输出色阶的调整将增加图像的灰度，降低图像的对比度。

⊙ ：分别为黑色吸管工具、灰色吸管工具和白色吸管工具。选中黑色吸管工具，用鼠标在图像中单击一点，图像中暗于单击点的所有像素都会变为黑色；用灰色吸管工具在图像中单击，单击点的像素都会变为灰色，图像中的其他颜色也会相应地调整；用白色吸管工具在图像中单击一点，图像中亮于单击点的所有像素都会变为白色。双击任意吸管工具，在弹出的颜色选择对话框中设置吸管颜色。

图 5-17

（1）按 Ctrl + O 组合键，打开云盘中的“Ch05 > 素材 > 色阶命令”文件，图像效果如图 5-17 所示。

（2）选择“图像 > 调整 > 色阶”命令，或按 Ctrl+L 组合键，弹出“色阶”对话框，设置如图 5-18 所示，单击“确定”按钮，效果如图 5-19 所示。

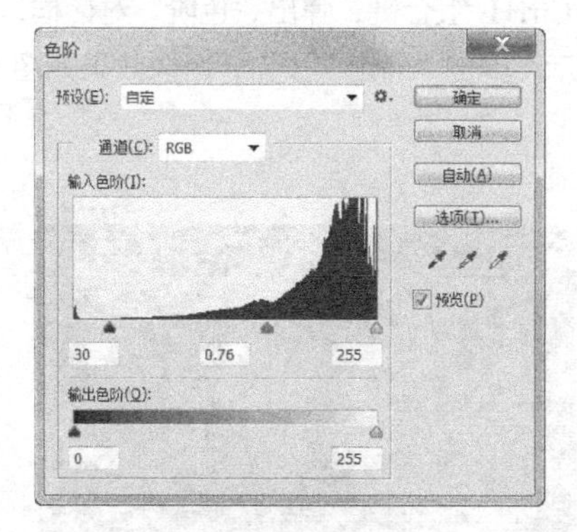

图 5-18

图 5-19

（3）按 Ctrl + O 组合键，打开云盘中的“Ch05 > 素材 > 色阶黑白场”文件，图像效果如图 5-20 所示。

（4）选择“图像 > 调整 > 色阶”命令，或按 Ctrl+L 组合键，弹出“色阶”对话框，单击“设置黑场”按钮，光标变为吸管工具，在图像窗口中单击鼠标吸取最深的颜色；单击“设置白场”按钮，光标变为吸管工具，在图像窗口中单击鼠标吸取最浅的颜色，单击“确定”按钮，图像效果如图 5-21 所示。

图 5-20

图 5-21

（5）选择“图像 > 调整 > 色阶”命令，或按 Ctrl+L 组合键，弹出“色阶”对话框，在“通道”选项中选择“红”通道，其他选项设置如图 5-22 所示，单击“确定”按钮，图像效果如图 5-23 所示。

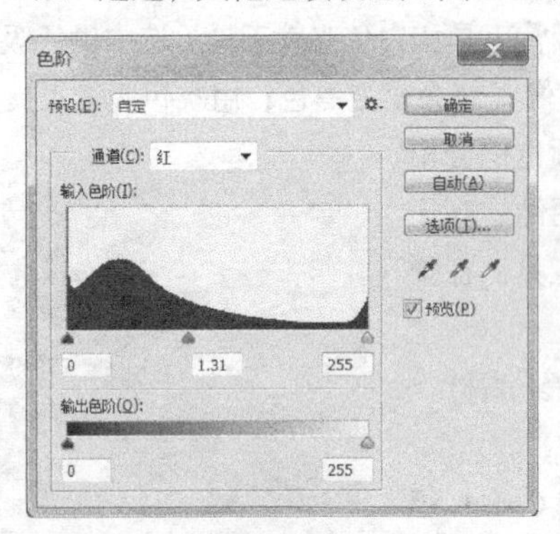

图 5-22

图 5-23

（6）选择“图像 > 调整 > 色阶”命令，或按 Ctrl+L 组合键，弹出“色阶”对话框，在“通道”选项中选择“绿”通道，其他选项设置如图 5-24 所示，单击“确定”按钮，图像效果如图 5-25 所示。

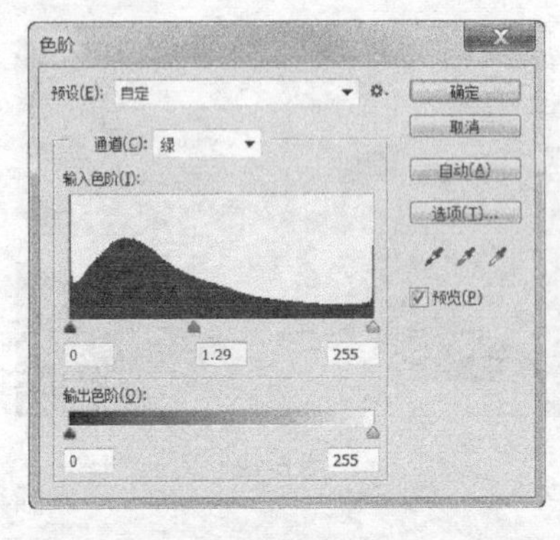

图 5-24

图 5-25

（7）选择“图像 > 调整 > 色阶”命令，或按 Ctrl+L 组合键，弹出“色阶”对话框，在“通道”选项中选择“蓝”通道，其他选项设置如图 5-26 所示，单击“确定”按钮，图像效果如图 5-27 所示。

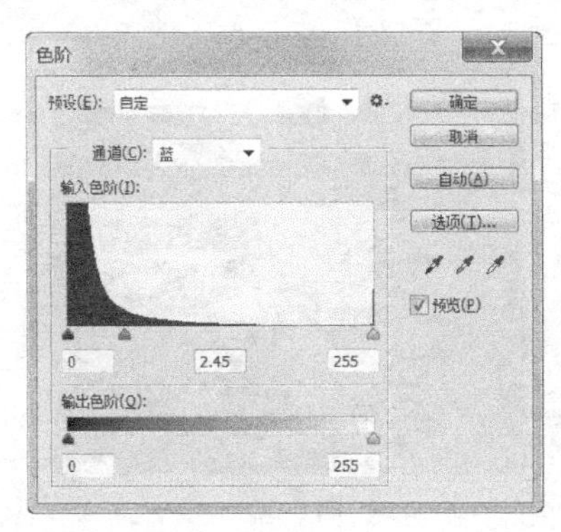

图 5-26

图 5-27

5.2.2　曲线命令

“曲线”命令可以通过调整图像色彩曲线上的任意一个像素点来改变图像的色彩范围。

选择“图像 > 调整 > 曲线”命令，或按 Ctrl+M 组合键，弹出“曲线”对话框，如图 5-28 所示。

⊙ 通道：可以从其下拉列表中选择不同的颜色通道来调整图像。

⊙ 直方图：X 轴为色彩输入值，Y 轴为色彩输出值，曲线代表输入和输出色阶的关系，调节图像的明暗和色调。

⊙ ：与“色阶”命令中用法相同。

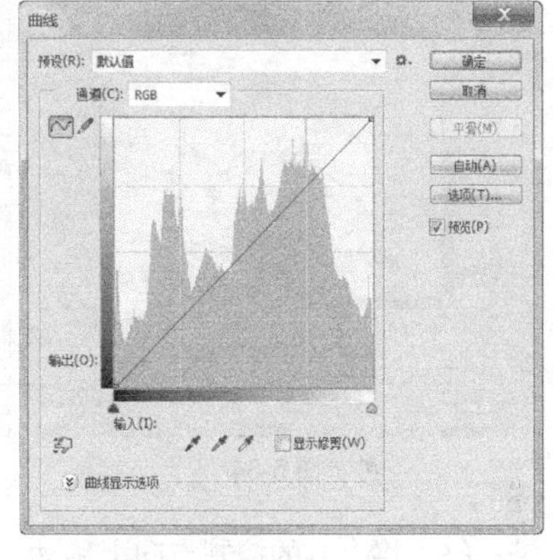

图 5-28

（1）按 Ctrl + O 组合键，打开云盘中的“Ch05 > 素材 > 曲线命令”文件，图像效果如图 5-29 所示。

（2）选择“图像 > 调整 > 曲线”命令，或按 Ctrl+M 组合键，弹出“曲线”对话框，设置如图 5-30 所示，图像效果如图 5-31 所示。

图 5-29

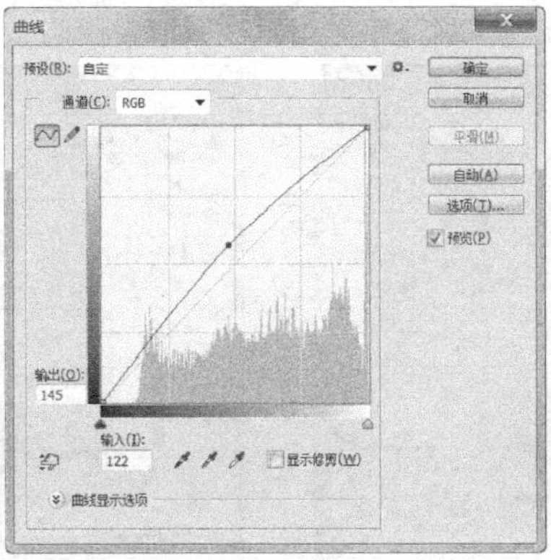

图 5-30

图 5-31

（3）将控制点向下移动，设置如图 5-32 所示，图像效果如图 5-33 所示。

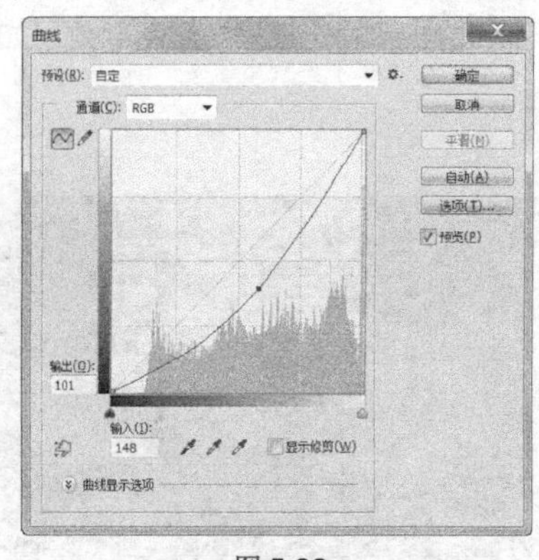

图 5-32　　图 5-33

（4）将控制点移动到中间，在曲线上单击添加控制点，如图 5-34 所示。在曲线上再次单击添加控制点，如图 5-35 所示。图像效果如图 5-36 所示。

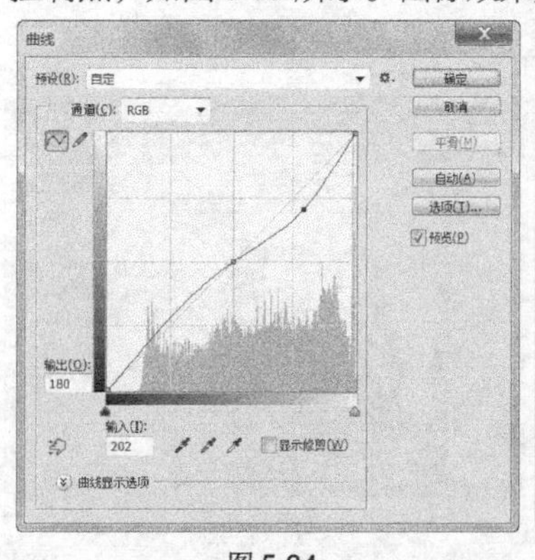

图 5-34　　图 5-35　　图 5-36

（5）将上方的控制点向上移动，如图 5-37 所示。将下方的控制点向下移动，如图 5-38 所示，图像效果如图 5-39 所示。

（6）选择“图像 > 调整 > 曲线”命令，或按 Ctrl+M 组合键，弹出“曲线”对话框，单击“设置黑场”按钮，光标变为吸管工具，在图像窗口中单击鼠标吸取最深的颜色；单击“设置白场”按钮，光标变为吸管工具，在图像窗口中单击鼠标吸取最浅的颜色，图像如图 5-40 所示。

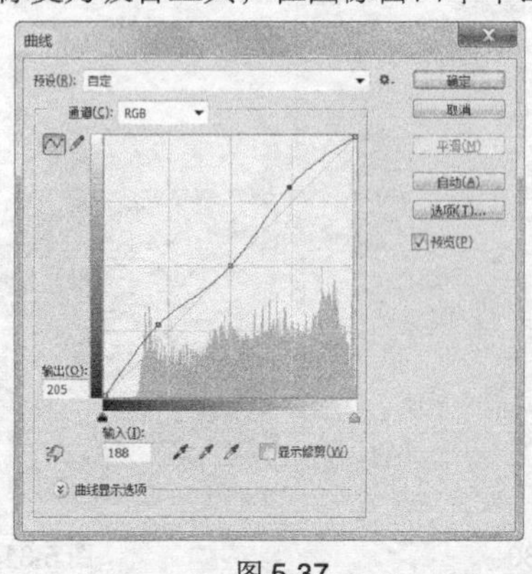

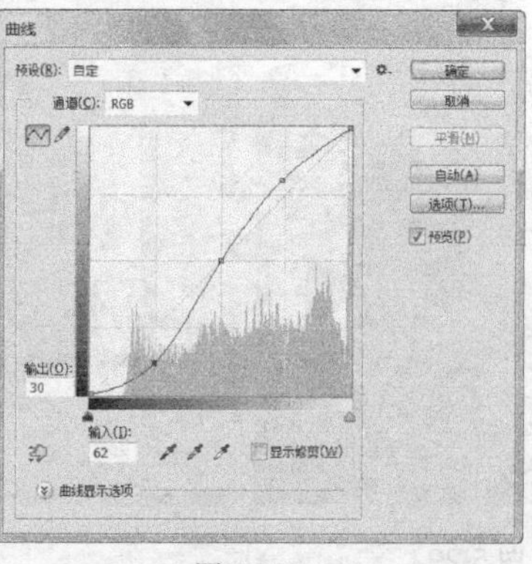

图 5-37　　图 5-38

图 5-39

图 5-40

（7）选择“图像 > 调整 > 曲线”命令，或按 Ctrl+M 组合键，弹出“曲线”对话框，在“通道”选项中选择“红”通道，设置如图 5-41 所示；在“通道”选项中选择“绿”通道，设置如图 5-42 所示；在“通道”选项中选择“蓝”通道，设置如图 5-43 所示，单击“确定”按钮，效果如图 5-44 所示。

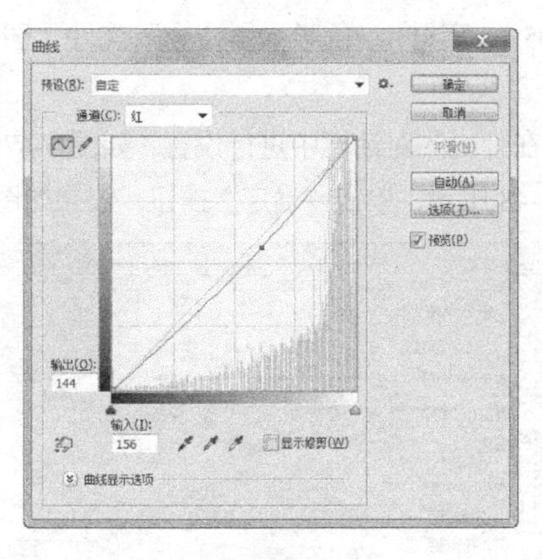

图 5-41

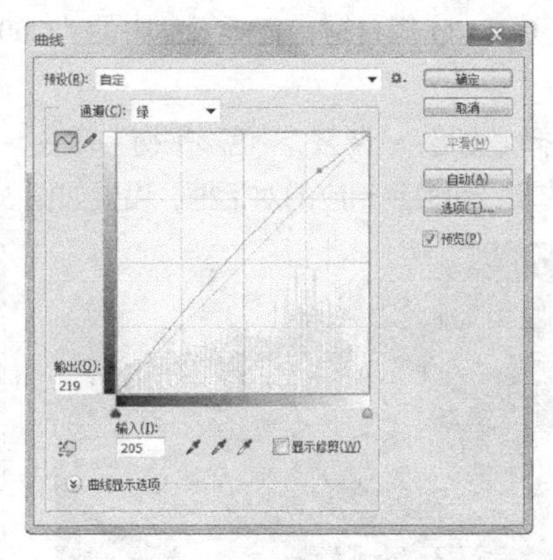

图 5-42

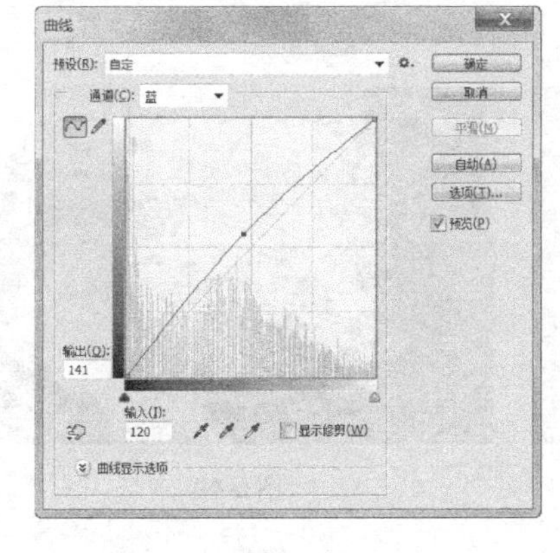

图 5-43

图 5-44

5.2.3　色彩平衡命令

选择“图像 > 调整 > 色彩平衡”命令，或按 Ctrl+B 组合键，弹出“色彩平衡”对话框，如图 5-45 所示。

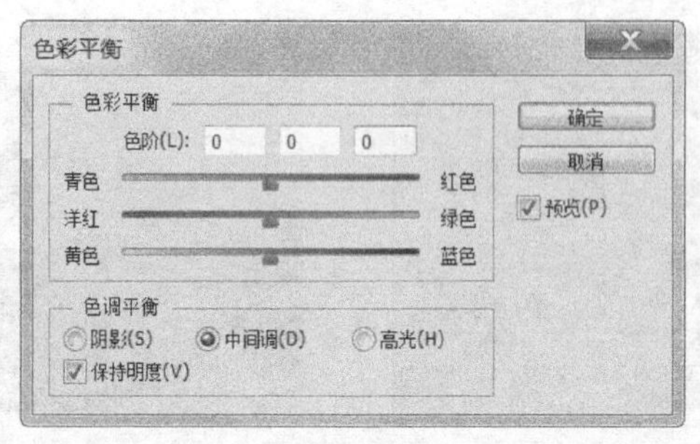

图 5-45

⊙ 色彩平衡：用于添加过渡色来平衡色彩效果，拖曳滑块可以调整整个图像的色彩，也可以在“色阶”选项的数值框中直接输入数值来调整图像的色彩。

⊙ 色调平衡：用于选取图像的阴影、中间调和高光。

⊙ 保持明度：用于保持原图像的明度。

（1）按 Ctrl + O 组合键，打开云盘中的“Ch05 > 素材 > 色彩平衡命令”文件，图像效果如图 5-46 所示。

（2）选择“图像 > 调整 > 色彩平衡”命令，在弹出的对话框中进行设置，如图 5-47 所示。选中“阴影”单选项，切换到相应的对话框，设置如图 5-48 所示，单击“确定”按钮，效果如图 5-49 所示。

图 5-46

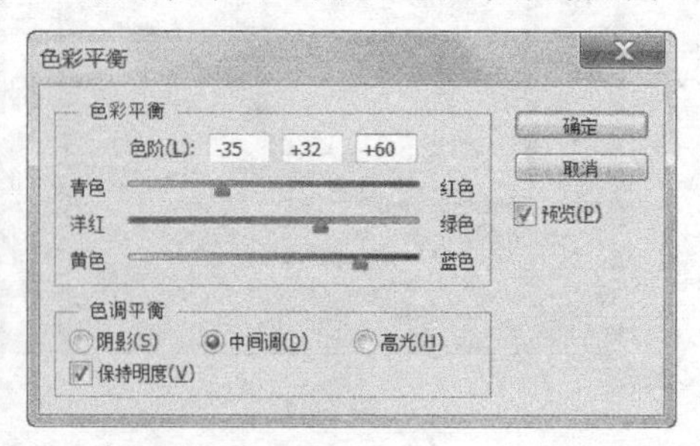

图 5-47

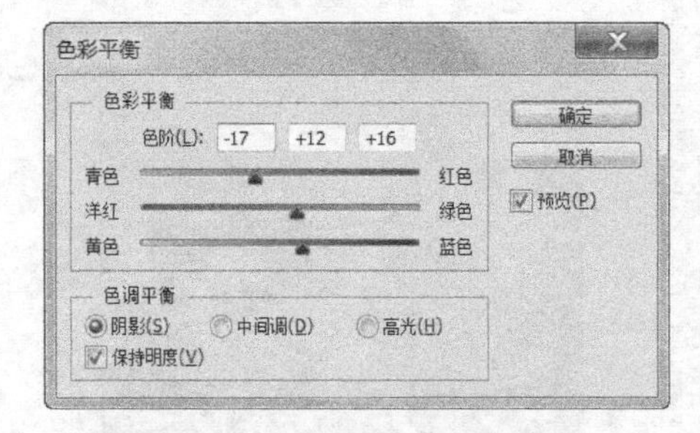

图 5-48

图 5-49

5.2.4 亮度/对比度命令

“亮度/对比度”命令可以调整图像的亮度和对比度。

选择“图像 > 调整 > 亮度/对比度”命令，弹出“亮度/对比度”对话框，如图 5-50 所示。

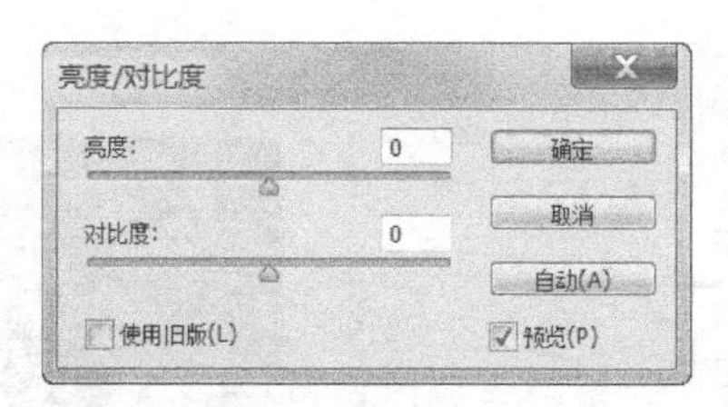

图 5-50

（1）按 Ctrl + O 组合键，打开云盘中的“Ch05 > 素材 > 亮度/对比度命令”文件，图像效果如图 5-51 所示。

（2）选择“图像 > 调整 > 亮度/对比度”命令，弹出“亮度/对比度”对话框，设置如图 5-52 所示，单击“确定”按钮，图像效果如图 5-53 所示。

图 5-51

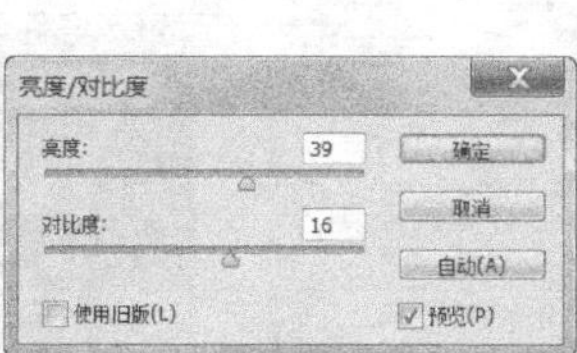

图 5-52

图 5-53

5.2.5　色相/饱和度命令

“色相/饱和度”命令可以调节图像的色相和饱和度。

选择“图像 > 调整 > 色相/饱和度”命令，或按 Ctrl+U 组合键，弹出“色相/饱和度”对话框，如图 5-54 所示。

（1）按 Ctrl + O 组合键，打开云盘中的“Ch05 > 素材 > 色相/饱和度命令”文件，图像效果如图 5-55 所示。

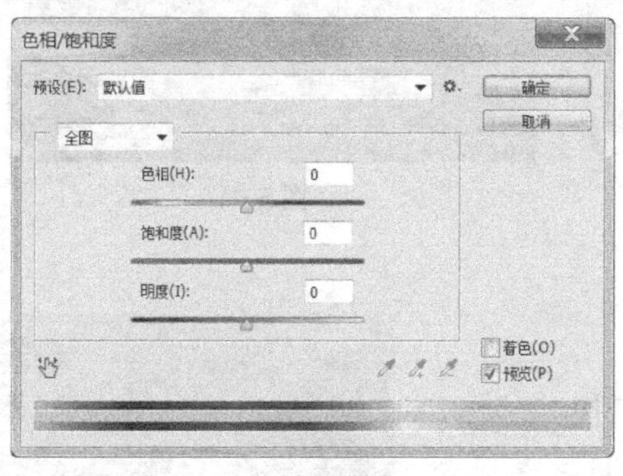

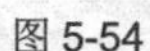

图 5-54

图 5-55

（2）选择“图像 > 调整 > 色相/饱和度”命令，弹出“色相/饱和度”对话框，设置如图 5-56 所示，图像效果如图 5-57 所示。

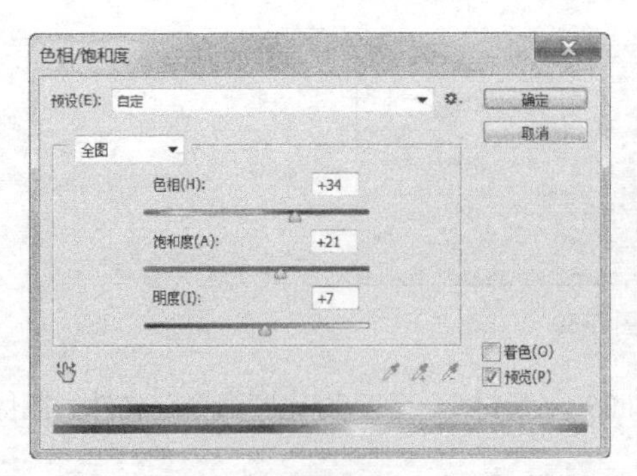

图 5-56

图 5-57

（3）在“编辑”选项中选择“红色”，设置如图 5-58 所示，图像效果如图 5-59 所示。勾选“着色”复选框，设置如图 5-60 所示，单击“确定”按钮，效果如图 5-61 所示。

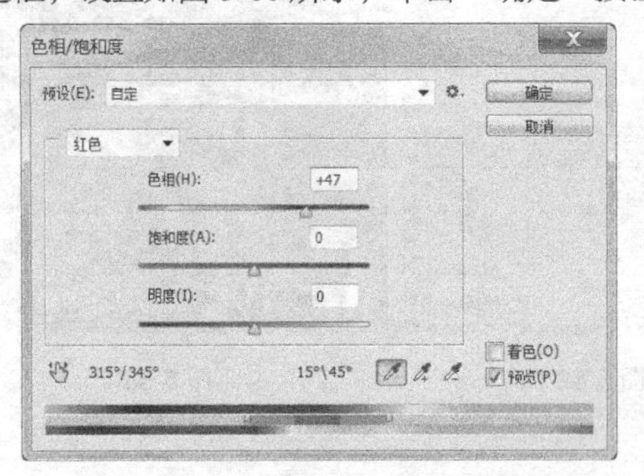

图 5-58

图 5-59

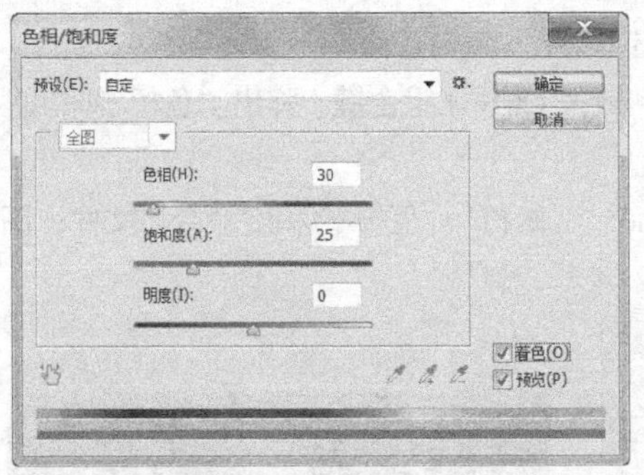

图 5-60

图 5-61

5.2.6 替换颜色命令

“替换颜色”命令可以将图像中的颜色进行替换。

（1）按 Ctrl + O 组合键，打开云盘中的“Ch05 > 素材 > 替换颜色命令”文件，图像效果如图 5-62 所示。

（2）选择“图像 > 调整 > 替换颜色”命令，弹出“替换颜色”对话框，如图 5-63 所示。将“颜色容差”选项设为 150，用吸管工具在图像中吸取要替换的黄色，其他选项的设

图 5-62

置如图 5-64 所示，单击“确定”按钮，效果如图 5-65 所示。

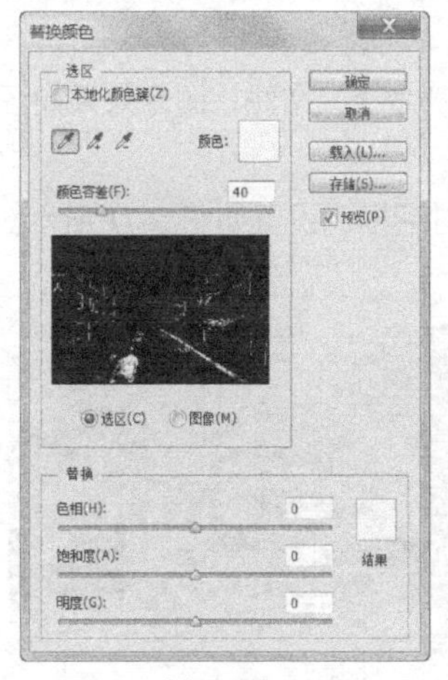

图 5-63

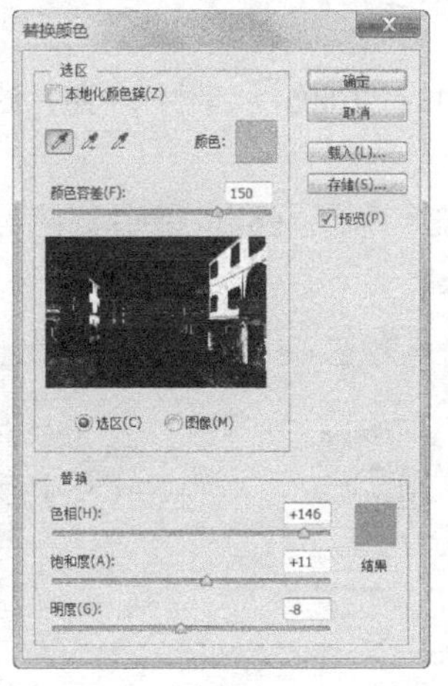

图 5-64

图 5-65

5.2.7　可选颜色命令

“可选颜色”命令可以将图像中的颜色替换成选择后的颜色。

（1）按 Ctrl + O 组合键，打开云盘中的“Ch05 > 素材 > 可选颜色命令”文件，图像效果如图 5-66 所示。

（2）选择“图像 > 调整 > 可选颜色”命令，弹出“可选颜色”对话框，如图 5-67 所示。在“颜色”选项中选择“蓝色”，其他选项的设置如图 5-68 所示。单击“确定”按钮，效果如图 5-69 所示。

图 5-66

图 5-67

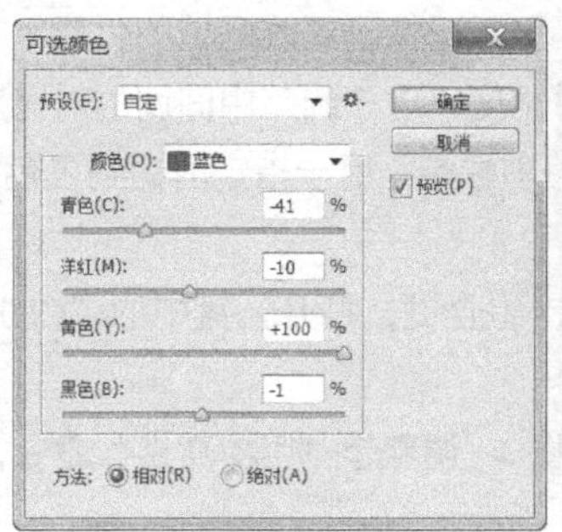

图 5-68

图 5-69

5.2.8　照片滤镜命令

“照片滤镜”命令用于模仿传统相机的滤镜效果处理图像，通过调整图片颜色可以获得各种丰富的效果。

⊙ 滤镜：用于选择颜色调整的过滤模式。

⊙ 颜色：单击此选项的图标，弹出“选择滤镜颜色”对话框，可以在对话框中设置精确颜色对图像进行过滤。

⊙ 浓度：拖动此选项的滑块，设置过滤颜色的百分比。

⊙ 保留明度：勾选此复选框进行调整时，图像的白色部分颜色保持不变，取消勾选此复选框，则图像的全部颜色都随之改变。

（1）按 Ctrl+O 组合键，打开云盘中的“Ch05 > 素材 > 照片滤镜命令”文件，图像效果如图 5-70 所示。

（2）选择“图像 > 调整 > 照片滤镜”命令，弹出“照片滤镜”对话框，设置如图 5-71 所示。单击“确定”按钮，效果如图 5-72 所示。

图 5-70

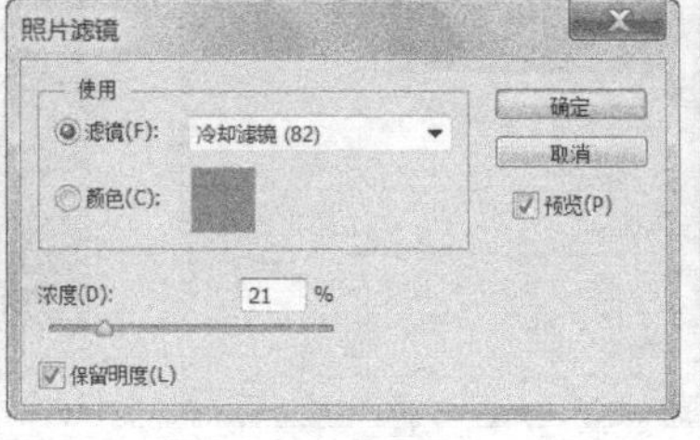

图 5-71

图 5-72

5.2.9 阴影/高光命令

“阴影/高光”命令用于快速改善图像中曝光过度或曝光不足区域的对比度，同时保持照片的整体平衡。

⊙ 数量：用于设置阴影和高光数量的百分比。

⊙ 色调宽度：用于设置色调的修改范围。

⊙ 半径：用于设置局部相邻像素的大小。

⊙ 颜色校正：用于调整已更改区域的色彩。

⊙ 中间色调对比度：用于调整中间调的对比度。

⊙ 修剪黑色/修剪白色：用于指定剪切到黑色阴影和白色高光中的阴影和高光值。该值越高，色调的对比度越强。

（1）按 Ctrl+O 组合键，打开云盘中的“Ch05 > 素材 > 阴影高光命令”文件，图像效果如图 5-73 所示。

（2）选择“图像 > 调整 > 阴影/高光”命令，弹出“阴影/高光”对话框，设置如图 5-74 所示，图像效果如图 5-75 所示。

图 5-73

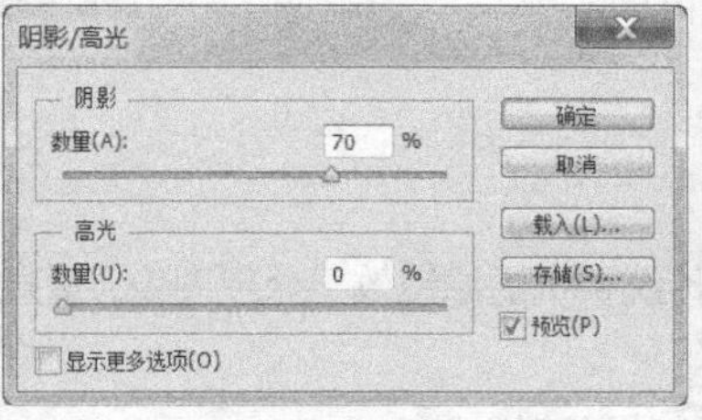

图 5-74

图 5-75

（3）勾选“显示更多选项”复选框，设置如图 5-76 所示，单击“确定”按钮，效果如图 5-77 所示。

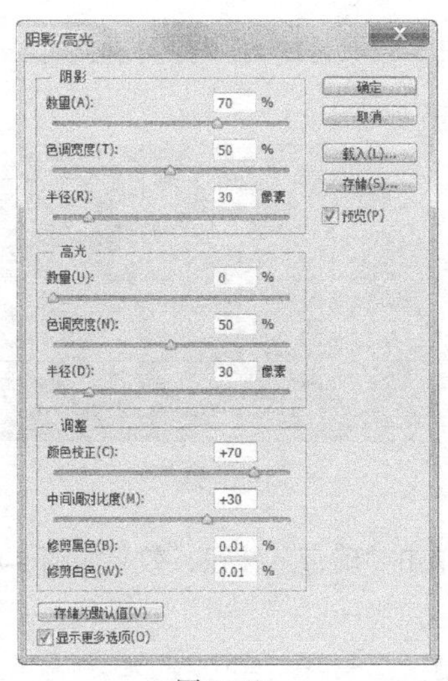

图 5-76

图 5-77

5.2.10　匹配颜色命令

“匹配颜色”命令用于对色调不同的图片进行调整，统一成一个协调的色调。

⊙ 目标图像：在“目标”选项中显示了所选择匹配文件的名称。如果当前调整的图中有选区，勾选“应用调整时忽略选区”复选框，可以忽略图中的选区调整整张图像的颜色；不勾选“应用调整时忽略选区”复选框，可以调整图像中选区内的颜色。

⊙ 图像选项：可以通过拖动滑块来调整图像的明亮度、颜色强度、渐隐的数值，并设置“中和”选项，用来确定调整的方式。

⊙ 图像统计：用于设置图像的颜色来源。

（1）按 Ctrl + O 组合键，打开云盘中的“Ch05 > 素材 > 目标、源 1、源 2”文件，图像效果如图 5-78、图 5-79 和图 5-80 所示。

图 5-78

（2）选择“图像 > 调整 > 匹配颜色”命令，弹出“匹配颜色”对话框，如图 5-81 所示。

图 5-79

图 5-80

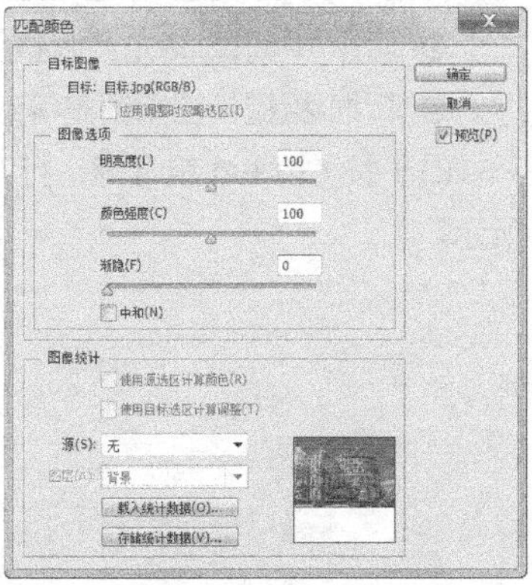

图 5-81

（3）在“源”下拉列表中选择“源 1”，效果如图 5-82 所示；在“源”下拉列表中选择“源 2”，效果如图 5-83 所示。

图 5-82

图 5-83

（4）将“渐隐”选项设为 41，如图 5-84 所示，单击“确定”按钮，效果如图 5-85 所示。

图 5-84

图 5-85

5.2.11 变化命令

“变化”命令用于调整图像的色彩。

⊙ 原稿/当前挑选：显示原始图像和当前图像的调整结果。

⊙ 加深绿色/黄色/青色/红色/蓝色/洋红：用于调整并累积添加的颜色。

⊙ 阴影/中间调/高光：调整图像的阴影、中间调和高光。

⊙ 精细/粗糙：控制调整等级。

（1）按 Ctrl + O 组合键，打开云盘中的“Ch05 > 素材 > 变化命令”文件，图像效果如图 5-86 所示。

图 5-86

（2）选择“图像 > 调整 > 变化”命令，弹出“变化”对话框，如图 5-87 所示。分别单击“加深黄色”“加深红色”“加深蓝色”“较亮”的缩览图，单击“确定”按钮，效果如图 5-88 所示。

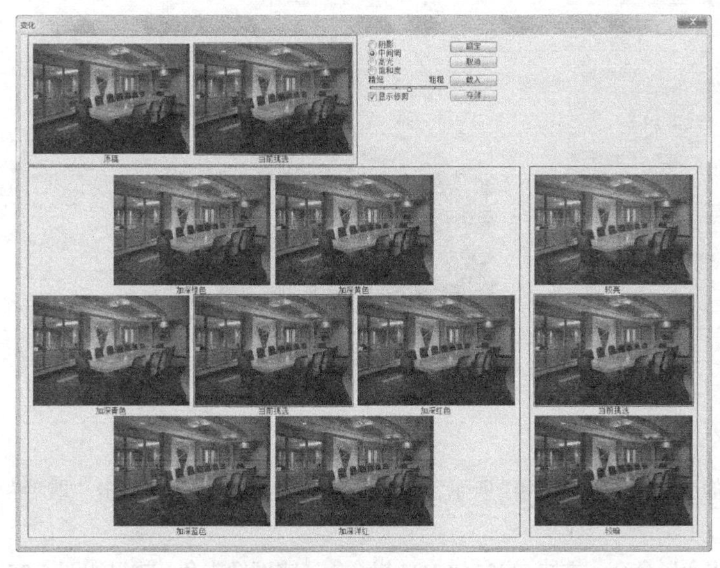

图 5-87

图 5-88

5.2.12　黑白、去色命令

“黑白”命令用于制作黑白照片和图像，控制各颜色的转换方式。“去色”命令用于去掉图像中的色彩，使图像变为灰度图，而不改变图像模式；还可以对图像的选区进行使用，去掉选区中图像的色彩。

（1）按 Ctrl + O 组合键，打开云盘中的“Ch05 > 素材 > 黑白、去色命令”文件，图像效果如图 5-89 所示。

（2）选择“图像 > 调整 > 黑白”命令，弹出“黑白”对话框，如图 5-90 所示。

图 5-89

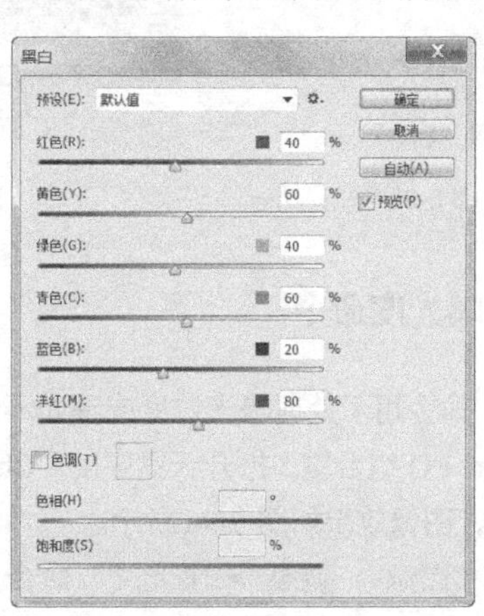

图 5-90

（3）将“黄色”选项设为 120，如图 5-91 所示，图像效果如图 5-92 所示。

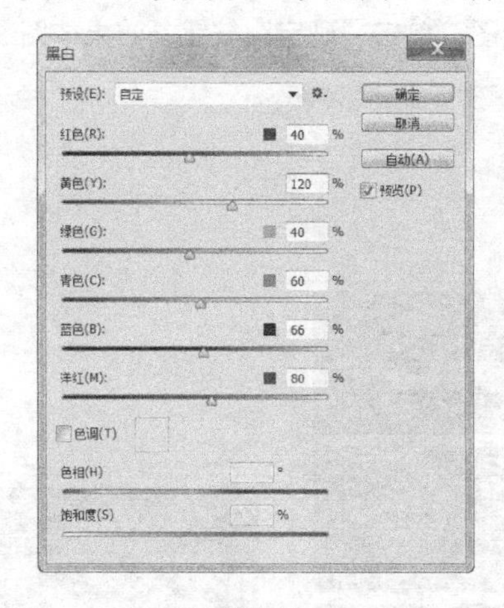

图 5-91

图 5-92

（4）勾选“色调”选项，其他选项设置如图 5-93 所示，图像效果如图 5-94 所示。单击“取消”按钮。

（5）选择“图像 > 调整 > 去色”命令，或按 Shift+Ctrl+U 组合键，将图像去色，效果如图 5-95 所示。

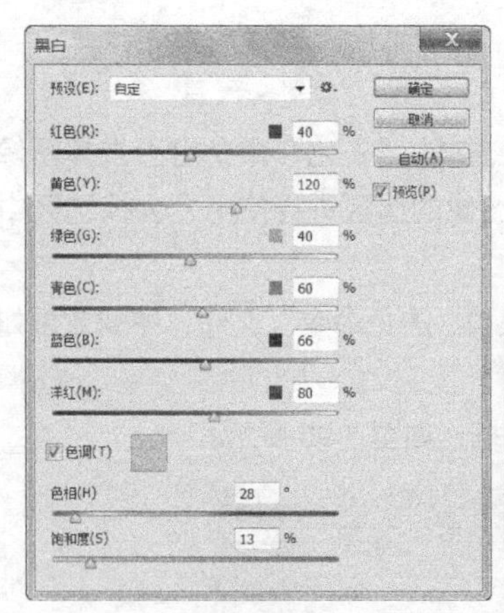

图 5-93

图 5-94

图 5-95

5.2.13　曝光度命令

“曝光度”命令用于处理曝光过度或曝光不足的照片。

（1）按 Ctrl + O 组合键，打开云盘中的“Ch05 > 素材 > 曝光度命令”文件，图像效果如图 5-96 所示。

（2）选择“图像 > 调整 > 曝光度”命令，弹出“曝光度”对话框，设置如图 5-97 所示，单击“确定”按钮，图像效果如图 5-98 所示。

图 5-96

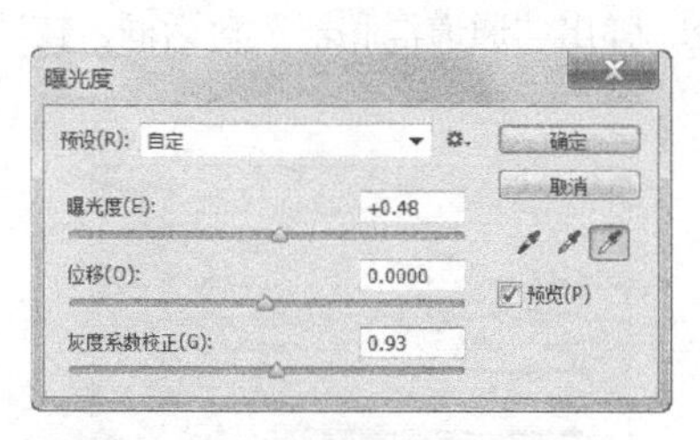

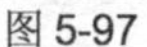
图 5-97

图 5-98

5.2.14　自然饱和度命令

“自然饱和度”命令用于调整图像的色彩饱和度。

（1）按 Ctrl + O 组合键，打开云盘中的“Ch05 > 素材 > 自然饱和度命令”文件，图像效果如图 5-99 所示。

图 5-99

（2）选择“图像 > 调整 > 自然饱和度”命令，弹出“自然饱和度”对话框，设置如图 5-100 所示，单击“确定”按钮，图像效果如图 5-101 所示。

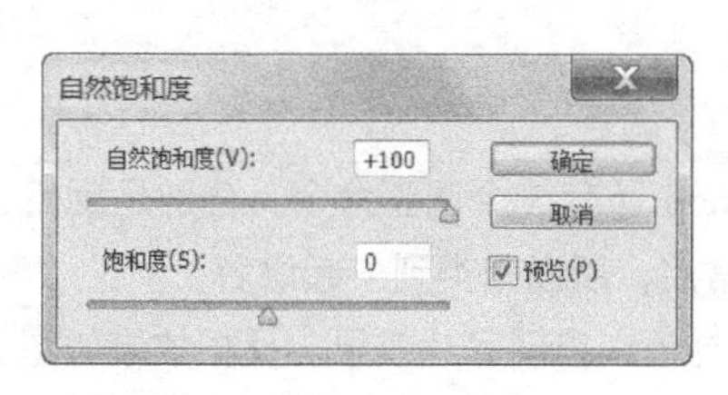

图 5-100

图 5-101

5.2.15　通道混合器命令

“通道混合器”命令用于调整图像通道中的颜色。

⊙ 输出通道：可以选取要修改的通道。

⊙ 源通道：通过拖曳滑块来调整图像。

⊙ 常数：也可以通过拖曳滑块调整图像。

⊙ 单色：可创建灰度模式的图像。

（1）按 Ctrl + O 组合键，打开云盘中的“Ch05 > 素材 > 通道混合器命令”文件，图像效果如图 5-102 所示。

（2）选择“图像 > 调整 > 通道混合器”命令，弹出“通道混和器”对话框，在“输出通道”选项中选择“红”，设置如图 5-103 所示。

图 5-102

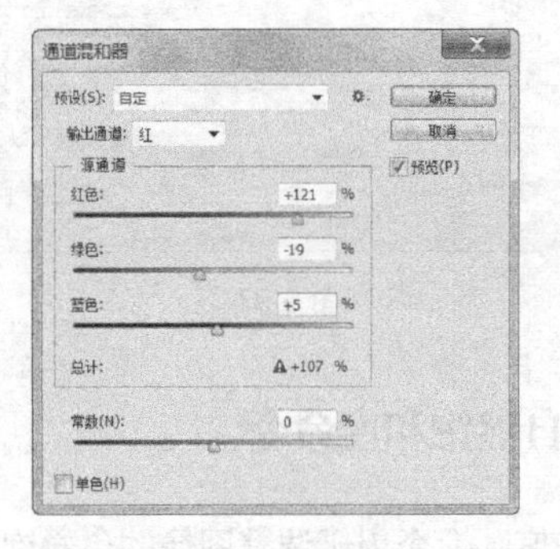

图 5-103

（3）在“输出通道”选项中选择“绿”，设置如图 5-104 所示；在“输出通道”选项中选择“蓝”，设置如图 5-105 所示，单击“确定”按钮，图像效果如图 5-106 所示。

图 5-104

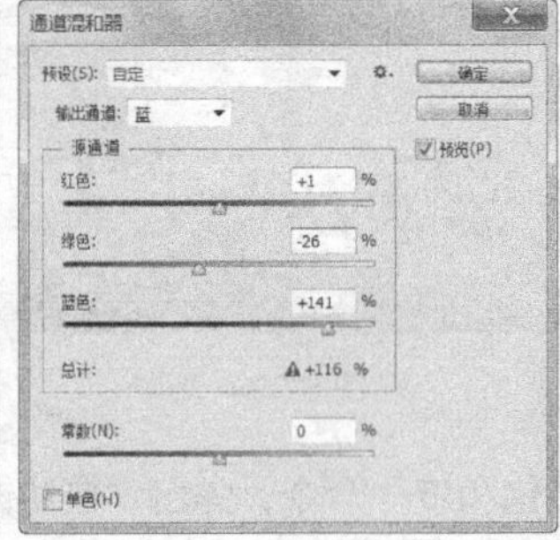

图 5-105

图 5-106

5.2.16 其他调整命令

除了上述 15 个常用的调整命令以外，Photoshop 还有 5 个调整命令，分别是反相、色调分离、阈值、渐变映射和色调均化。这 5 个命令因为不常用，所以归类到一起讲解。

⊙ 反相：可以将图像或选区的像素反转为其补色，出现底片效果。反相效果如图 5-107 所示。

⊙ 色调分离：用于将图像中的色调进行分离。色调分离效果如图 5-108 所示。

图 5-107

图 5-108

⊙ 阈值：可以提高图像色调的反差度。阈值效果如图 5-108 所示。

⊙ 渐变映射：用于将图像的最暗和最亮色调映射为一组渐变色中的最暗和最亮色调。渐变映射效果如图 5-109 所示。

⊙ 色调均化：用于调整图像或选区像素的过黑部分，使图像变得明亮，并将图像中其他的像素平均分配在亮度色谱中。色调均化效果如图 5-110 所示。

图 5-109

图 5-110

图 5-111

（1）按 Ctrl + O 组合键，打开云盘中的“Ch05 > 素材 > 其他调整命令”文件，图像效果如图 5-112 所示。

（2）将“背景”图层 2 次拖曳到“图层”控制面板下方的“创建新图层”按钮 上进行复制，生成新图层“背景 拷贝”“背景 拷贝 2”。单击“背景 拷贝 2”图层左侧的眼睛图标，将“背景 拷贝 2”图层隐藏，如图 5-113 所示。

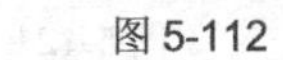
图 5-112

图 5-113

（3）选择“背景 拷贝”图层。选择“图像 > 调整 > 阈值”命令，在弹出的对话框中进行设置，如图 5-114 所示。单击“确定”按钮，效果如图 5-115 所示。在“图层”控制面板上方，将“背景 拷贝”图层的混合模式选项设为“变亮”，“不透明度”选项设为 30%，如图 5-116 所示，图像窗口中的效果如图 5-117 所示。

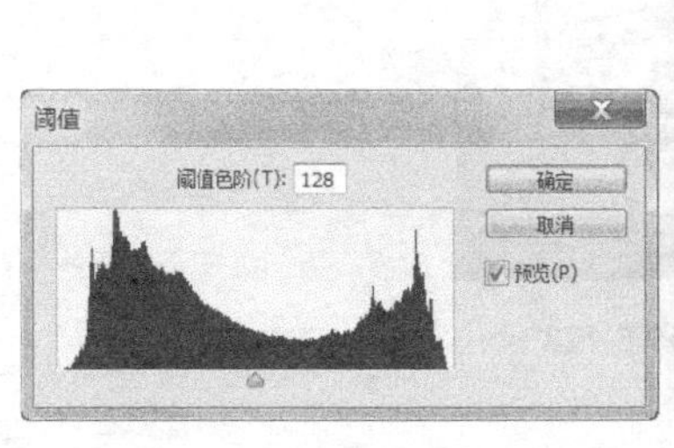

图 5-114

图 5-115

图 5-116

图 5-117

（4）选中并显示“背景 拷贝 2”图层。选择“图像 > 调整 > 色调分离”命令，在弹出的对话框中进行设置，如图 5-118 所示。单击“确定”按钮，效果如图 5-119 所示。

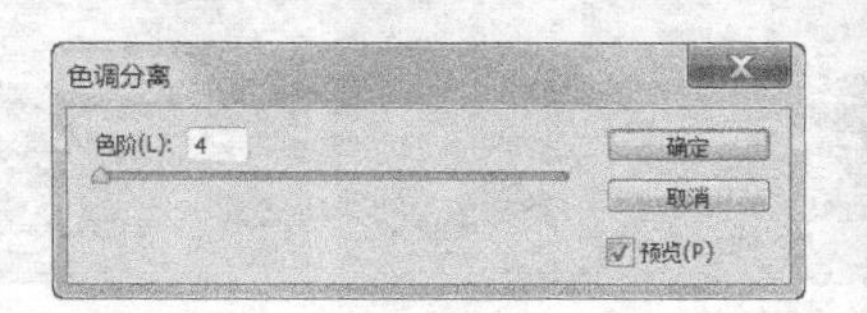

图 5-118

图 5-119

（5）选择“图像 > 调整 > 渐变映射”命令，弹出对话框，单击“点按可编辑渐变”按钮，弹出“渐变编辑器”对话框，在预设中选择需要的渐变类型，如图 5-120 所示，单击“确定”按钮，返回到“渐变映射”对话框，单击“确定”按钮，效果如图 5-121 所示。

图 5-120

图 5-121

（6）在“图层”控制面板上方，将“背景 拷贝 2”图层的混合模式选项设为“强光”，“不透明度”选项设为 70%，如图 5-122 所示，图像窗口中的效果如图 5-123 所示。

图 5-122

图 5-123

课堂练习——室内灯光调整

练习知识要点

使用色彩平衡命令调整室内灯光颜色；使用曲线命令提高图片亮度，效果如图 5-124 所示。

图 5-124

效果所在位置

云盘/Ch05/效果/课堂练习.psd。

课后习题——增强图片对比度

习题知识要点

使用亮度/对比度命令增强对比度；使用曲线命令提高图片亮度，效果如图 5-125 所示。

图 5-125

效果所在位置

云盘/Ch05/效果/课后习题.psd。

第 6 章　图层应用

本章将主要介绍图层的基本应用知识及应用技巧，讲解图层的基本概念、基本调整方法以及混合模式、样式、3D 图层等高级应用知识。通过本章的学习，读者可以应用图层知识制作出多变的图像效果，可以对图像快速添加样式效果，还可以单独对智能对象图层进行编辑。

课堂学习目标

- 了解图层的基本概念
- 熟练掌握图层的基本操作
- 掌握图层混合模式的应用技巧
- 熟练掌握图层样式的使用方法
- 了解3D文件的导入和修改材质贴图的方法

6.1 图层基本概念

图层可以在不影响图像中其他图像元素的情况下处理某一图像元素。可以将图层想象成是一张张叠起来的硫酸纸，透过图层的透明区域看到下面的图层。通过更改图层的顺序和属性，改变图像的合成。

选择“窗口 > 图层”命令，或按 F7 键，弹出“图层”控制面板，在面板中可创建不同类型的图层，不同的图层包含不同的功能和用途，最常见的如图 6-1 所示。

图 6-1

⊙ 普通图层：可以绘制和编辑图像。

⊙ 文字图层：可以输入和修改文字。

⊙ 调整图层：可以调整图像的亮度、色彩平衡等。

⊙ 智能对象图层：可以打开智能对象文档，对其进行单独编辑。

⊙ 背景图层：始终位于面板的最下层，是绘制和编辑图像的背景。

6.2 图层基本操作

6.2.1 “图层”控制面板

“图层”控制面板列出了图像中的所有图层、组和图层效果。可以使用“图层”控制面板来搜索图层、显示和隐藏图层、创建新图层以及处理图层组；还可以在“图层”控制面板的弹出式菜单中设置其他命令和选项。

（1）按 Ctrl + O 组合键，打开云盘中的“Ch06 > 素材 > 图层控制面板”文件，图像效果如图 6-2 所示。

图 6-2

（2）选择“窗口 > 图层”命令，或按 F7 键，弹出“图层”控制面板，如图 6-3 所示。单击面板右上方的图标，在弹出的菜单中选择“面板选项”命令，弹出“图层面板选项”对话框，设置如图 6-4 所示，单击“确定”按钮。“图层”控制面板如图 6-5 所示。再次操作将缩览图用默认状态显示。

图 6-3

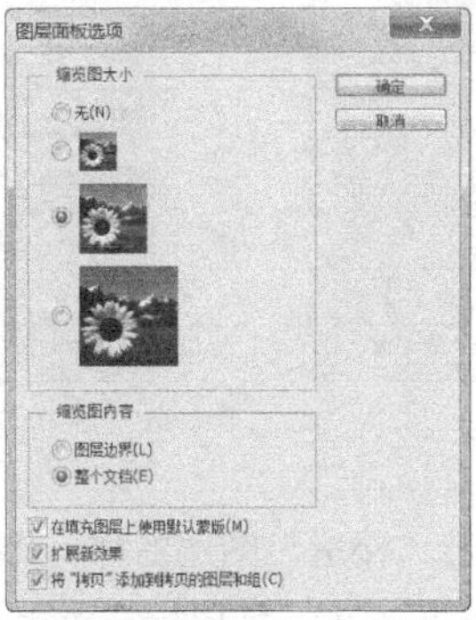

图 6-4

图 6-5

（3）单击“天空”图层左侧的眼睛图标，将“天空”图层隐藏，如图 6-6 所示，图像效果如图 6-7 所示。再次单击即可显示图层。

图 6-6

图 6-7

（4）按住 Alt 键的同时，单击“楼房”图层左侧的眼睛图标，仅显示“楼房”图层，如图 6-8 所示。

（5）用鼠标单击“图层”控制面板中的任意一个图层，可以选择这个图层。选择“移动”工具，选中“天空”图层，在图像窗口中将其拖曳到适当的位置，如图 6-9 所示。取消操作。

图 6-8

图 6-9

（6）按住 Ctrl 键的同时，单击图层，可以选择多个不相邻的图层，如图 6-10 所示。按住 Shift 键的同时，单击上下两个图层，可以选中上下两个图层之间相邻的所有图层，如图 6-11 所示。

图 6-10

图 6-11

（7）在“图层”控制面板中，双击“楼房”图层名称，将其重命名为“建筑”，如图 6-12 所示。

（8）在图像窗口中建筑区域单击鼠标右键，弹出快捷菜单，如图 6-13 所示。可以快速选择图层。

（9）在“图层”控制面板中，按住 Ctrl 键的同时，选择“绿化 2”和“建筑”图层，单击控制面板下方的“链接图层”按钮，选中的图层被链接，如图 6-14 所示。

图6-12

图6-13

图6-14

6.2.2　创建、复制图层

1．新建图层

使用控制面板弹出式菜单：单击“图层”控制面板右上方的图标，弹出其命令菜单，选择“新建图层”命令，弹出“新建图层”对话框。在对话框中进行设置，单击“确定”按钮，即可新建图层。

使用控制面板按钮或快捷键：单击“图层”控制面板下方的“创建新图层”按钮，可以创建一个新图层。按住Alt键的同时，单击“创建新图层”按钮，将弹出“新建图层”对话框。

使用“图层”菜单命令或快捷键：选择“图层 > 新建 > 图层”命令，弹出“新建图层”对话框。按Shift+Ctrl+N组合键，也可以弹出“新建图层”对话框。

2．复制图层

使用控制面板弹出式菜单：单击“图层”控制面板右上方的图标，弹出其命令菜单，选择“复制图层”命令，弹出“复制图层”对话框。在对话框中进行设置，单击“确定”按钮，即可复制图层。

使用控制面板按钮：将需要复制的图层拖曳到控制面板下方的“创建新图层”按钮上，可以将所选的图层复制为一个新图层。

使用菜单命令：选择“图层 > 复制图层”命令，弹出“复制图层”对话框。在对话框中进行设置，单击“确定”按钮，即可复制图层。

使用鼠标拖曳的方法复制不同图像之间的图层：打开目标图像和需要复制的图像。将需要复制的图像中的图层直接拖曳到目标图像的图层中，图层复制完成。

（1）按Ctrl + N组合键，新建一个文件，宽度为300mm，高度为150mm，分辨率为150像素/英寸，颜色模式为RGB，背景内容为白色，单击“确定”按钮。

（2）单击“图层”控制面板下方的“创建新图层”按钮，生成新的图层“图层1”。选择“矩形选框”工具，按住Shift键的同时，在图像窗口中拖曳鼠标绘制正方形选区，效果如图6-15所示。

（3）选择“编辑 > 描边”命令，在弹出的对话框中进行设置，如图6-16所示，单击“确定”按钮，效果如图6-17所示。按Ctrl+D组合键，取消选区。

（4）按Ctrl+T组合键，在图形周围出现变换框，将鼠标光标放在变换框的控制手柄外边，光标变为旋转图标，按住Shift键的同时，拖曳鼠标将图形旋转到适当的角度，按Enter键确定操作，如图6-18所示。

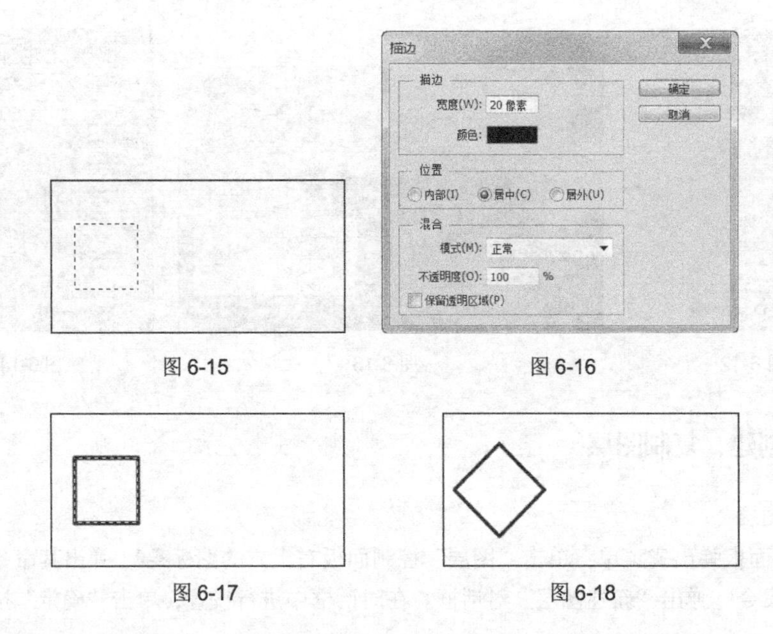

图 6-15　　图 6-16

图 6-17　　图 6-18

（5）按 Ctrl+Alt+T 组合键，在图像周围出现变换框，向右拖曳菱形到适当的位置，复制菱形，按 Enter 键确定操作，如图 6-19 所示。连续按 Ctrl+Shift+Alt+T 组合键，复制多个菱形，如图 6-20 所示。

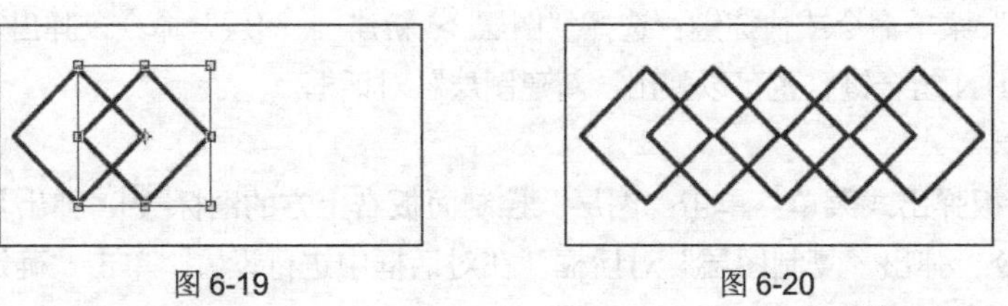

图 6-19　　图 6-20

（6）按住 Ctrl 键的同时，单击“图层 1 拷贝”图层的缩览图，图像周围生成选区，如图 6-21 所示。将前景色设为蓝色（其 R、G、B 的值分别为 0、160、234）。按 Alt+Delete 组合键，用前景色填充选区。按 Ctrl+D 组合键，取消选区，效果如图 6-22 所示。

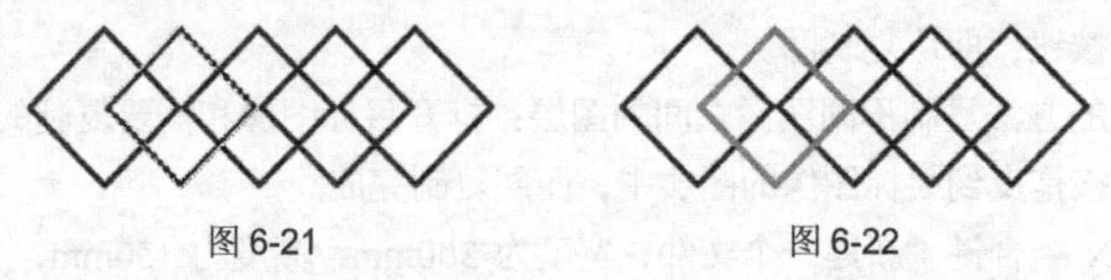

图 6-21　　图 6-22

（7）按住 Ctrl 键的同时，单击“图层 1 拷贝 2”图层的缩览图，图像周围生成选区，如图 6-23 所示。将前景色设为黄色（其 R、G、B 的值分别为 254、241、2）。按 Alt+Delete 组合键，用前景色填充选区。按 Ctrl+D 组合键，取消选区，效果如图 6-24 所示。

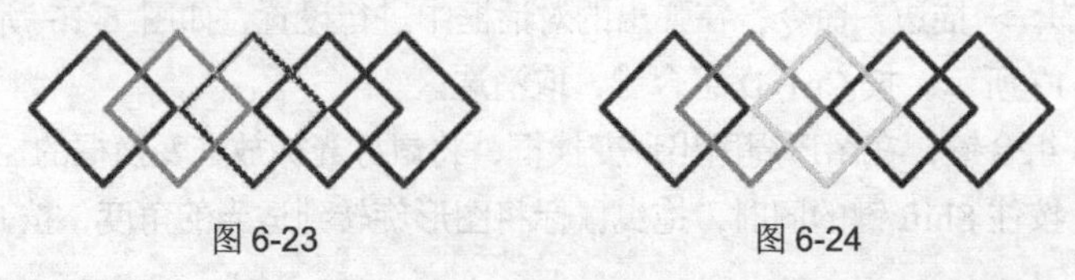

图 6-23　　图 6-24

（8）按住 Ctrl 键的同时，单击“图层 1 拷贝 3”图层的缩览图，图像周围生成选区，如图 6-25 所示。将前景色设为红色（其 R、G、B 的值分别为 231、0、18）。按 Alt+Delete 组合键，用前景色填充选区。按 Ctrl+D 组合键，取消选区，效果如图 6-26 所示。

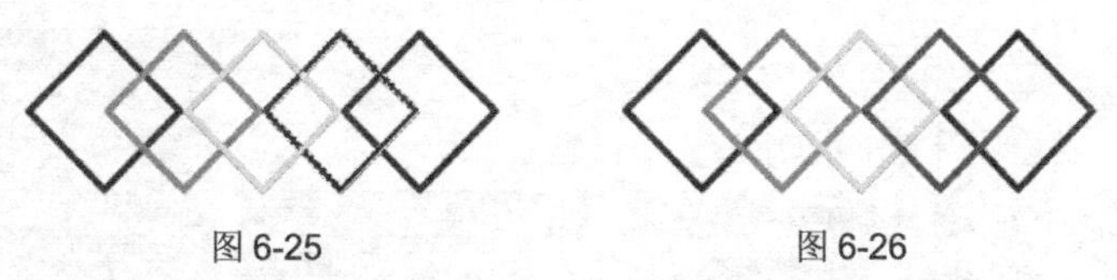

图 6-25　　　　图 6-26

（9）按住 Ctrl 键的同时，单击“图层 1 拷贝 4”图层的缩览图，图像周围生成选区，如图 6-27 所示。将前景色设为绿色（其 R、G、B 的值分别为 0、153、67）。按 Alt+Delete 组合键，用前景色填充选区。按 Ctrl+D 组合键，取消选区，效果如图 6-28 所示。

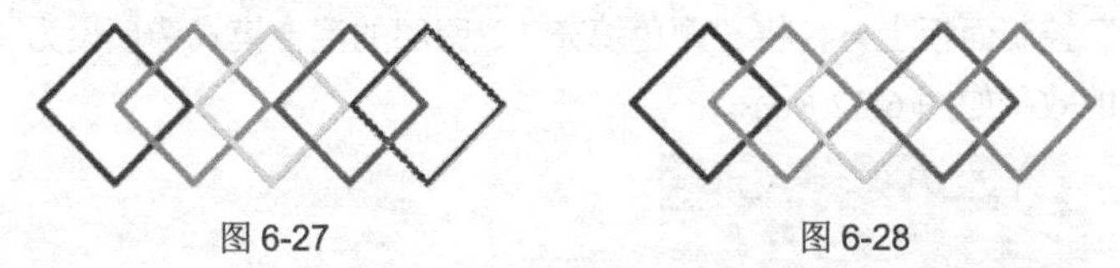

图 6-27　　　　图 6-28

（10）选择“图层 1”。选择“矩形选框”工具，在图像窗口中拖曳鼠标绘制矩形选区，如图 6-29 所示。选择“图层 > 新建 > 通过拷贝的图层”命令，或按 Ctrl+J 组合键，在“图层”控制面板中生成“图层 2”，将其拖曳到“图层 1 拷贝”图层的上方，如图 6-30 所示，图像效果如图 6-31 所示。

（11）使用相同的方法制作其他效果，如图 6-32 所示。

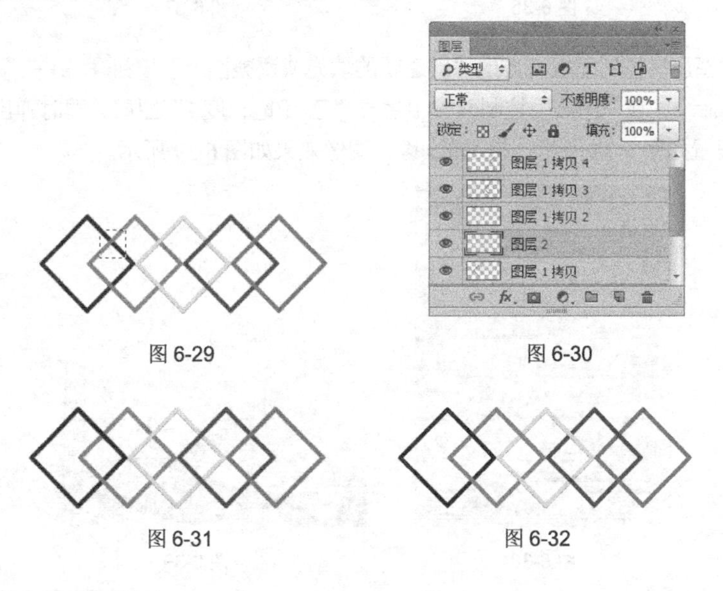

图 6-29　　　　图 6-30

图 6-31　　　　图 6-32

6.2.3　填充、调整图层

应用填充和调整图层命令可以通过多种方式对图像进行填充和调整，使图像产生不同的效果。

（1）按 Ctrl＋O 组合键，打开云盘中的“Ch06 > 素材 > 填充、调整图层”文件，图像效果如图 6-33 所示。

（2）选择“图层 > 新建填充图层 > 纯色”命令，在弹出的“新建图层”对话框中进行设置，如图 6-34 所示。单击“确定”按钮，弹出“拾色器”对话框，设置颜色为土黄色（其 R、G、B 的值分别为 194、180、126）。单击“确定”按钮，图像如图 6-35 所示。

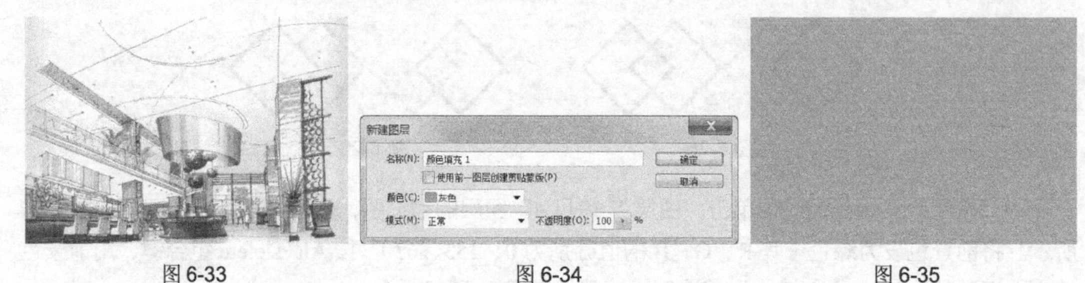

图 6-33　　图 6-34　　图 6-35

（3）在“图层”控制面板上方，将“颜色填充 1”图层的混合模式选项设为“颜色”，如图 6-36 所示，图像窗口中的效果如图 6-37 所示。

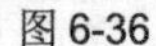

图 6-36　　图 6-37

（4）单击“图层”控制面板下方的“创建新的填充或调整图层”按钮，在弹出的菜单中选择“色相/饱和度”命令，在“图层”控制面板中生成“色相/饱和度 1”图层，同时弹出“色相/饱和度”面板，选项的设置如图 6-38 所示，按 Enter 键，图像效果如图 6-39 所示。

图 6-38　　图 6-39

（5）单击“图层”控制面板下方的“创建新的填充或调整图层”按钮，在弹出的菜单中选择“亮度/对比度”命令，在“图层”控制面板中生成“亮度/对比度 1”图层，同时弹出“亮度/对比度”面板，选项的设置如图 6-40 所示，按 Enter 键，图像效果如图 6-41 所示。

图 6-40

图 6-41

（6）在“图层”控制面板中选择需要的图层，如图 6-42 所示。按 Ctrl+G 组合键，将选中的图层编组。“图层”控制面板如图 6-43 所示。

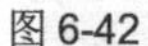

图 6-42

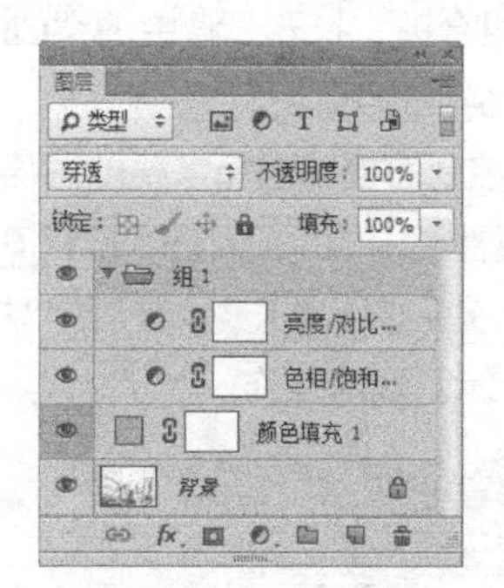

图 6-43

6.2.4　图层对齐与分布

在 Photoshop 中，可以将不同图层中的图像内容对齐并按照相同的间距进行分布。首先在“图层”控制面板中选择需要的图层，选择“图层 > 对齐”命令，在弹出的子菜单中选择一个对齐或分布命令即可，也可在“移动”工具属性栏中单击相应的按钮。若所选图层与其他图层链接，则对齐或分布与之链接的所有图层。

1．对齐

⊙ “顶对齐”按钮：以多个要对齐图层中最上面图层的上边线为基准线，选定图层的上边线都和这条线对齐（最上面图层的位置不变）。

⊙ “垂直居中对齐”按钮：以多个要对齐图层的中点为基准点进行对齐，将所有图层进行垂直移动，水平方向上的位置不变（多个图层进行垂直居中对齐时，以中间图层的中点为基准点进行对齐，中间图层的位置不变）。

⊙ “底对齐”按钮：以多个要对齐图层中最下面图层的下边线为基准线，选定图层的下边线都和这条线对齐（最下面图层的位置不变）。

⊙ “左对齐”按钮：以最左边图层的左边边线为基准线，选取全部图层的左边缘和这条线对齐（最左边图层的位置不变）。

⊙ “水平居中对齐”按钮：以选定图层的中点为基准点对齐，所有图层在垂直方向的位置保持不变（多个图层进行水平居中对齐时，以中间图层的中点为基准点进行对齐，中间图层的位置不变）。

⊙ “右对齐”按钮：以最右边图层的右边边线为基准线，选取全部图层的右边缘和这条线对齐（最右边图层的位置不变）。

2．分布

⊙ “按顶分布”按钮：以每个选取图层的上边线为基准线，使图层按相等的间距垂直分布。

⊙ “垂直居中分布”按钮：以每个选取图层的中线为基准线，使图层按相等的间距垂直分布。

⊙ “按底分布”按钮：以每个选取图层的下边线为基准线，使图层按相等的间距垂直分布。

⊙ “按左分布”按钮：以每个选取图层的左边线为基准线，使图层按相等的间距水平分布。

⊙ “水平居中分布”按钮：以每个选取图层的中线为基准线，使图层按相等的间距水平分布。

⊙ “按右分布”按钮：以每个选取图层的右边线为基准线，使图层按相等的间距水平分布。

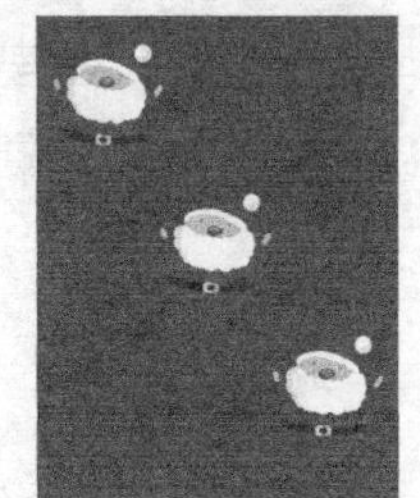

图 6-44

（1）按 Ctrl + O 组合键，打开云盘中的“Ch06 > 素材 > 图层对齐与分布”文件，图像效果如图 6-44 所示。

（2）在“图层”控制面板中选择需要的图层，如图 6-45 所示。选择“移动”工具，分别单击属性栏中的“顶对齐”按钮、“垂直居中对齐”按钮、“底对齐”按钮、“左对齐”按钮、“水平居中对齐”按钮、“右对齐”按钮，图像效果如图 6-46 所示。取消操作。

图 6-45

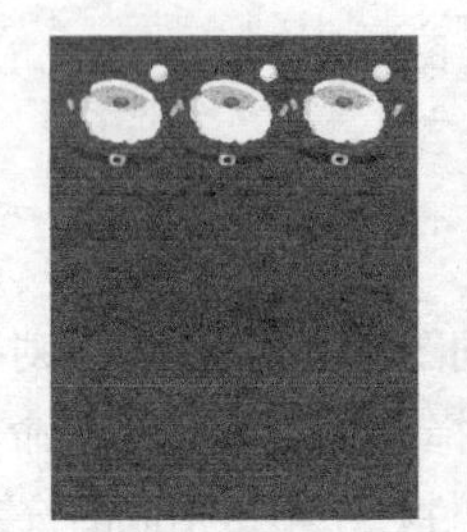

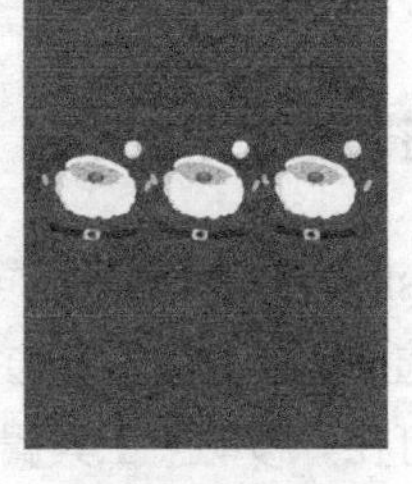

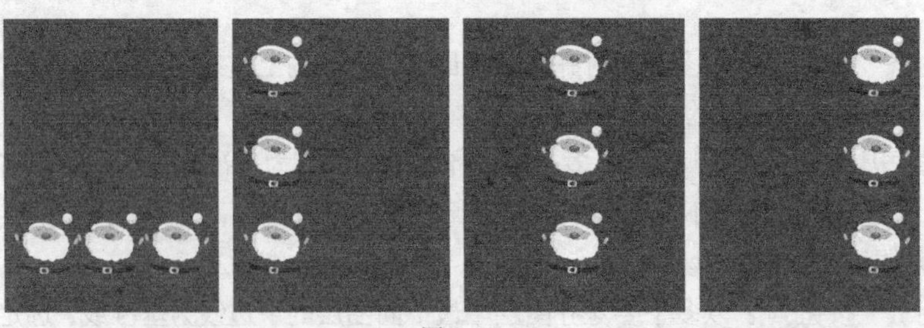

图 6-46

（3）选择“矩形”选框工具，在图像窗口中绘制矩形选区，如图 6-47 所示。在“图层”控制面板中选择“图层 1”“图层 2”和“图层 3”图层。选择“移动”工具，单击属性栏中的“垂直居中对齐”按钮，效果如图 6-48 所示。可见 3 个图像在选框内垂直居中对齐。

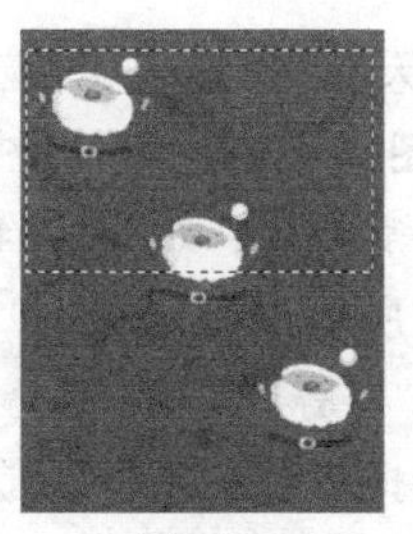

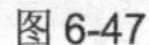

图 6-47

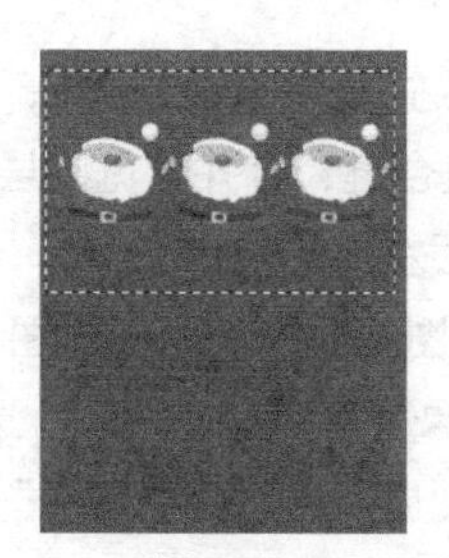

图 6-48

6.2.5　合并、删除图层

合并与删除图层是经常用到的图层操作，不仅有利于减少图层太多引起的操作难度，还能减小文件大小，提高计算机处理速度。

1．合并图层

“向下合并”命令用于向下合并图层。单击“图层”控制面板右上方的图标，在弹出式菜单中选择“向下合并”命令，或按 Ctrl+E 组合键即可。

“合并可见图层”命令用于合并所有可见层。单击“图层”控制面板右上方的图标，在弹出式菜单中选择“合并可见图层”命令，或按 Shift+Ctrl+E 组合键即可。

“拼合图像”命令用于合并所有的图层。单击“图层”控制面板右上方的图标，在弹出式菜单中选择“拼合图像”命令。

2．删除图层

使用控制面板弹出式菜单：单击“图层”控制面板右上方的图标，弹出其下拉菜单，选择“删除图层”命令，弹出提示对话框，如图 6-49 所示，单击“是”按钮，可删除图层。

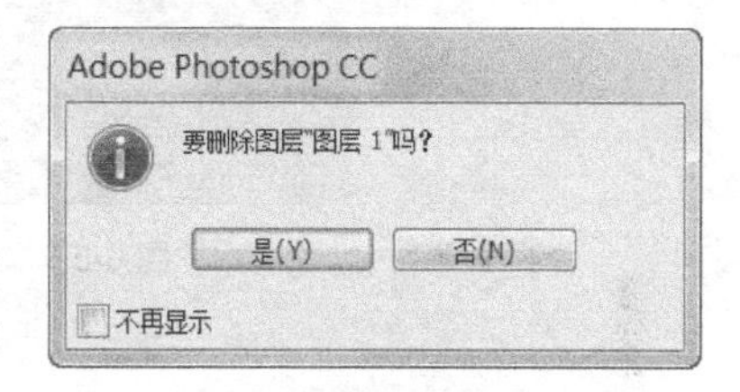

图 6-49

使用控制面板按钮：选中要删除的图层，单击“图层”控制面板下方的“删除图层”按钮，即可删除图层。或将需要删除的图层直接拖曳到“删除图层”按钮上进行删除。

使用菜单命令：选择“图层 > 删除 > 图层”命令，即可删除图层。

（1）按 Ctrl + O 组合键，打开云盘中的“Ch06 > 素材 > 合并、删除图层”文件，图像效果如图 6-50 所示。

（2）在“图层”控制面板中选择需要的图层，如图 6-51 所示。选择“图层 > 向下合并”命令，或按 Ctrl+E 组合键，合并图层。“图层”控制面板如图 6-52 所示。

图 6-50

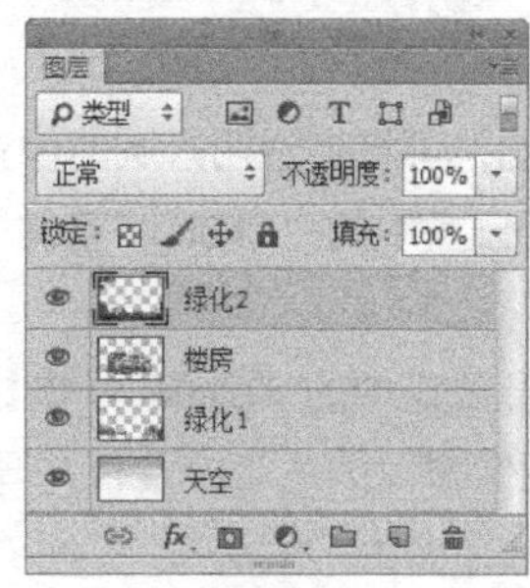

图 6-51

图 6-52

（3）单击“天空”图层左侧的眼睛图标，将“天空”图层隐藏。选择“图层 > 合并可见图层”命令，或按 Shift+Ctrl+E 组合键，合并可见图层，“图层”控制面板如图 6-53 所示。

（4）单击“天空”图层左侧的空白图标，显示该图层，如图 6-54 所示。选择“图层 > 拼合图像”命令，拼合图像，“图层”控制面板如图 6-55 所示。

（5）按 F12 键，将图像恢复到打开状态。选择“楼房”图层，选择“图层 > 删除 > 图层”命令，或按 Delete 键，删除图层。也可将“楼房”图层拖曳到控制面板下方的“删除图层”按钮上删除。图像效果如图 6-56 所示。

图 6-53

图 6-54

图 6-55

图 6-56

6.3 图层的混合模式

图层混合模式在图像处理及效果制作中被广泛应用，特别是在多个图像合成方面更有其独特的作用及灵活性。

6.3.1 溶解模式

受羽化程度和不透明度的影响，可将半透明区域的像素离散，产生点状颗粒。

（1）按 Ctrl + O 组合键，打开云盘中的“Ch06 > 素材 > 溶解模式 1”文件，图像效果如图 6-57 所示。

（2）按 Ctrl + O 组合键，打开云盘中的“Ch06 > 素材 > 溶解模式 2”文件，选择“移动”工具，将大海图片拖曳到风景图像窗口的适当位置，并调整其大小，效果如图 6-58 所示，在“图层”控制面板中生成新图层并将其命名为“大海”。

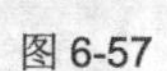

图 6-57

图 6-58

（3）在“图层”控制面板上方，将“大海”图层的混合模式选项设为“溶解”，“不透明度”选项设为 50%，如图 6-59 所示，图像效果如图 6-60 所示。

图 6-59

图 6-60

6.3.2　变暗模式

当前层中亮的像素被底层暗的像素替换，比底层像素底的保持不变。

（1）按 Ctrl + O 组合键，打开云盘中的“Ch06 > 素材 > 变暗模式 1”文件，图像效果如图 6-61 所示。

（2）按 Ctrl + O 组合键，打开云盘中的“Ch06 > 素材 > 变暗模式 2”文件。选择“裁剪”工具，在图像窗口中拖曳鼠标绘制矩形裁切框，效果如图 6-62 所示，按 Enter 键确定操作。选择“移动”工具，将图片拖曳到图 1 图像窗口的适当位置，并调整其大小，效果如图 6-63 所示，在“图层”控制面板中生成新图层并将其命名为“图片”。

图 6-61

图 6-62

图 6-63

（3）按 Ctrl+T 组合键，在图形周围出现变换框，将鼠标光标放在变换框的控制手柄外边，光标变为旋转图标，拖曳鼠标将图形旋转到适当的角度，如图 6-64 所示。单击鼠标右键，在弹出的菜

单中选择“扭曲”命令，扭曲图像，如图 6-65 所示。按 Enter 键确定操作，效果如图 6-66 所示。

图 6-64

图 6-65

图 6-66

（4）在“图层”控制面板上方，将“图片”图层的混合模式选项设为“变暗”，如图 6-67 所示，图像窗口中的效果如图 6-68 所示。

图 6-67

图 6-68

6.3.3 正片叠底模式

当前层像素与底层白色混合时保持不变，与黑色混合时变暗，形成较暗的效果。

（1）按 Ctrl + O 组合键，打开云盘中的“Ch06 > 素材 > 正片叠底模式”文件，图像效果如图 6-69 所示。

（2）将“背景”图层拖曳到“图层”控制面板下方的“创建新图层”按钮上进行复制，生成新图层“背景 拷贝”。在“图层”控制面板上方，将“背景 拷贝”图层的混合模式选项设为“正片叠底”，如图 6-70 所示，图像窗口中的效果如图 6-71 所示。

图 6-69

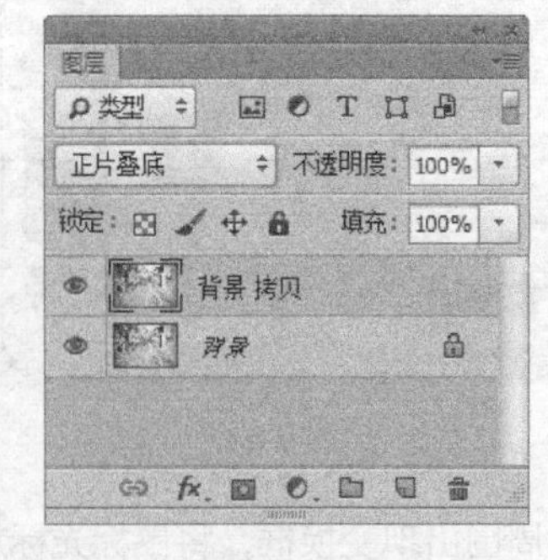

图 6-70

图 6-71

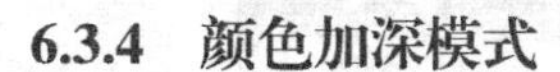

6.3.4　颜色加深模式

增加对比度以加深深色区域，底层的白色保持不变。

（1）按 Ctrl + O 组合键，打开云盘中的“Ch06 > 素材 > 颜色加深模式 1”文件，图像效果如图 6-72 所示。

（2）按 Ctrl + O 组合键，打开云盘中的“Ch06 > 素材 > 颜色加深模式 2”文件，选择“移动”工具，将图片拖曳到图 1 图像窗口的适当位置，并调整其大小，效果如图 6-73 所示。在“图层”控制面板上方，将“图层 1”图层的混合模式选项设为“颜色加深”，如图 6-74 所示，图像窗口中的效果如图 6-75 所示。

图 6-72

图 6-73

图 6-74

图 6-75

（3）将“图层 1”图层拖曳到“图层”控制面板下方的“创建新图层”按钮上进行复制，生成新图层“图层 1 拷贝”，如图 6-76 所示。图像效果如图 6-77 所示。

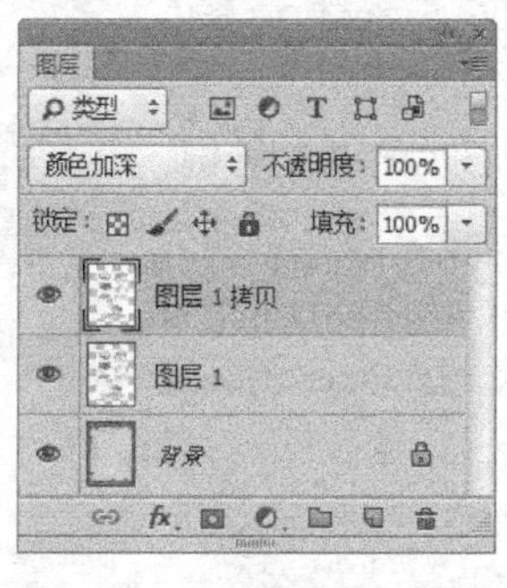

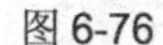

图 6-76

图 6-77

6.3.5　线性加深模式

降低亮度使图像变暗，保持底图图像更多的颜色信息。

（1）按 Ctrl + O 组合键，打开云盘中的“Ch06 > 素材 > 线性加深模式 1”文件，图像效果如图 6-78 所示。

（2）按 Ctrl + O 组合键，打开云盘中的“Ch06 > 素材 > 线性加深模式 2”文件，选择“移动”工具，将图片拖曳到图 1 图像窗口的适当位置，并调整其大小，效果如图 6-79 所示。在“图层”控制面板上方，将“图层 1”图层的混合模式选项设为“线性加深”，如图 6-80 所示，图像窗口中的效果如图 6-81 所示。

图 6-78　　图 6-79

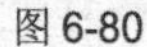

图 6-80　　图 6-81

6.3.6 深色模式

比较两个图层的通道以显示值较小的颜色，不生成新的颜色。

图 6-82

（1）按 Ctrl＋O 组合键，打开云盘中的“Ch06 > 素材 > 深色模式”文件，图像效果如图 6-82 所示。

（2）选择“图层 1”。选择“移动”工具，按 Ctrl+T 组合键，在图形周围出现变换框，向内拖曳变换框的控制手柄，等比例缩小图像，如图 6-83 所示。在变换框中单击鼠标右键，在弹出的菜单中选择“变形”命令，将图像变形，如图 6-84 所示。按 Enter 键确定操作，效果如图 6-85 所示。

图 6-83　　图 6-84　　图 6-85

（3）在“图层”控制面板上方，将该图层的混合模式选项设为“深色”，如图 6-86 所示，图像窗口中的效果如图 6-87 所示。

（4）将“图层 1”图层拖曳到“图层”控制面板下方的“创建新图层”按钮 上进行复制，生成新图层“图层 1 拷贝”。将复制后的图层拖曳到适当的位置，图像效果如图 6-88 所示。

图 6-86

图 6-87

图 6-88

6.3.7　变亮模式

当前层中亮的像素保持不变，暗的像素被底层亮的像素替换。

（1）按 Ctrl + O 组合键，打开云盘中的“Ch06 > 素材 > 变亮模式 1”文件，图像效果如图 6-89 所示。

（2）按 Ctrl + O 组合键，打开云盘中的“Ch06 > 素材 > 变亮模式 2”文件，选择“移动”工具，将图片拖曳到家居图像窗口的适当位置，并调整其大小，效果如图 6-90 所示。

图 6-89

图 6-90

（3）在“图层”控制面板上方，将“图层 1”图层的混合模式选项设为“变亮”，如图 6-91 所示，图像窗口中的效果如图 6-92 所示。

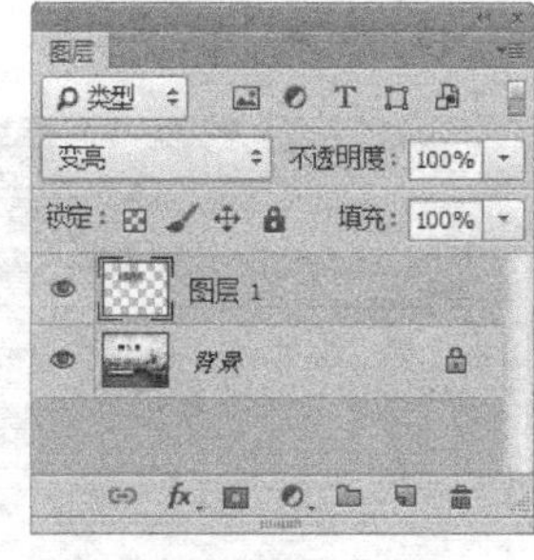

图 6-91

图 6-92

6.3.8 滤色模式

当前层像素与底层白色混合时变亮，与黑色混合时保持不变，形成较亮的效果。

（1）按 Ctrl + O 组合键，打开云盘中的“Ch06 > 素材 > 滤色模式”文件，图像效果如图 6-93 所示。

（2）将“背景”图层拖曳到“图层”控制面板下方的“创建新图层”按钮 上进行复制，生成新图层“背景 拷贝”，如图 6-94 所示。

图 6-93

图 6-94

（3）选择“滤镜 > 模糊 > 高斯模糊”命令，在弹出的对话框中进行设置，如图 6-95 所示，单击“确定”按钮，效果如图 6-96 所示。

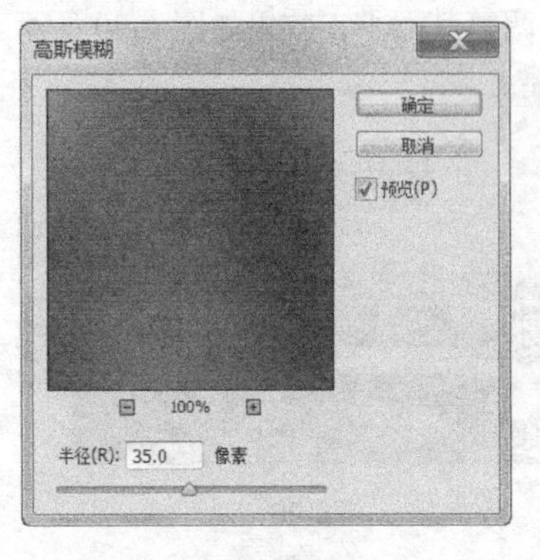

图 6-95

图 6-96

（4）在“图层”控制面板上方，将“背景 拷贝”图层的混合模式选项设为“滤色”，如图 6-97 所示，图像窗口中的效果如图 6-98 所示。

图 6-97

图 6-98

6.3.9　颜色减淡模式

降低对比度以加亮浅色区域，底层的浅色保持不变。

（1）按 Ctrl + O 组合键，打开云盘中的“Ch06 > 素材 > 颜色减淡模式 1”文件，图像效果如图 6-99 所示。

（2）按 Ctrl + O 组合键，打开云盘中的“Ch06 > 素材 > 颜色减淡模式 2”文件，选择“移动”工具，将图案图片拖曳到街景图像窗口的适当位置，并调整其大小，效果如图 6-100 所示。

图 6-99

图 6-100

（3）在“图层”控制面板上方，将“图层 1”图层的混合模式选项设为“颜色减淡”，如图 6-101 所示，图像窗口中的效果如图 6-102 所示。

图 6-101

图 6-102

6.3.10　线性减淡模式

增加亮度使图像变亮，提亮效果更加强烈。

（1）按 Ctrl + O 组合键，打开云盘中的“Ch06 > 素材 > 线性减淡模式”文件，图像效果如图 6-103 所示。

（2）将“背景”图层拖曳到“图层”控制面板下方的“创建新图层”按钮上进行复制，生成新图层“背景 拷贝”，如图 6-104 所示。

图 6-103

图 6-104

（3）选择“图像 > 调整 > 反相”命令，或按 Ctrl+I 组合键，将图像反相，效果如图 6-105 所示。

（4）选择“滤镜 > 其他 > 最小值”命令，在弹出的对话框中进行设置，如图 6-106 所示，单击“确定”按钮，效果如图 6-107 所示。

图 6-105　　图 6-106　　图 6-107

（5）在“图层”控制面板上方，将“背景 拷贝”图层的混合模式选项设为“线性减淡”，如图 6-108 所示，图像窗口中的效果如图 6-109 所示。

图 6-108

图 6-109

（6）单击“图层”控制面板下方的“添加图层样式”按钮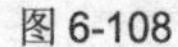，在弹出的菜单中选择“混合选项”命令，弹出“图层样式”对话框。在“混合颜色带”选项中，按住 Alt 键的同时单击“下一图层”选项中的黑色滑块，将其拖曳到适当的位置，其他选项的设置如图 6-110 所示。单击“确定”按钮，图像效果如图 6-111 所示。

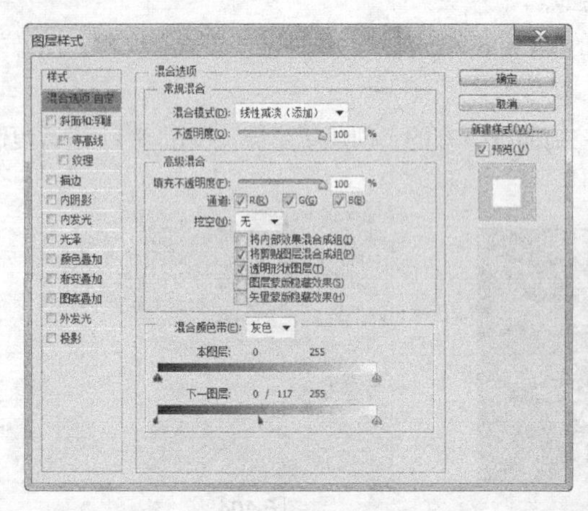

图 6-110

图 6-111

6.3.11　浅色模式

比较两个图层的通道以显示值较大的颜色，不生成新的颜色。

（1）按 Ctrl + O 组合键，打开云盘中的“Ch06 > 素材 > 浅色模式”文件，图像效果如图 6-112 所示。

（2）在“图层”控制面板上方，将“图层 1”图层的混合模式选项设为“浅色”，如图 6-113 所示，图像窗口中的效果如图 6-114 所示。

图 6-112

图 6-113

图 6-114

6.3.12　叠加模式

增强当前层中的图像颜色，保持底层图像的高光和暗调。

（1）按 Ctrl + O 组合键，打开云盘中的“Ch06 > 素材 > 叠加模式”文件，图像效果如图 6-115 所示

图 6-115

（2）将“背景”图层 2 次拖曳到“图层”控制面板下方的“创建新图层”按钮上进行复制，生成新图层“背景 拷贝”和“背景 拷贝 2”，如图 6-116 所示。

（3）单击“背景 拷贝 2”图层左侧的眼睛图标，将“背景 拷贝 2”图层隐藏。选择“背景 拷贝”图层，选择“滤镜 > 模糊 > 高斯模糊”命令，在弹出的对话框中进行设置，如图 6-117 所示，单击“确定”按钮，效果如图 6-118 所示。

图 6-116

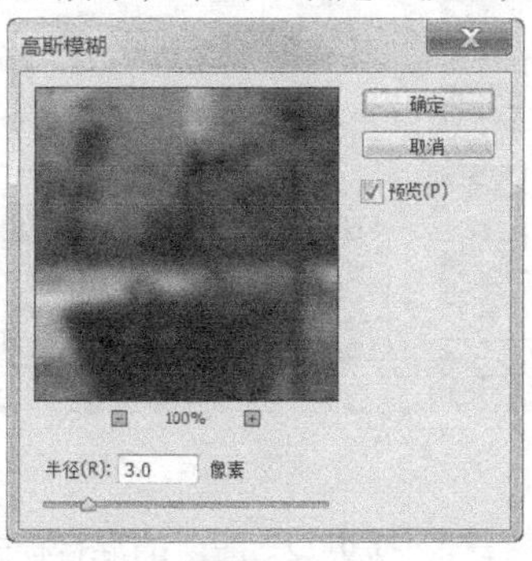

图 6-117

图 6-118

（4）在“图层”控制面板上方，将“背景 拷贝”图层的混合模式选项设为“叠加”，如图 6-119 所示，图像窗口中的效果如图 6-120 所示。

图 6-119　　图 6-120

（5）选中并显示“背景 拷贝 2”图层。选择“滤镜 > 模糊 > 高斯模糊”命令，在弹出的对话框中进行设置，如图 6-121 所示，单击“确定”按钮，效果如图 6-122 所示。

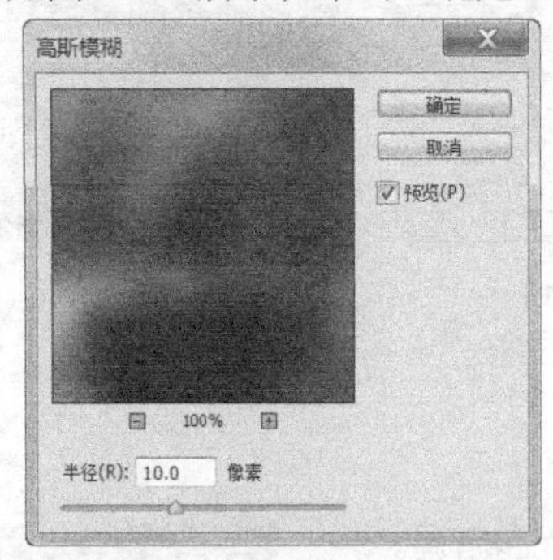

图 6-121　　图 6-122

（6）选择“滤镜 > 滤镜库”命令，在弹出的对话框中进行设置，如图 6-123 所示，单击“确定”按钮，效果如图 6-124 所示。

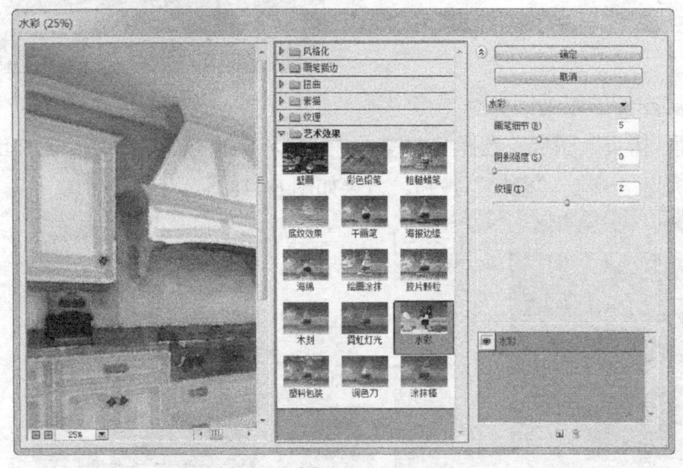

图 6-123　　图 6-124

（7）在“图层”控制面板上方，将“背景 拷贝 2”图层的混合模式选项设为“叠加”，如图 6-125 所示，图像窗口中的效果如图 6-126 所示。

（8）新建“图层 1”图层。将前景色设为绿色（其 R、G、B 的值分别为 115、138、70）。按 Alt+Delete 组合键，用前景色填充“图层 1”图层，效果如图 6-127 所示。

图 6-125

图 6-126

图 6-127

（9）选择“滤镜 > 滤镜库”命令，在弹出的对话框中进行设置，如图 6-128 所示，单击“确定”按钮，效果如图 6-129 所示。

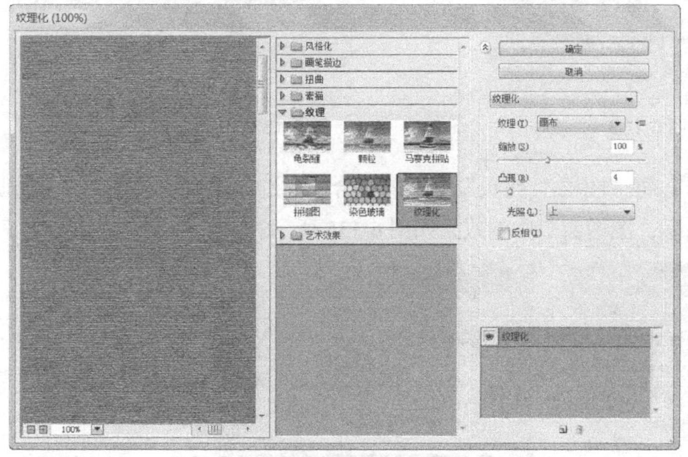

图 6-128

图 6-129

（10）在“图层”控制面板上方，将“图层 1”图层的混合模式选项设为“叠加”，如图 6-130 所示，图像窗口中的效果如图 6-131 所示。

图 6-130

图 6-131

6.3.13　柔光模式

当前层中的像素比 50%的灰色亮，则图像变亮；比 50%的灰色暗，则图像变暗，产生一种柔光效果。

（1）按 Ctrl + O 组合键，打开云盘中的“Ch06 > 素材 > 柔光模式”文件，图像效果如图 6-132 所示。

（2）将“图层 1”图层拖曳到“图层”控制面板下方的“创建新图层”按钮 上进行复制，生成新图层“图层 1 拷贝”。

（3）按 Ctrl+T 组合键，在图像周围出现变换框，单击鼠标右键，在弹出的菜单中选择“垂直翻转”命令，翻转图像，并拖曳到适当的位置，如图 6-133 所示，按 Enter 键确定操作。

图 6-132

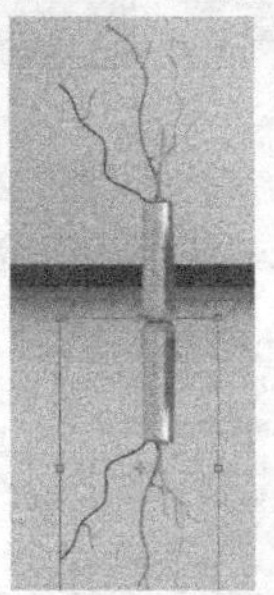

图 6-133

（4）在“图层”控制面板上方，将“图层 1 拷贝”图层的混合模式选项设为“柔光”，“不透明度”选项设为 75%，如图 6-134 所示，图像窗口中的效果如图 6-135 所示。

图 6-134

图 6-135

6.3.14　强光模式

当前层中的像素比 50%的灰色亮，则图像变亮；比 50%的灰色暗，则图像变暗，产生一种强光效果。

（1）按 Ctrl + O 组合键，打开云盘中的“Ch06 > 素材 > 强光模式”文件，图像效果如图 6-136 所示。

图 6-136

（2）新建图层并将其命名为“渐变”。选择“渐变”工具，单击属性栏中的“点按可编辑渐变”按钮，弹出“渐变编辑器”对话框，将渐变颜色设为从绿色（其 R、G、B 的值分别为 148、181、49）到棕色（其 R、G、B 的值分别为 80、50、10），如图 6-137 所示，单击“确定”按钮。单击属性栏中的“径向渐变”按钮，在图像中由中心至右上角拖曳鼠标填充渐变色，效果如图 6-138 所示。

（3）在“图层”控制面板上方，将“渐变”图层的混合模式选项设为“强光”，如图 6-139 所示，图像窗口中的效果如图 6-140 所示。

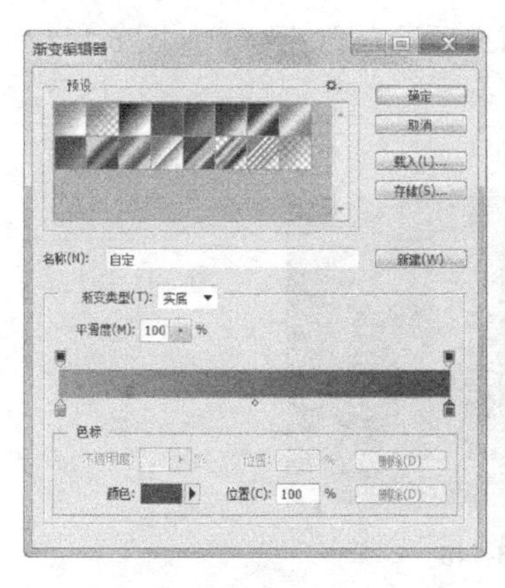

图 6-137

图 6-138

图 6-139

图 6-140

6.3.15　亮光模式

当前层中的像素比 50%的灰色亮，则减小对比度使图像变亮；比 50%的灰色暗，则增加对比度使图像变暗。

（1）按 Ctrl + O 组合键，打开云盘中的“Ch06 > 素材 > 亮光模式”文件，图像效果如图 6-141 所示。

（2）新建“图层 1”图层。将前景色设为绿色（其 R、G、B 的值分别为 122、168、32）。按 Alt+Delete 组合键，用前景色填充“图层 1”，效果如图 6-142 所示。

图 6-141

图 6-142

（3）选择“矩形选框”工具，在图像窗口中绘制矩形选区，如图 6-143 所示。将前景色设为浅绿色（其 R、G、B 的值分别为 193、235、111）。按 Alt+Delete 组合键，用前景色填充选区。按 Ctrl+D 组合键，取消选区，效果如图 6-144 所示。

图 6-143

图 6-144

（4）在“图层”控制面板上方，将“图层 1”图层的混合模式选项设为“亮光”，如图 6-145 所示，图像窗口中的效果如图 6-146 所示。

图 6-145

图 6-146

6.3.16 线性光模式

当前层中的像素比 50%的灰色亮，则增加亮度使图像变亮；比 50%的灰色暗，则减小亮度使图像变暗，产生比强光更高的对比度。

（1）按 Ctrl + O 组合键，打开云盘中的“Ch06 > 素材 > 线性光模式”文件，图像效果如图 6-147 所示。复制“背景”图层。

（2）选择“滤镜 > 模糊 > 高斯模糊”命令，在弹出的对话框中进行设置，如图 6-148 所示，单击“确定”按钮，效果如图 6-149 所示。

图 6-147

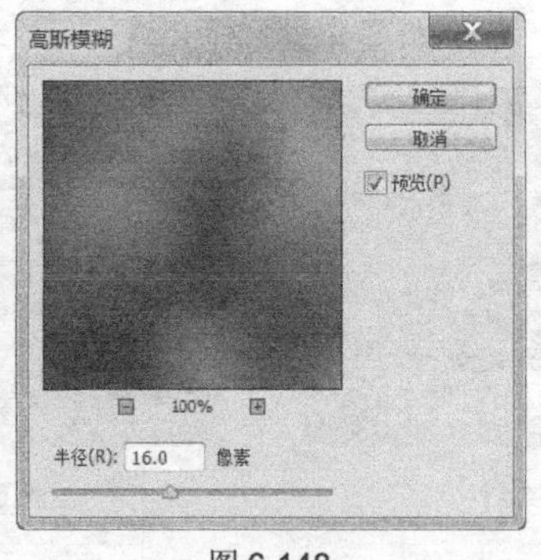

图 6-148

图 6-149

（3）在“图层”控制面板上方，将“背景 拷贝”图层的混合模式选项设为“线性光”，如图 6-150 所示，图像窗口中的效果如图 6-151 所示。

图 6-150

图 6-151

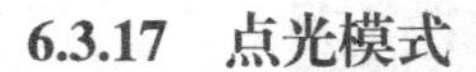

6.3.17　点光模式

当前层中的像素比 50%的灰色亮，则替换暗的像素；比 50%的灰色暗，则替换亮的像素，产生一种特殊效果。

（1）按 Ctrl + O 组合键，打开云盘中的“Ch06 > 素材 > 点光模式 1”文件，图像效果如图 6-152 所示。

（2）按 Ctrl + O 组合键，打开云盘中的“Ch06 > 素材 > 点光模式 2”文件，选择“移动”工具，将图片拖曳到图 2 图像窗口的适当位置，并调整其大小，效果如图 6-153 所示。

图 6-152　　　　图 6-153

（3）选择“滤镜 > 渲染 > 光照效果”命令，弹出对话框，将光照颜色设为深灰色（其 R、G、B 的值分别为 63、62、58），其他选项的设置如图 6-154 所示，单击“确定”按钮，效果如图 6-155 所示。

图 6-154

图 6-155

（4）在“图层”控制面板上方，将“图层 1”图层的混合模式选项设为“点光”，如图 6-156 所示，图像窗口中的效果如图 6-157 所示。

（5）选择“背景”图层。选择“图像 > 调整 > 曲线”命令，或按 Ctrl+M 组合键，在弹出的对话框中进行设置，如图 6-158 所示，单击“确定”按钮，效果如图 6-159 所示。

图 6-156

图 6-157

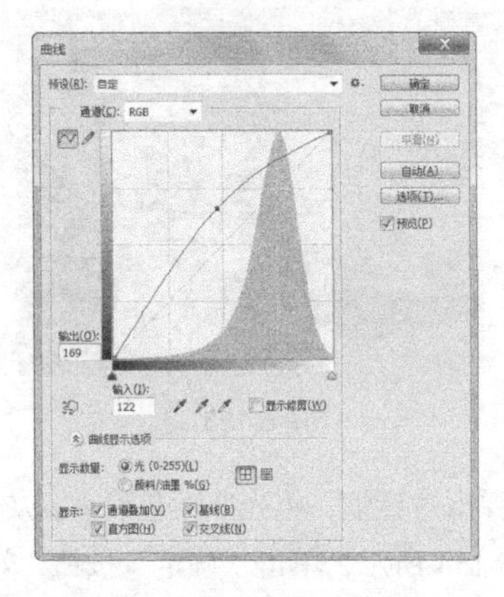

图 6-158

图 6-159

6.3.18 色相模式

将当前层的色相与底层的亮度和饱和度混合，改变底层色相，但不影响亮度和饱和度。对黑、白、灰不起作用。

（1）按 Ctrl + O 组合键，打开云盘中的“Ch06 > 素材 > 色相模式”文件，图像效果如图 6-160 所示。

（2）新建“图层 1”图层。将前景色设为红色（其 R、G、B 的值分别为 241、95、66）。按 Alt+Delete 组合键，用前景色填充“图层 1”，效果如图 6-161 所示。

图 6-160

图 6-161

（3）在“图层”控制面板上方，将“图层 1”的混合模式选项设为“色相”，如图 6-162 所示，图像窗口中的效果如图 6-163 所示。

图 6-162

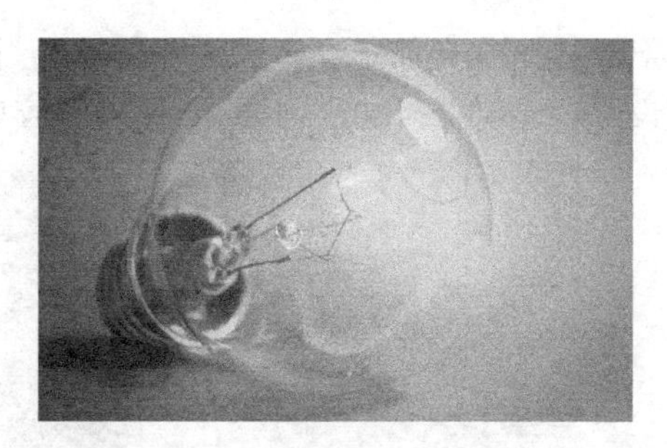

图 6-163

（4）单击“图层 1”左侧的眼睛图标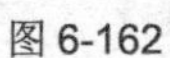，将“图层 1”隐藏。新建“图层 2”图层。将前景色设为绿色（其 R、G、B 的值分别为 8、154、11）。按 Alt+Delete 组合键，用前景色填充“图层 2”图层。在“图层”控制面板上方，将“图层 2”的混合模式选项设为“色相”，如图 6-164 所示，图像窗口中的效果如图 6-165 所示。

图 6-164

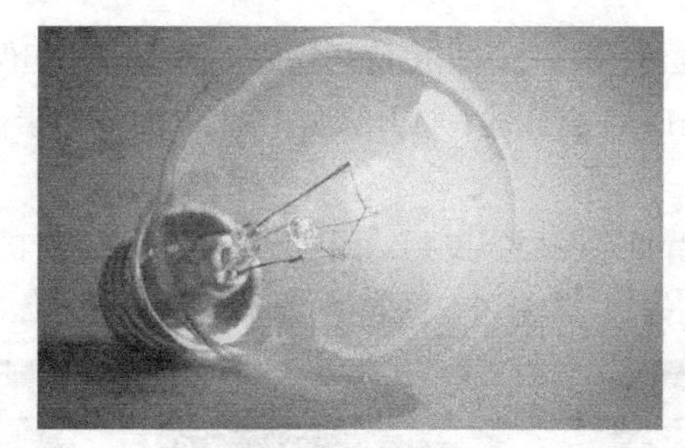

图 6-165

6.3.19　饱和度模式

将当前层的饱和度与底层的亮度和色相混合，改变底层饱和度，但不影响亮度和色相。

（1）按 Ctrl + O 组合键，打开云盘中的“Ch06 > 素材 > 饱和度模式”文件，图像效果如图 6-166 所示。

（2）新建“图层 1”图层。将前景色设为蓝色（其 R、G、B 的值分别为 11、22、238）。按 Alt+Delete 组合键，用前景色填充“图层 1”图层。在“图层”控制面板上方，将“图层 1”的混合模式选项设为“饱和度”，如图 6-167 所示，图像窗口中的效果如图 6-168 所示。

图 6-166

图 6-167

图 6-168

（3）新建“图层 2”图层。将前景色设为蓝灰色（其 R、G、B 的值分别为 52、54、109）。按

Alt+Delete 组合键，用前景色填充“图层 2”图层。在“图层”控制面板上方，将“图层 2”图层的混合模式选项设为“饱和度”，如图 6-169 所示，图像窗口中的效果如图 6-170 所示。

图 6-169

图 6-170

6.3.20 颜色模式

将当前图层的色相与饱和度应用到底层图像中，但保持底层图像的亮度不变。

（1）按 Ctrl + O 组合键，打开云盘中的“Ch06 > 素材 > 颜色模式”文件，图像效果如图 6-171 所示。

（2）将“背景”图层拖曳到“图层”控制面板下方的“创建新图层”按钮上进行复制，生成新图层“背景 拷贝”。选择“图像 > 调整 > 去色”命令，去除图像颜色，效果如图 6-172 所示。

图 6-171

图 6-172

（3）新建“图层 1”图层。将前景色设为绿色（其 R、G、B 的值分别为 18、156、31）。按 Alt+Delete 组合键，用前景色填充“图层 1”图层，如图 6-173 所示。在“图层”控制面板上方，将“图层 1”的混合模式选项设为“颜色”，如图 6-174 所示，图像窗口中的效果如图 6-175 所示。

图 6-173

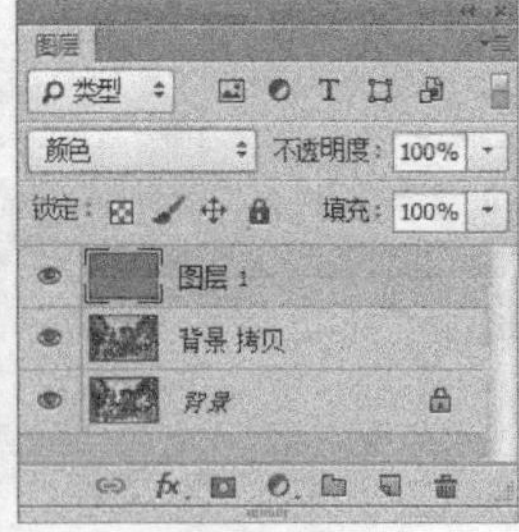

图 6-174

图 6-175

（4）新建图层并将其命名为“选框”。选择“矩形选框”工具，在属性栏中将“羽化半径”

选项设为 50，沿着图像边缘绘制选区，如图 6-176 所示。按 Ctrl+Shift+I 组合键，将选区反选。将前景色设为黑色。按 Alt+Delete 组合键，用前景色填充选区。按 Ctrl+D 组合键，取消选区。图像效果如图 6-177 所示。

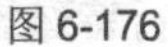

图 6-176

图 6-177

（5）将“选框”图层拖曳到“图层”控制面板下方的“创建新图层”按钮上进行复制，生成新图层“选框 拷贝”，图像效果如图 6-178 所示。

（6）单击“图层”控制面板下方的“创建新的填充或调整图层”按钮，在弹出的菜单中选择“色相/饱和度”命令，在“图层”控制面板中生成“色相/饱和度 1”图层，同时弹出“色相/饱和度”面板，设置如图 6-179 所示，按 Enter 键，图像效果如图 6-180 所示。

图 6-178

图 6-179

图 6-180

6.3.21　实色混合、差值、排除、减去、划分模式

除上述混合模式外，还有实色混合、差值、排除、减去、划分 5 种图层混合模式。由于这几种混合模式应用较少，在这里就不一一举例说明了。

⊙ 实色混合：当前层中的像素比 50%的灰色亮，则底层图像变；比 50%的灰色暗，则底层图像暗，产生色调分离效果。

⊙ 差值：当前图层的白色区域会使底层图像产生反相效果，而黑色区域保持不变。

⊙ 排除：与“差值”模式相似，产生对比度更低的混合效果。

⊙ 减去：可以从目标通道中相应的像素上减去源通道中的像素值。

⊙ 划分：根据通道中的颜色信息，从基色中划分混合色。

6.4 图层样式

图层特殊效果命令用于为图层添加不同的效果，使图层中的图像产生丰富的变化效果。

Photoshop 提供了多种图层样式可供选择，可以单独为图像添加一种样式，还可同时为图像添加多种样式。

6.4.1 混合选项

单击“图层”控制面板右上方的图标，将弹出命令菜单，选择“混合选项”命令，弹出“混合选项”对话框，如图 6-181 所示。此对话框用于对当前图层进行特殊效果的处理。单击对话框左侧的任意选项，将弹出相应的效果对话框。还可以单击“图层”控制面板下方的“添加图层样式”按钮 *fx*，弹出其菜单命令，如图 6-182 所示。

⊙ 常规混合：指定常规的混合方式，与“图层”控制面板中的不透明度和混合模式相同。

⊙ 高级混合：指定混合选项的作用范围。“填充不透明度”与“图层”控制面板中的“填充”选项相同。

⊙ 混合颜色带：指定用于混合图层的色调范围。

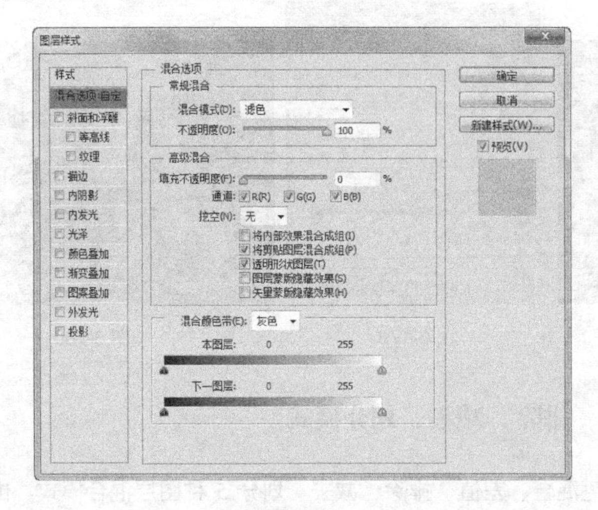

图 6-181

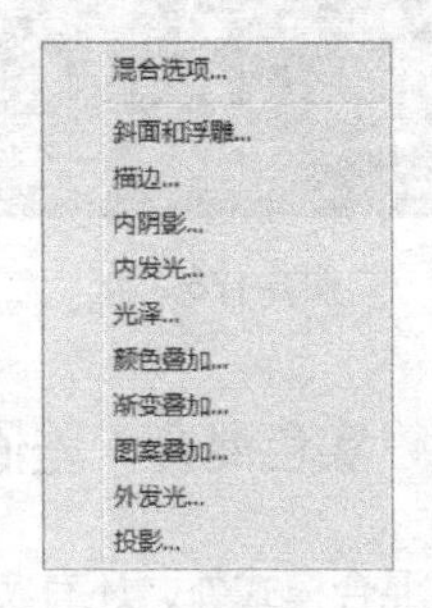

图 6-182

（1）按 Ctrl + O 组合键，打开云盘中的“Ch06 > 素材 > 混合选项”文件，图像效果如图 6-183 所示。在“图层”控制面板中双击“背景”图层，弹出对话框，单击“确定”按钮，将背景图层转换为普通图层。

（2）单击“图层”控制面板下方的“添加图层样式”按钮 *fx*，在弹出的菜单中选择“混合选项”命令，弹出“图层样式”对话框。在“混合颜色带”选项中，将“本图层”选项中的白色滑块拖曳到适当的位置，如图 6-184 所示。单击“确定”按钮，图像效果如图 6-185 所示。

图 6-183

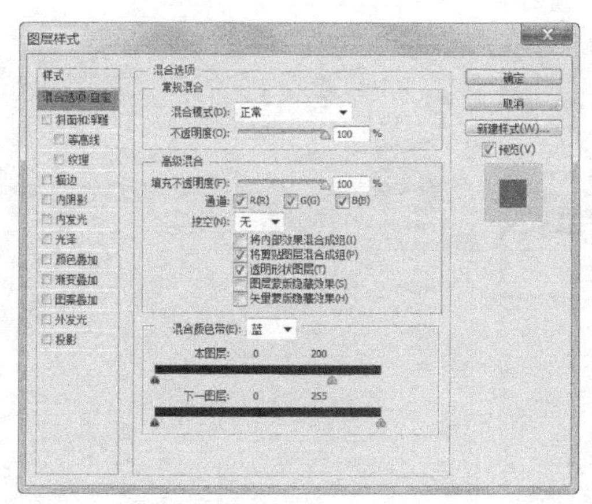

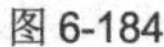

图 6-184　　　　图 6-185

6.4.2　斜面和浮雕

“斜面和浮雕”命令用于使图像产生一种倾斜与浮雕的效果。“斜面和浮雕”对话框如图 6-186 所示。

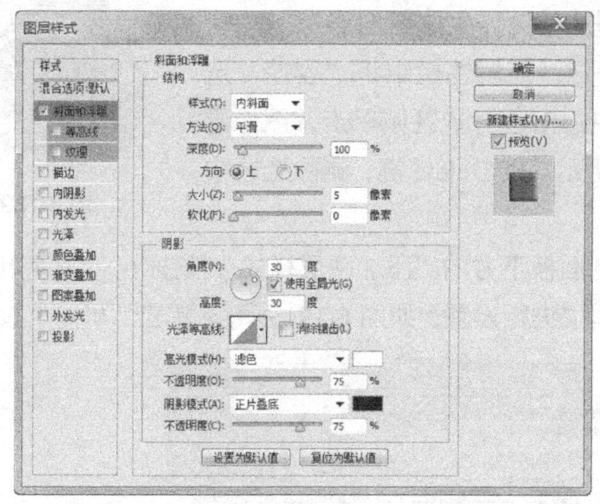

图 6-186

⊙ 样式：用于选择斜面和浮雕的样式，包括“外斜面”“内斜面”“浮雕效果”“枕状浮雕”和“描边浮雕”。

⊙ 方法：用于选择浮雕的创建方法，包括“平滑”“雕刻清晰”和“雕刻柔和”。

⊙ 深度：用于设置倾斜与浮雕效果的深浅。

⊙ 方向：用于设定阴影和高光的方向。

⊙ 软化：用于设定阴影边缘的柔和度。

⊙ 光泽等高线：用于选择光泽等高线的样式，创建具有光泽感的金属外观浮雕效果。

⊙ 高光模式/阴影模式：用于设置高光/阴影效果的模式。

单击对话框左侧的“等高线”选项，可以切换到“等高线”设置面板，如图 6-187 所示。使用“等高线”可以勾画在浮雕处理中被遮住的起伏、凹陷和凸起。

单击对话框左侧的“纹理”选项，可以切换到“纹理”设置面板，如图 6-188 所示。

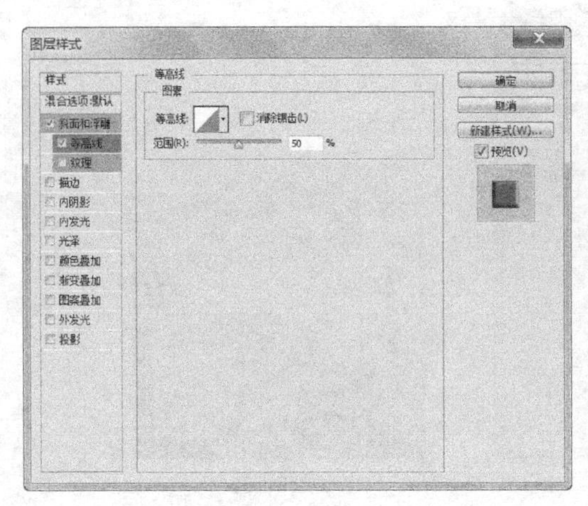

图 6-187

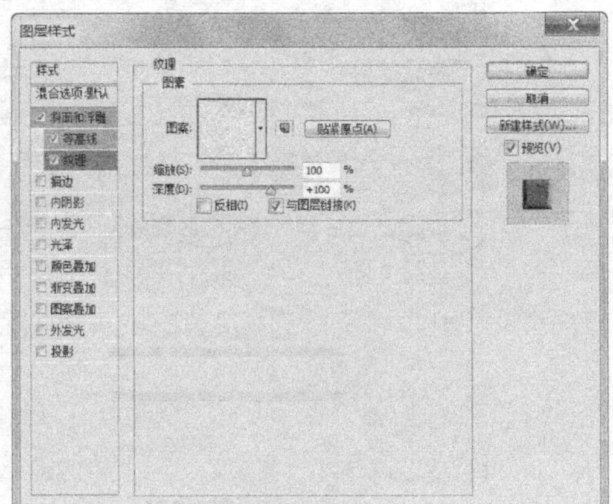

图 6-188

（1）按 Ctrl + O 组合键，打开云盘中的“Ch06 > 素材 > 斜面和浮雕”文件，图像效果如图 6-189 所示。

（2）将“背景”图层拖曳到“图层”控制面板下方的“创建新图层”按钮 上进行复制，生成新图层“背景 拷贝”。选择“魔棒”工具 ，在属性栏中将“容差”选项设为 32，在图像窗口中的白色背景区域单击，图像周围生成选区，如图 6-190 所示。按 Delete 键，删除选区中的图像。

图 6-189　　图 6-190

（3）单击“图层”控制面板下方的“添加图层样式”按钮 fx，在弹出的菜单中选择“斜面和浮雕”命令，在弹出的对话框中进行设置，如图 6-191 所示，单击“确定”按钮，效果如图 6-192 所示。

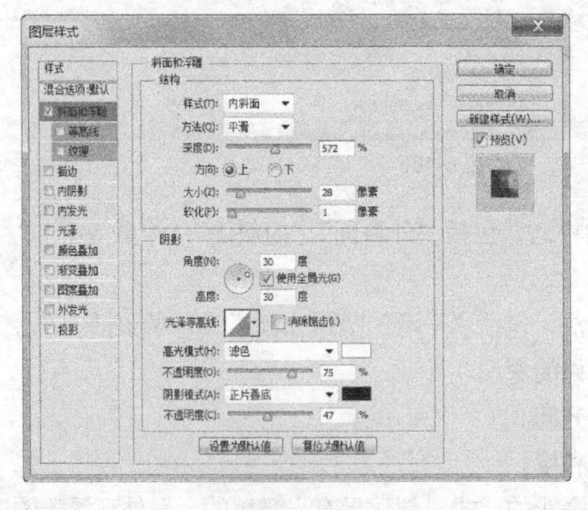

图 6-191　　图 6-192

6.4.3 描边

“描边”命令用于为图像描边。

（1）按 Ctrl + O 组合键，打开云盘中的“Ch06 > 素材 > 描边”文件，图像效果如图 6-193 所示。

（2）将“背景”图层拖曳到“图层”控制面板下方的“创建新图层”按钮 上进行复制，生成新图层“背景 拷贝”。选择“多边形套索”工具，在图像窗口中沿着书包图像边缘绘制选区，效果如图 6-194 所示。在属性栏中单击“从选区减去”按钮，在图像窗口中绘制选区，如图 6-195 所示。按 Delete 键，删除选区中的图像。按 Ctrl+D 组合键，取消选区。

图 6-193

图 6-194

图 6-195

（3）单击“图层”控制面板下方的“添加图层样式”按钮 fx，在弹出的菜单中选择“描边”命令，弹出对话框，将描边颜色设为深蓝色（其 R、G、B 的值分别为 0、11、61），其他选项的设置如图 6-196 所示，单击“确定”按钮，效果如图 6-197 所示。

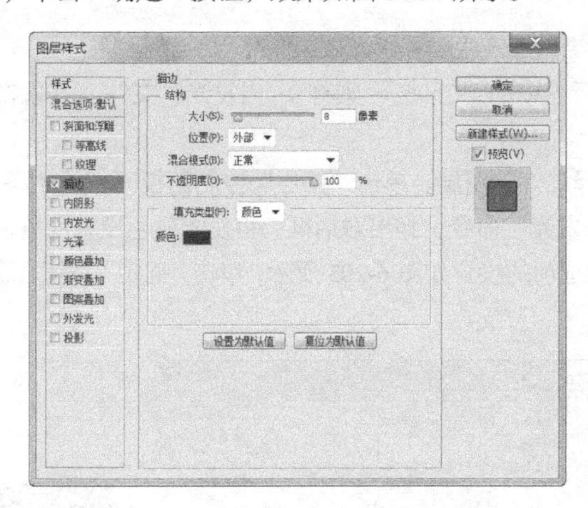

图 6-196

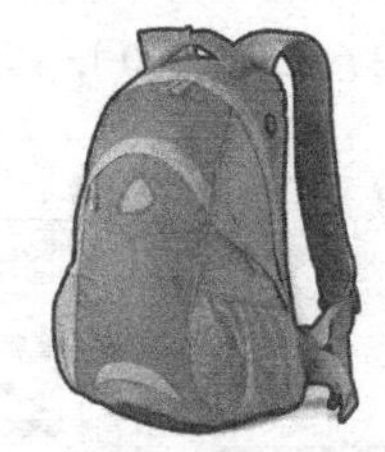

图 6-197

6.4.4　内阴影

“内阴影”命令用于使图像内部产生阴影效果。

（1）按 Ctrl + O 组合键，打开云盘中的“Ch06 > 素材 > 内阴影”文件，图像效果如图 6-198 所示。

图 6-198

（2）选择“多边形套索”工具，在图像窗口中沿着瓶子边缘绘制选区，效果如图 6-199 所示。按 Ctrl+J 组合键，复制选区内容，生成新的图层并将其重命名为“瓶”。

（3）单击“图层”控制面板下方的“添加图层样式”按钮 fx，在弹出的菜单中选择“内阴影”命令，弹出对话框，将发光颜色设为黑色，其他选项的设置如图 6-200 所示，单击“确定”按钮，效果如图 6-201 所示。

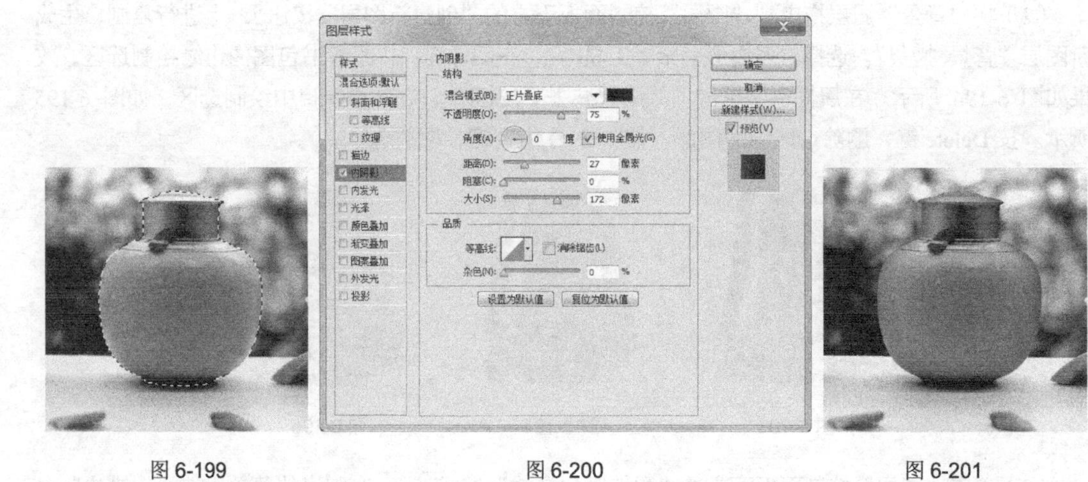

图 6-199　　图 6-200　　图 6-201

6.4.5　内发光

“内发光”命令用于在图像的边缘内部产生一种辉光效果

（1）按 Ctrl + O 组合键，打开云盘中的“Ch06 > 素材 > 内发光”文件，图像效果如图 6-202 所示。

（2）在“图层”控制面板中选择“灯”图层。单击“图层”控制面板下方的“添加图层样式”按钮 fx，在弹出的菜单中选择“内发光”命令，弹出对话框，将发光颜色设为浅黄色（其 R、G、B 的值分别为 237、237、200），其他选项的设置如图 6-203 所示，单击“确定”按钮，效果如图 6-204 所示。

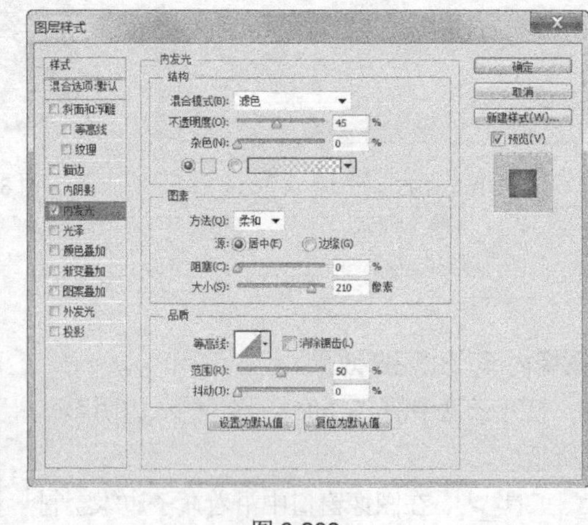

图 6-202　　图 6-203　　图 6-204

6.4.6　光泽

“光泽”命令用于使图像产生一种光泽的效果。

（1）按 Ctrl + O 组合键，打开云盘中的“Ch06 > 素材 > 光泽”文件，图像效果如图 6-205 所示。

（2）在“图层”控制面板中选择“熊”图层。单击“图层”控制面板下方的“添加图层样式”按钮 fx，在弹出的菜单中选择“光泽”命令，弹出对话框，将光泽颜色设为橘黄色（其 R、G、B 的值分别为 255、132、0），单击“等高线”选项右侧的按钮，在弹出的面板中选择“高斯”选项，其他选项的设置如图 6-206 所示，单击“确定”按钮，效果如图 6-207 所示。

图 6-205

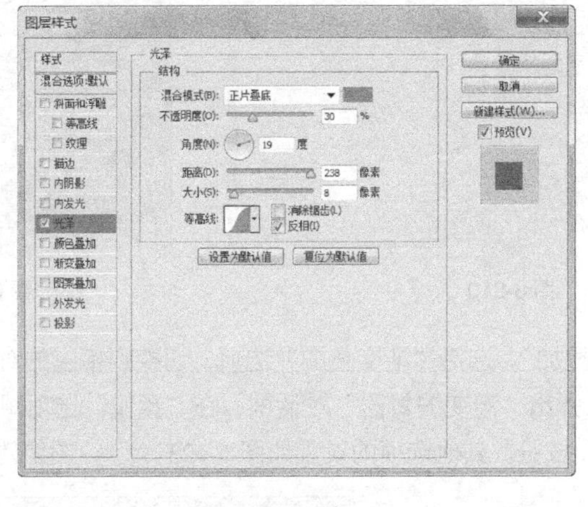

图 6-206

图 6-207

6.4.7　颜色叠加、渐变叠加、图案叠加

“颜色叠加”命令用于使图像产生一种颜色叠加效果。

“渐变叠加”命令用于使图像产生一种渐变叠加效果。

“图案叠加”命令用于在图像上添加图案效果。

（1）按 Ctrl + O 组合键，打开云盘中的“Ch06 > 素材 > 颜色、渐变、图案叠加”文件，图像效果如图 6-208 所示。将“背景”图层拖曳到“图层”控制面板下方的“创建新图层”按钮上进行复制，生成新的图层“背景 拷贝”，如图 6-209 所示。

图 6-208

图 6-209

（2）单击“图层”控制面板下方的“添加图层样式”按钮 fx，在弹出的菜单中选择“颜色叠加”命令，弹出对话框，将叠加颜色设为黄色（其 R、G、B 的值分别为 255、252、0），其他选项的设置如图 6-210 所示，图像效果如图 6-211 所示。

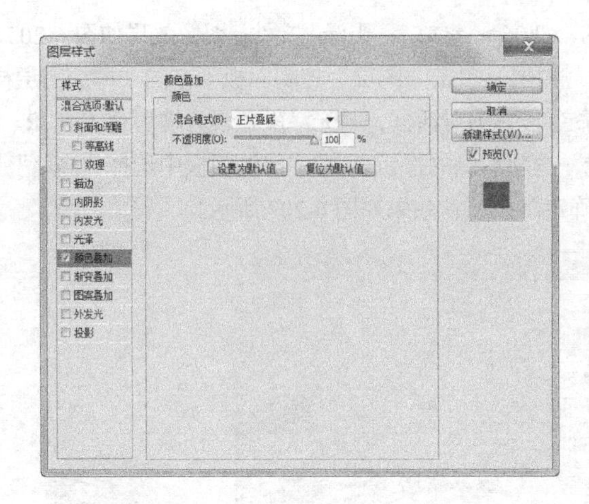

图 6-210

图 6-211

（3）取消勾选“颜色叠加”。选择“渐变叠加”选项，切换到相应的对话框，单击“点按可编辑渐变”按钮，弹出“渐变编辑器”对话框，在“预设”选项组中选择需要的渐变，如图 6-212 所示，单击“确定”按钮。其他选项的设置如图 6-123 所示，图像效果如图 6-214 所示。

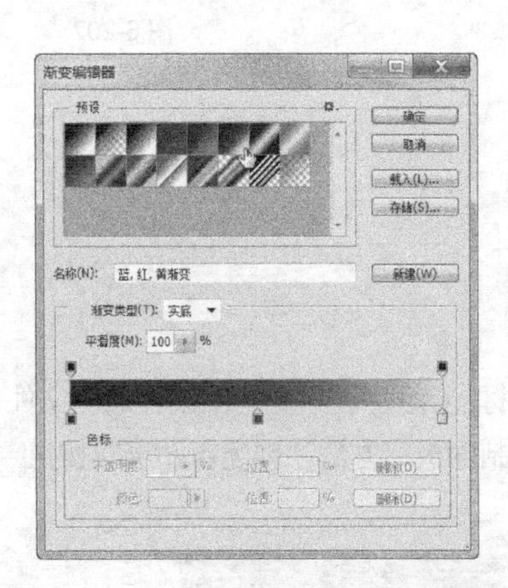

图 6-212

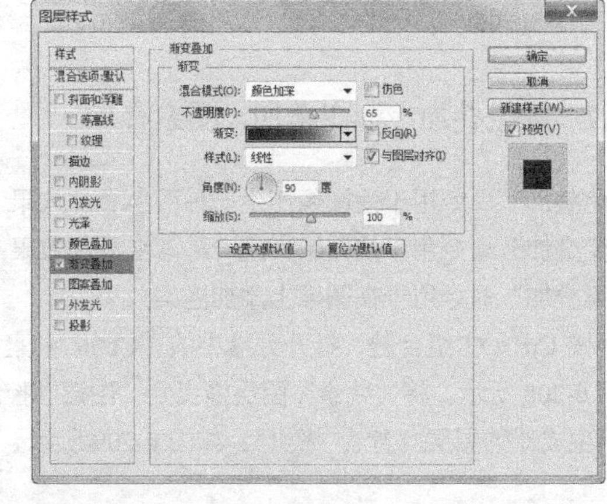

图 6-213

图 6-214

（4）取消勾选“渐变叠加”。选择“图案叠加”选项，切换到相应的对话框，在“图案”选项中选择需要的图案，如图 6-215 所示，其他选项的设置如图 6-216 所示，图像效果如图 6-217 所示。

（5）勾选“颜色叠加”和“渐变叠加”，单击“确定”按钮，图案效果如图 6-218 所示。

图 6-215

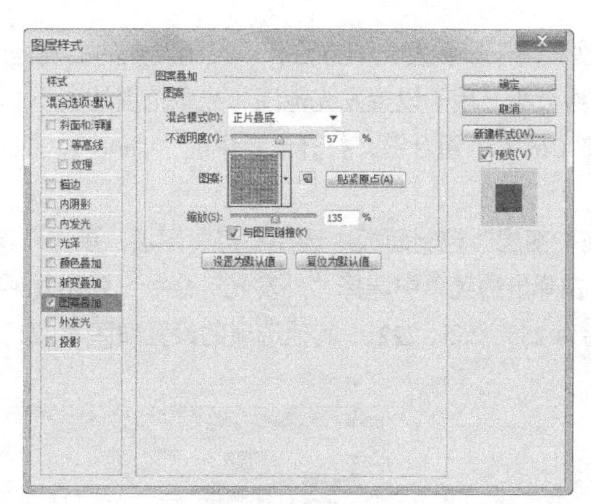

图 6-216

图 6-217

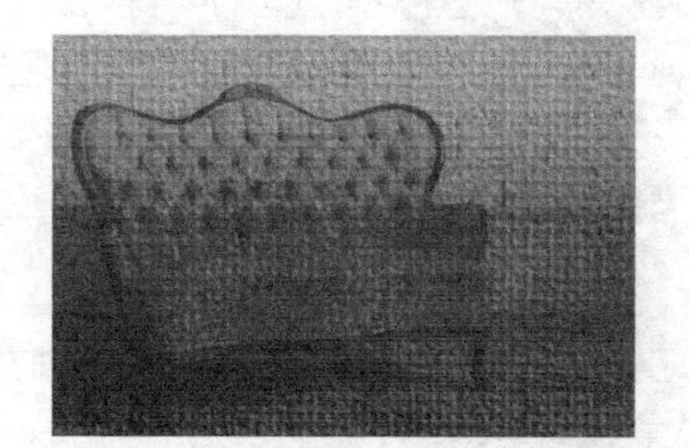

图 6-218

6.4.8　外发光

“外发光”命令用于在图像的边缘外部产生一种辉光效果。

单击“图层”控制面板下方的“添加图层样式”按钮 **fx**，在弹出的菜单中选择“外发光”命令，“外发光”对话框如图 6-219 所示。

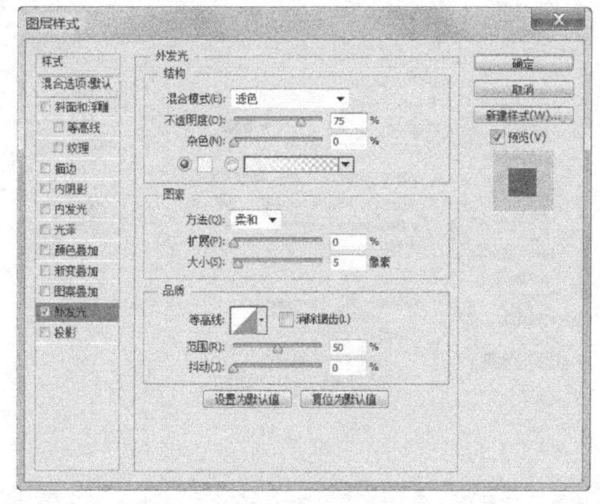

图 6-219

⊙ 混合模式/不透明度：用于设置发光效果的混合模式和不透明度。

⊙ 杂色：用于添加随机的杂色。

⊙ 发光颜色：用于设置发光颜色。

⊙ 方法：用于设置发光的方法，以控制发光的准确程度。

⊙ 扩展/大小：用于设置发光范围和光晕范围的大小。

（1）按 Ctrl + O 组合键，打开云盘中的“Ch06 > 素材 > 外发光”文件，图像效果如图 6-220 所示。

（2）在“图层”控制面板中选择“灯”图层。单击“图层”控制面板下方的“添加图层样式”按钮 fx，在弹出的菜单中选择“外发光”命令，弹出对话框，将发光颜色设为浅黄色（其 R、G、B 的值分别为 255、255、222），其他选项的设置如图 6-221 所示，单击“确定”按钮，效果如图 6-222 所示。

图 6-220

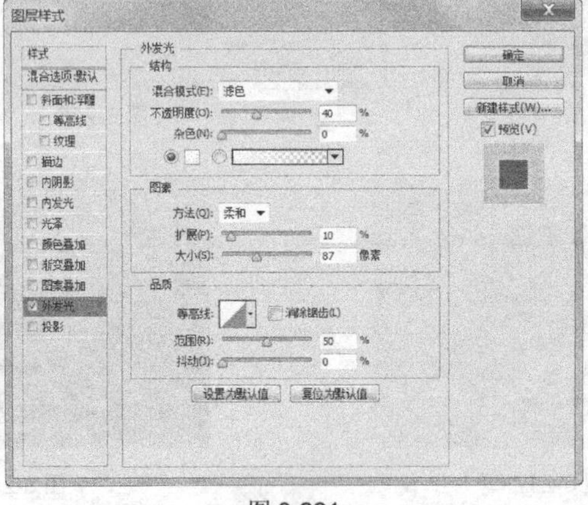

图 6-221

图 6-222

6.4.9 投影

“投影”命令用于使图像产生阴影效果。

单击“图层”控制面板下方的“添加图层样式”按钮 fx，在弹出的菜单中选择“投影”命令，“投影”对话框如图 6-223 所示。

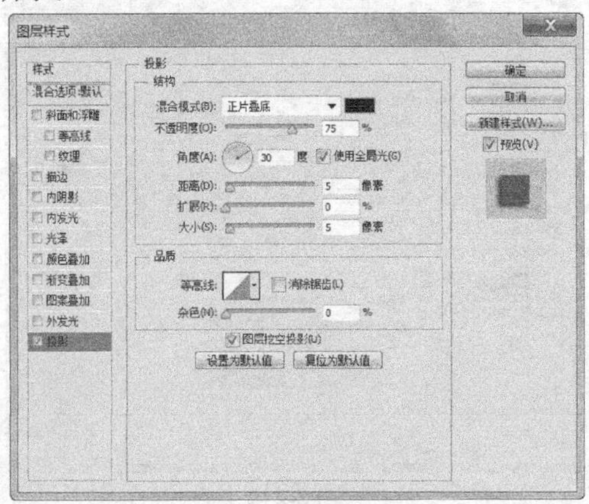

图 6-223

⊙ 混合模式：用于选择阴影的混合模式。

⊙ 投影颜色：用于设置阴影颜色。

⊙ 不透明度：用于设置阴影效果的不透明度。

⊙ 角度：用于设置投影的光照角度。

⊙ 距离：用于设置阴影与图像的距离。

⊙ 大小/扩展：用于设置阴影的模糊范围/扩展范围。

⊙ 等高线：用于控制阴影的形状。

⊙ 消除锯齿：用于消除锯齿，使阴影更加平滑。

⊙ 杂色：用于在投影中添加杂色。

（1）按 Ctrl + O 组合键，打开云盘中的“Ch06 > 素材 > 投影”文件，图像效果如图 6-224 所示。

（2）在“图层”控制面板中选择“瓶”图层。单击“图层”控制面板下方的“添加图层样式”按钮 fx，在弹出的菜单中选择“投影”命令，在弹出的对话框中进行设置，如图 6-225 所示，单击“确定”按钮，效果如图 6-226 所示。

图 6-224

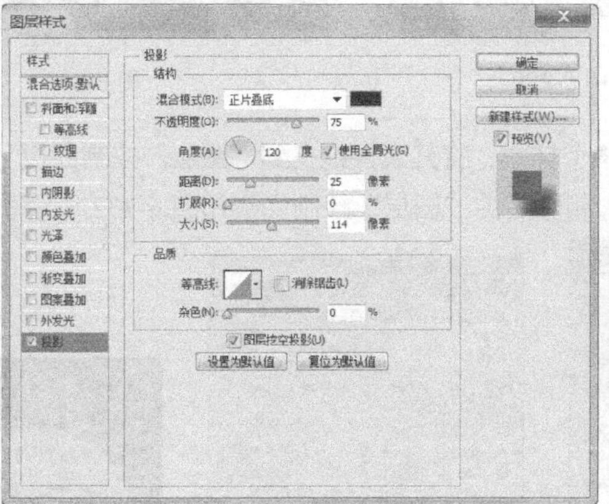

图 6-225

图 6-226

6.4.10　复制、粘贴、删除图层样式

添加图层样式后，可以复制、粘贴、删除图层样式。

（1）按 Ctrl + O 组合键，打开云盘中的“Ch06 > 素材 > 复制、粘贴、删除图层样式”文件，图像效果如图 6-227 所示。“图层”控制面板如图 6-228 所示。

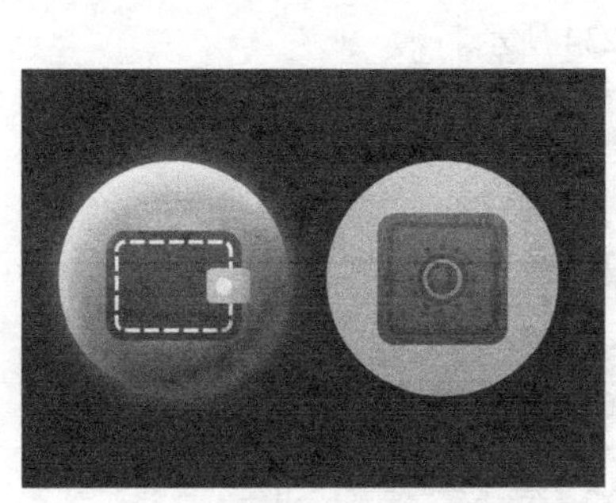

图 6-227

图 6-228

（2）选择“图标 1”图层，单击鼠标右键，在弹出的菜单中选择“拷贝图层样式”命令。选择“图标 2”图层，单击鼠标右键，在弹出的菜单中选择“粘贴图层样式”命令。“图层”控制面板如图 6-229 所示，图像效果如图 6-230 所示。

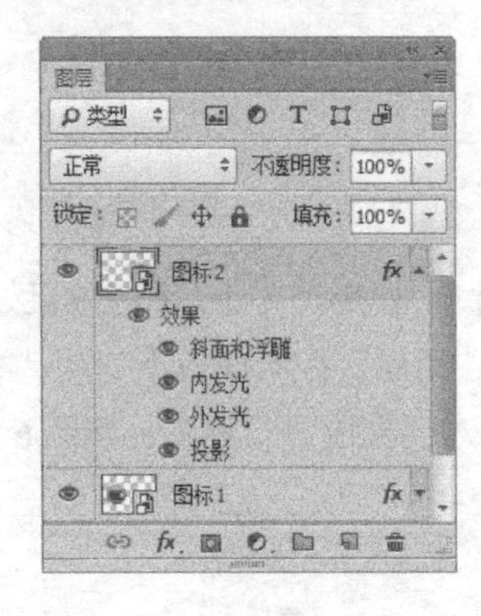

图 6-229

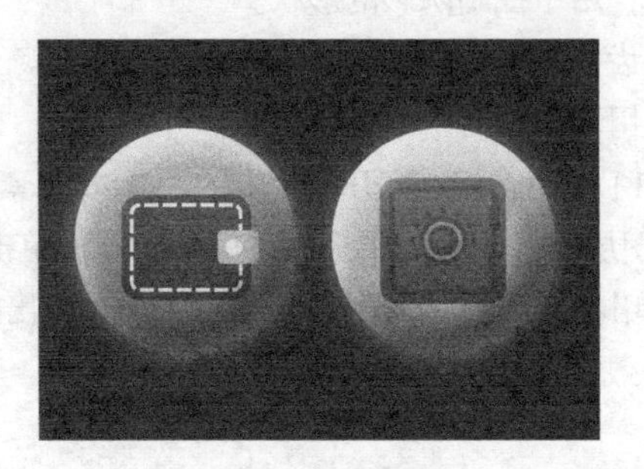

图 6-230

（3）如果要删除其中某个样式，将其直接拖曳到“图层”控制面板下方的“删除图层”按钮上即可，如图 6-231 所示，删除后的“图层”控制面板如图 6-232 所示，图像效果如图 6-233 所示。

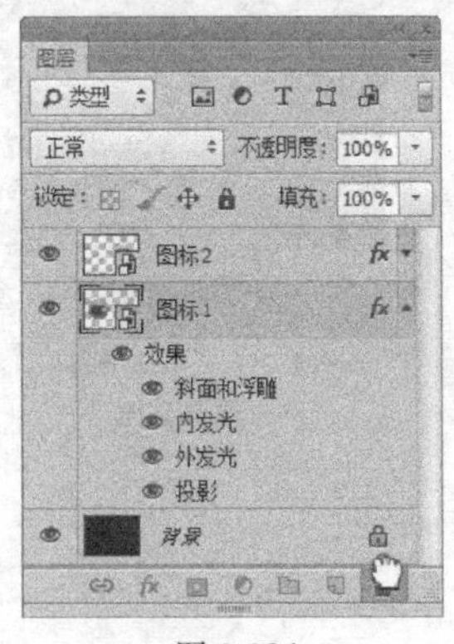

图 6-231

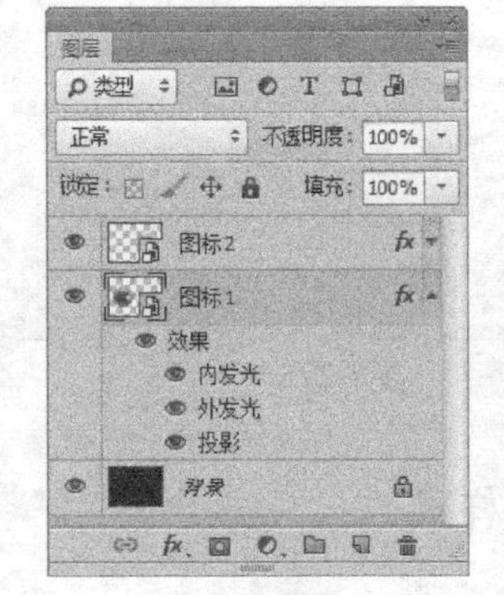

图 6-232

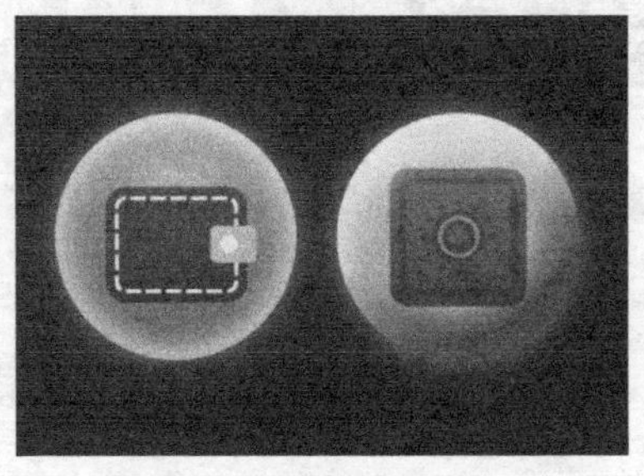

图 6-233

6.4.11 样式控制面板

“样式”控制面板用于存储各种图层特效，并将其快速地套用在要编辑的对象中。选择“窗口 > 样式”命令，弹出“样式”控制面板，如图 6-234 所示。

图 6-234

（1）按 Ctrl + N 组合键，新建一个文件，宽度为 200mm，高度为 200mm，分辨率为 72 像素/英寸，颜色模式为 RGB，背景内容为白色，单击“确定”按钮。

（2）选择“椭圆选框”工具，按住 Shift 键的同时，在图像窗口中拖曳鼠标绘制圆形选区，效果如图 6-235 所示。

（3）新建“图层 1”图层。将前景色设为绿色（其 R、G、B 的值分别为 99、152、29）。按 Alt+Delete 组合键，用前景色填充选区，取消选区后效果如图 6-236 所示。

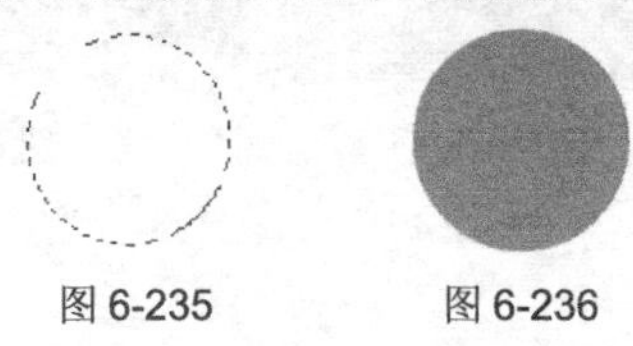

图 6-235　　图 6-236

（4）选择“窗口 > 样式”命令，弹出“样式”控制面板，单击控制面板右上方的图标，在弹出的菜单中选择“玻璃按钮”命令，弹出提示对话框，如图 6-237 所示，单击“追加”按钮，样式被载入控制面板中，选择“深蓝色玻璃”样式，如图 6-238 所示，图形被添加上样式，效果如图 6-239 所示。

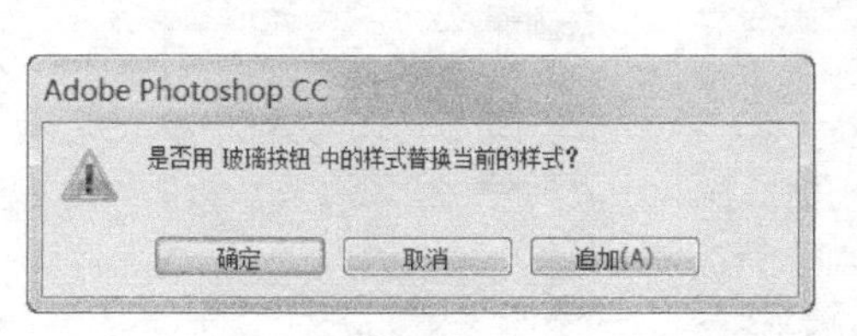

图 6-237

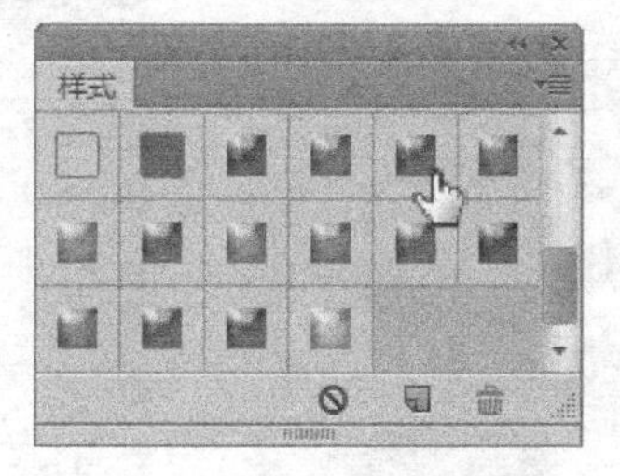

图 6-238

图 6-239

6.5　3D 图层

在 Photoshop 中可以打开、导入和编辑 U3D、3DS、OBJ、KMZ 和 DAE 等格式的 3D 文件，还可以修改原有的材质贴图。

6.5.1　导入及调整三维模型

（1）按 Ctrl + O 组合键，打开云盘中的“Ch06 > 素材 > 3D 图层 1”文件，如图 6-240 所示。选择“窗口 > 3D”命令，弹出“3D”控制面板，选择当前视图。选择“移动”工具，在属性栏中选择“旋转 3D 对象”工具，图像窗口中的鼠标变为图标，上下拖动可将模型围绕其 X 轴旋转，如图 6-241 所示；两侧拖动可将模型围绕其 Y 轴旋转，效果如图 6-242 所示。按住 Alt 键的同时进行拖移可滚动模型。

（2）在“属性”控制面板中单击“视图”选项，弹出下拉菜单，如图 6-243 所示。可以选择一个相机视图，以不同的视角观察模型。

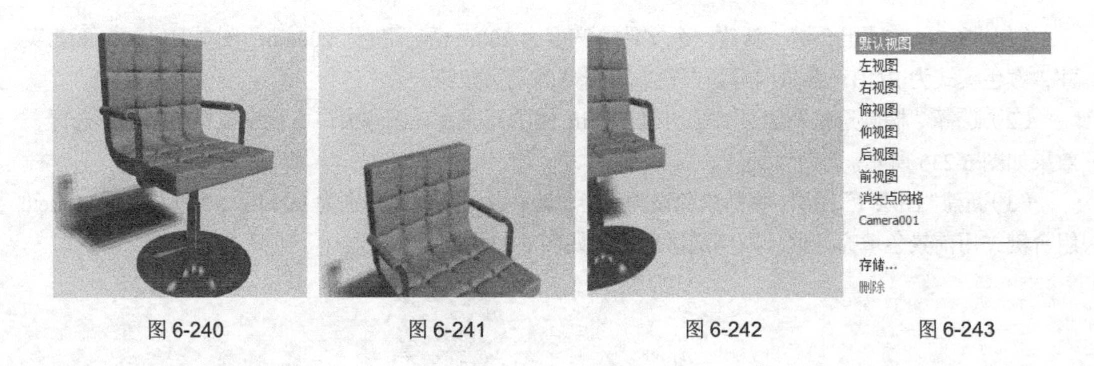

图 6-240　　图 6-241　　图 6-242　　图 6-243

6.5.2　三维模型贴图制作

（1）按 Ctrl + O 组合键，打开云盘中的“Ch06 > 素材 > 3D 图层 1”文件，如图 6-244 所示。在“3D”控制面板中单击“显示所有材质”按钮，选中需要的材质，如图 6-245 所示，“属性”控制面板如图 6-246 所示。

图 6-244

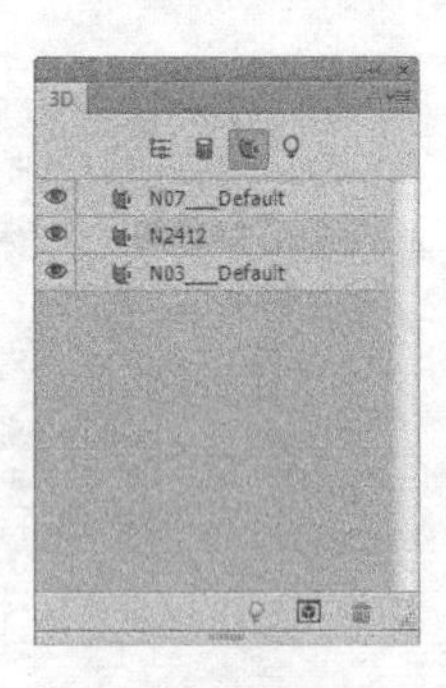

图 6-245

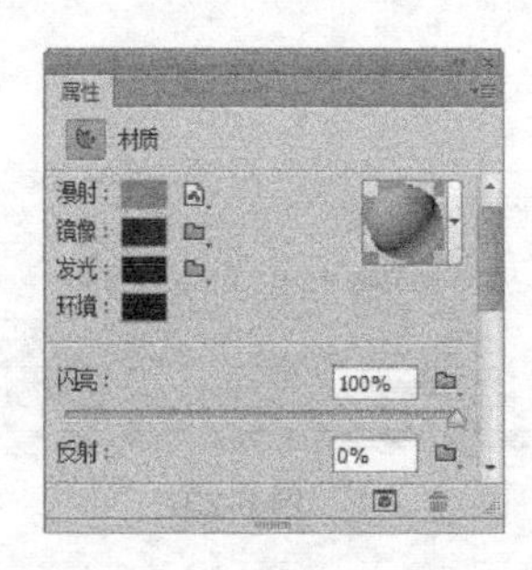

图 6-246

（2）在“属性”控制面板中单击“漫射”选项右侧的按钮，在弹出的下拉菜单中选择“替换纹理”选项，在弹出的对话框中选择云盘中的“Ch06 > 素材 > 3D 图层 2”文件，单击“打开”按钮，图像效果如图 6-247 所示。

（3）在“3D”控制面板中单击“显示所有场景元素”按钮，图像效果如图 6-248 所示。

图 6-247

图 6-248

课堂练习——更换卧室壁纸

练习知识要点

使用变换命令调整壁纸角度；使用多边形套索工具绘制选区；使用图层混合模式调整壁纸效果，效果如图 6-249 所示。

效果所在位置

云盘/Ch06/效果/课堂练习.psd。

图 6-249

课后习题——添加橱柜图案

习题知识要点

使用多边形套索工具绘制选区；使用图层混合模式调整壁纸效果，效果如图 6-250 所示。

效果所在位置

云盘/Ch06/效果/课后习题.psd。

图 6-250

第 7 章　路径

Photoshop 的图形绘制功能非常的强大。本章详细讲解了 Photoshop 的路径绘制功能和应用技巧。通过本章的学习，读者能够根据设计制作任务的需要，绘制出精美的图形，并能为绘制的图形添加丰富的视觉效果。

课堂学习目标

- 熟练掌握不同绘图工具的使用方法
- 掌握选取路径的技巧
- 掌握路径控制面板的使用方法

7.1 钢笔工具组

路径对于 Photoshop CC 高手来说确实是一个非常得力的助手。使用路径可以进行复杂图像的选取，还可以存储选取区域以备再次使用，更可以绘制线条平滑的优美图形。

7.1.1 钢笔工具

选择"钢笔"工具，或反复按 Shift+P 组合键，其属性栏状态如图 7-1 所示。

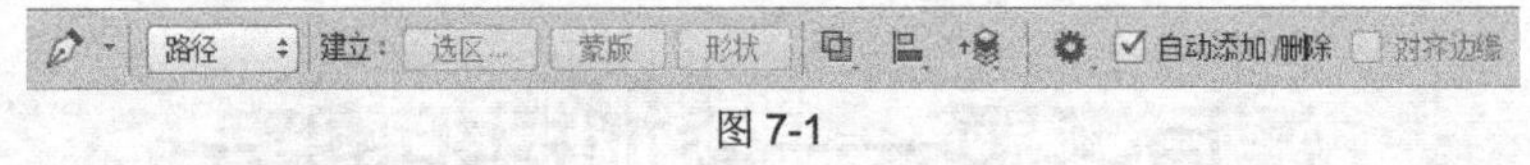

图 7-1

⊙ 路径：用于选择创建路径形状、创建工作路径或填充区域。

⊙ 选区...：使用钢笔绘制闭合路径后，单击"选区"按钮，可以载入路径中的选区。

⊙ 蒙版：使用钢笔绘制闭合路径后，单击"蒙版"按钮，可以将绘制的闭合路径转换为矢量蒙版。

⊙ 形状：使用钢笔绘制闭合路径后，单击"形状按钮"按钮，可以将绘制的闭合路径转换为形状，在"图层"控制面板中自动生成形状图层。

⊙ ：用于设置路径的运算方式、对齐方式和排列方式。

⊙ ：勾选下拉面板中的"橡皮带"复选框，在绘制路径时可显示要创建的路径段，从而判断出路径的走向。

按住 Shift 键创建锚点时，将强迫系统以 45°或 45°的倍数绘制路径。按住 Alt 键，当"钢笔"工具移到锚点上时，暂时将"钢笔"工具转换为"转换点"工具。按住 Ctrl 键时，暂时将"钢笔"工具转换成"直接选择"工具。

绘制直线条：建立一个新的图像文件，选择"钢笔"工具，在属性栏的"选择工具模式"选项中选择"路径"选项，"钢笔"工具绘制的将是路径。如果选中"形状"选项，将绘制出形状图层。勾选"自动添加/删除"复选框，钢笔工具的属性栏状态如图 7-2 所示。

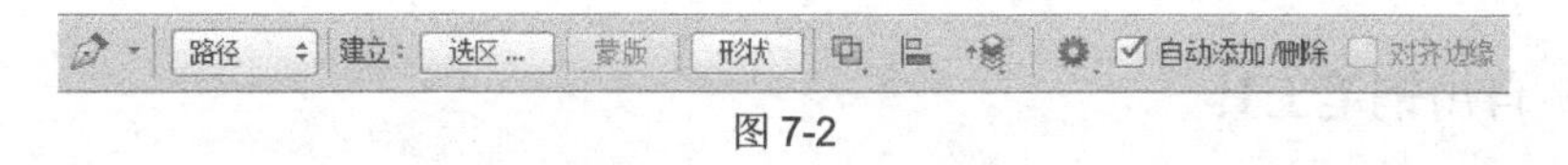

图 7-2

在图像中任意位置单击鼠标，创建 1 个锚点，将鼠标移动到其他位置再次单击，创建第 2 个锚点，两个锚点之间自动以直线进行连接，如图 7-3 所示。再将鼠标移动到其他位置单击，创建第 3 个锚点，而系统将在第 2 个和第 3 个锚点之间生成一条新的直线路径，如图 7-4 所示。将鼠标移至第 2 个锚点上，鼠标光标暂时转换成“删除锚点”工具，如图 7-5 所示，在锚点上单击，即可将第 2 个锚点删除，如图 7-6 所示。

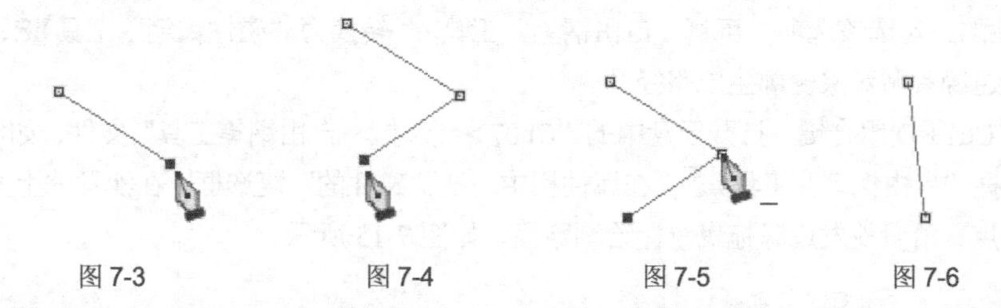

图 7-3　　图 7-4　　图 7-5　　图 7-6

绘制曲线：用“钢笔”工具单击建立新的锚点并按住鼠标不放，拖曳鼠标，建立曲线段和曲线锚点，如图 7-7 所示。释放鼠标，按住 Alt 键的同时，用“钢笔”工具单击刚建立的曲线锚点，如图 7-8 所示，将其转换为直线锚点，在其他位置再次单击建立下一个新的锚点，可在曲线段后绘制出直线段，如图 7-9 所示。

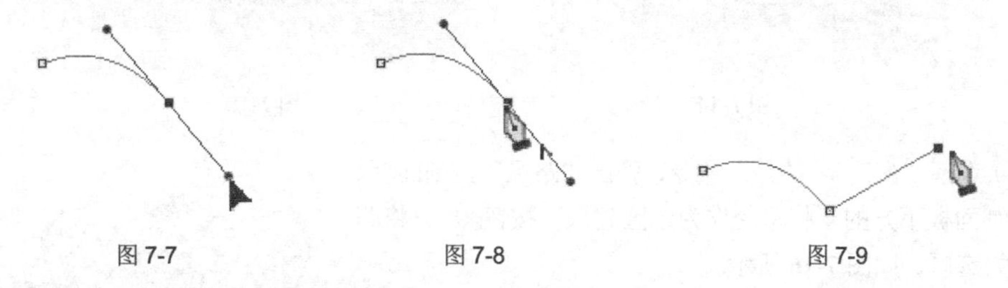

图 7-7　　图 7-8　　图 7-9

在属性栏的“选择工具模式”选项中选择“形状”选项后，属性栏状态如图 7-10 所示。

图 7-10

- 填充：描边：3点：用于设置矩形的填充色、描边色、描边宽度和描边类型。
- W: 0像素 H: 0像素：用于设置矩形的宽度和高度。
- ：用于设置路径的组合方式、对齐方式和排列方式。
- 对齐边缘：用于设定边缘是否对齐。

选择“钢笔”工具，在属性栏的“选择工具模式”选项中选择“形状”选项，绘制一个路径，效果如图 7-11 所示，“图层”控制面板如图 7-12 所示。

图 7-11

图 7-12

7.1.2 自由钢笔工具

“自由钢笔”工具用于绘制随意不规则的路径。选择“自由钢笔”工具，其属性栏状态如图 7-13 所示。

图 7-13

⊙ 磁性的：勾选该选项，可将“自由钢笔”工具转换为“磁性钢笔”工具，在对象边缘单击，可沿边缘紧贴对象轮廓生成路径。

（1）按 Ctrl + O 组合键，打开云盘中的“Ch07 > 素材 > 自由钢笔工具”文件，如图 7-14 所示。

（2）选择“自由钢笔”工具，在属性栏中勾选“磁性的”复选框。在沙发的上方单击鼠标确定最初的锚点，沿着沙发边缘拖曳鼠标绘制路径，如图 7-15 所示。

图 7-14

图 7-15

（3）选择“窗口 > 路径”命令，弹出“路径”控制面板。单击控制面板下方的“将路径作为选区载入”按钮，将路径转换为选区，如图 7-16 所示。

图 7-16

（4）新建图层并将其命名为“颜色”。将前景色设为红色（其 R、G、B 的值分别为 231、24、24）。按 Alt+Delete 组合键，用前景色填充选区，效果如图 7-17 所示。按 Ctrl+D 组合键，取消选区。

（5）在“图层”控制面板上方，将“颜色”图层的混合模式选项设为“减去”，如图 7-18 所示，图像效果如图 7-19 所示。

图 7-17

图 7-18

图 7-19

7.1.3　添加/删除锚点工具

将“钢笔”工具移动到建立的路径上，若此处没有锚点，则“钢笔”工具转换成“添加锚点”工具，在路径上单击鼠标可以添加一个锚点；单击鼠标添加锚点后按住鼠标不放，拖曳鼠标，可以建立曲线段和曲线锚。

删除锚点工具用于删除路径上已经存在的锚点。将“钢笔”工具放到路径的锚点上，则“钢笔”工具转换成“删除锚点”工具，单击锚点将其删除。

7.1.4　转换点工具

使用转换点工具单击或拖曳锚点可将其转换成直线锚点或曲线锚点，拖曳锚点上的调节手柄可以改变线段的弧度。

按住 Shift 键，拖曳其中的一个锚点，将强迫手柄以 45° 或 45° 的倍数进行改变。按住 Alt 键，拖曳手柄，可以任意改变两个调节手柄中的一个手柄，而不影响另一个手柄的位置。按住 Alt 键，拖曳路径中的线段，可以将路径进行复制。

使用“钢笔”工具在图像中绘制三角形路径，如图 7-20 所示，当要闭合路径时鼠标光标变为图标，单击鼠标即可闭合路径，完成三角形路径的绘制，如图 7-21 所示。

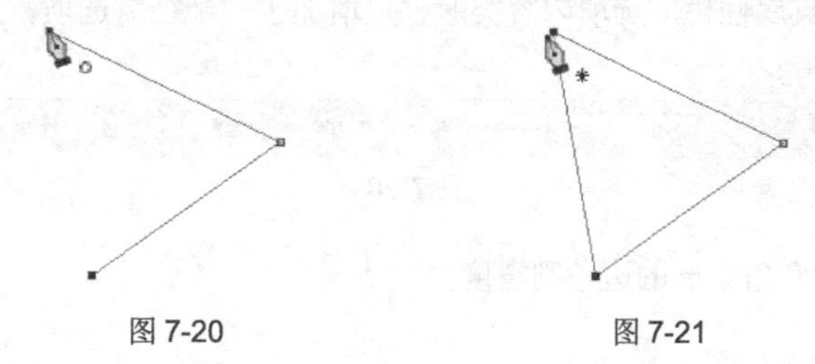

图 7-20　　　　图 7-21

选择“转换点”工具，将鼠标放置在三角形左上角的锚点上，如图 7-22 所示，单击锚点并将其向右上方拖曳形成曲线锚点，如图 7-23 所示。使用相同的方法将三角形右侧的锚点转换为曲线锚点，如图 7-24 所示。绘制完成后，路径的效果如图 7-25 所示。

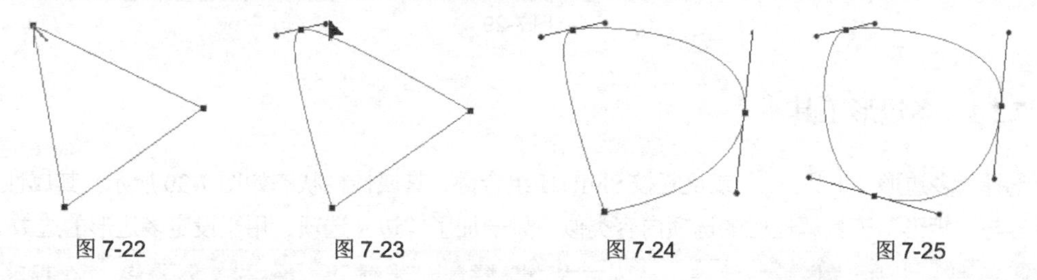

图 7-22　　　　图 7-23　　　　图 7-24　　　　图 7-25

7.2　多边形工具组

多边形工具组主要包括“矩形”工具、“圆角矩形”工具、“椭圆”工具、“多边形”工具、“直线”工具和“自定形状”工具。多边形工具组可以用来绘制路径、剪切路径和填充区域。

7.2.1 矩形工具

选择“矩形”工具，或反复按 Shift+U 组合键，其属性栏状态如图 7-26 所示。

图 7-26

⊙ ：用于设定矩形的绘制方法。单击此按钮，弹出下拉面板，如图 7-27 所示。

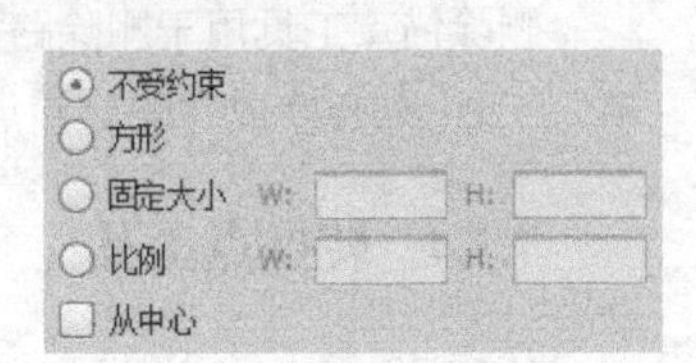

图 7-27

- 不受约束：创建任意大小的矩形和正方形。
- 方形：创建任意大小的正方形。
- 固定大小：创建预设大小的矩形。
- 比例：创建保持预设宽高比例的矩形。
- 从中心：以单击点为中心创建矩形。

7.2.2 圆角矩形工具

选择“圆角矩形”工具，或反复按 Shift+U 组合键，其属性栏状态如图 7-28 所示。其属性栏中的内容与“矩形”工具属性栏的选项内容类似，只增加了“半径”选项，用于设定圆角矩形的平滑程度，数值越大越平滑。

图 7-28

⊙ 半径：用于设置圆角矩形的边角圆滑度。

7.2.3 椭圆工具

选择“椭圆”工具，或反复按 Shift+U 组合键，其属性栏状态如图 7-29 所示。

图 7-29

7.2.4 多边形工具

选择“多边形”工具，或反复按 Shift+U 组合键，其属性栏状态如图 7-30 所示。其属性栏中的内容与“矩形”工具属性栏的选项内容类似，只增加了“边”选项，用于设定多边形的边数。

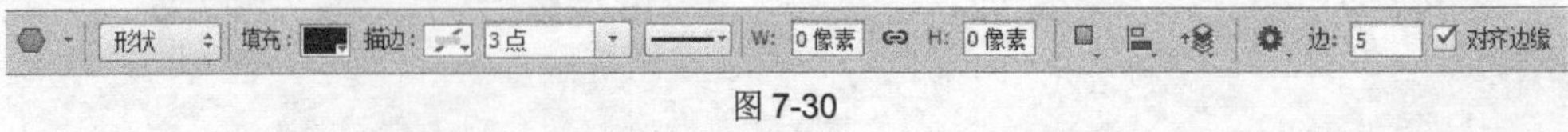

图 7-30

⊙ 边：用于设置多边形的边数，范围为 3~100。

⊙ ：用于设置多边形选项。单击此按钮，弹出下拉面板，如图 7-31 所示。

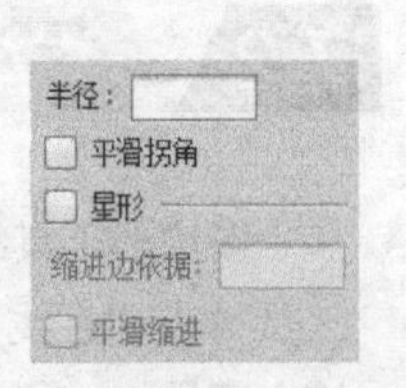

图 7-31

- 半径：用于设置多边形或星形的半径长度。
- 平滑拐角：用于创建具有平滑拐角的多边形和星形。
- 星形：用于创建星形。

➢ 缩进边依据：用于设置边缘向中心缩进的数量。
➢ 平滑缩进：用于使边平滑地向中心缩进。

7.2.5　直线工具

选择“直线”工具，或反复按 Shift+U 组合键，其属性栏状态如图 7-32 所示。其属性栏中的内容与矩形工具属性栏的选项内容类似，只增加了“粗细”选项，用于设定直线的宽度。

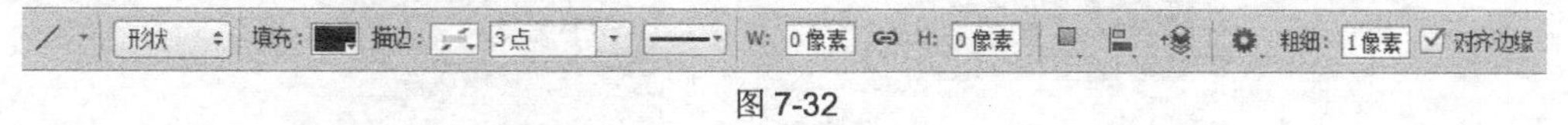

图 7-32

⊙ 粗细：可以设置直线的粗细。

⊙ ：可以设置直线的箭头选项。单击此按钮，弹出“箭头”面板，如图 7-33 所示。

图 7-33

➢ 起点：用于选择箭头位于线段的始端。
➢ 终点：用于选择箭头位于线段的末端。
➢ 宽度：用于设定箭头宽度和线段宽度的比值。
➢ 长度：用于设定箭头长度和线段长度的比值。
➢ 凹度：用于设定箭头凹凸的形状。

7.2.6　自定形状工具

选择“自定形状”工具，或反复按 Shift+U 组合键，其属性栏状态如图 7-34 所示。其属性栏中的内容与“矩形”工具属性栏的选项内容类似，只增加了“形状”选项，用于选择所需的形状。

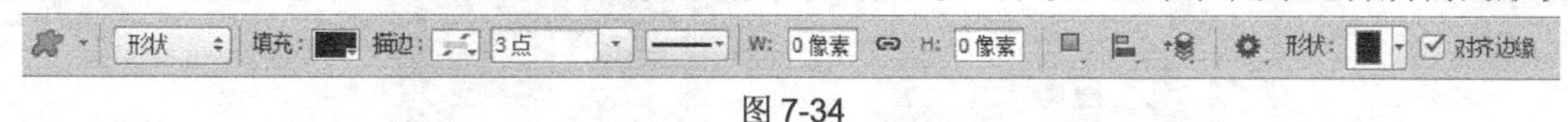

图 7-34

单击“形状”选项右侧的按钮，弹出图 7-35 所示的形状面板，面板中存储了可供选择的各种不规则形状。

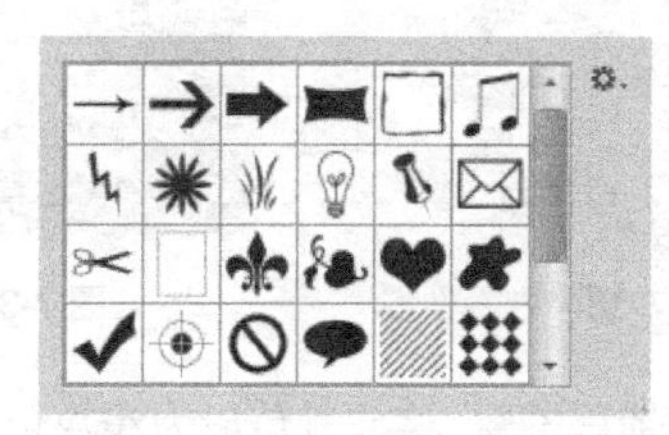

图 7-35

7.2.7　多边形工具应用实例

1．制作手机主体

（1）按 Ctrl + N 组合键，新建一个文件，宽度为 29.7cm，高度为 21cm，分辨率为 300 像素/英寸，颜色模式为 RGB，背景内容为白色，单击“确定”按钮。

（2）新建图层并将其命名为“渐变背景”。选择“渐变”工具，单击属性栏中的“点按可编辑渐变”按钮，弹出“渐变编辑器”对话框，在“位置”选项中分别输入 0、71、100 三个位置点，分别设置三个位置点颜色的 RGB 值为 0（199、200、202），71（120、121、125），100（199、200、202），如图 7-36 所示。选中属性栏中的“线性渐变”按钮，按住 Shift 键的同时，在图像窗口中由上至下拖曳鼠标填充渐变色，效果如图 7-37 所示。

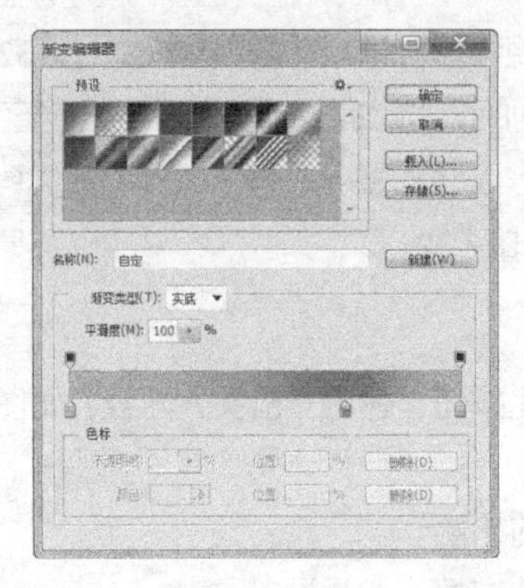

图 7-36

图 7-37

（3）新建图层并将其命名为“手机主体”。将前景色设为浅灰色（其 R、G、B 的值分别为 241、241、241）。选择“圆角矩形”工具，在属性栏的“选择工具模式”选项中选择“形状”，将“半径”选项设为 80px，“描边”选项设为 1 点，单击“设置形状描边类型”选项，在弹出的下拉面板中选择“渐变”。将渐变颜色设为从深灰色（其 R、G、B 的值分别为 120、121、125）到浅灰色（其 R、G、B 的值分别为 247、247、247），其他选项的设置如图 7-38 所示，在图像窗口中绘制圆角矩形，如图 7-39 所示。

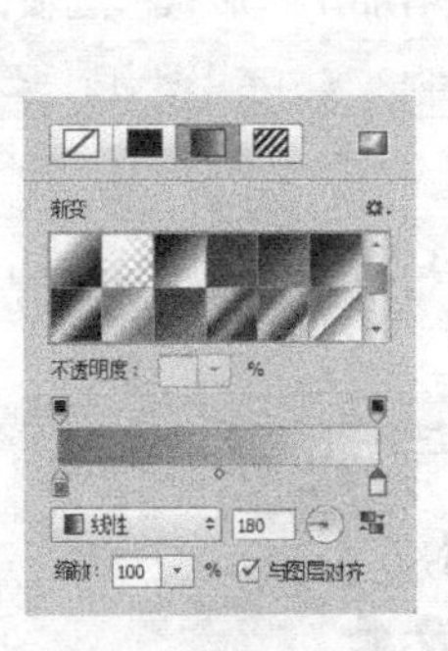

图 7-38

图 7-39

（4）新建图层并将其命名为“锁屏键”。将前景色设为浅灰色（其 R、G、B 的值分别为 231、231、231）。在属性栏中将“半径”选项设为 8px，“描边”选项设为 1 点，单击“设置形状描边类型”选项，在弹出的下拉面板中选择“渐变”。将渐变颜色设为从深灰色（其 R、G、B 的值分别为 120、121、125）到浅灰色（其 R、G、B 的值分别为 247、247、247），其他选项的设置如图 7-40 所示，在图像窗口中绘制圆角矩形，如图 7-41 所示。

（5）在“图层”控制面板中，将“锁屏键”图层拖曳到“手机主体”图层的下方，如图 7-42 所示，图像效果如图 7-43 所示。

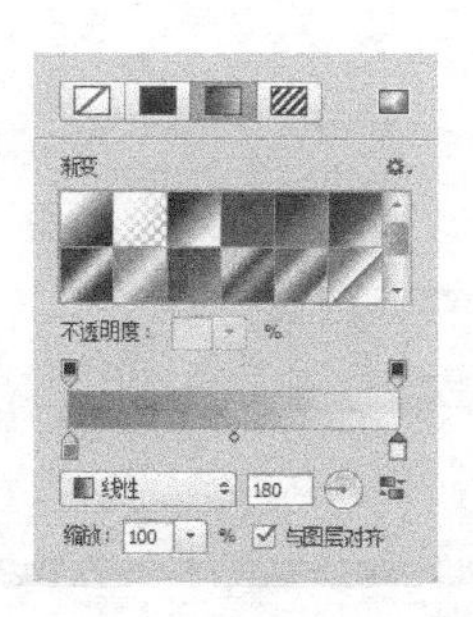

图 7-40

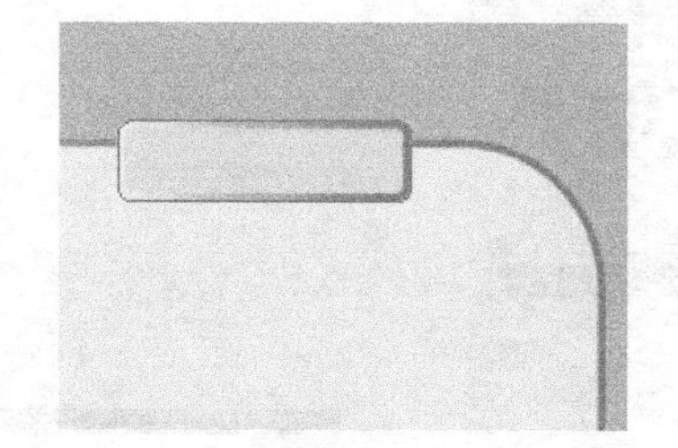

图 7-41

图 7-42

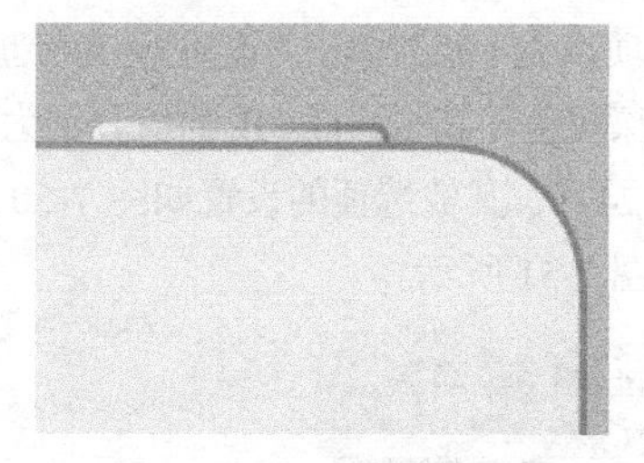

图 7-43

（6）新建图层并将其命名为“屏幕”。将前景色设为黑色。选择“矩形”工具，在属性栏的“选择工具模式”选项中选择“像素”，在图像窗口中绘制矩形，如图 7-44 所示。

（7）新建图层并将其命名为“屏幕高光”。选择“多边形套索”工具，在图像窗口中绘制选区，如图 7-45 所示。选择“渐变”工具，单击属性栏中的“点按可编辑渐变”按钮，弹出“渐变编辑器”对话框，将渐变色设为从白色到透明，将白色的“不透明度”选项设为 7，如图 7-46 所示，单击“确定”按钮。按住 Shift 键的同时，在图像窗口中从上至下拖曳鼠标填充渐变色。按 Ctrl+D 组合键，取消选区，效果如图 7-47 所示。

图 7-44

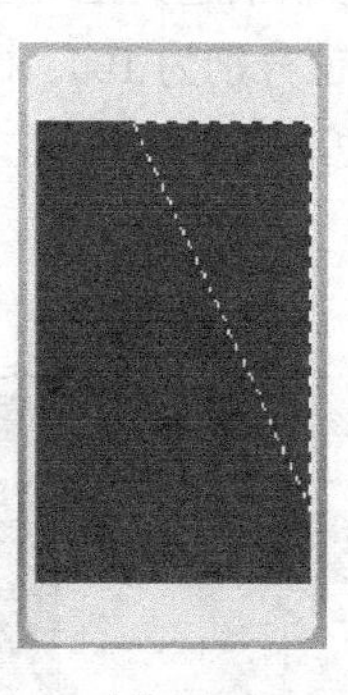

图 7-45

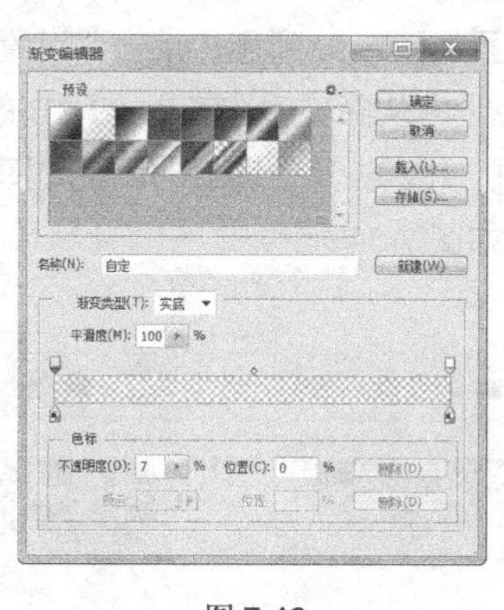

图 7-46

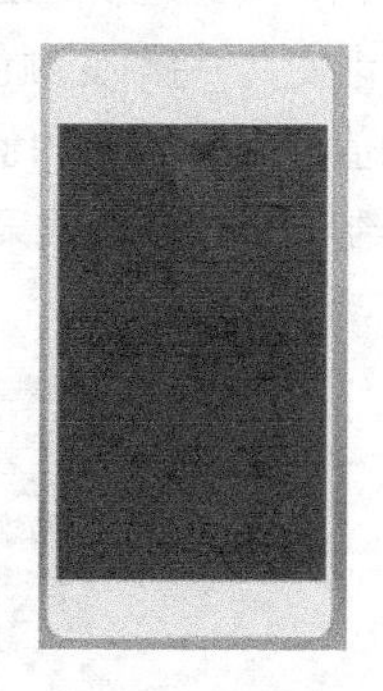

图 7-47

（8）新建图层并将其命名为“听筒”。选择“圆角矩形”工具，在属性栏的“选择工具模式”选项中选择“形状”，将“半径”选项设为 3px，单击“设置形状填充类型”选项，在弹出的下拉菜单中选择“渐变”。将渐变颜色设为从黑色到深灰色（其 R、G、B 的值分别为 247、247、247）再到黑色，其他选项的设置如图 7-48 所示。在图像窗口中绘制圆角矩形，如图 7-49 所示。

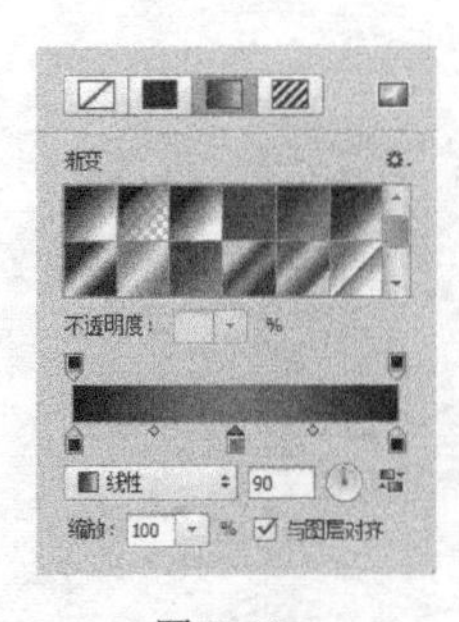

图 7-48

图 7-49

（9）新建图层并将其命名为“前置摄像头”。选择“椭圆”工具，在属性栏中将填充颜色设为黑色，“描边”选项设为 1 点，单击“设置形状描边类型”选项，在弹出的下拉面板中选择“渐变”，将渐变颜色设为从深灰色（其 R、G、B 的值分别为 120、121、125）到浅灰色（其 R、G、B 的值分别为 247、247、247），其他选项的设置如图 7-50 所示。按住 Shift 键的同时，在图像窗口中绘制圆形，图像效果如图 7-51 所示。

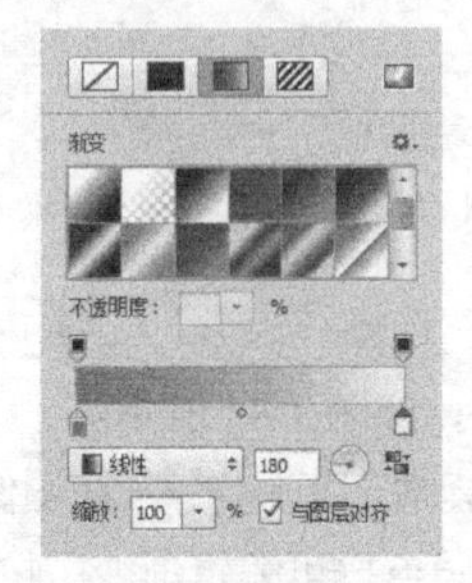

图 7-50

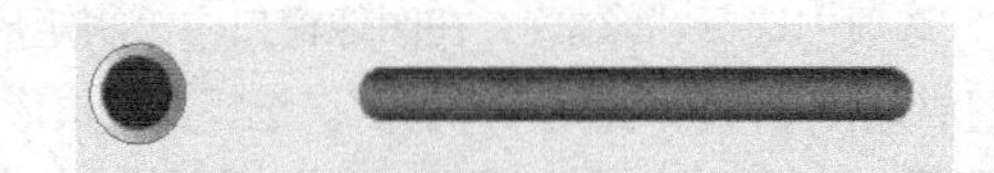

图 7-51

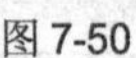

（10）新建图层并将其命名为“HOME 键”。在属性栏中单击“设置形状填充类型”选项，在弹出的下拉菜单中选择“渐变”，将渐变颜色设为从灰色（其 R、G、B 的值分别为 240、240、240）到白色，其他选项的设置如图 7-52 所示；单击“设置形状描边类型”选项，在弹出的下拉菜单中选择“渐变”，将渐变颜色设为从深灰色（其 R、G、B 的值分别为 100、100、102）到灰色（其 R、G、B 的值分别为 183、183、182），其他选项的设置如图 7-53 所示。按住 Shift 键的同时，在图像窗口中绘制圆形，图像效果如图 7-54 所示。

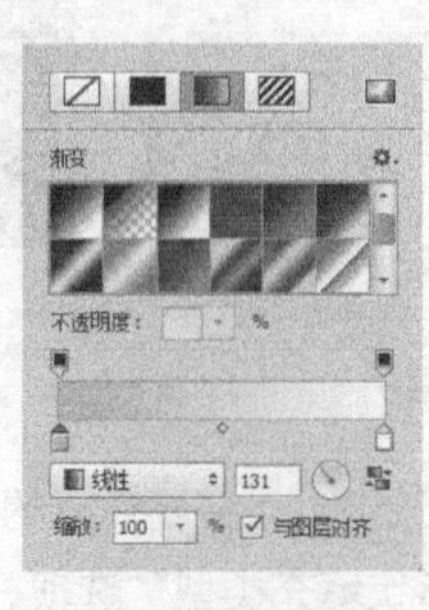

图 7-52

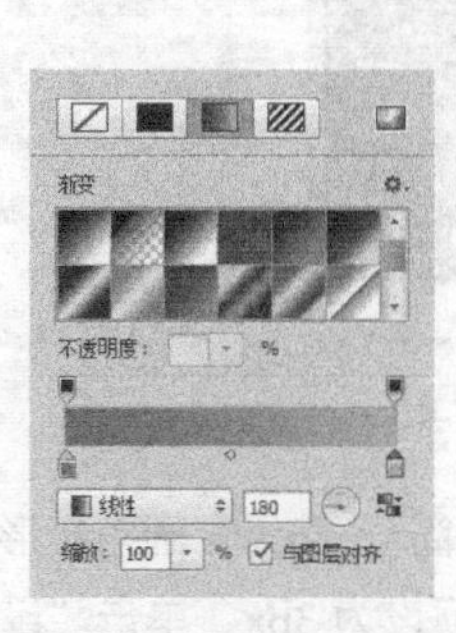

图 7-53

图 7-54

（11）新建图层并将其命名为“HOME 键 2”。选择“圆角矩形”工具，在属性栏中将“半径”

选项设为 8 px，填充颜色设为浅灰色（其 R、G、B 的值分别为 241、241、241），单击“设置形状描边类型”选项，在弹出的下拉面板中选择“渐变”，将渐变颜色设为从深灰色（其 R、G、B 的值分别为 154、154、155）到灰色（其 R、G、B 的值分别为 209、207、207），其他选项的设置如图 7-55 所示。按住 Shift 键的同时，在图像窗口中绘制圆角矩形，如图 7-56 所示。

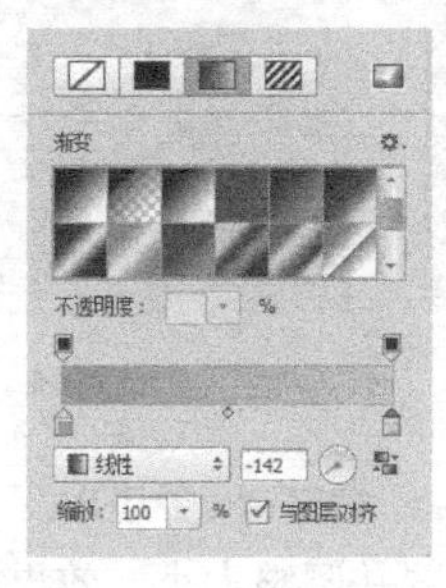

图 7-55

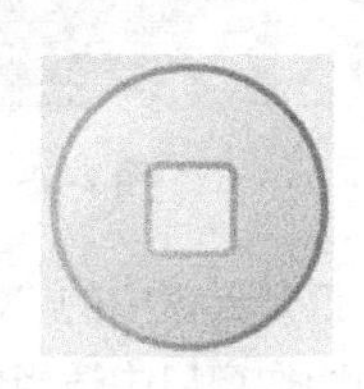
图 7-56

2．添加倒影及屏幕内容

（1）在“图层”控制面板中选择“手机主体”“屏幕”“HOME 键”和“HOME 键 2”图层，将其拖曳到控制面板下方的“创建新图层”按钮 上进行复制，生成新的图层“手机主体 拷贝”“屏幕 拷贝”“HOME 键 拷贝”和“HOME 键 2 拷贝”。按 Ctrl+E 组合键，合并图层并将其命名为“倒影”，如图 7-57 所示。

（2）按 Ctrl+T 组合键，图像周围出现变换框，在变换框中单击鼠标右键，在弹出的菜单中选择“垂直翻转”命令，将图片垂直翻转，并拖曳到适当的位置，按 Enter 键确定操作，效果如图 7-58 所示。在“图层”控制面板上方，将“倒影”图层的“不透明度”选项设为 25%，如图 7-59 所示，图像效果如图 7-60 所示。

图 7-57

图 7-58

图 7-59

图 7-60

（3）新建图层并将其命名为“阴影”。将前景色设为深灰色（其 R、G、B 的值分别为 38、38、39）。选择“椭圆”工具 ，在属性栏的“选择工具模式”选项中选择“像素”，在图像窗口中绘制椭圆形，如图 7-61 所示。

（4）选择“滤镜 > 模糊 > 高斯模糊”命令，在弹出的对话框中进行设置，如图 7-62 所示，单击“确定”按钮，效果如图 7-63 所示。

（5）在“图层”控制面板中，将“阴影”和“倒影”图层拖曳到“锁屏键”图层的下方，如图 7-64 所示，图像效果如图 7-65 所示。

图 7-61

图 7-62

图 7-63

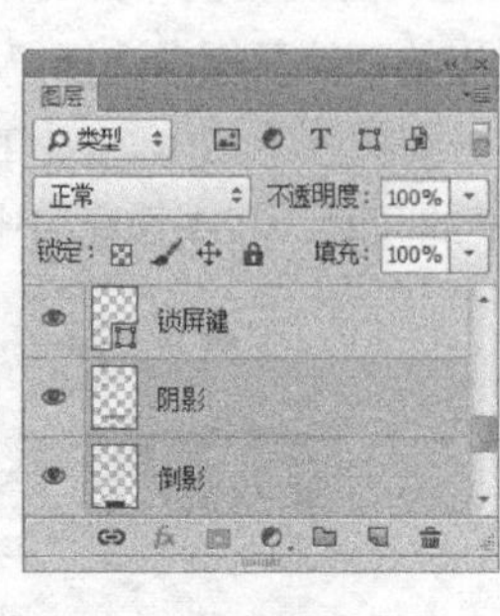

图 7-64

图 7-65

（6）按 Ctrl + O 组合键，打开云盘中的“Ch07 > 素材 > 多边形工具应用实例”文件，选择“移动”工具，将图片拖曳到图像窗口中适当的位置并调整大小，效果如图 7-66 所示，在“图层”控制面板中生成新图层并将其命名为“屏幕内容”。将“屏幕内容”图层拖曳到“屏幕高光”图层的下方，如图 7-67 所示，图像效果如图 7-68 所示。

图 7-66

图 7-67

图 7-68

（7）按住 Alt 键的同时，将鼠标光标放在“屏幕内容”图层和“屏幕”图层的中间，鼠标光标变为图标，如图 7-69 所示，单击鼠标左键，创建剪贴蒙版，如图 7-70 所示，图像效果如图 7-71 所示。

图 7-69

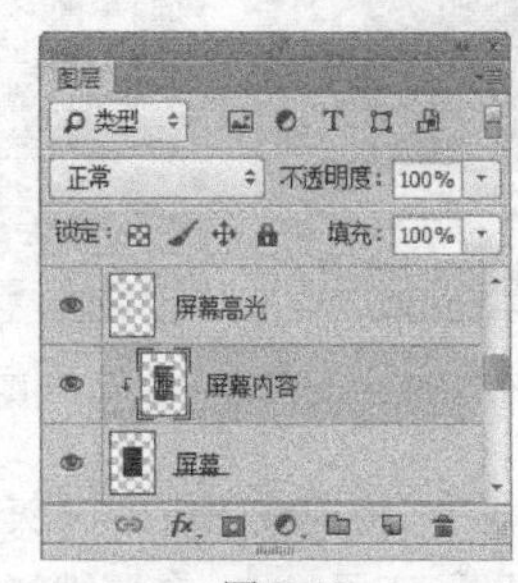

图 7-70

图 7-71

7.3 路径选择工具组

路径选择工具组包括“路径选择”工具和“直接选择”工具，可以选择、编辑锚点和路径。

7.3.1　路径选择工具

“路径选择”工具可以选择、移动、组合、对齐、分布和变形一个或多个路径。

（1）按 Ctrl＋N 组合键，新建一个文件，宽度为 29.7cm，高度为 21cm，分辨率为 300 像素/英寸，颜色模式为 RGB，背景内容为白色，单击“确定”按钮。选择“矩形”工具，在属性栏的“选择工具模式”选项中选择“路径”，在图像窗口中绘制矩形，如图 7-72 所示。单击属性栏中的“路径操作”按钮，在弹出的下拉菜单中选择“合并形状”选项，图像窗口中的鼠标变为图标，在图像窗口中绘制矩形，如图 7-73 所示。单击属性栏中的“路径操作”按钮，在弹出的下拉菜单中选择“合并形状组件”选项，弹出对话框，如图 7-74 所示。单击“是”按钮，效果如图 7-75 所示。

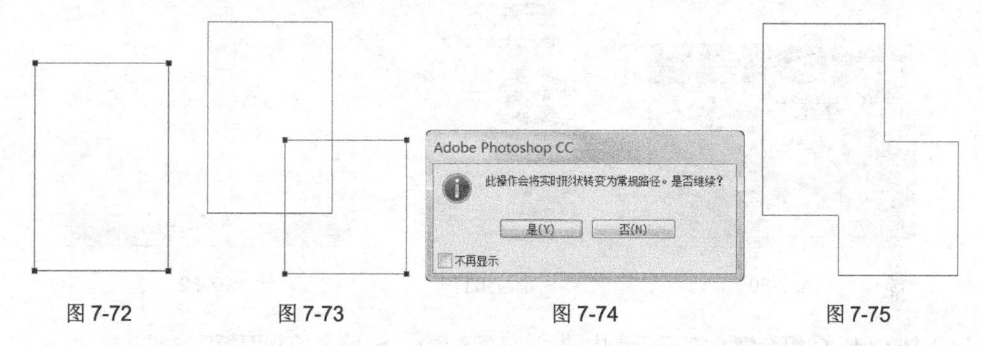

图 7-72　　图 7-73　　图 7-74　　图 7-75

（2）在图像窗口中绘制矩形，如图 7-76 所示。单击属性栏中的“路径操作”按钮，在弹出的下拉菜单中选择“减去顶层形状”选项，然后选择“合并形状组件”选项，效果如图 7-77 所示。

（3）在图像窗口中绘制矩形，如图 7-78 所示。选择“路径选择”工具，选择右侧的矩形并拖曳到适当的位置，如图 7-79 所示。

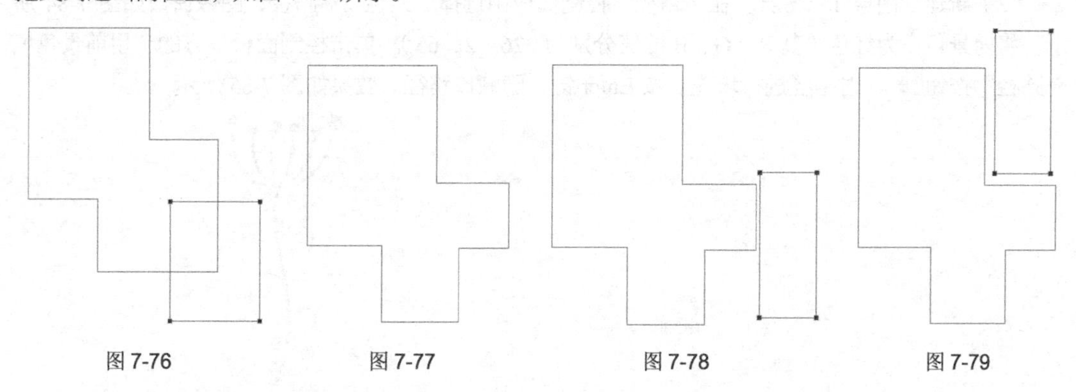

图 7-76　　图 7-77　　图 7-78　　图 7-79

选择“路径选择”工具，选取多个路径，单击属性栏中的“路径对齐方式”按钮，在弹出的下拉面板中选择需要的对齐与分布选项，可对齐与分布路径。

7.3.2　直接选择工具

“直接选择”工具用于移动路径中的锚点或线段，还可以调整手柄和控制点。

7.4 路径控制面板

绘制一条路径，选择“窗口 > 路径”命令，弹出“路径”控制面板，如图 7-80 所示。单击“路径”控制面板右上方的图标，弹出其下拉命令菜单，如图 7-81 所示。在“路径”控制面板的底部有 7 个工具按钮，如图 7-82 所示。这些命令和按钮可以对路径进行存储、复制、删除、建立工作路径、建立选区、填充路径、描边路径、剪贴路径等操作。

图 7-80

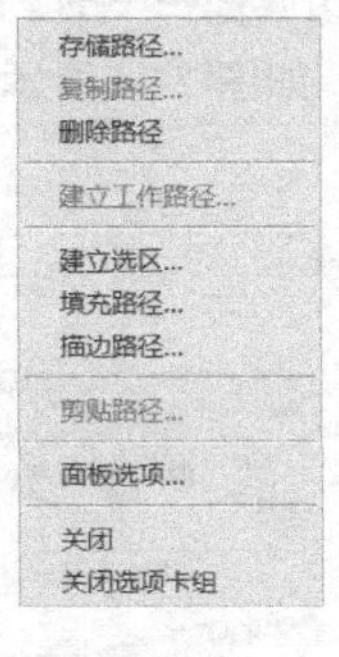

图 7-81

图 7-82

（1）按 Ctrl + O 组合键，打开云盘中的“Ch07 > 素材 > 路径控制面板”文件。

（2）在“路径”控制面板中选择“路径 1”路径，图像窗口如图 7-83 所示。在“路径”控制面板空白处单击，可隐藏路径。复制、删除、新建和重命名路径的操作与图层的操作相同，这里不再赘述。

（3）新建“图层 1”图层。在“路径”控制面板中选择“路径 2”路径，图像窗口如图 7-84 所示。将前景色设为红色（其 R、G、B 的值分别为 226、2、65）。单击控制面板下方的“用前景色填充路径”按钮，对路径进行填充。按 Enter 键，隐藏该路径。效果如图 7-85 所示。

图 7-83　　图 7-84　　图 7-85

（4）单击“图层 1”图层左侧的眼睛图标，将“图层 1”图层隐藏。新建“图层 2”图层。选择“画笔”工具，在属性栏中单击“画笔”选项右侧的按钮，在弹出的画笔面板中选择需要的画笔形状，如图 7-86 所示。在“路径”控制面板中选择“路径 1”路径，单击“路径”控制面板下方的“用画笔描边路径”按钮，对路径进行描边。按 Enter 键，隐藏该路径，如图 7-87 所示。单击“图层 2”图层左侧的眼睛图标，将“图层 2”图层隐藏。

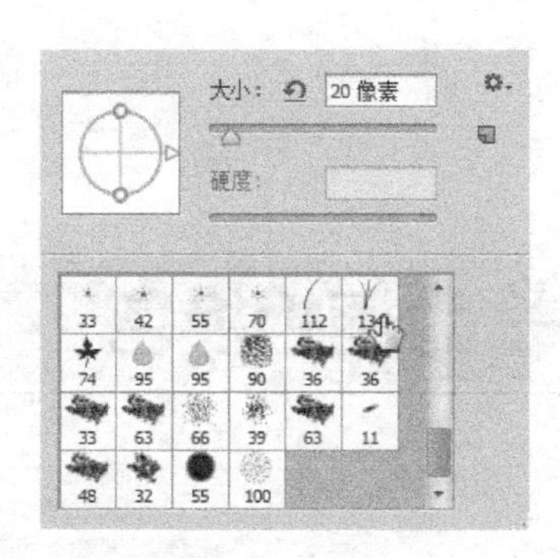

图 7-86

图 7-87

（5）在“路径”控制面板中选择“路径 1”路径，单击控制面板下方的“将路径作为选区载入”按钮，将路径转换为选区，如图 7-88 所示。单击“路径”控制面板下方的“从选区生成工作路径”按钮，将选区转换为路径，如图 7-89 所示。“路径”控制面板如图 7-90 所示。

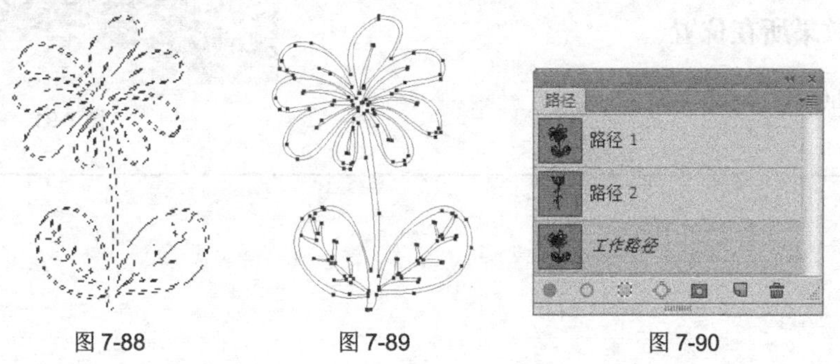

图 7-88　　图 7-89　　图 7-90

课堂练习——为橱柜换色

练习知识要点

使用钢笔工具绘制路径；使用“路径”控制面板将路径转换为选区；使用图层混合模式为橱柜换色，效果如图 7-91 所示。

图 7-91

效果所在位置

云盘/Ch07/效果/课堂练习.psd。

课后习题——制作手机界面

习题知识要点

使用绘图工具绘制手机界面；使用钢笔工具绘制图形；使用剪切蒙版制作图片效果；使用文字工具添加界面文字；使用渐变工具添加反光效果，效果如图 7-92 所示。

图 7-92

效果所在位置

云盘/Ch07/效果/课后习题.psd。

第 8 章　文字

本章将主要介绍 Photoshop 中文字的输入以及编辑方法。通过本章的学习，读者可以了解并掌握文字的功能及特点，快速地掌握点文字、段落文字及路径文字的输入及编辑方法，并能在设计制作任务中充分地利用好文字的效果。

课堂学习目标

- 熟练掌握文字的创建方法
- 熟练掌握编辑文字的技巧
- 掌握在路径上创建并编辑文字的方法

8.1 创建文字

应用文字工具输入文字并使用字符控制面板对文字进行调整。

8.1.1 输入文字

Photoshop 提供了 4 种文字工具。其中，“横排文字”工具和“直排文字”工具用来创建点文字、段落文字和路径文字，“横排文字蒙版”工具和“直排文字蒙版”工具用来创建文字状选区。

选择“横排文字”工具，或按 T 键，其属性栏状态如图 8-1 所示。

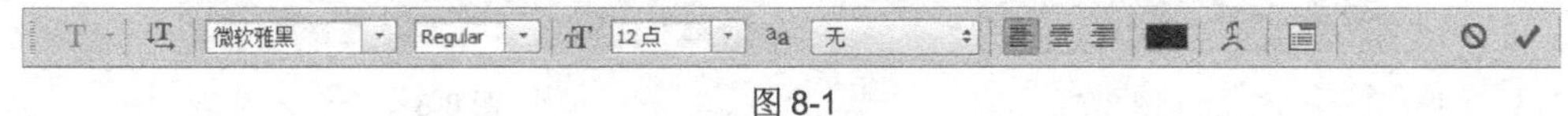

图 8-1

（1）按 Ctrl + O 组合键，打开云盘中的“Ch08 > 素材 > 输入文字”文件，如图 8-2 所示。

（2）将前景色设为深绿色（其 R、G、B 的值分别为 34、50、0）。选择“横排文字”工具，在适当的位置输入需要的文字，如图 8-3 所示。

图 8-2

图 8-3

（3）在属性栏中单击“切换文本方向”按钮，图像效果如图 8-4 所示。选取需要的文字，如图 8-5 所示，在属性栏中选择合适的字体并设置大小，效果如图 8-6 所示。

图 8-4

图 8-5

图 8-6

8.1.2 输入段落文字

建立段落文字图层就是以段落文字框的方式建立文字图层。将“横排文字”工具 T 移动到图像窗口中，鼠标光标变为图标。单击并按住鼠标左键不放，拖曳鼠标在图像窗口中创建一个段落定界框，如图 8-7 所示。插入点显示在定界框的左上角，段落定界框具有自动换行的功能，如果输入的文字较多，则当文字遇到定界框时，会自动换到下一行显示，输入文字，效果如图 8-8 所示。

如果输入的文字需要分段落，可以按 Enter 键进行操作，还可以改变定界框的形状和角度，如图 8-9、图 8-10 所示。

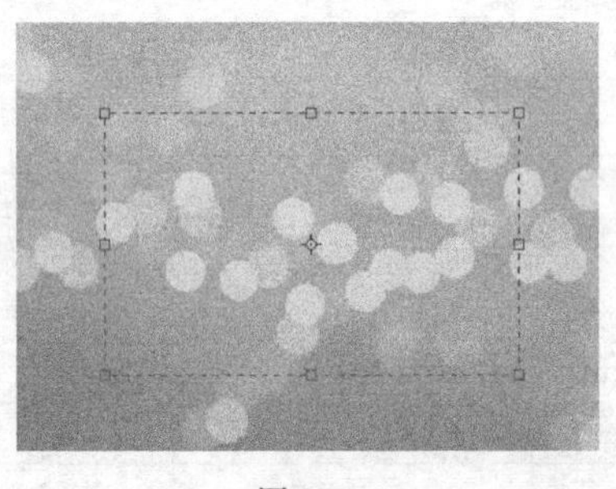

图 8-7

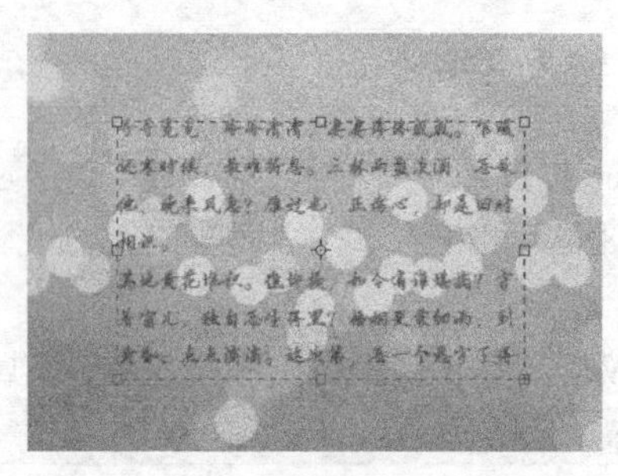

图 8-8

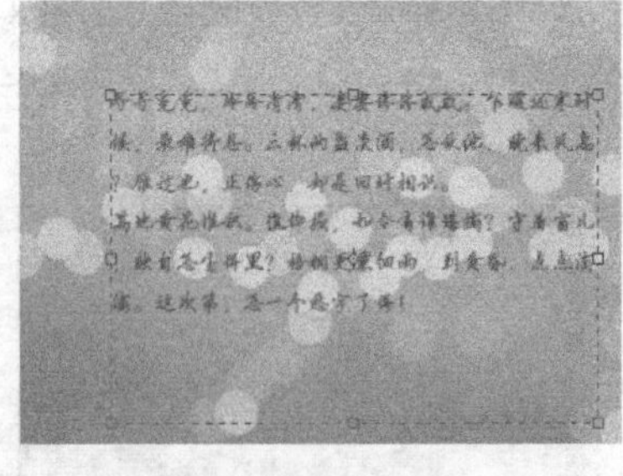

图 8-9

图 8-10

8.2 编辑文字

输入文字后可以通过文字工具属性栏修改、编辑文字。

8.2.1　文字显示类型

选择“类型 > 消除锯齿”命令，在弹出的下拉菜单中可以选择消除锯齿的方法，包括无、锐利、犀利、浑厚、平滑 5 个选项，效果如图 8-11 所示。

图 8-11

8.2.2　变形文字

应用变形文字面板可以将文字进行多种样式的变形，如扇形、旗帜、波浪、膨胀、扭转等。选择“文字”工具，在属性栏中单击“创建文字变形”按钮，弹出“变形文字”对话框如图 8-12 所示。

- 样式：在该选项的下拉列表中可以选择 15 种变形样式，如图 8-13 所示。
- 水平/垂直：选择“水平”，文本扭曲的方向为水平方向，选择“垂直”，扭曲方向为垂直方向。
- 水平扭曲/垂直扭曲：可以让文本产生透视扭曲效果。

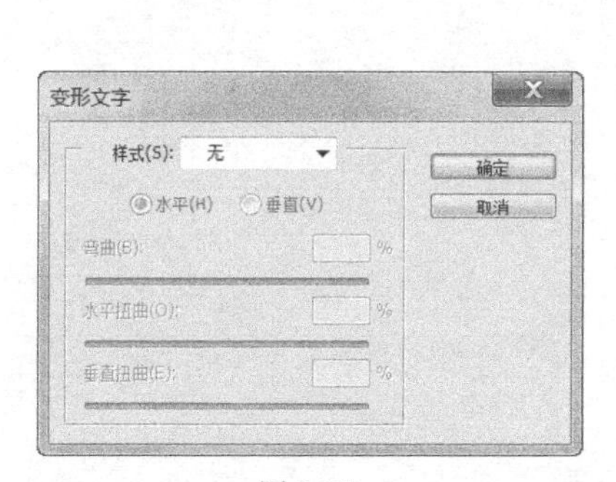

图 8-12

图 8-13

8.3　路径文字

Photoshop 提供了新的文字排列方法，可以像在 Illustrator 中一样把文本沿着路径放置，Photoshop 中沿着路径排列的文字还可以在 Illustrator 中直接编辑。

8.3.1　按路径排列文字

（1）按 Ctrl + N 组合键，新建一个文件，宽度为 29.7cm，高度为 21cm，分辨率为 300 像素/英寸，颜色模式为 RGB，背景内容为白色，单击“确定”按钮。

（2）选择“钢笔”工具，绘制一个路径，效果如图 8-14 所示。

（3）将前景色设为黑色。选择“横排文字”工具，在属性栏中选择合适的字体并设置大小，将鼠标光标放置路径上时会变为图标，如图 8-15 所示。单击鼠标左键，在路径上出现闪烁的光标，输入需要的文字，效果如图 8-16 所示，在“图层”控制面板中生成新的文字图层，按 Enter 键，隐藏路径。

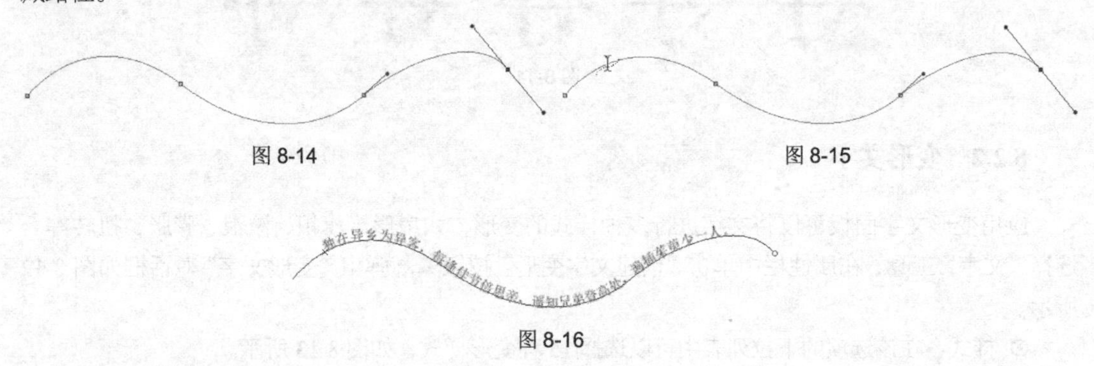

图 8-14　　图 8-15

图 8-16

8.3.2　调整路径文字

路径文字中的文字与路径是相链接的，若要调整路径文字的排列形状，使用“路径选择”工具、“直接选择”工具或“转换点”工具调整路径即可。

课堂练习——制作房地产宣传单正面

练习知识要点

使用移动工具添加素材图片；使用文字工具添加文字；使用图层样式添加文字特殊效果，效果如图 8-17 所示。

效果所在位置

云盘/Ch08/效果/课堂练习.psd。

图 8-17

课后习题——制作房地产宣传单背面

习题知识要点

使用移动工具添加素材图片；使用文字工具添加文字；使用图层样式添加文字特殊效果，效果如图 8-18 所示。

效果所在位置

云盘/Ch08/效果/课后习题.psd。

图 8-18

第 9 章　通道和蒙版应用

一个 Photoshop 的专业人士，必定是一个应用通道和蒙版的高手。本章详细讲解了蒙版和通道的概念和操作方法，通过本章的学习，读者能够合理地利用蒙版和通道设计制作作品，使自己的设计作品更上一层楼。

课堂学习目标

- 熟练掌握不同蒙版的制作和编辑技巧
- 了解通道的类型并掌握使用技巧

9.1 蒙版

在 Photoshop 中，蒙版是一种非破坏性的遮盖图像工具，可以将部分图像遮住，制作出合成图像效果。

9.1.1　图层蒙版

图层蒙版可以使图层中图像的某些部分被处理成透明和半透明的效果，而且可以恢复已经处理过的图像，是 Photoshop 的一种独特的处理图像方式。在编辑图像时可以为某一图层或多个图层添加蒙版，并对添加的蒙版进行编辑、隐藏、链接、删除等操作。

（1）按 Ctrl + O 组合键，打开云盘中的“Ch09 > 素材 > 图层蒙版 1”文件，如图 9-1 所示。

（2）按 Ctrl + O 组合键，打开云盘中的“Ch09 > 素材 > 图层蒙版 2”文件，选择“移动”工具，将天空图片拖曳到图像窗口中适当的位置并调整其大小，效果如图 9-2 所示。

图 9-1

图 9-2

（3）单击“图层”控制面板下方的“添加图层蒙版”按钮，为“图层 1”添加蒙版，如图 9-3 所示。将前景色设为黑色。选择“画笔”工具，在属性栏中单击“画笔”选项右侧的按钮，在弹出的面板中选择需要的画笔形状，如图 9-4 所示，在图像窗口中拖曳鼠标擦除不需要的图像，效果如图 9-5 所示。

图 9-3

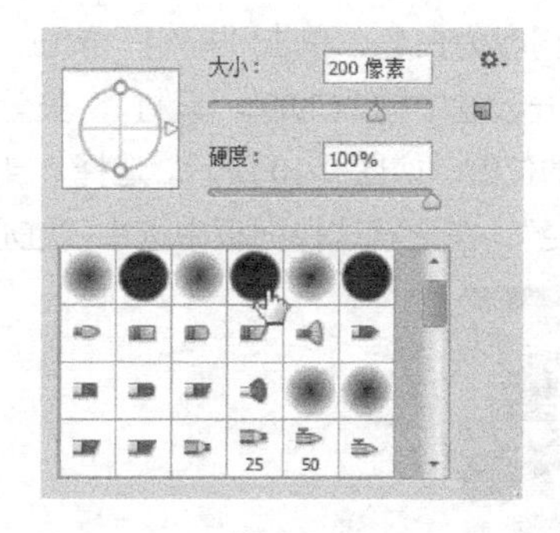

图 9-4

图 9-5

（4）按住 Ctrl 键的同时，单击“图层 1”图层的蒙版缩览图，图像周围生成选区，如图 9-6 所示。

（5）选择“渐变”工具，单击属性栏中的“点按可编辑渐变”按钮，弹出“渐变编辑器”对话框，将渐变色设为从黑色到白色，单击“确定”按钮。在图像窗口中由左下至右上拖曳鼠标填充渐变色，松开鼠标，效果如图 9-7 所示。

图 9-6

图 9-7

（6）在“属性”控制面板中将蒙版的“羽化”选项设为 15 像素，如图 9-8 所示，图像效果如图 9-9 所示。

图 9-8

图 9-9

9.1.2　矢量蒙版

矢量蒙版可以用遮盖的方式使图像产生特殊的效果。

（1）按 Ctrl + N 组合键，新建一个文件，宽度为 813mm，高度为 610mm，分辨率为 150 像素/

英寸，颜色模式为 RGB，背景内容为白色，单击“确定”按钮。

（2）按 Ctrl + O 组合键，打开云盘中的“Ch09 > 素材 > 矢量蒙版”文件，选择“移动”工具，将图片拖曳到图像窗口中适当的位置，如图 9-10 所示。选择“自定形状”工具，在属性栏的“选择工具模式”选项中选择“路径”，在形状选择面板中选中“红心形卡”图形，如图 9-11 所示。

图 9-10

图 9-11

（3）在图像窗口中绘制路径，如图 9-12 所示。选中“图层 1”，选择“图层 > 矢量蒙版 > 当前路径”命令，为“图层 1”添加矢量蒙版，如图 9-13 所示，图像窗口中的效果如图 9-14 所示。选择“直接选择”工具可以修改路径的形状，从而修改蒙版的遮罩区域，如图 9-15 所示。

图 9-12

图 9-13

图 9-14

图 9-15

9.1.3 剪贴蒙版

剪贴蒙版是使用某个图层的内容来遮盖其上方的图层，遮盖效果由基底图层决定。

（1）按 Ctrl + O 组合键，打开云盘中的“Ch09 > 素材 > 剪贴蒙版 1”文件，如图 9-16 所示。

（2）选择“文件 > 置入”命令，打开云盘中的“Ch09 > 素材 > 剪贴蒙版 2”文件，弹出“置入 PDF”对话框，如图 9-17 所示，单击“确定”按钮，置入文件。按住 Shift 键的同时，拖曳右上角的控制手柄等比例放大图片，按 Enter 键确定操作，效果如图 9-18 所示。

图 9-16

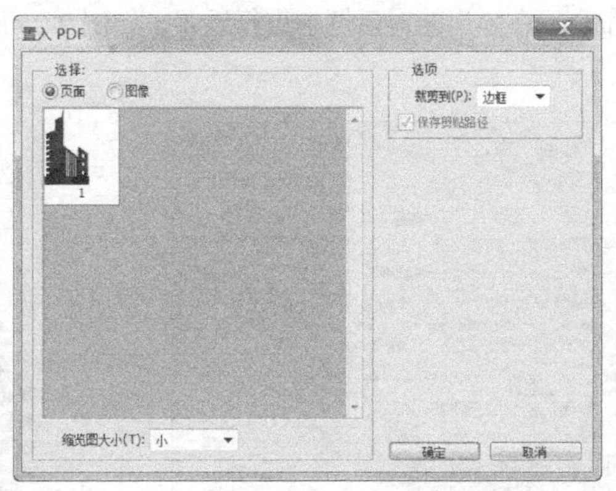

图 9-17

图 9-18

（3）在“图层”控制面板中双击“背景”图层，弹出提示对话框，单击“确定”按钮，将背景图层转换为普通层。将“剪贴蒙版 2”图层拖曳到“图层 0”图层的下方，如图 9-19 所示。按住 Alt 键的同时，将鼠标光标放在“剪贴蒙版 2”图层和“图层 0”图层的中间，鼠标光标变为↓□图标，如图 9-20 所示，单击鼠标左键，创建剪贴蒙版，图像效果如图 9-21 所示。

图 9-19

图 9-20

图 9-21

（4）按 Ctrl+T 组合键，在图像周围出现变换框，按住 Alt+Shift 键的同时，拖曳右上角的控制手柄等比例缩小图片，按 Enter 键确定操作，效果如图 9-22 所示。

（5）在“图层”控制面板中选择“剪贴蒙版 2”图层。按住 Ctrl 键的同时，单击“图层”控制面板下方的“创建新图层”按钮，生成新的图层“图层 1”，如图 9-23 所示。

（6）将前景色设为浅黄色（其 R、G、B 的值分别为 255、246、207）。按 Alt+Delete 组合键，用前景色填充“图层 1”，效果如图 9-24 所示。

图 9-22

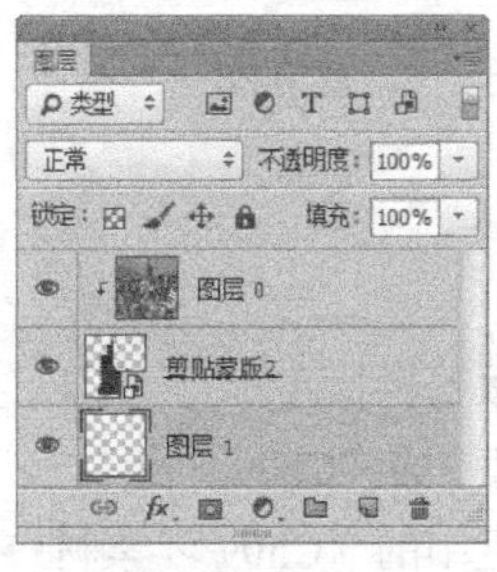

图 9-23

图 9-24

（7）选择“剪贴蒙版 2”图层。单击“图层”控制面板下方的“添加图层样式”按钮 fx ，在弹出的菜单中选择“投影”命令，在弹出的对话框中进行设置，如图 9-25 所示，单击“确定”按钮，效果如图 9-26 所示。

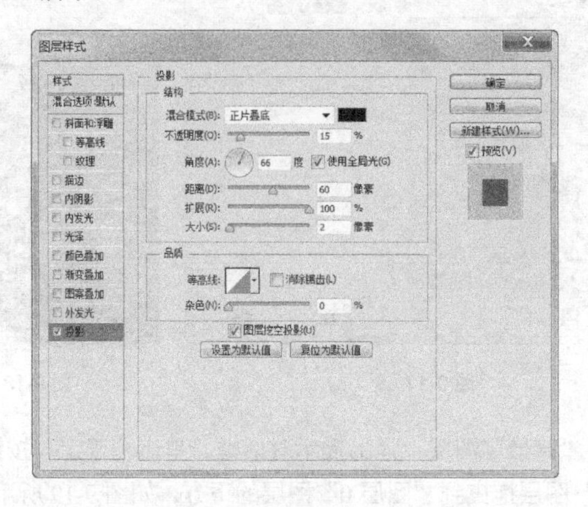

图 9-25

图 9-26

（8）选择“图层 0”图层。单击“图层”控制面板下方的“创建新的填充或调整图层”按钮 ，在弹出的菜单中选择“曲线”命令，在“图层”控制面板中生成“曲线 1”图层，同时弹出“曲线”面板，在曲线上单击鼠标添加控制点，将“输入”选项设为 220，“输出”选项设为 198，如图 9-27 所示，按 Enter 键，图像效果如图 9-28 所示。

（9）将前景色设为黑色。选择“横排文字”工具 T ，在适当的位置输入需要的文字并选取文字，在属性栏中选择合适的字体并设置大小，效果如图 9-29 所示，在“图层”控制面板中生成新的文字图层。

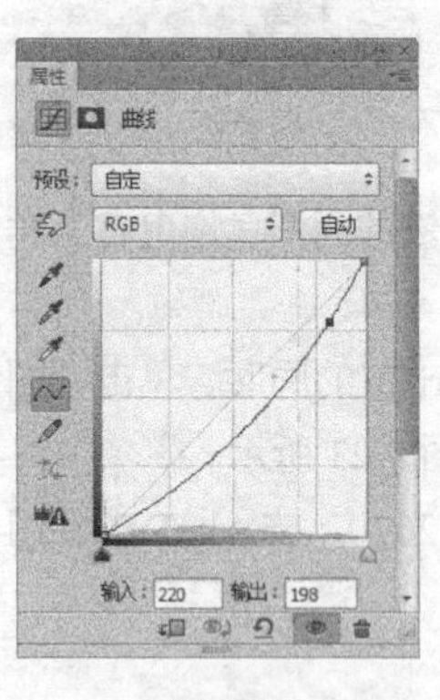

图 9-27

图 9-28

图 9-29

9.1.4 快速蒙版

快速蒙版可以使图像快速进入蒙版编辑状态。

（1）按 Ctrl + O 组合键，打开云盘中的“Ch09 > 素材 > 快速蒙版 1”文件，如图 9-30 所示。

（2）按 Ctrl + O 组合键，打开云盘中的“Ch09 > 素材 > 快速蒙版 2”文件，选择“移动”工

具[icon]，将天空图片拖曳到图像窗口中适当的位置并调整大小，效果如图 9-31 所示。

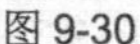

图 9-30　　　　图 9-31

（3）在“图层”控制面板上方，将“图层 1”图层的“不透明度”选项设为 50%，图像效果如图 9-32 所示。单击工具箱下方的“以快速蒙版模式编辑”按钮[icon]，进入蒙版状态。选择“画笔”工具[icon]，在属性栏中单击“画笔”选项右侧的按钮[icon]，在弹出的面板中选择需要的画笔形状，如图 9-33 所示，在图像窗口中拖曳鼠标擦除不需要的图像，效果如图 9-34 所示。

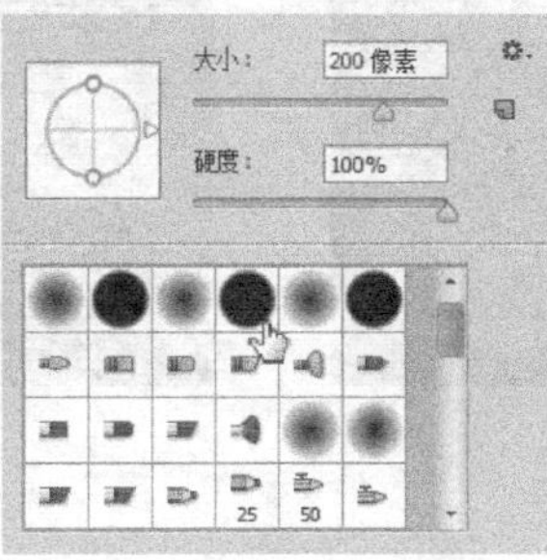

图 9-32　　　　图 9-33　　　　图 9-34

（4）单击工具箱下方的“以标准模式编辑”按钮[icon]，图像中被擦除的区域生成选区，如图 9-35 所示。按 Delete 键，删除选区中的内容。按 Ctrl+D 组合键，取消选区，效果如图 9-36 所示。“通道”控制面板中将自动生成快速蒙版，如图 9-37 所示。

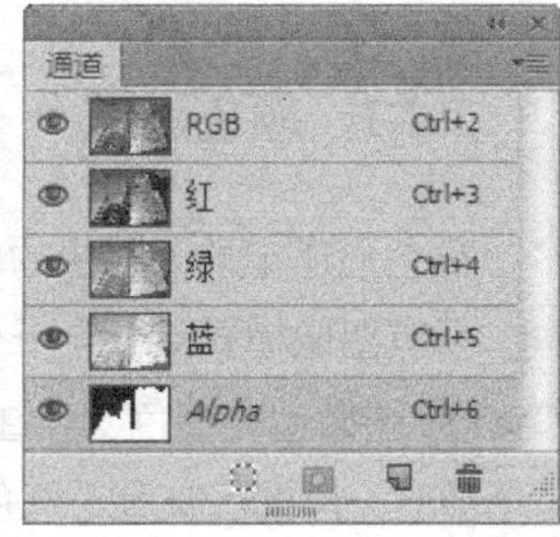

图 9-35　　　　图 9-36　　　　图 9-37

（5）在“图层”控制面板上方，将“图层 1”图层的“不透明度”选项设为 100%，图像效果如图 9-38 所示。

（6）单击工具箱下方的“以快速蒙版模式编辑”按钮[icon]，进入蒙版状态。选择“渐变”工具[icon]，单击属性栏中的“点按可编辑渐变”按钮[icon]，弹出“渐变编辑器”对话框，将渐变色设为从黑色到白色，单击“确定”按钮。在图像窗口中由左上角至右下角拖曳鼠标填充渐变色，松开鼠

标，效果如图 9-39 所示。

图 9-38

图 9-39

（7）单击工具箱下方的“以标准模式编辑”按钮，图像中生成选区，如图 9-40 所示。按 Delete 键，删除选区中的内容。按 Ctrl+D 组合键，取消选区，效果如图 9-41 所示。

图 9-40

图 9-41

9.2 通道

Photoshop 提供了颜色通道、Alpha 通道和专色通道 3 种类型，应用“通道”控制面板可以对这些通道进行创建、复制、删除、分离、合并等操作。

9.2.1 颜色通道

颜色通道记录了图像的内容和颜色信息，颜色模式不同，颜色通道的数量不同。所有图像模式除包含一个复合通道外，RGB 图像包含红、绿、蓝 3 个通道，CMYK 图像包含青色、洋红、黄色、黑色 4 个通道，Lab 图像包含明度、a、b 3 个通道，位图、灰度、双色调和索引颜色图像只有一个通道。

图 9-42

原始图像如图 9-42 所示。选择“窗口 > 通道”命令，弹出“通道”控制面板，如图 9-43 所示。

按住 Shift 键的同时，选择“绿”和“蓝”通道，如图 9-44 所示，图像窗口如图 9-45 所示。

- ：用于显示或隐藏颜色通道。
- ：用于将通道作为选择区域调出。
- ：用于将选择区域存入通道中。

⊙ [新建通道按钮]：用于创建或复制新的通道。

⊙ [删除通道按钮]：用于删除图像中的通道。

图 9-43

图 9-44

图 9-45

1．梦幻效果制作

（1）按 Ctrl + O 组合键，打开云盘中的“Ch09 > 素材 > 梦幻效果制作”文件，如图 9-46 所示。

（2）选择“通道”控制面板，选中“红”通道，单击“将通道作为选区载入”按钮[按钮]，如图 9-47 所示。

图 9-46

图 9-47

（3）按 Ctrl+J 组合键，将选区中的图像复制到新图层，生成“图层 1”，如图 9-48 所示。选择“滤镜 > 模糊 > 高斯模糊”命令，在弹出的对话框中进行设置，如图 9-49 所示，单击“确定”按钮，效果如图 9-50 所示。

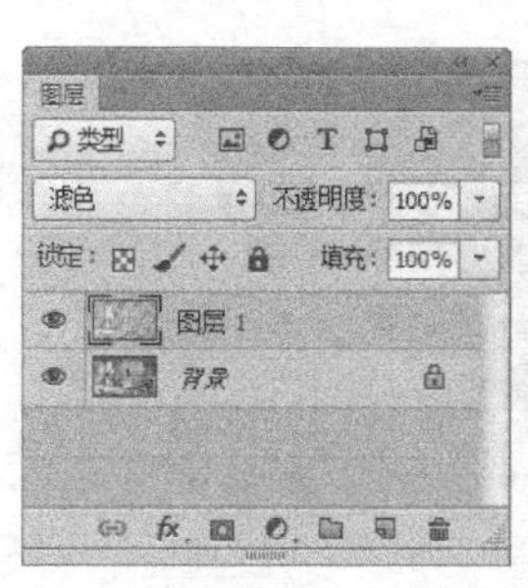

图 9-48

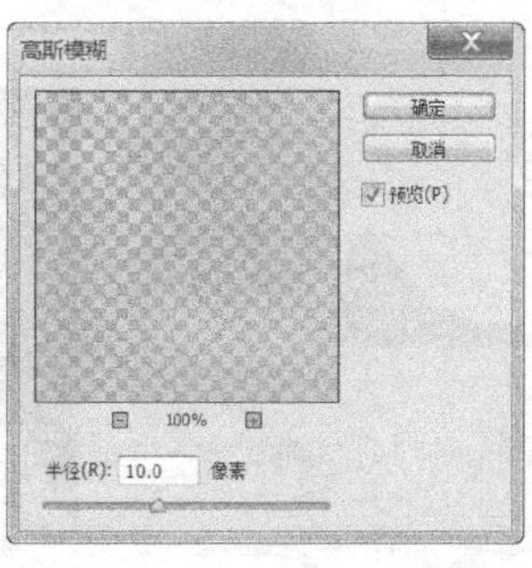

图 9-49

图 9-50

（4）在“图层”控制面板上方，将“图层 1”图层的混合模式选项设为“滤色”，图像效果如图 9-51 所示。

（5）将“图层 1”图层拖曳到“图层”控制面板下方的“创建新图层”按钮 上进行复制，生成新的图层“图层 1 拷贝”。在“图层”控制面板上方，将“图层 1 拷贝”图层的混合模式选项设为“颜色减淡”，“不透明度”选项设为 80%，图像效果如图 9-52 所示。

图 9-51

图 9-52

2．通道选取复杂物体

（1）按 Ctrl + O 组合键，打开云盘中的“Ch09 > 素材 > 通道选取复杂物体”文件，如图 9-53 所示。

（2）选择“通道”控制面板，选中“蓝”通道，将其拖曳到“通道”控制面板下方的“创建新通道”按钮 上进行复制，生成新的通道“蓝 拷贝”，如图 9-54 所示。

图 9-53

图 9-54

（3）按 Ctrl+I 组合键，将图像反相，如图 9-55 所示。按 Ctrl+L 组合键，弹出“色阶”对话框，选项的设置如图 9-56 所示，单击“确定”按钮，效果如图 9-57 所示。

图 9-55

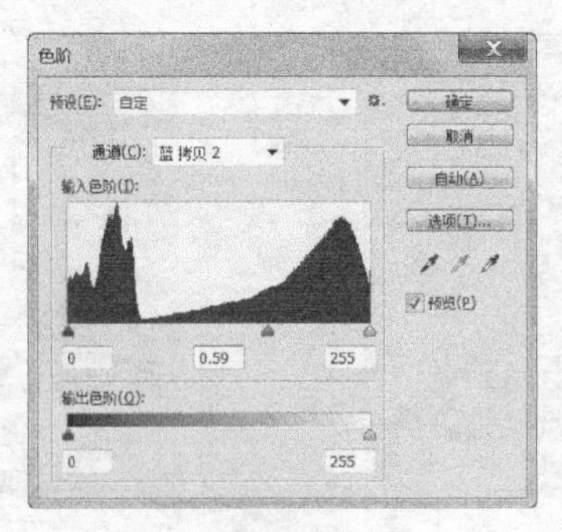

图 9-56

图 9-57

（4）将前景色设为黑色。选择“画笔”工具 ，在属性栏中单击“画笔”选项右侧的按钮 ，在弹出的面板中选择需要的画笔形状，如图 9-58 所示。在图像窗口中拖曳鼠标涂抹天空区域，效果如图 9-59 所示。

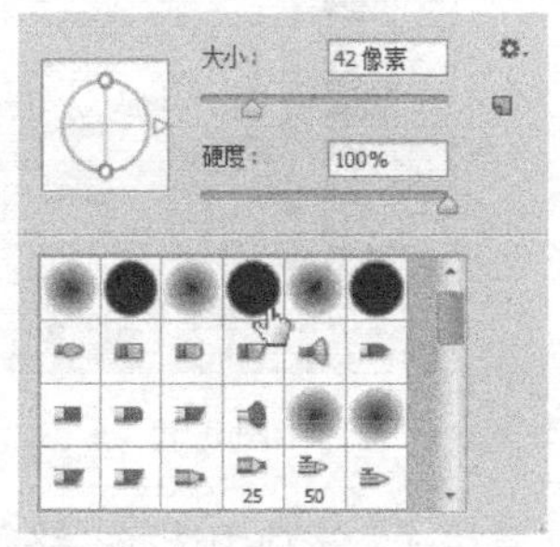

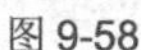
图 9-58

图 9-59

（5）将前景色设为白色。选择“魔棒”工具，在属性栏中勾选“连续”复选框，将“容差”选项设为 30。在黑色背景区域上单击鼠标，生成选区。按 Ctrl+Shift+I 组合键，将选区反选，如图 9-60 所示。按 Alt+Delete 组合键，用前景色填充选区。按 Ctrl+D 组合键，取消选区，效果如图 9-61 所示。

图 9-60

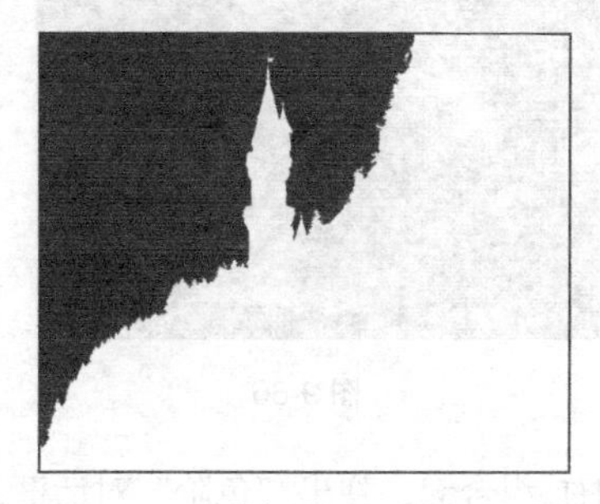

图 9-61

（6）选择“通道”控制面板，选中“RGB”通道。按 Ctrl+J 组合键，将选区内的图像复制。单击“背景”图层左侧的眼睛图标，将“背景”图层隐藏，如图 9-62 所示。图像效果如图 9-63 所示。

图 9-62

图 9-63

3．通道选择半透明物体

（1）按 Ctrl + O 组合键，打开云盘中的“Ch09 > 素材 > 通道选择半透明物体”文件，如图 9-64 所示。

（2）选择“通道”控制面板，选中“红”通道，将其拖曳到“通道”控制面板下方的“创建新通道”按钮上进行复制，生成新的通道“红 拷贝”，如图 9-65 所示。

图 9-64

图 9-65

（3）选择“钢笔”工具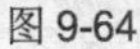，在属性栏的“选择工具模式”选项中选择“路径”，在图像窗口中绘制路径，如图 9-66 所示。按 Ctrl+Enter 组合键，将路径转换为选区。按 Ctrl+Shift+I 组合键，将选区反选。将前景色设为黑色。按 Alt+Delete 组合键，用前景色填充选区。按 Ctrl+D 组合键，取消选区，效果如图 9-67 所示。

图 9-66

图 9-67

（4）按 Ctrl+L 组合键，弹出“色阶”对话框，选项的设置如图 9-68 所示，单击“确定”按钮，效果如图 9-69 所示。

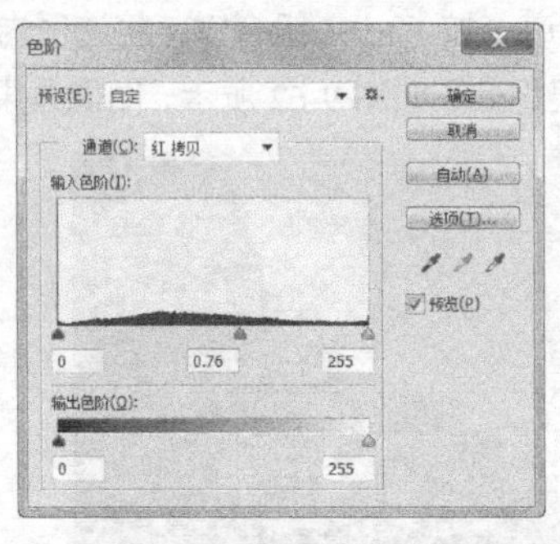

图 9-68

图 9-69

（5）选择“通道”控制面板，按住 Ctrl 键的同时，单击“红 拷贝”通道的缩览图，图像周围生成选区，如图 9-70 所示。在“通道”控制面板中选择“RGB”通道。按 Ctrl+J 组合键，将选区内的图像复制。单击“背景”图层左侧的眼睛图标，将“背景”图层隐藏，效果如图 9-71 所示。

（6）在“图层”控制面板中，按住 Ctrl 键的同时，单击“图层”控制面板下方的“创建新图层”按钮，生成新的图层并将其命名为“白色”。将前景色设为白色。按 Alt+Delete 组合键，用前景色填充“白色”图层，效果如图 9-72 所示。

图 9-70

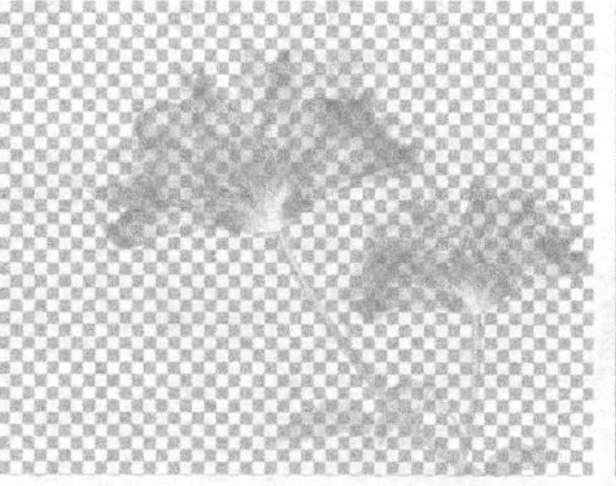

图 9-71

图 9-72

9.2.2　Alpha 通道

新创建的通道为 Alpha 通道，可以保存、修改和载入选区。

1．使用通道为效果图添加背景图片

（1）按 Ctrl＋O 组合键，打开云盘中的“Ch09 > 素材 > 使用通道为效果图添加背景图片 1”文件，如图 9-73 所示。

（2）选择“通道”控制面板，选中“Alpha1”通道，如图 9-74 所示，图像如图 9-75 所示。

图 9-73

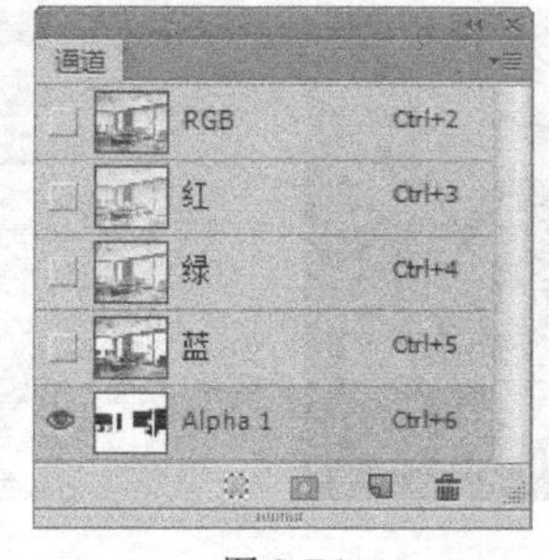

图 9-74

图 9-75

（3）按住 Ctrl 键的同时，单击“Alpha1”通道的缩览图，图像周围生成选区，如图 9-76 所示。在“通道”控制面板中选中“RGB”通道，图像如图 9-77 所示。

图 9-76

图 9-77

（4）按 Ctrl+J 组合键，将选区中的图像复制到新图层并将其命名为“图层 1”。

（5）按 Ctrl＋O 组合键，打开云盘中的“Ch09 > 素材 > 使用通道为效果图添加背景图片 2”文件，选择“移动”工具，将天空图片拖曳到图像窗口中适当的位置并调整大小，效果如图 9-78 所示，在“图层”控制面板中生成新图层并将其命名为“天空”。

（6）在“图层”控制面板中，将“天空”图层拖曳到“图层 1”图层的下方，如图 9-79 所示，图像效果如图 9-80 所示。

图 9-78

图 9-79

图 9-80

2．制作渐隐效果

（1）按 Ctrl＋O 组合键，打开云盘中的“Ch09 > 素材 > 制作渐隐效果”文件，如图 9-81 所示。

（2）选择“通道”控制面板，单击“通道”控制面板下方的“创建新通道”按钮，生成新的通道“Alpha1”，如图 9-82 所示。

图 9-81

图 9-82

（3）选择“渐变”工具，单击属性栏中的“点按可编辑渐变”按钮，弹出“渐变编辑器”对话框，将渐变色设为从黑色到白色，单击“确定”按钮。在图像窗口中由右下角至左上角拖曳鼠标填充渐变色，松开鼠标，效果如图 9-83 所示。

（4）在“通道”控制面板中，按住 Ctrl 键的同时，单击“Alpha1”通道的缩览图，图像周围生成选区，如图 9-84 所示。

图 9-83

图 9-84

（5）在“通道”控制面板中选择“RGB”通道。在“图层”控制面板中选择“图层 1”图层，按 Delete 键，删除图像，如图 9-85 所示。多次按 Delete 键，删除图像。按 Ctrl+D 组合键，取消选区，效果如图 9-86 所示。

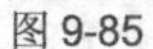

图 9-85

图 9-86

3．制作融合效果

（1）按 Ctrl＋O 组合键，打开云盘中的“Ch09 > 素材 > 制作融合效果”文件，如图 9-87 所示。

（2）选择“通道”控制面板，单击“通道”控制面板下方的“创建新通道”按钮，生成新的通道“Alpha1”，如图 9-88 所示。

图 9-87

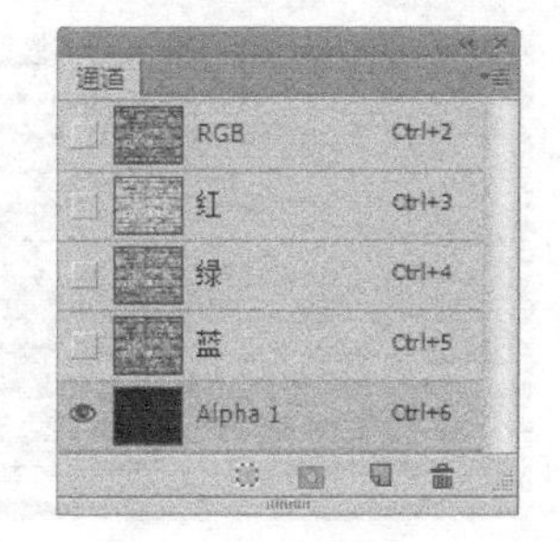

图 9-88

（3）将前景色设为白色。选择“横排文字”工具 T，在属性栏中选择合适的字体并设置大小，在适当的位置输入需要的文字，效果如图 9-89 所示。在“通道”控制面板中选择“RGB”通道。在“图层”控制面板中，新建图层并将其命名为“文字”。按 Alt+Delete 组合键，用前景色填充选取，效果如图 9-90 所示。按 Ctrl+D 组合键，取消选区。

图 9-89

图 9-90

（4）选择“滤镜 > 模糊 > 高斯模糊”命令，在弹出的对话框中进行设置，如图 9-91 所示，单击“确定”按钮，效果如图 9-92 所示。

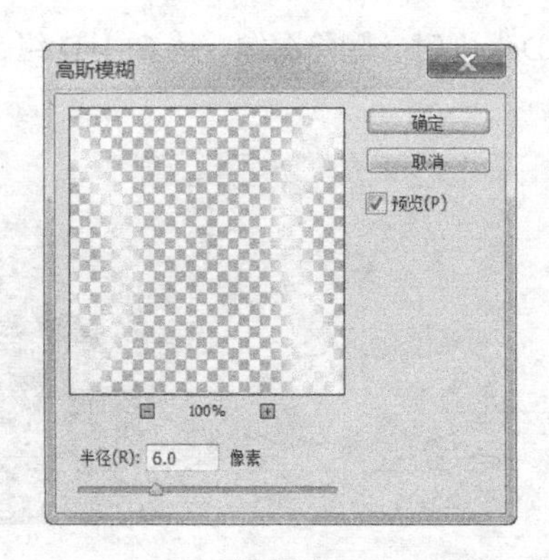

图 9-91

图 9-92

（5）单击“文字”图层左侧的眼睛图标，将“文字”图层隐藏。在“通道”控制面板中，按住 Ctrl 键的同时，单击“红”通道的缩览图，图像周围生成选区，如图 9-93 所示。在“图层”控制面板中选中并显示“文字”图层。单击“图层”控制面板下方的“添加图层蒙版”按钮，为“文字”图层添加图层蒙版，如图 9-94 所示。

图 9-93

图 9-94

9.2.3 其他通道介绍

除了颜色通道和 Alpha 通道，Photoshop 中还有两种通道：专色通道和临时通道。

专色通道用于存储印刷用的专色，如金银色、荧光色等，可替代或补充普通的印刷色。通常用专色名称来命名。

临时通道是一种临时存在的通道，包括两种：一种在使用带有图层蒙版的图层时会出现，选择其他图层会自动消失；另一种在使用快速蒙版处理图像时出现，退出快速蒙版模式自动消失。

9.2.4 应用图像与计算

“应用图像”命令可以计算处理通道内的图像，使图像混合产生特殊效果。“计算”命令同样可以计算处理两个通道中的相应的内容。但主要用于合成单个通道的内容。

“计算”命令尽管与“应用图像”命令一样都是对两个通道的相应内容进行计算处理的命令，但是二者也有区别。应用“应用图像”命令处理后的结果可作为源文件或目标文件使用，而应用“计算”命令处理后的结果则存成一个通道，如存成 Alpha 通道，使其可转变为选区以供其他工具使用。

（1）按 Ctrl + O 组合键，打开云盘中的“Ch09 > 素材 > 应用图像与计算 1、应用图像与计算 2”

文件，如图 9-95 和图 9-96 所示。

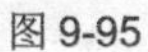
图 9-95

图 9-96

（2）选择“图像 > 计算”命令，弹出“计算”对话框，设置如图 9-97 所示，单击“确定”按钮，效果如图 9-98 所示。“通道”控制面板中生成“Alpha1”通道，如图 9-99 所示。取消操作。

（3）选择“图像 > 应用图像”命令，弹出“应用图像”对话框，设置如图 9-100 所示，单击“确定”按钮，效果如图 9-101 所示。“通道”控制面板如图 9-102 所示。

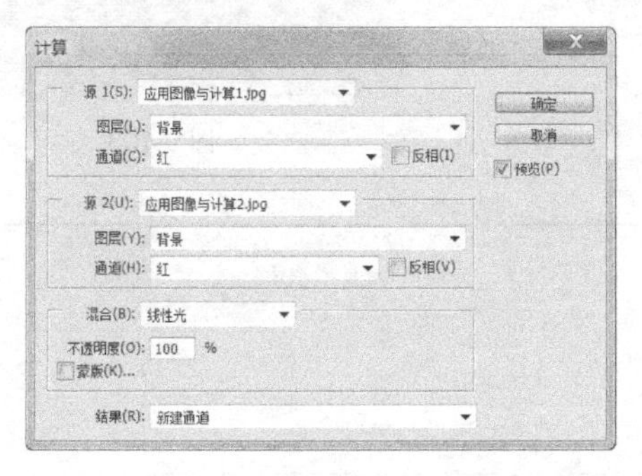

图 9-97

图 9-98

图 9-99

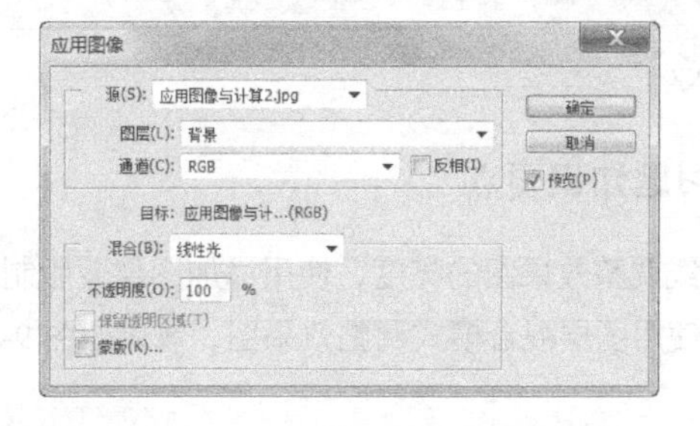

图 9-100

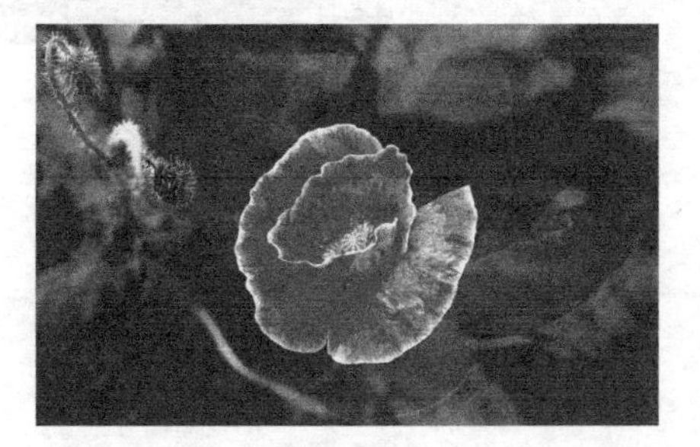
图 9-101

图 9-102

课堂练习——为效果图添加天空

练习知识要点

使用通道选取需要删除的区域；使用移动工具为效果图添加天空，效果如图 9-103 所示。

效果所在位置

云盘/Ch09/效果/课堂练习.psd。

图 9-103

课后习题——室内效果图后期处理

习题知识要点

使用曲线调整效果图的亮度，使用添加图层蒙版制作天空效果，使用图层混合模式调整效果图，效果如图 9-104 所示。

效果所在位置

云盘/Ch09/效果/课后习题.psd。

图 9-104

第 10 章　滤镜

本章将主要介绍 Photoshop 强大的滤镜功能，包括滤镜的分类、使用技巧以及外挂滤镜等。通过本章的学习，读者能够快速地掌握滤镜的功能和特点，通过反复的实践练习，制作出多变的图像效果。

课堂学习目标

/ 掌握滤镜的使用技巧
/ 了解外挂滤镜的应用方法

10.1 滤镜

Photoshop 滤镜是一种插件模块，是通过改变图像像素的位置或颜色来生成特效。重复使用滤镜、对局部图像使用滤镜可以使图像产生更加丰富、生动的变化。

10.1.1 滤镜库

Photoshop 的滤镜库将常用滤镜组组合在一个面板中，以折叠菜单的方式显示，并为每一个滤镜提供了直观的效果预览，使用十分方便。

1．风格化滤镜组

风格化滤镜组只包含一个照亮边缘滤镜，如图 10-1 所示。此滤镜可以搜索主要颜色的变化区域并强化其过渡像素产生轮廓发光的效果，应用滤镜前后的效果如图 10-2、图 10-3 所示。

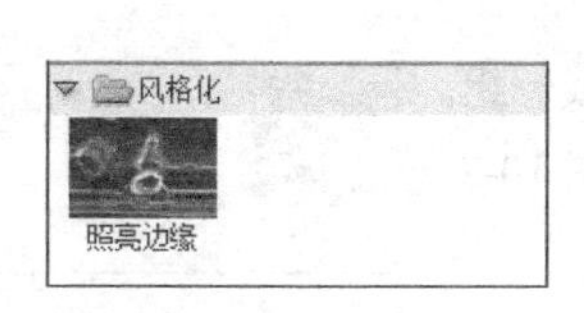

图 10-1

图 10-2

图 10-3

2．画笔描边滤镜组

画笔描边滤镜组包含 8 个滤镜，如图 10-4 所示。此滤镜组对 CMYK 和 Lab 颜色模式的图像都不起作用。应用不同的滤镜制作出的效果如图 10-5 所示。

- 成角的线条：可以产生倾斜笔画的效果。
- 墨水轮廓：可以在处理的颜色边界产生黑色轮廓。
- 喷溅：可以产生画面颗粒飞溅的沸水效果。
- 喷色描边：可以产生斜纹的飞溅效果。

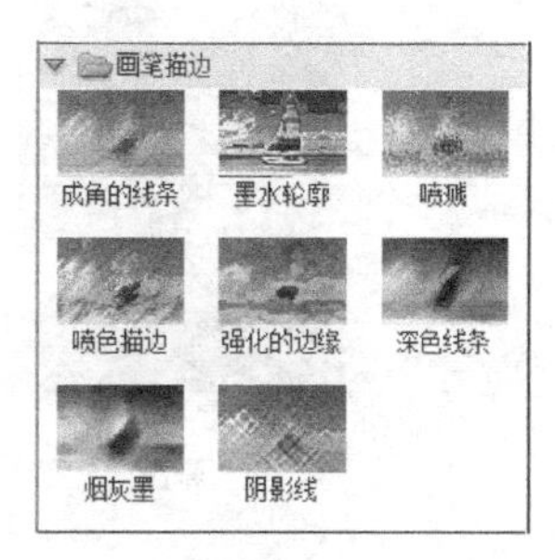

图 10-4

⊙ 强化的边缘：可以强化颜色之间的边界。

⊙ 深色线条：可以产生一种很强烈的黑色阴影。

⊙ 烟灰墨：通过计算图像像素的色值分布，产生色值概括描绘的效果。

⊙ 阴影线：可以产生交叉网状的线条。

原图

成角的线条

墨水轮廓

喷溅

喷色描边

强化的边缘

深色线条

烟灰墨

阴影线

图 10-5

3．扭曲滤镜组

扭曲滤镜组包含 3 个滤镜，如图 10-6 所示。此滤镜组可以生成一组从波纹到扭曲图像的变形效果。应用不同的滤镜制作出的效果如图 10-7 所示。

图 10-6

原图

玻璃

海洋波纹

扩散亮光

图 10-7

4．素描滤镜组

素描滤镜组包含 14 个滤镜，如图 10-8 所示。此滤镜只对 RGB 或灰度模式的图像起作用，可以制作出多种绘画效果。应用不同的滤镜制作出的效果如图 10-9 所示。

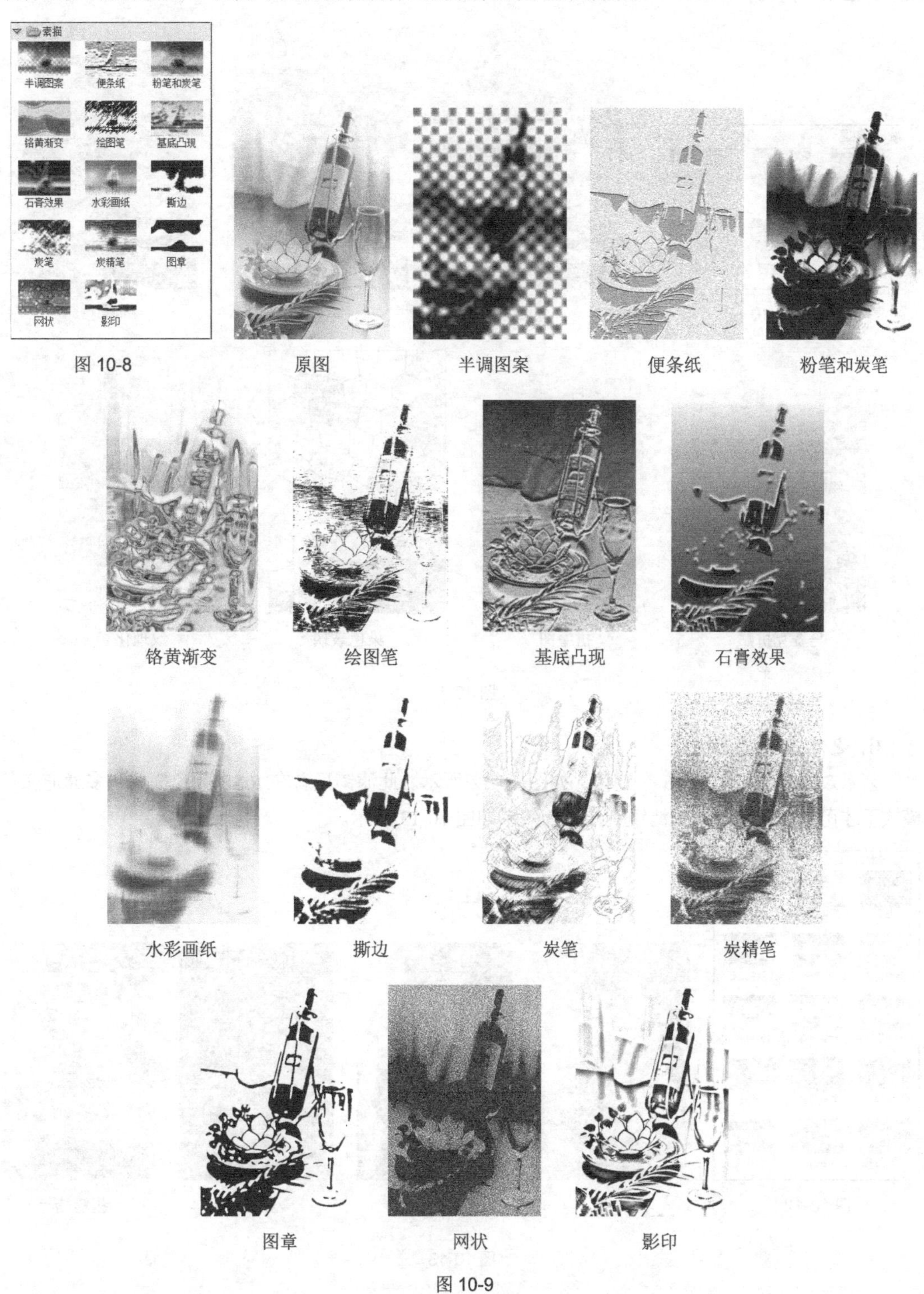

图 10-8　原图　半调图案　便条纸　粉笔和炭笔

铬黄渐变　绘图笔　基底凸现　石膏效果

水彩画纸　撕边　炭笔　炭精笔

图章　网状　影印

图 10-9

5．纹理滤镜组

纹理滤镜组包含 6 个滤镜，如图 10-10 所示。此滤镜可以使图像中各颜色之间产生过渡变形的效果。应用不同的滤镜制作出的效果如图 10-11 所示。

图 10-10　原图　龟裂缝　颗粒

马赛克拼贴　拼缀图　染色玻璃　纹理化

图 10-11

6．艺术效果滤镜组

艺术效果滤镜组包含 15 个滤镜，如图 10-12 所示。此滤镜只有在 RGB 颜色模式和多通道颜色模式下才可用。应用不同的滤镜制作出的效果如图 10-13 所示。

图 10-12　原图　壁画　彩色铅笔　粗糙蜡笔

图 10-13

图 10-13（续）

7．滤镜叠加

在“滤镜库”对话框中可以创建多个效果图层，每个图层可以应用不同的滤镜，从而使图像产生多个滤镜叠加后的效果。

为图像添加“强化的边缘”滤镜，如图 10-14 所示，单击“新建效果图层”按钮，生成新的效果图层，如图 10-15 所示。为图像添加“海报边缘”滤镜，叠加后的效果如图 10-16 所示。

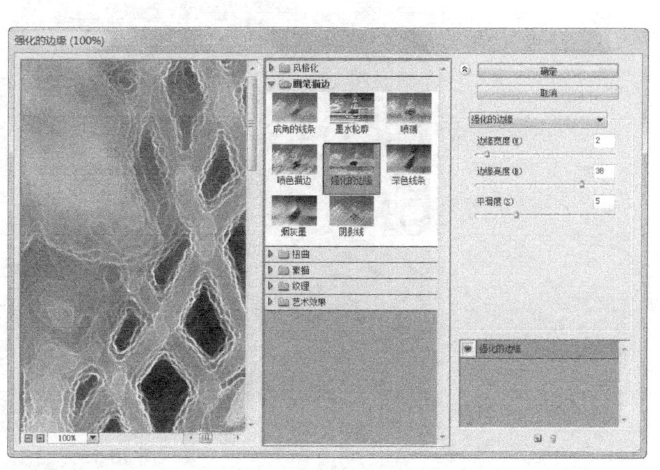

图 10-14

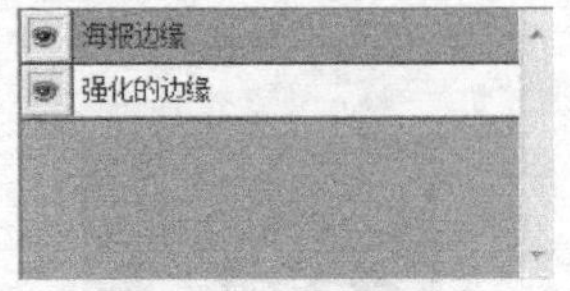

图 10-15

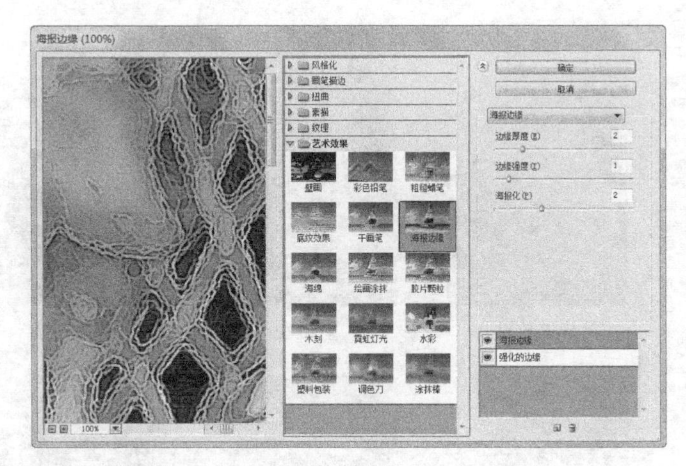

图 10-16

（1）按 Ctrl + O 组合键，打开云盘中的“Ch10 > 素材 > 滤镜库 4”文件，如图 10-17 所示。

（2）选择“滤镜 > 滤镜库”命令，在弹出的对话框中进行设置，如图 10-18 所示。单击“滤镜库”对话框右下角的“新建效果图层”按钮，生成新的效果图层，设置如图 10-19 所示。

图 10-17

图 10-18

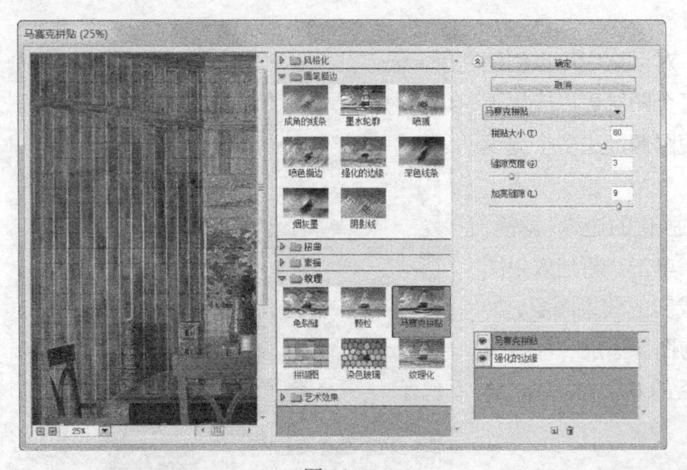

图 10-19

（3）单击“滤镜库”对话框右下角的“新建效果图层”按钮，生成新的效果图层，设置如图 10-20 所示。单击“确定”按钮，效果如图 10-21 所示。

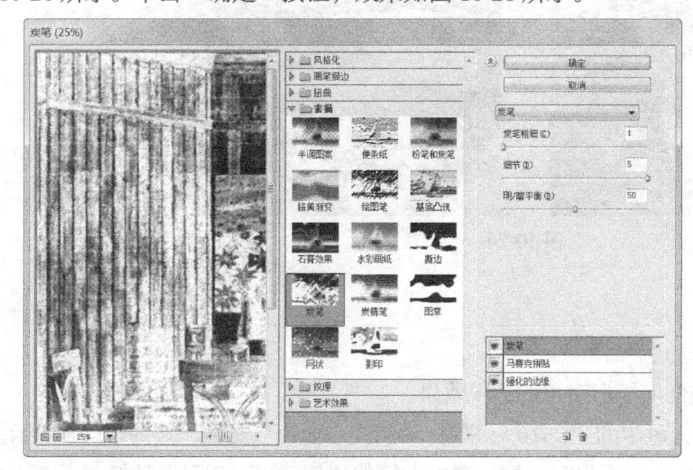

图 10-20

图 10-21

10.1.2　液化滤镜

液化滤镜命令可以制作出各种类似液化的图像变形效果。

（1）按 Ctrl + O 组合键，打开云盘中的“Ch10 > 素材 > 液化滤镜”文件，如图 10-22 所示。将“背景”图层拖曳到“图层”控制面板下方的“创建新图层”按钮上进行复制，生成新的图层“背景 拷贝”。

（2）选择“滤镜 > 液化”命令，在弹出的对话框中对图像进行变形，如图 10-23 所示。

图 10-22　　　　图 10-23

（3）单击“确定”按钮，应用液化滤镜前后效果对比如图 10-24 所示。

图 10-24

10.1.3　消失点滤镜

消失点滤镜可以制作建筑物或任何矩形对象的透视效果。

（1）按 Ctrl + O 组合键，打开云盘中的“Ch10 > 素材 > 消失点滤镜”文件，如图 10-25 所示。

（2）选择“滤镜 > 消失点”命令，弹出对话框，选中左侧的“创建平面工具”按钮，在图像中单击定义 4 个角的节点，如图 10-26 所示。

图 10-25

图 10-26

（3）拖曳右侧边线的中点扩大平面，如图 10-27 所示。选择“矩形选框”工具，“消失点”对话框如图 10-28 所示。

图 10-27

图 10-28

（4）选择“画笔”工具，将选区涂抹为白色，如图10-29所示。单击“确定”按钮，图像效果如图10-30所示。在“图层”控制面板中生成“图层1”图层。

图10-29

图10-30

（5）单击“图层1”图层左侧的眼睛图标，将“图层1”图层隐藏。选中“背景”图层。选择“多边形套索”工具，在图像窗口中沿着建筑侧面边缘拖曳鼠标绘制选区，如图10-31所示。

（6）按Ctrl+J组合键，将选区中的图像复制到新图层。按Ctrl+T组合键，图像周围出现变换框，在变换框中单击鼠标右键，在弹出的菜单中选择“扭曲”命令，拖曳变换框的控制手柄，对图片进行扭曲调整，如图10-32所示。按Enter键确定操作，效果如图10-33所示。

图10-31

图10-32

图10-33

（7）将“图层1”图层拖曳到“图层”控制面板下方的“删除图层”按钮上将图层删除。

10.1.4　风格化滤镜

风格化滤镜可以产生印象派以及其他风格画派作品的效果，它是完全模拟真实艺术手法进行创作的。风格化滤镜菜单如图10-34所示。

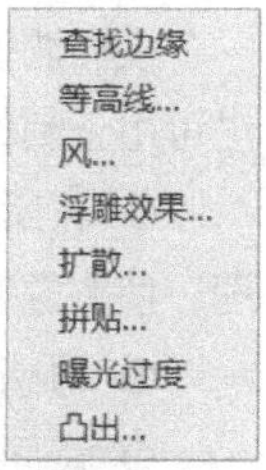

查找边缘
等高线...
风...
浮雕效果...
扩散...
拼贴...
曝光过度
凸出...

图10-34

⊙ 查找边缘：可以搜寻图像的主要颜色变化区域并强化其过渡像素，产生一种用铅笔勾描轮廓的效果。

⊙ 等高线：可以沿着边缘均匀画出一条较细的线，用来确定过渡区域的色泽水平。

⊙ 风：可以产生风的效果。

⊙ 浮雕效果：可以通过勾划图像或选区的轮廓并降低周围色值来生成浮雕的效果。

⊙ 扩散：可以创建一种类似透过磨砂玻璃观看的分离模糊效果。

⊙ 拼贴：可以将图像分成瓷砖方块并使每个方块上都含有部分图像。

⊙ 曝光过度：可以产生图像正片和负片混合的效果，类似于在摄影中增加光线强度以产生曝光过度的效果。

⊙ 凸出：可以将图像转化为三维立方体或锥体，来改变图像或生成特殊的三维背景效果。

应用不同的滤镜制作出的效果如图 10-35 所示。

图 10-35

10.1.5 模糊滤镜

模糊滤镜可以使图像中过于清晰或对比度强烈的区域，产生模糊效果。此外，也可用于制作柔和阴影。模糊滤镜菜单如图 10-36 所示。

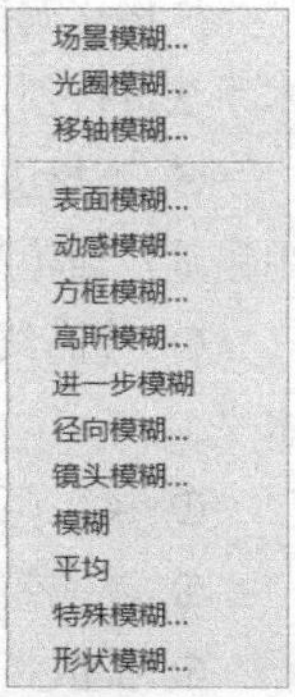

场景模糊...
光圈模糊...
移轴模糊...
表面模糊...
动感模糊...
方框模糊...
高斯模糊...
进一步模糊
径向模糊...
镜头模糊...
模糊
平均
特殊模糊...
形状模糊...

图 10-36

⊙ 高斯模糊：模糊程度比较强烈，可以在很大程度上对图像进行高斯模糊处理，使图像产生难以辨认的模糊效果。

⊙ 动感模糊：可以产生动态模糊的效果，模仿物体运动时曝光的摄影手法。

⊙ 表面模糊：可以在保留图像边缘的同时模糊对象，还可以创建特殊效果、消除杂色或颗粒以及人像磨皮。

⊙ 方框模糊：基于相邻像素的平均颜色值来模糊图像，产生方块状的特殊模糊效果。

⊙ 模糊/进一步模糊：产生轻微的模糊效果，“进一步模糊”滤镜所产生的效果要比“模糊”滤镜强 3~4 倍，但仍然不明显。

⊙ 径向模糊：可以产生圆形的模糊效果。

⊙ 平均：可以将图像的颜色平均为一种颜色。

⊙ 特殊模糊：可以产生一种清晰边界的模糊，能够自动找出图像边缘并只模糊边界线内的区域。

⊙ 形状模糊：可以使用指定的形状创建特殊的模糊效果。

由于“模糊”滤镜的使用效果非常直观，在这里就不再举例说明了。

10.1.6　扭曲滤镜

扭曲滤镜可以生成一组从波纹到扭曲图像的变形效果。扭曲滤镜菜单如图 10-37 所示。

波浪...
波纹...
极坐标...
挤压...
切变...
球面化...
水波...
旋转扭曲...
置换...

图 10-37

⊙ 波浪：通过选择不同的波长以产生不同的波动效果。

⊙ 波纹：可以产生水纹涟漪的效果，还能够模拟大理石纹理的效果。

⊙ 极坐标：可以出现图像坐标从直角坐标转为极性坐标，或从极性坐标转为直角坐标所产生的效果。

⊙ 挤压：可以将一个图像的全部或选区向内、外挤压。

⊙ 切变：可以在竖直方向上将图像弯曲。

⊙ 球面化：可以产生类似极坐标的效果，还可以在水平方向或垂直方向上进行球化处理。

⊙ 水波：可以生成池塘波纹和旋转的效果，适合于制作同心圆类的波纹效果。

⊙ 旋转扭曲：可以产生一种旋转的风轮效果，旋转中心为物体中心。

⊙ 置换：是 Photoshop 中最为与众不同的一个特技滤镜，一般很难预测它产生的效果。

应用不同滤镜制作出的效果如图 10-38 所示。

原图

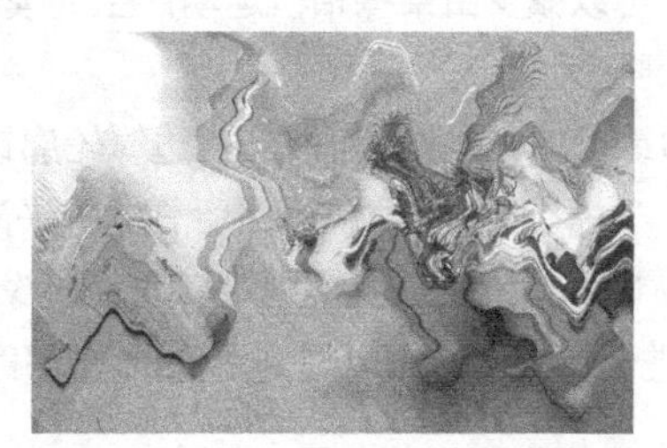

波浪

波纹

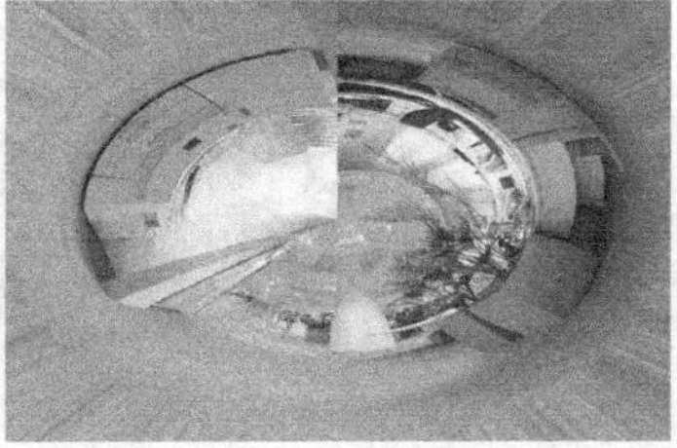

极坐标

挤压

图 10-38

切变　　　　球面化

水波　　　　旋转扭曲　　　　置换

图 10-38（续）

10.1.7 锐化滤镜组

锐化滤镜可以通过生成更大的对比度来使图像清晰化和增强处理图像的轮廓。此组滤镜可减少图像修改后产生的模糊效果。锐化滤镜的菜单如图 10-39 所示。

USM 锐化...
防抖...
进一步锐化
锐化
锐化边缘
智能锐化...

图 10-39

⊙ 防抖：可以减少由某些相机运动产生的模糊，包括线性运动、弧形运动、旋转运动和 Z 形运动。

⊙ 锐化边缘/USM 锐化：可以产生边缘轮廓锐化效果。

- ➢ “锐化边缘”滤镜可保留总体的平滑度。
- ➢ “USM 锐化”滤镜则可以调整边缘细节的对比度。

⊙ 锐化/进一步锐化：可以提高图像的对比度和清晰度。“进一步锐化”比“锐化”滤镜的效果更强烈。

应用不同滤镜制作出的效果如图 10-40 所示。

原图　　　　防抖　　　　锐化边缘

图 10-40

USM 锐化

锐化

进一步锐化

智能锐化

图 10-40（续）

10.1.8　视频滤镜组

视频滤镜组属于 Photoshop 的外部接口程序。它是一组控制视频工具的滤镜，用来从摄像机输入图像或将图像输出到录像带上。

⊙ NTSC 颜色：可以匹配图像色域以适合 NTSC 视频标准色域，以使图像可被电视接受。

⊙ 逐行：可以通过消除图像中的异常交错线来光滑影视图像。

10.1.9　像素化滤镜

像素化滤镜可以用于将图像分块或将图像平面化。像素化滤镜菜单如图 10-41 所示。

彩块化
彩色半调...
点状化...
晶格化...
马赛克...
碎片
铜版雕刻...

图 10-41

⊙ 彩块化：可以将图像中的纯色或颜色相近的像素集结形成彩色色块，从而生成彩块化效果。

⊙ 彩色半调：可以将图像变为网点状效果。

⊙ 点状化：可以将图像中的颜色分散为随机分布的网点。

⊙ 晶格化：可以使图像中相近的像素集中到多边形色块中，形成结晶颗粒效果。

⊙ 马赛克：可以使图像像素形成颜色均匀的方形块。

⊙ 碎片：可以均分图像像素，使其相互偏移。

⊙ 铜版雕刻：可以使图像产生金属板效果。

应用不同的滤镜制作出的效果如图 10-42 所示。

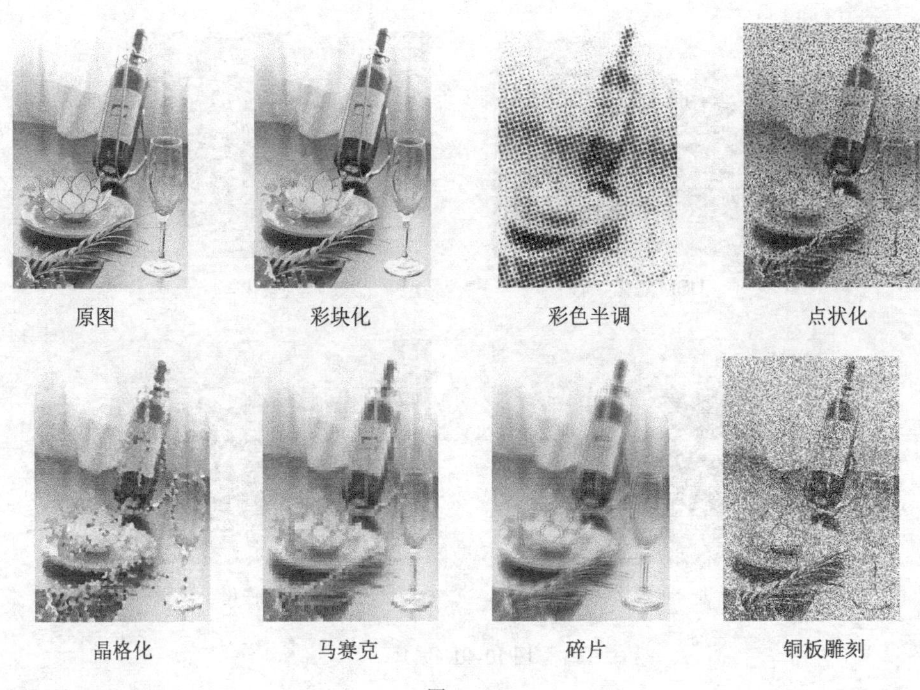

图 10-42

10.1.10 渲染滤镜

渲染滤镜可以在图片中产生照明的效果，它可以产生不同的光源效果和夜景效果。

⊙ 云彩：可以在前景色和背景色之间随机地抽取像素值，并将其转换为柔和的云彩。

⊙ 分层云彩：可以将图像和云状背景混合来反白图像。

（1）按 Ctrl + N 组合键，新建一个文件，宽度为 300 像素，高度为 300 像素，分辨率为 72 像素/英寸，颜色模式为 RGB，背景内容为白色，单击“确定”按钮。将前景色设为蓝色（其 R、G、B 的值分别为 13、200、240），将背景色设为白色。

（2）选择“滤镜 > 渲染 > 云彩”命令，效果如图 10-43 所示。按 Ctrl+Z 组合键，取消操作。

（3）选择“滤镜 > 渲染 > 分层云彩”命令，效果如图 10-44 所示。按 Ctrl+F 组合键，重复使用滤镜，效果如图 10-45 所示。

图 10-43

图 10-44

图 10-45

⊙ 光照效果：可以对一个图像应用不同的光源、光类型和特性，改变基调、增加图像深度和聚光区，将灰度图生成纹理图。

（1）按 Ctrl + O 组合键，打开云盘中的“Ch10 > 素材 > 渲染滤镜 1”文件，如图 10-46 所示。将“背景”图层 2 次拖曳到“图层”控制面板下方的“创建新图层”按钮上进行复制，生成新的副本图层，如图 10-47 所示。

图 10-46

图 10-47

（2）选择“滤镜 > 渲染 > 光照效果”命令，在弹出的对话框中进行设置，如图 10-48 所示，单击“确定”按钮，效果如图 10-49 所示。

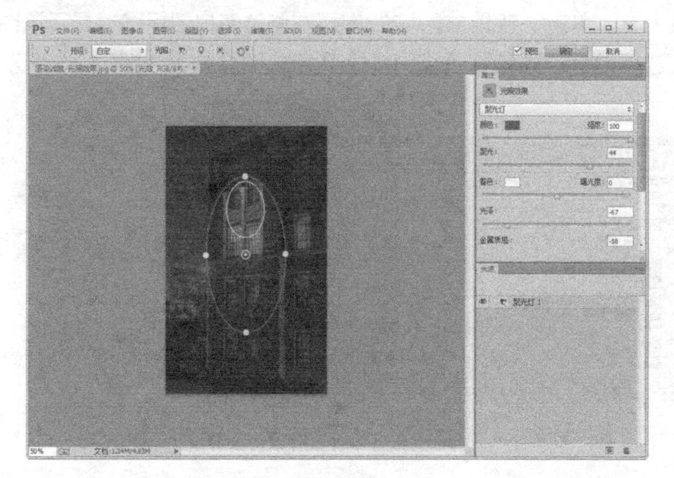

图 10-48

图 10-49

（3）在“图层”控制面板上方，将“背景 拷贝 2”图层的混合模式选项设为“滤色”，如图 10-50 所示，图像效果如图 10-51 所示。单击“背景 拷贝 2”图层左侧的眼睛图标，将图层隐藏。

图 10-50

图 10-51

（4）选择“背景 拷贝”图层。选择“滤镜 > 渲染 > 光照效果”命令，在弹出的对话框中进行设置，如图 10-52 所示，单击“确定”按钮，效果如图 10-53 所示。

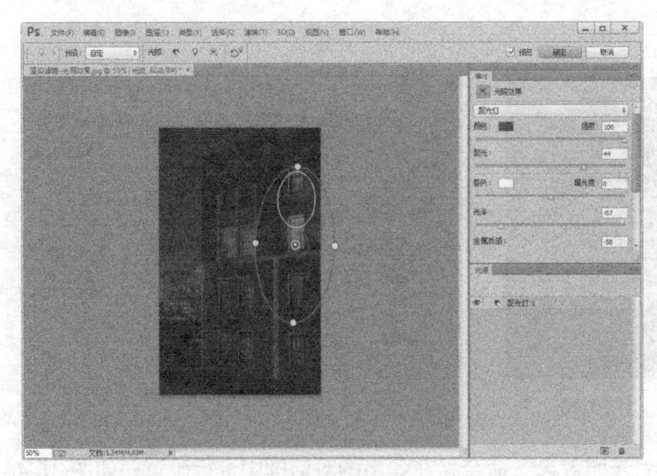

图 10-52

图 10-53

（5）在“图层”控制面板上方，单击“背景 拷贝 2”图层左侧的空白图标，显示该图层。将“背景 拷贝”图层的混合模式选项设为“滤色”，如图 10-54 所示，图像效果如图 10-55 所示。

图 10-54

图 10-55

⊙ 镜头光晕：可以生成摄像机镜头炫光的效果，自动调节摄像机炫光的位置。

（1）按 Ctrl + O 组合键，打开云盘中的“Ch10 > 素材 > 渲染滤镜 2”文件，如图 10-56 所示。将“背景”图层拖曳到“图层”控制面板下方的“创建新图层”按钮上进行复制，生成新的图层“背景 拷贝”。

（2）选择“滤镜 > 模糊 > 径向模糊”命令，在弹出的对话框中进行设置，如图 10-57 所示，单击“确定”按钮，效果如图 10-58 所示。

图 10-56

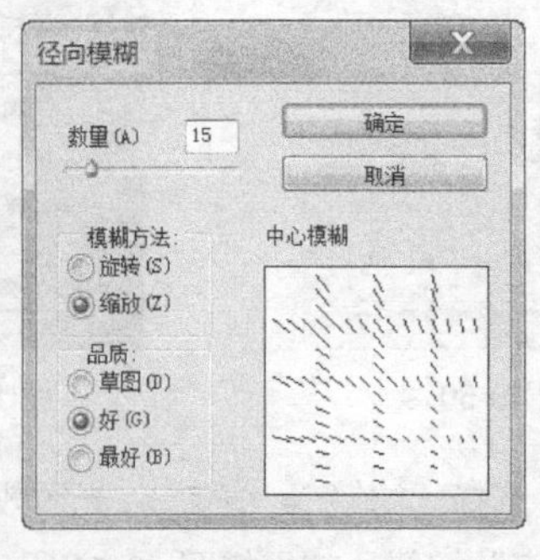

图 10-57

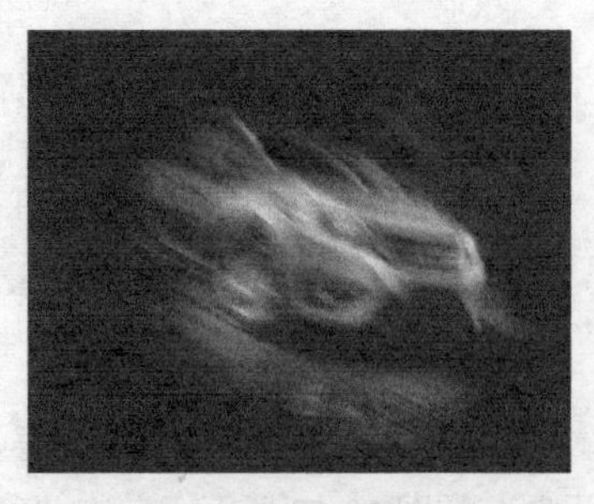

图 10-58

（3）选择“历史记录画笔”工具，在属性栏中单击“画笔”选项右侧的按钮，弹出画笔选择面板，设置如图 10-59 所示。在图像窗口中拖曳鼠标涂抹效果，如图 10-60 所示。

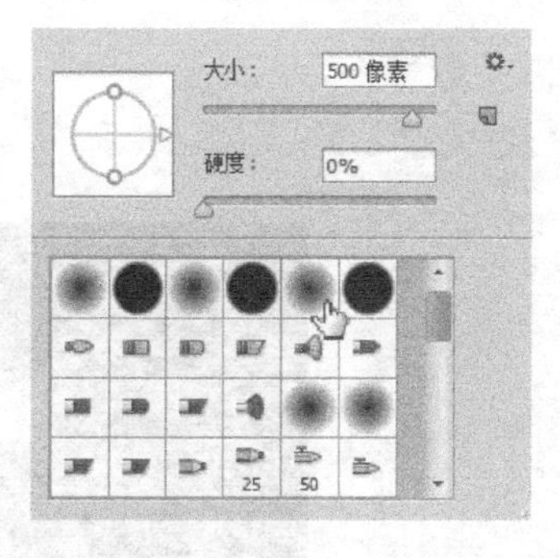

图 10-59

图 10-60

（4）新建图层并将其命名为“颜色”。将前景色设为深蓝色（其 R、G、B 的值分别为 0、37、66）。按 Alt+Delete 组合键，用前景色填充“颜色”图层，效果如图 10-61 所示。在“图层”控制面板上方，将“颜色”图层的混合模式选项设为“强光”，图像效果如图 10-62 所示。

图 10-61

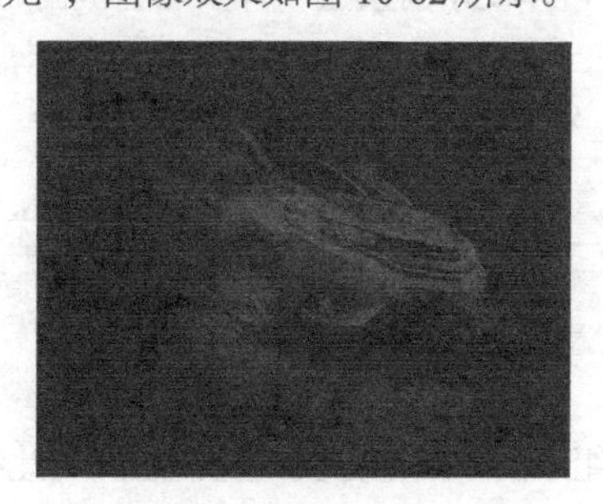
图 10-62

（5）选择“滤镜 > 渲染 > 镜头光晕”命令，按住 Ctrl+Alt 组合键的同时，在弹出的对话框中的图像缩览图上单击鼠标，弹出“精确光晕中心”对话框，设置如图 10-63 所示，单击“确定”按钮。返回“镜头光晕”对话框，设置如图 10-64 所示。单击“确定”按钮，图像效果如图 10-65 所示。

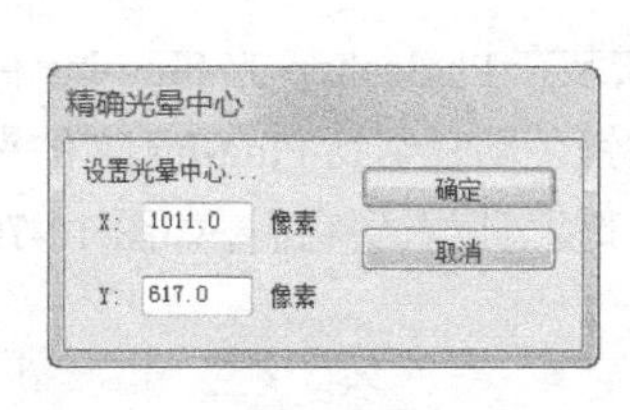

图 10-63

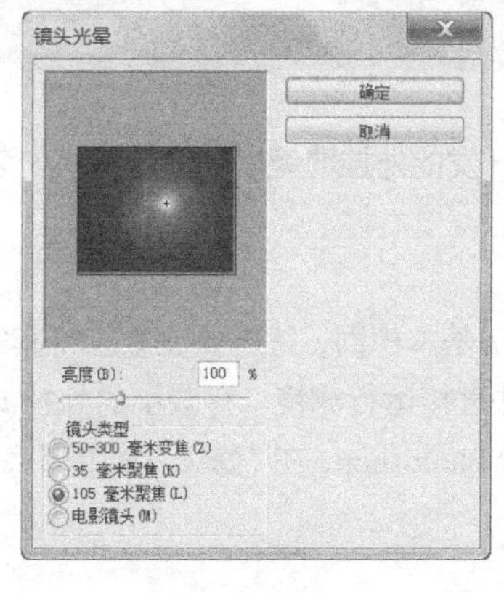

图 10-64

图 10-65

（6）选择“滤镜 > 渲染 > 镜头光晕”命令，按住 Ctrl+Alt 组合键的同时，在弹出的对话框中

的图像缩览图上单击鼠标，弹出“精确光晕中心”对话框，设置如图 10-66 所示，单击“确定”按钮。返回“镜头光晕”对话框，设置如图 10-67 所示。单击“确定”按钮，图像效果如图 10-68 所示。

图 10-66

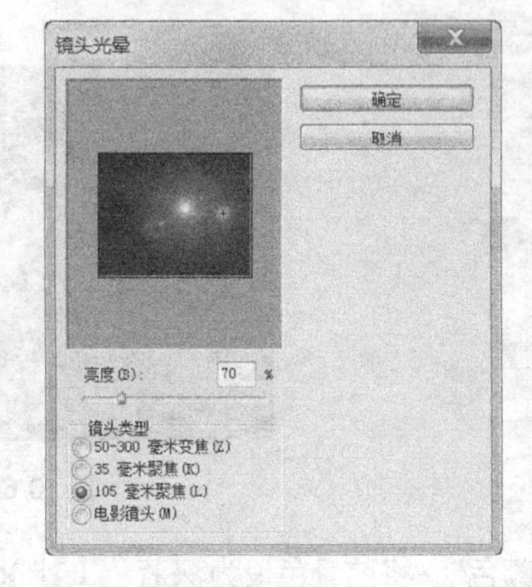

图 10-67

图 10-68

⊙ 纤维：可以使用前景色和背景色随机创建编织纤维效果。

10.1.11 杂色滤镜

杂色滤镜组中包含 5 种滤镜，可以混合干扰，制作出着色像素图案的纹理。

10.1.12 其他效果滤镜

其他滤镜组不同于其他分类的滤镜组。在此组滤镜中，可以创建自己的特殊效果滤镜。

10.1.13 Digimarc 滤镜

Digimarc 滤镜将数字水印嵌入图像中以存储版权信息。

10.2 外挂滤镜

在 Photoshop 中，可以将第三方开发的外挂滤镜以插件的形式安装在软件中，轻松完成各种特效，创建出内置滤镜无法实现的效果。

1．外挂滤镜的安装

外挂滤镜与一般程序的安装方法基本相同，只是要注意应将其安装在 Photoshop 的 Plug-ins 目录下，如图 10-69 所示，否则将无法直接运行滤镜。有些小的外挂滤镜手动复制到 Plug-ins 文件夹中便可使用，安装完成后，重新运行 Photoshop，在“滤镜”菜单的底部便可以看到它们，如图 10-70 所示。

2．外挂滤镜的应用

外挂滤镜的使用方法与 Photoshop 的内置滤镜基本相同，只要在滤镜菜单底部选择一个滤镜，便可以打开相应的对话框，设置选项后确认操作即可对图像进行处理。

图 10-69

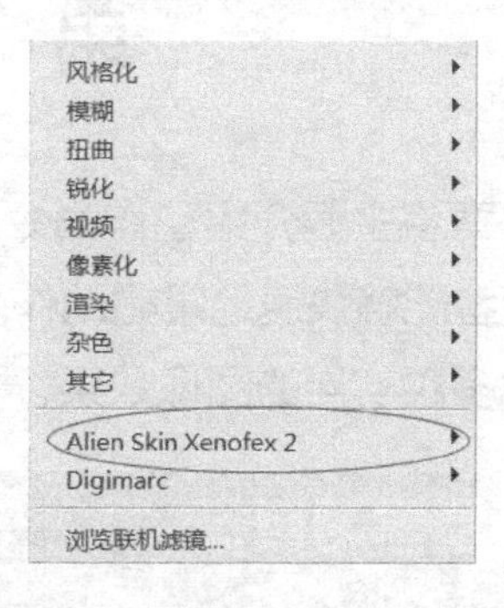

图 10-70

课堂练习——制作柔和效果

练习知识要点

使用高斯模糊命令和图层混合模式制作柔和效果，效果如图 10-71 所示。

效果所在位置

云盘/Ch10/效果/课堂练习.psd。

图 10-71

课后习题——制作油画效果

习题知识要点

使用滤镜库、填充图层和图层混合模式制作油画效果，如图 10-72 所示。

效果所在位置

云盘/Ch10/效果/课后习题.psd。

图 10-72

第 11 章　动作与自动化

本章将主要介绍动作命令的应用技巧、批处理图像和编辑自动化。通过本章的学习，读者能够快速地掌握动作面板的操作和图像处理的自动化，提高图像编辑的效率，制作出多种实用的图像效果。

课堂学习目标

- 了解动作控制面板
- 掌握应用和创建动作的方法
- 掌握图像自动化处理的技巧

11.1 动作

应用“动作”控制面板及其弹出式菜单可以对动作进行各种处理和操作。

11.1.1 应用动作

“动作”控制面板可以用于对一批需要进行相同处理的图像执行批处理操作，以减少重复操作的麻烦。

（1）按 Ctrl + O 组合键，打开云盘中的“Ch11 > 素材 > 应用动作”文件，如图 11-1 所示。

图 11-1

（2）选择“窗口 > 动作”命令，弹出“动作”控制面板，如图 11-2 所示。单击控制面板右上方的图标，在弹出的菜单中选择“画框”命令，“动作”控制面板中的显示如图 11-3 所示。

图 11-2

图 11-3

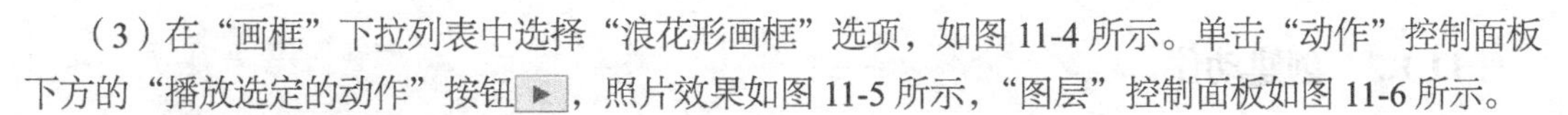

（3）在“画框”下拉列表中选择“浪花形画框”选项，如图 11-4 所示。单击“动作”控制面板下方的“播放选定的动作”按钮▶，照片效果如图 11-5 所示，“图层”控制面板如图 11-6 所示。

图 11-4

图 11-5

图 11-6

（4）按 F12 键，将图像恢复到初始状态。单击控制面板右上方的图标，在弹出的菜单中选择“图像效果”命令，控制面板如图 11-7 所示。在“图像效果”下拉列表中选择“仿旧照片”选项。单击“动作”控制面板下方的“播放选定的动作”按钮▶，照片效果如图 11-8 所示，“图层”控制面板如图 11-9 所示。

图 11-7

图 11-8

图 11-9

（5）单击“仿旧照片”选项左侧的▶按钮，展开动作步骤，如图 11-10 所示。双击“色相/饱和度”选项，在弹出的对话框中设置，如图 11-11 所示。单击“确定”按钮，照片效果如图 11-12 所示。

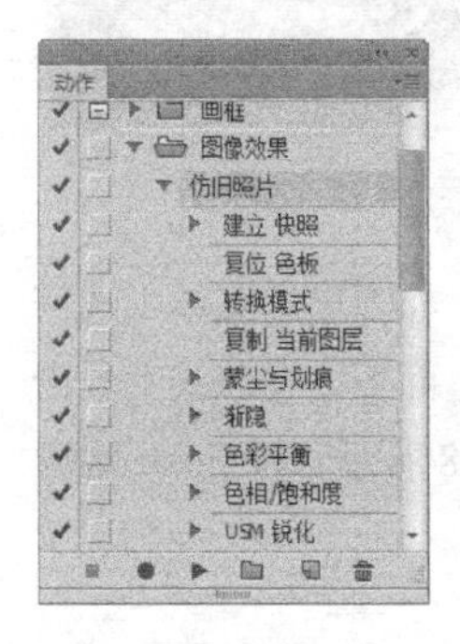

图 11-10

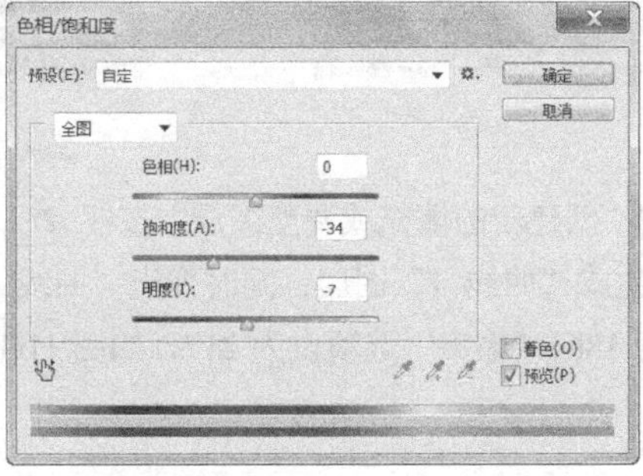

图 11-11

图 11-12

11.1.2 创建动作

可以根据需要自行创建并应用动作。

（1）按 Ctrl + O 组合键，打开云盘中的“Ch11 > 素材 > 创建动作 1”文件，如图 11-13 所示。

（2）选择“窗口 > 动作”命令，弹出“动作”控制面板，单击控制面板下方的“创建新动作”按钮，弹出“新建动作”对话框，设置如图 11-14 所示，单击“记录”按钮。“动作”控制面板如图 11-15 所示。

图 11-13

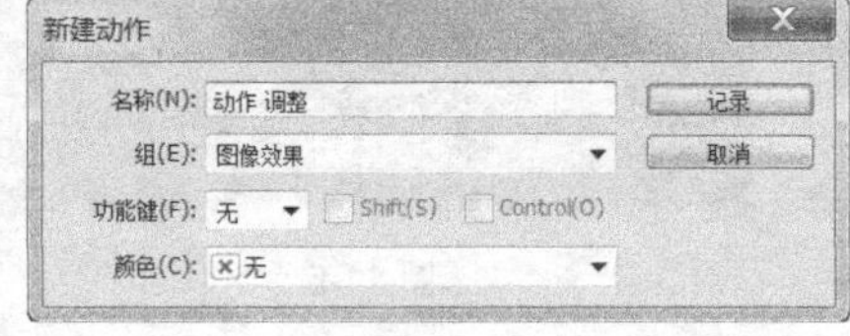

图 11-14

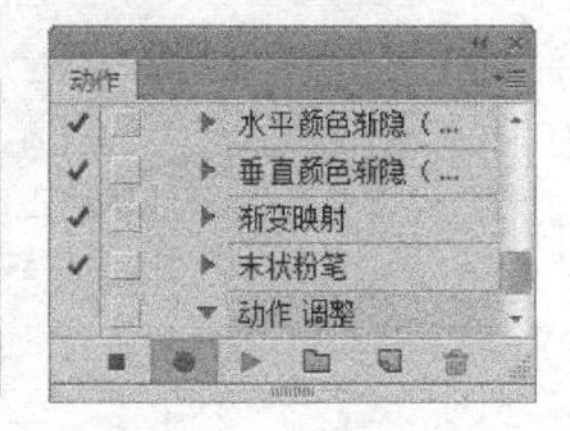

图 11-15

（3）将“背景”图层拖曳到“图层”控制面板下方的“创建新图层”按钮上进行复制，生成新的图层“背景 拷贝”。

（4）选择“滤镜 > 滤镜库”命令，在弹出的对话框中进行设置，如图 11-16 所示，单击“确定”按钮，效果如图 11-17 所示。

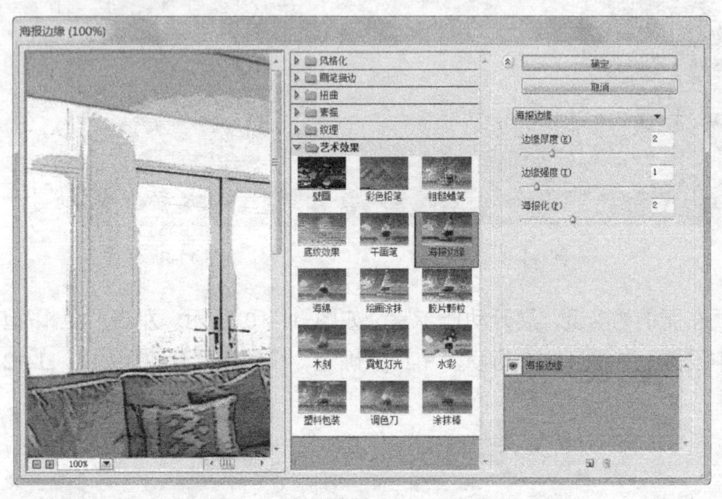

图 11-16

图 11-17

（5）单击“图层”控制面板下方的“创建新的填充或调整图层”按钮，在弹出的菜单中选择“曲线”命令，在“图层”控制面板中生成“曲线 1”图层，同时弹出“曲线”面板，在曲线上单击鼠标添加控制点，将“输入”选项设为 186，“输出”选项设为 217，如图 11-18 所示，按 Enter 键确定操作，图像效果如图 11-19 所示。

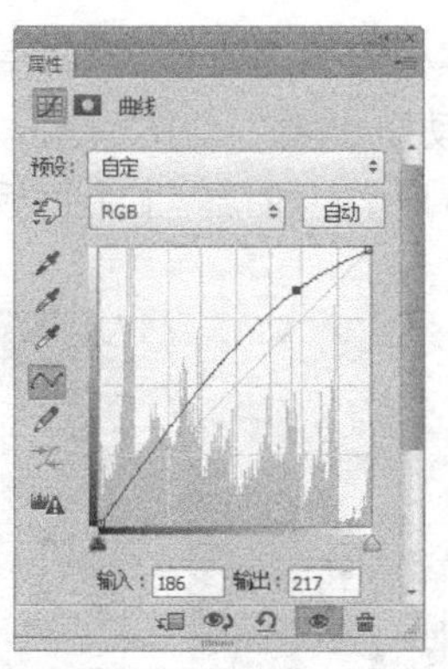

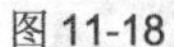

图 11-18

图 11-19

（6）单击“图层”控制面板下方的“创建新的填充或调整图层”按钮，在弹出的菜单中选择“色相/饱和度”命令，在“图层”控制面板中生成“色相/饱和度 1”图层，同时在弹出的“色相/饱和度”面板中进行设置，如图 11-20 所示，按 Enter 键确定操作，图像效果如图 11-21 所示。

图 11-20

图 11-21

（7）单击“图层”控制面板下方的“创建新的填充或调整图层”按钮，在弹出的菜单中选择“亮度/对比度”命令，在“图层”控制面板中生成“亮度/对比度 1”图层，同时在弹出的“亮度/对比度”面板中进行设置，如图 11-22 所示，按 Enter 键确定操作，图像效果如图 11-23 所示。

（8）单击“动作”控制面板下方的“停止播放/记录”按钮，停止动作的录制。“动作”控制面板如图 11-24 所示。

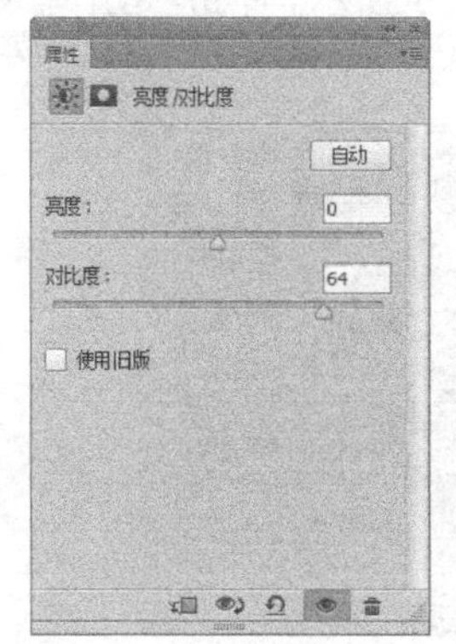

图 11-22

图 11-23

图 11-24

（9）按 Ctrl+O 组合键，打开云盘中的“Ch11 > 素材 > 创建动作 2”文件，如图 11-25 所示。

（10）在“动作”控制面板中，选择刚刚录制的“动作 调整”动作。单击“动作”控制面板下方的“播放选定的动作”按钮▶，照片效果如图 11-26 所示，“图层”控制面板中的显示如图 11-27 所示。

图 11-25　　图 11-26

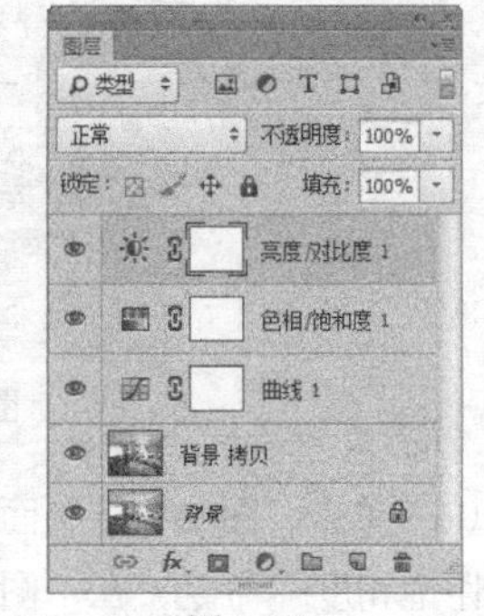

图 11-27

11.1.3　外挂动作

在 Photoshop 中，可以载入外部动作。

（1）按 Ctrl+O 组合键，打开云盘中的“Ch11 > 素材 > 外挂动作”文件，如图 11-28 所示。

（2）单击“动作”控制面板右上方的图标，在弹出的菜单中选择“载入动作”命令，打开云盘中的“Ch11 > 素材 > 拼贴动作”文件，如图 11-29 所示。

图 11-28　　图 11-29

（3）在“拼贴动作”下拉列表中选择“拼贴”选项，如图 11-30 所示。单击“动作”控制面板下方的“播放选定的动作”按钮▶，照片效果如图 11-31 所示。

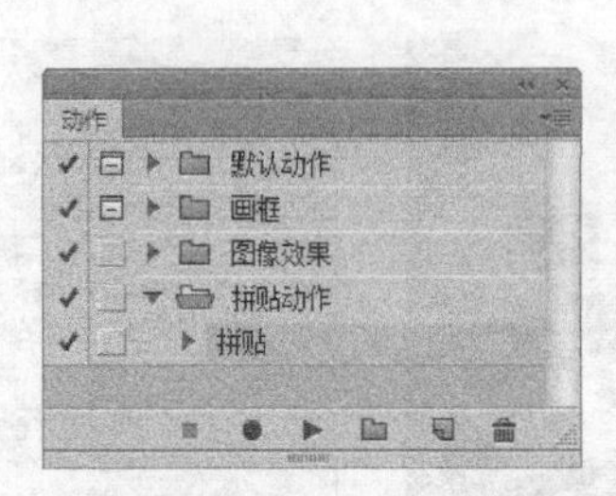

图 11-30

图 11-31

11.2 自动化

“自动化”命令可以帮助用户完成大量的、重复性的操作，以节省时间、提高工作效率。

11.2.1　批处理

批处理可以将大量保存在一个文件夹中的图片按录制的动作快速完成编辑，提高工作效率并实现图像处理的自动化。

选择“文件 > 自动 > 批处理”命令，弹出“批处理”对话框，如图 11-32 所示。

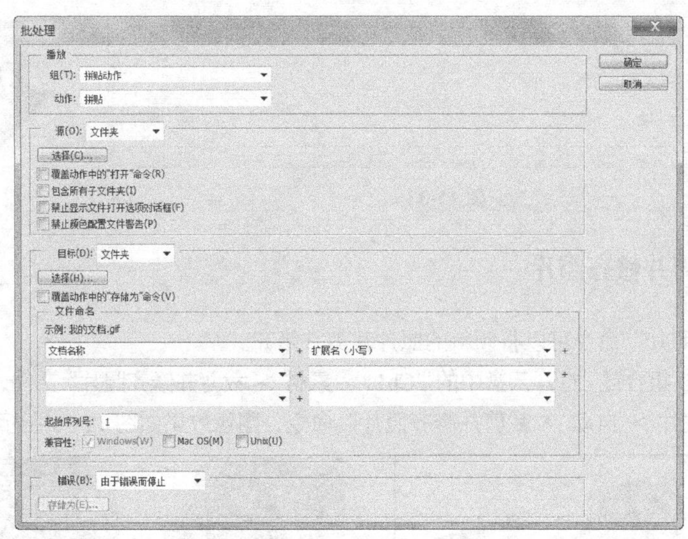

图 11-32

⊙ 组：可以设置动作组。

⊙ 动作：可以选择要播放的动作。

⊙ 源：选择“文件夹”后，单击“选择”按钮，在弹出的对话框中可以选择待处理的图像文件夹。

⊙ 目标：选择“文件夹”后，单击“选择”按钮，在弹出的对话框中可以选择处理后的图像文件存储位置。

单击“确定”按钮，弹出“另存为”对话框，在对话框中输入文件名、选择文件格式后，单击“确定”按钮，Photoshop 会将指定文件夹内的所有图像以指定的动作批处理。按 Esc 键可以中止操作。

11.2.2　创建快捷批处理

快捷批处理可以简化批处理操作，快速完成批处理。

在 Photoshop 中，选择“文件 > 自动 > 创建快捷批处理”命令，弹出“创建快捷批处理”对话框，如图 11-33 所示。“创建快捷批处理”对话框与“批处理”对话框操作类似。选择需要的动作，单击“将快捷批处理存储为”选项中的“选择”按钮，在弹出的对话框中选择保存位置。单击“保存”按钮，创建快捷批处理程序。快捷批处理程序的图标如图 11-34 所示。直接将图像或文件夹拖曳到图标上，就可进行批处理，即使没打开 Photoshop 也可进行。

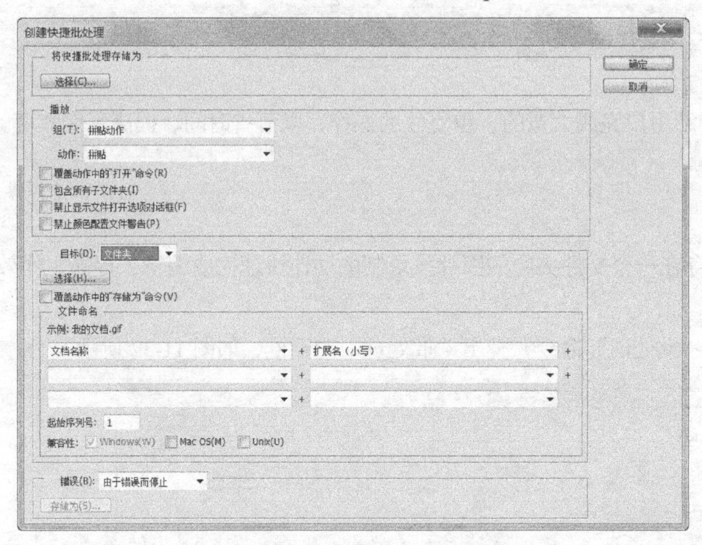

图 11-33

图 11-34

11.2.3 裁剪并修齐照片

“裁剪并修齐照片”命令可以将倾斜的照片裁剪并修齐。

（1）按 Ctrl + O 组合键，打开云盘中的“Ch11 > 素材 > 裁剪并修齐照片”文件，如图 11-35 所示。

（2）选择“文件 > 自动 > 裁剪并修齐照片”命令，图像效果如图 11-36 所示。

图 11-35

图 11-36

11.2.4 Photomerge 命令

“Photomerge”命令可以将有重叠区域的多张图像合成一张图像，如果无法拍摄到整体画面，可以拍几张不同角度的照片，再使用 Photomerge 命令将其拼接成全景图。

（1）按 Ctrl + N 组合键，新建一个文件，宽度为 400mm，高度为 120mm，分辨率为 300 像素/英寸，颜色模式为 RGB，背景内容为白色，单击“确定”按钮。

（2）选择“文件 > 自动 > Photomerge”命令，弹出“Photomerge”对话框，如图 11-37 所示。在“使用”选项中选择“文件”，单击右侧的“浏览”按钮，选择云盘中的“Ch11 > 素材 > Photomerge 命令 1、Photomerge 命令 2、Photomerge 命令 3”文件，如图 11-38 所示。单击“确定”按钮，图像如图 11-39 所示。

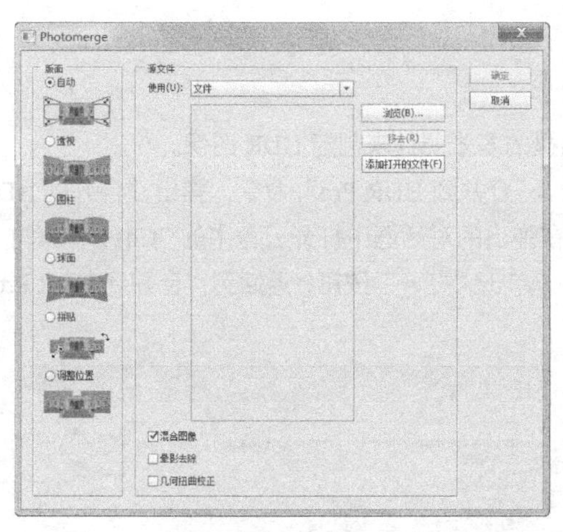

图 11-37

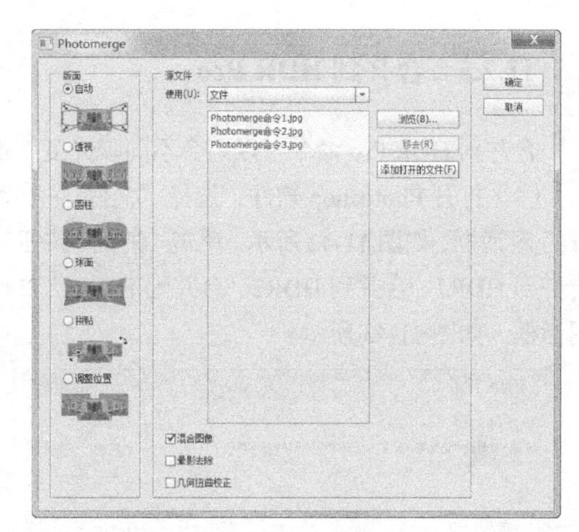

图 11-38

图 11-39

（3）选择“裁剪”工具，在图像窗口中适当的位置拖曳一个裁切区域，如图 11-40 所示，按 Enter 键确认操作，效果如图 11-41 所示。

图 11-40

图 11-41

11.2.5 合并到 HDR Pro

合并到 HDR Pro 命令可以组合不同曝光度下拍摄的多张照片来创建 HDR 图像。

（1）打开 Photoshop 软件，选择“文件 > 自动 > 合并到 HDR Pro”命令，弹出“合并到 HDR Pro”对话框，如图 11-42 所示。单击“浏览”按钮，在弹出的对话框中打开云盘中的“Ch11 > 素材 > 合并到 HDR1、合并到 HDR2、合并到 HDR3”文件，单击“打开”按钮，返回到“合并到 HDR Pro”对话框，如图 11-43 所示。

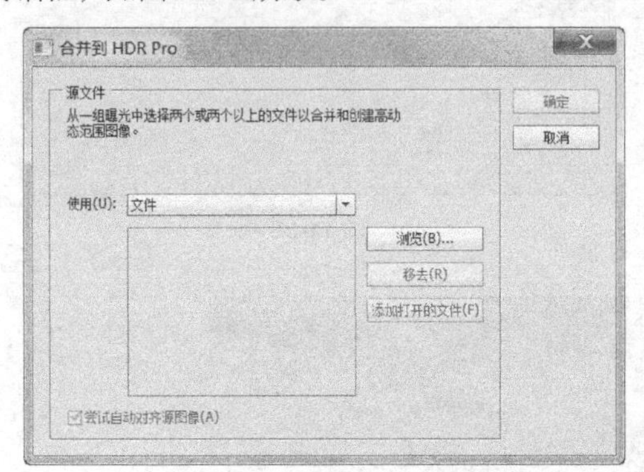

图 11-42

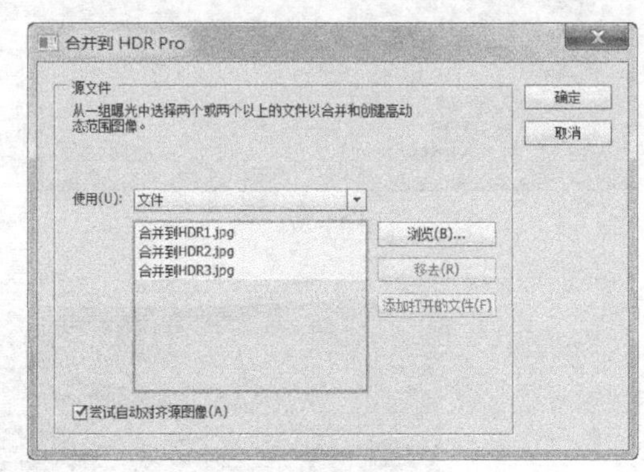

图 11-43

（2）单击“确定”按钮，弹出“合并到 HDR Pro”对话框，设置如图 11-44 所示。

图 11-44

（3）选择“曲线”选项，设置如图 11-45 所示。单击“确定”按钮，图像效果如图 11-46 所示。

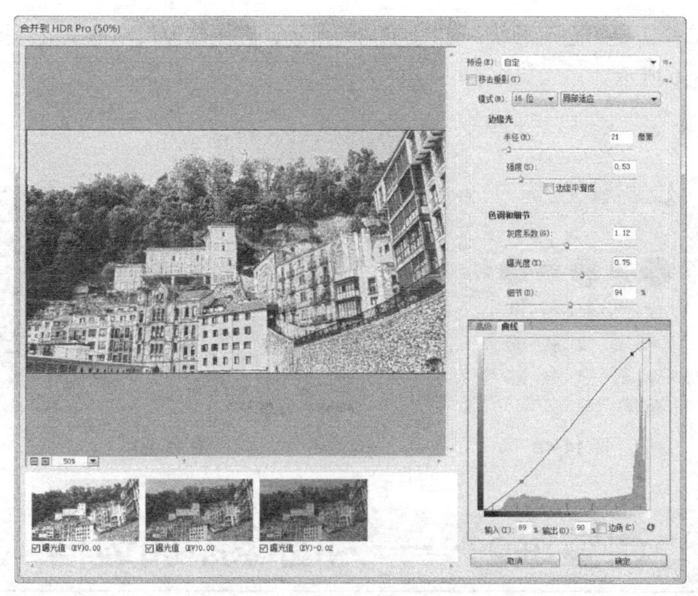

图 11-45

图 11-46

（4）按 Ctrl+J 组合键，复制“背景”图层，生成新的图层“背景 拷贝”。选择“滤镜 > 模糊 > 高斯模糊”命令，在弹出的对话框中进行设置，如图 11-47 所示，单击“确定”按钮，效果如图 11-48 所示。

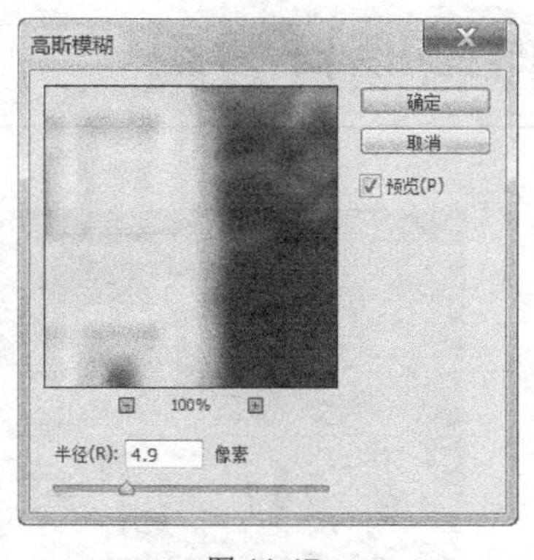

图 11-47

图 11-48

（5）单击“图层”控制面板下方的“添加图层蒙版”按钮，为“背景 拷贝”图层添加图层蒙版。将前景色设为 50%灰色。选择“画笔”工具，在属性栏中单击“画笔”选项右侧的按钮，

在弹出的面板中选择需要的画笔形状，如图 11-49 所示，在图像窗口中拖曳鼠标擦除图像中间的区域，效果如图 11-50 所示。

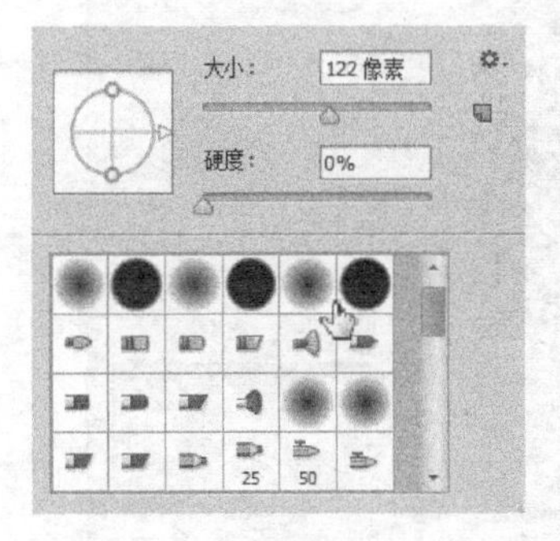

图 11-49

图 11-50

课堂练习——为图像添加边框

练习知识要点

使用“动作”控制面板为图像添加边框，效果如图 11-51 所示。

图 11-51

效果所在位置

云盘/Ch11/效果/课堂练习.psd。

课后习题——制作老照片效果

习题知识要点

使用“动作”控制面板制作老照片效果，效果如图 11-52 所示。

图 11-52

效果所在位置

云盘/Ch11/效果/课后习题.psd。

第 12 章　彩色平、立面图制作

本章将主要介绍使用 CorelDRAW 绘制彩色平面图和立面图的方法。通过案例制作的讲解，读者可以掌握各类平立面图的制作技巧。

课堂学习目标

- 了解彩色平、立面图的制作概述
- 掌握彩色平面图的制作技巧
- 掌握彩色立面图的制作技巧

12.1 彩色平、立面图制作概述

彩色平、立面图是室内设计中最直观的表现方式，可以将设计师的想法通过手绘或电脑软件制图的方式表现出来。手绘的平、立面图可以快速地表现出室内布局与色调，更具写实感；软件制作的平、立面图则更为严谨，尺寸几乎不存在误差，适合建筑、园林规划等大型项目的平、立面图绘制，如图 12-1 所示。本章将着重讲解使用 CorelDRAW 软件绘制室内彩色平、立面图。

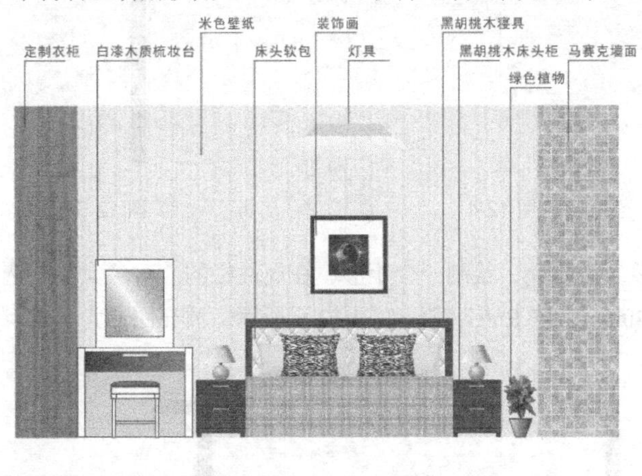

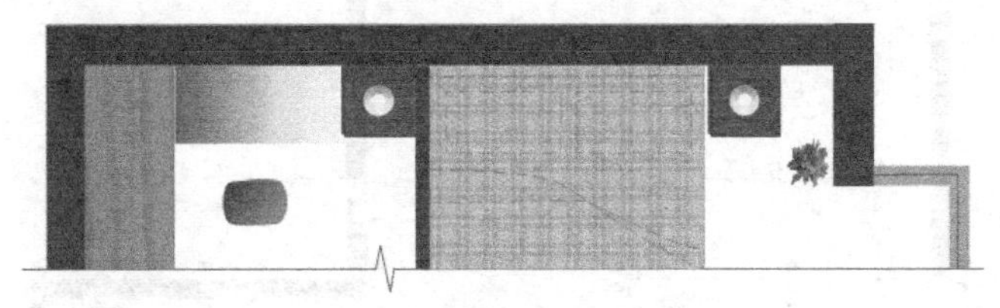

图 12-1

CorelDRAW 是由 Corel 公司开发的集矢量图形设计、印刷排版、文字编辑处理和图形输出于一体的平面设计软件。CorelDRAW 软件是丰富的创作力与强大功能的完美结合，深受平面设计师、插画师和版式编排人员的喜爱，已经成为设计师的必备工具。

12.2 制作彩色平面图

1．绘制平面图框架

（1）打开 CorelDRAW 软件。按 Ctrl+N 组合键，新建一个 A4 页面。选择“矩形”工具，绘制一个矩形，在属性栏中的“对象大小”选项中输入矩形的宽度为 952mm，高度为 240mm，按 Enter 键，矩形的效果如图 12-2 所示。填充图形为黑色，并去除图形的轮廓线，效果如图 12-3 所示。

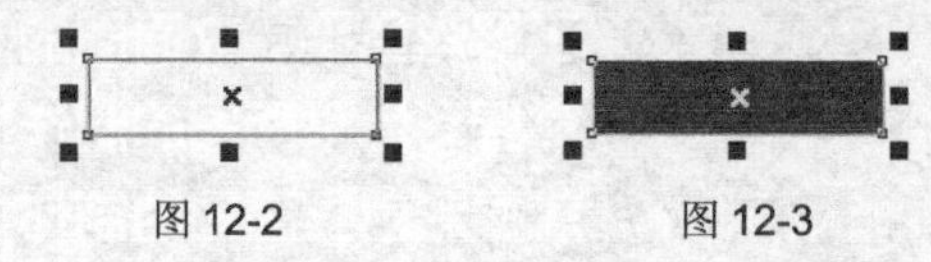

图 12-2　图 12-3

（2）选择“矩形”工具，绘制一个矩形，在属性栏的“对象大小”选项中输入矩形的宽度为 240mm，高度为 4560mm，按 Enter 键，如图 12-4 所示。填充图形为黑色，并去除图形的轮廓线，效果如图 12-5 所示。

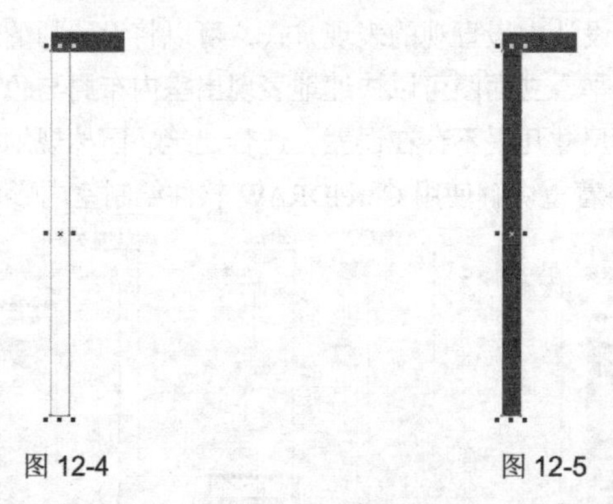

图 12-4　图 12-5

（3）选择“矩形”工具，绘制一个矩形，在属性栏的“对象大小”选项中输入矩形的宽度为 3840mm，高度为 240mm，按 Enter 键，如图 12-6 所示。填充图形为黑色，并去除图形的轮廓线，效果如图 12-7 所示。

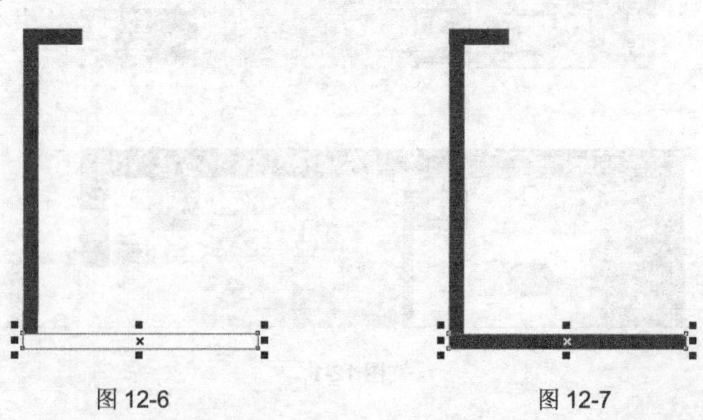

图 12-6　图 12-7

（4）选择“选择”工具，选取需要的矩形，如图 12-8 所示，按数字键盘上的+键，复制图形。按住 Shift 键的同时，分别将复制后的图形拖曳到适当的位置，如图 12-9 所示。

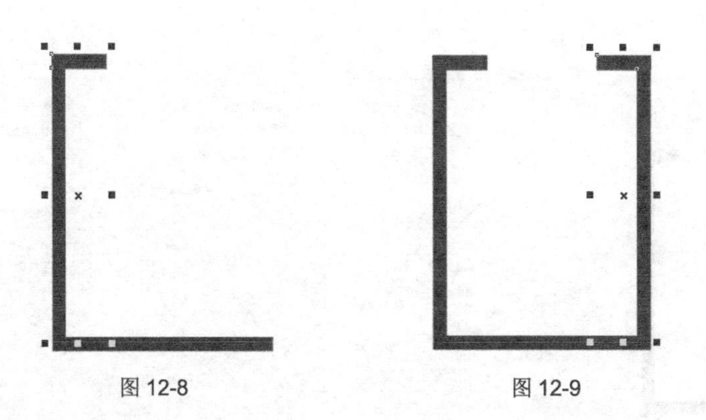

图 12-8　　图 12-9

（5）选择“矩形”工具，绘制一个矩形，在属性栏的“对象大小”选项中输入矩形的宽度为 120mm，高度为 590mm，按 Enter 键，如图 12-10 所示。设置图形颜色的 CMYK 值为 45、30、33、1，填充图形，并去除图形的轮廓线，效果如图 12-11 所示。

（6）选择“矩形”工具，绘制一个矩形，在属性栏中的“对象大小”选项中输入矩形的宽度为 1936mm，高度为 120mm，按 Enter 键，如图 12-12 所示。设置图形颜色的 CMYK 值为 45、30、33、1，填充图形，并去除图形的轮廓线，效果如图 12-13 所示。

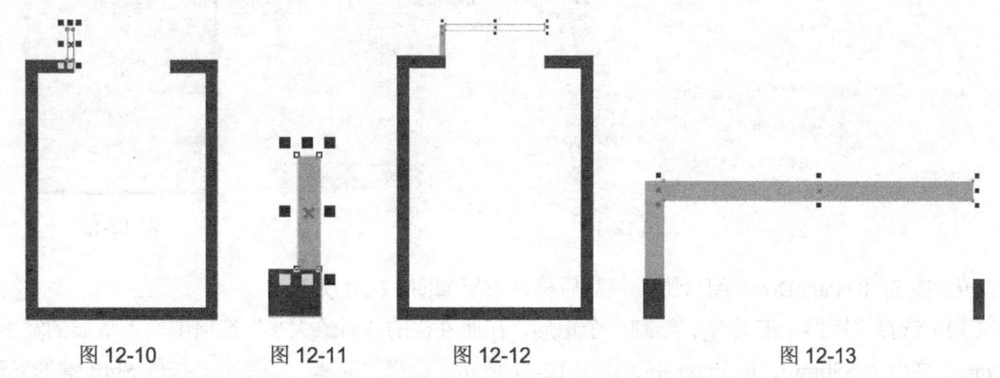

图 12-10　　图 12-11　　图 12-12　　图 12-13

（7）选择“选择”工具，选取需要的矩形，如图 12-14 所示，按数字键盘上的+键，复制图形。按住 Shift 键的同时，将复制后的图形拖曳到适当的位置，如图 12-15 所示。

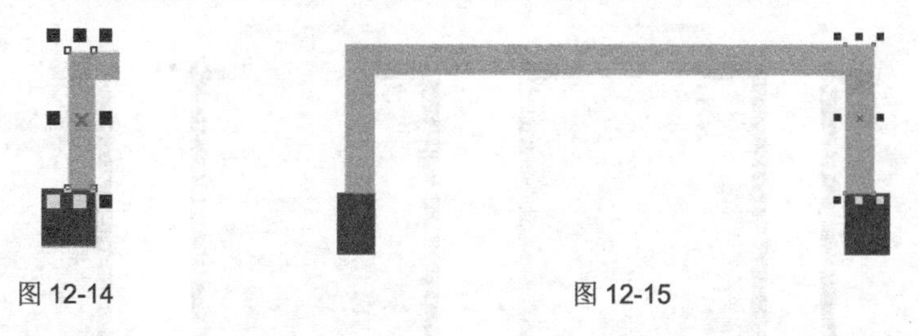

图 12-14　　图 12-15

（8）选择“钢笔”工具，在适当的位置绘制一个图形，如图 12-16 所示。按 F11 键，弹出“编辑填充”对话框，单击“位图图样填充”按钮，显示相应的对话框如图 12-17 所示，单击“来自文件的新源”按钮，在弹出的对话框中打开云盘中的“Ch12 > 素材 > 彩色平面图制作 1”文件，单击“导入”按钮。返回“编辑填充”对话框，其他选项的设置如图 12-18 所示，单击“确定”按钮，并去除图形的轮廓线，效果如图 12-19 所示。

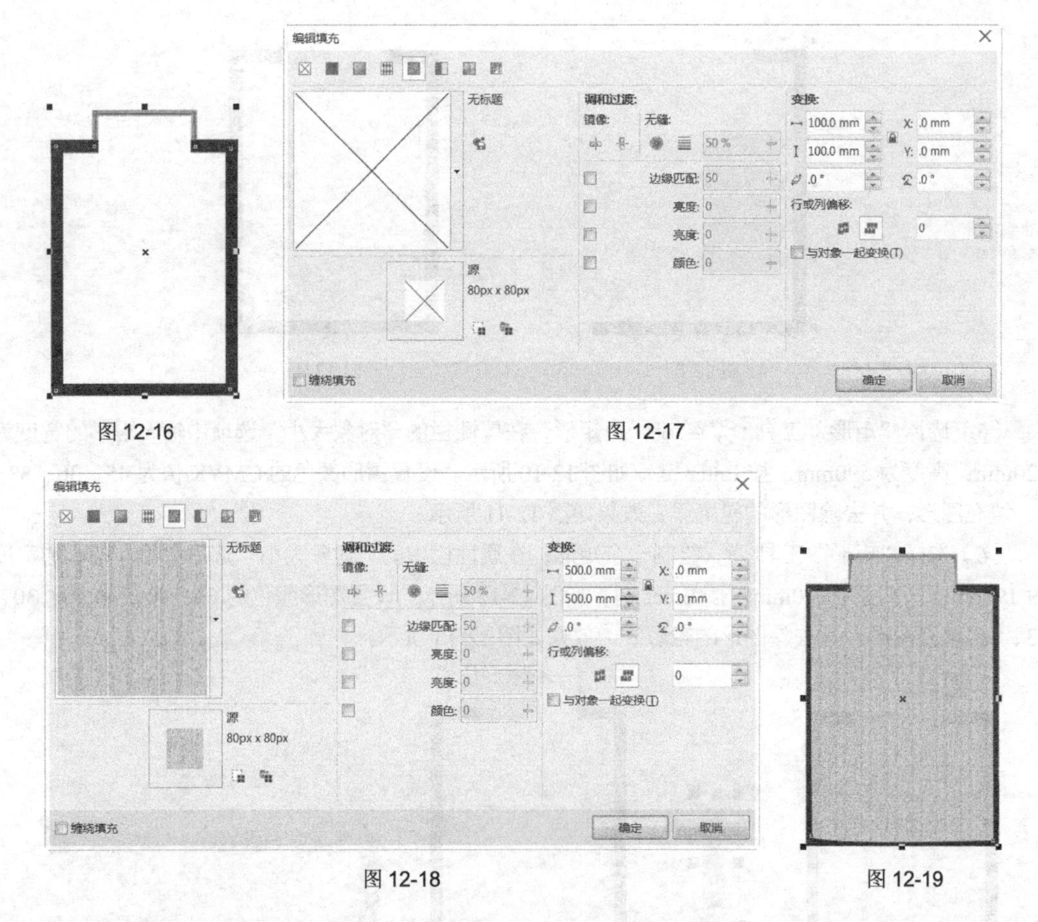

图 12-16　　图 12-17

图 12-18　　图 12-19

（9）按 Shift+PageDown 组合键，将其后移，效果如图 12-20 所示。

（10）选择“矩形”工具，绘制一个矩形，在属性栏的“对象大小”选项中输入矩形的宽度为 630mm，高度为 850mm，按 Enter 键，如图 12-21 所示。选择“选择”工具，按住 Shift 键的同时，选取需要的图形，如图 12-22 所示，单击属性栏中的“移除前面对象”按钮，将两个图形剪切为一个图形，效果如图 12-23 所示。

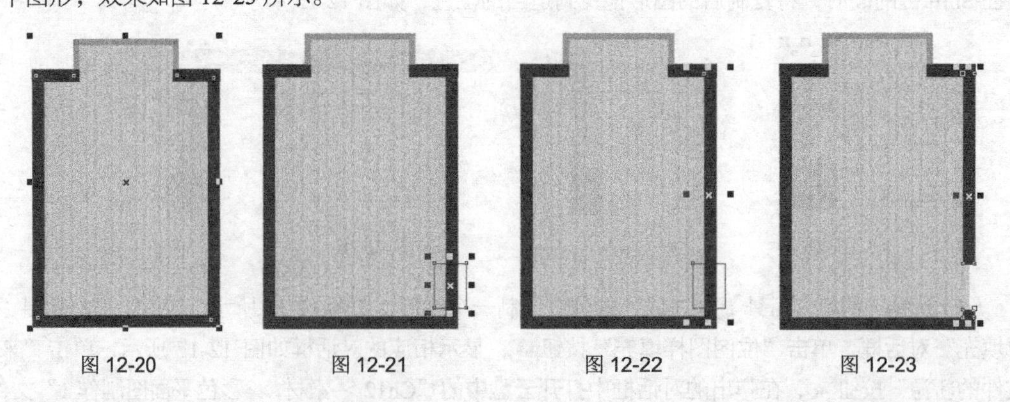

图 12-20　　图 12-21　　图 12-22　　图 12-23

（11）选择“钢笔”工具，在适当的位置绘制一个图形，如图 12-24 所示。按住 Shift 键的同时，在适当的位置绘制折线，如图 12-25 所示。

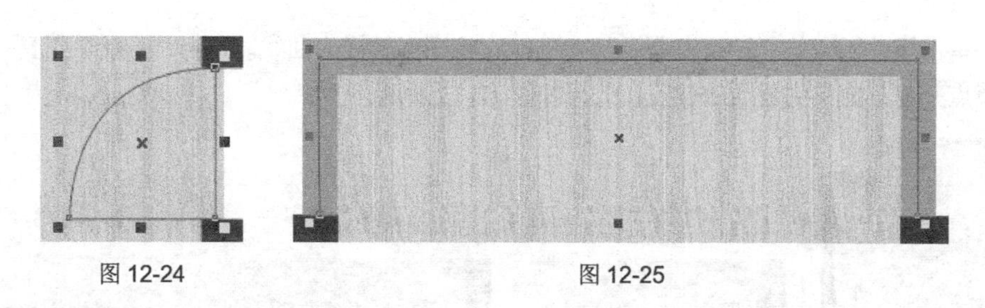

图 12-24　　　　　　　　　　　　图 12-25

2．绘制床及床头柜

（1）选择“矩形”工具，绘制一个矩形，如图 12-26 所示。设置图形颜色的 CMYK 值为 3、34、52、0，填充图形，并去除图形的轮廓线，效果如图 12-27 所示。

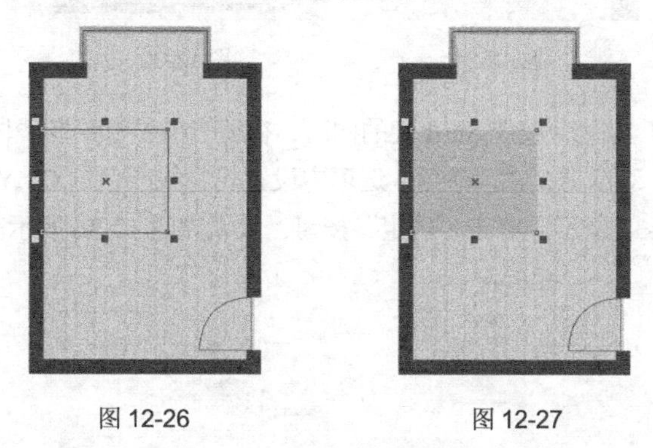

图 12-26　　　　　　　　　　　　图 12-27

（2）选择“选择”工具，选取矩形，按数字键盘上的+键，复制图形。按 F11 键，弹出“编辑填充”对话框，单击“位图图样填充”按钮，单击“来自文件的新源”按钮，在弹出的对话框中打开云盘中的“Ch12 > 素材 > 彩色平面图制作 2”文件，单击“导入”按钮，返回“编辑填充对话框”。其他选项的设置如图 12-28 所示，单击“确定”按钮，效果如图 12-29 所示。

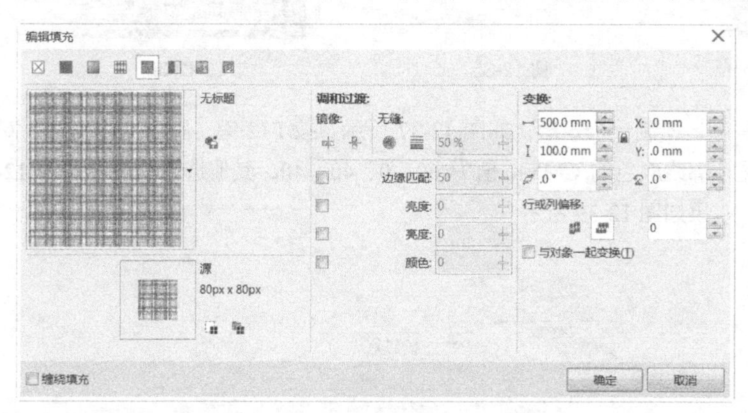

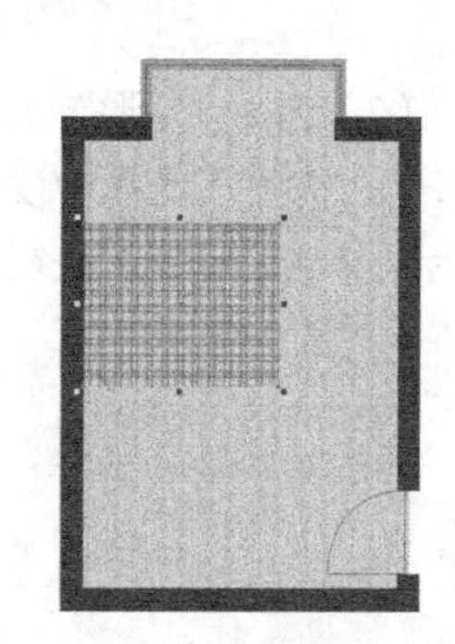

图 12-28　　　　　　　　　　　　图 12-29

（3）选择“透明度”工具，单击属性栏左侧的“均匀透明度”按钮，将“透明度”选项设为 52%，效果如图 12-30 所示。

（4）选择“矩形”工具，绘制一个矩形，如图 12-31 所示。填充图形为黑色，并去除图形的轮廓线，效果如图 12-32 所示。

（5）单击属性栏中的“转换为曲线”按钮，将图形转换为曲线。选择“形状”工具，选取右下角节点并将其拖曳到适当的位置，效果如图 12-33 所示。

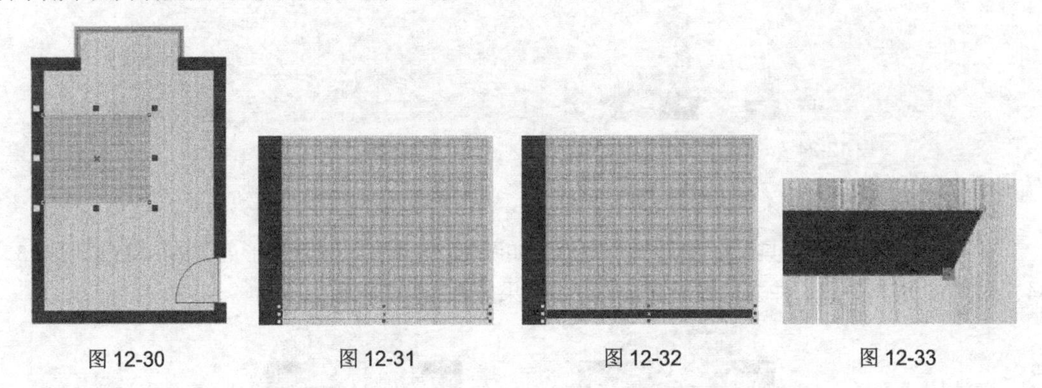

图 12-30　　图 12-31　　图 12-32　　图 12-33

（6）选择“钢笔”工具，按住 Shift 键的同时，在适当的位置绘制线段，如图 12-34 所示。按 F12 键，弹出“轮廓笔”对话框，在“颜色”选项中设置轮廓线颜色的 CMYK 值为 60、0、40、40，其他选项的设置如图 12-35 所示，单击“确定”按钮，效果如图 12-36 所示。

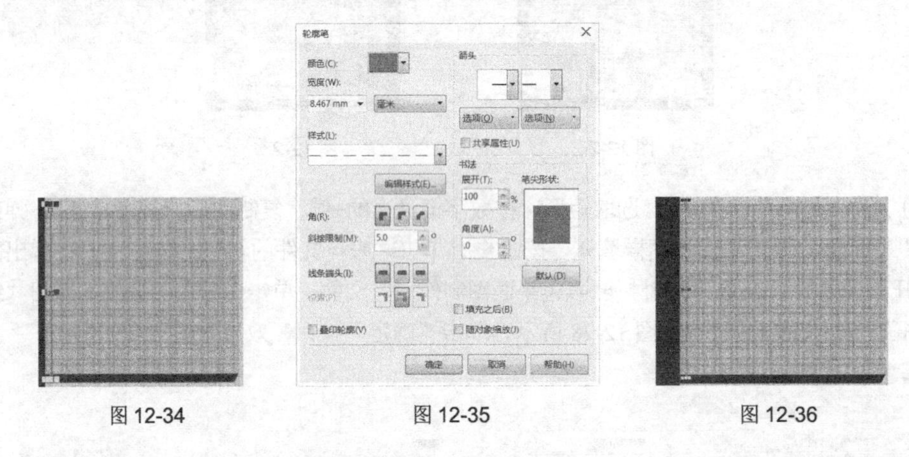

图 12-34　　图 12-35　　图 12-36

（7）选择“矩形”工具，绘制一个矩形，如图 12-37 所示。按 F12 键，弹出“轮廓笔”对话框，在“颜色”选项中设置轮廓线颜色的 CMYK 值为 60、0、40、40，其他选项的设置如图 12-38 所示，单击“确定”按钮，效果如图 12-39 所示。

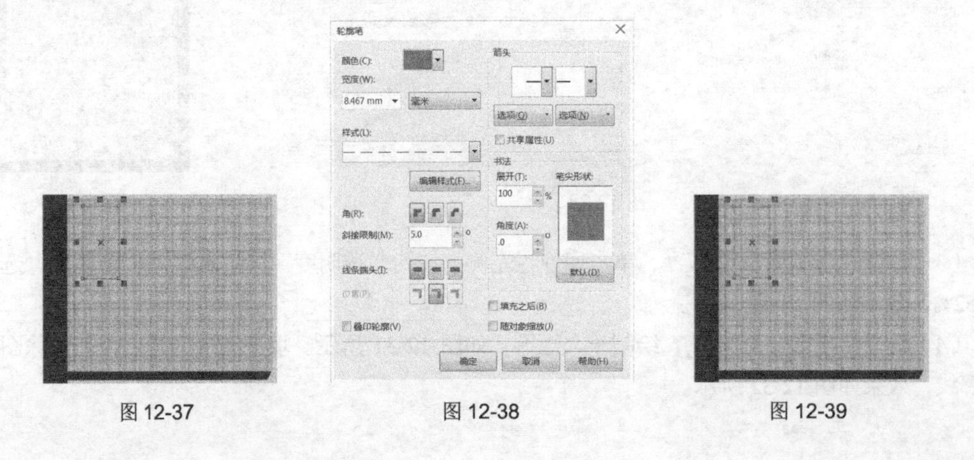

图 12-37　　图 12-38　　图 12-39

（8）选择“选择”工具，选取矩形，按数字键盘上的+键，复制图形。按住 Shift 键的同时，将复制后的矩形拖曳到适当的位置，如图 12-40 所示。选择“贝塞尔”工具，在适当的位置绘制一条曲线，如图 12-41 所示。

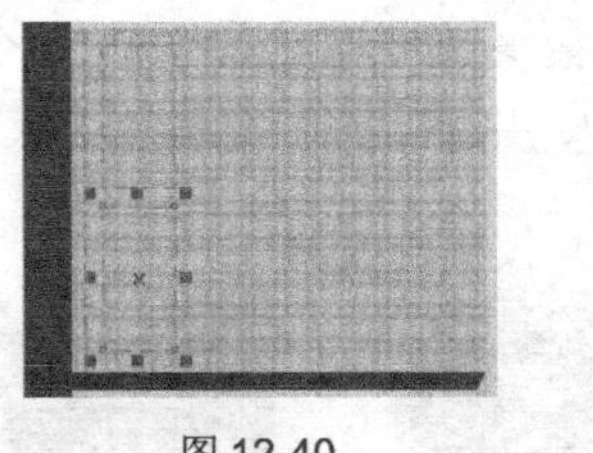

图 12-40　　　　图 12-41

（9）按 F12 键，弹出“轮廓笔”对话框，在“颜色”选项中设置轮廓线颜色的 CMYK 值为 60、0、40、40，其他选项的设置如图 12-42 所示，单击“确定”按钮，效果如图 12-43 所示。

（10）选择“选择”工具，选取曲线，按数字键盘上的+键，复制曲线。选择“形状”工具，选取上方节点并将其拖曳到适当的位置，效果如图 12-44 所示。

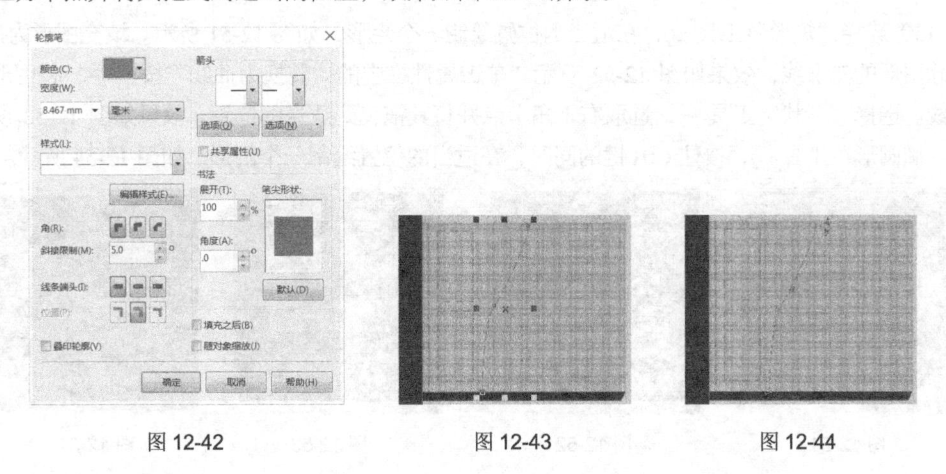

图 12-42　　　　图 12-43　　　　图 12-44

（11）选择“钢笔”工具，按住 Shift 键的同时，在适当的位置绘制线段，如图 12-45 所示。按 F12 键，弹出“轮廓笔”对话框，在“颜色”选项中设置轮廓线颜色的 CMYK 值为 60、0、40、40，其他选项的设置如图 12-46 所示，单击“确定”按钮，效果如图 12-47 所示。

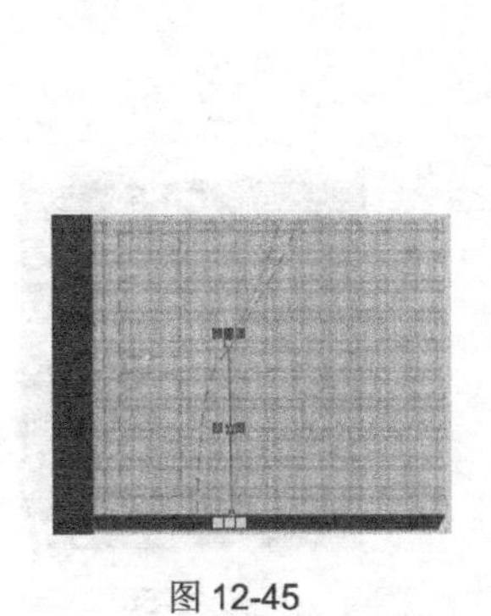

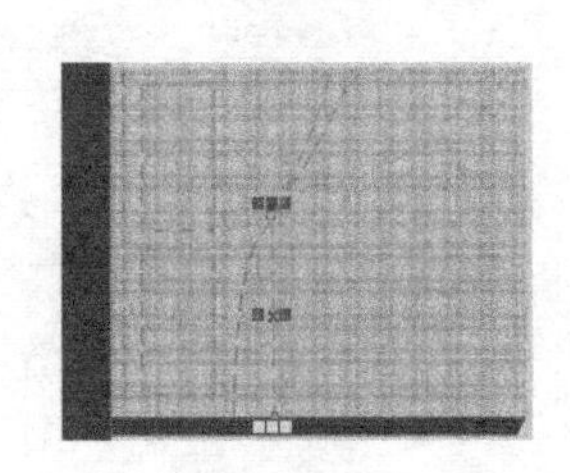

图 12-45　　　　图 12-46　　　　图 12-47

（12）按 Ctrl+I 组合键，弹出“导入”对话框，选择云盘中的“Ch12 > 素材 > 彩色平面图制作 3”文件，单击“导入”按钮，在页面中单击导入图片，将其拖曳到适当的位置，效果如图 12-48 所示。选择“矩形”工具，按住 Ctrl 键的同时，绘制一个正方形，如图 12-49 所示。选择“选择”工具，选取图片，选择“对象 > 图框精确剪裁 > 置于图文框内部”命令，鼠标光标变为黑色箭头，在正方形框上单击，将图片置入正方形框中，并去除正方形的轮廓线，如图 12-50 所示。

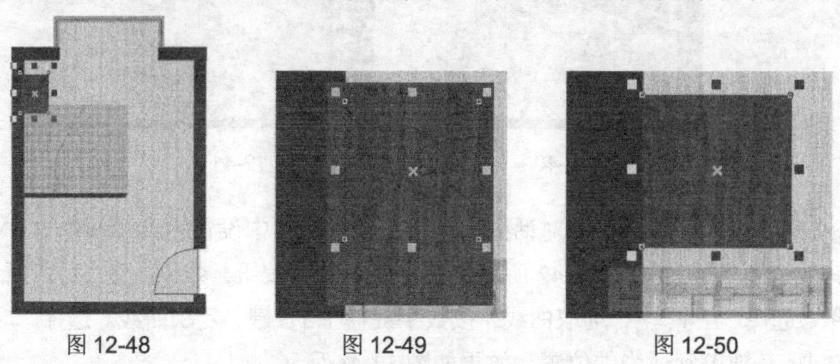
图 12-48　　图 12-49　　图 12-50

（13）选择“矩形”工具，在适当的位置绘制一个矩形，如图 12-51 所示。填充图形为黑色，并去除图形的轮廓线，效果如图 12-52 所示。单击属性栏中的“转换为曲线”按钮，将图形转换为曲线。选择“形状”工具，选取右下角节点并将其拖曳到适当的位置，效果如图 12-53 所示。选择“椭圆形”工具，按住 Ctrl 键的同时，在适当的位置绘制一个圆形，如图 12-54 所示。

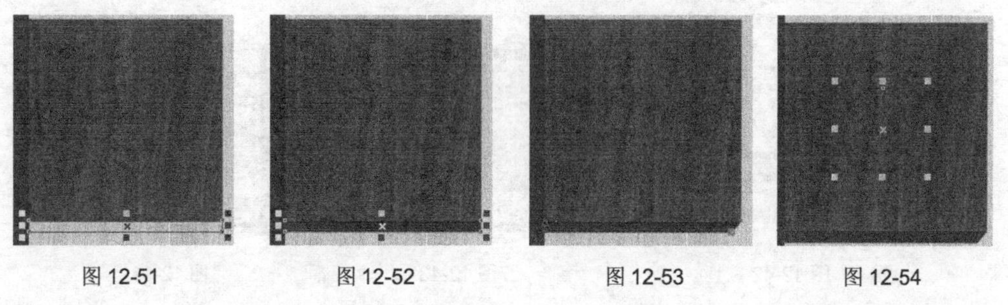
图 12-51　　图 12-52　　图 12-53　　图 12-54

（14）按 F11 键，弹出“编辑填充”对话框，单击“渐变填充”按钮，弹出相应的对话框，选择“圆锥形渐变填充”按钮，在“位置”选项中分别添加并输入 0、49、100 三个位置点，分别设置三个位置点颜色的 CMYK 值为 0（0、0、0、0）、49（0、0、0、10）、100（0、0、0、60），其他选项的设置如图 12-55 所示，单击“确定”按钮，填充图形，并去除图形的轮廓线，效果如图 12-56 所示。

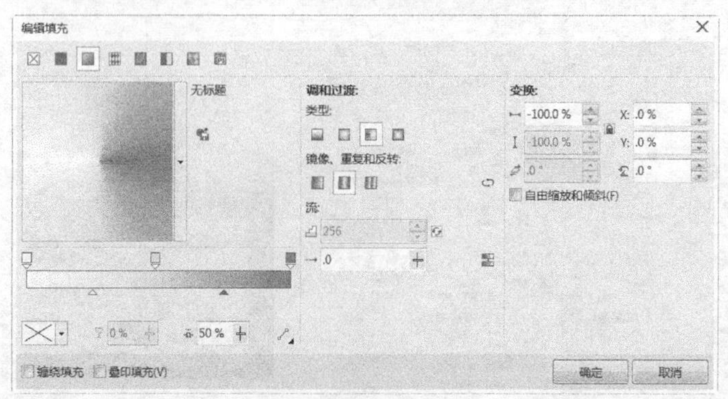

图 12-55

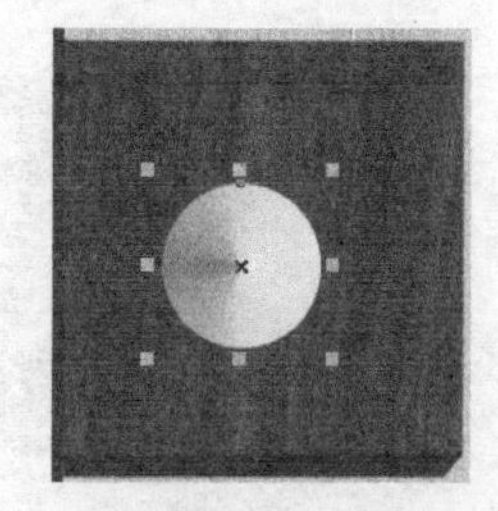
图 12-56

（15）选择“选择”工具，选取圆形，按住 Shift 键的同时，向内拖曳右上角的控制手柄到适当的位置，并单击鼠标右键，圆形的同心圆效果如图 12-57 所示。填充图形为白色，效果如图 12-58 所示。

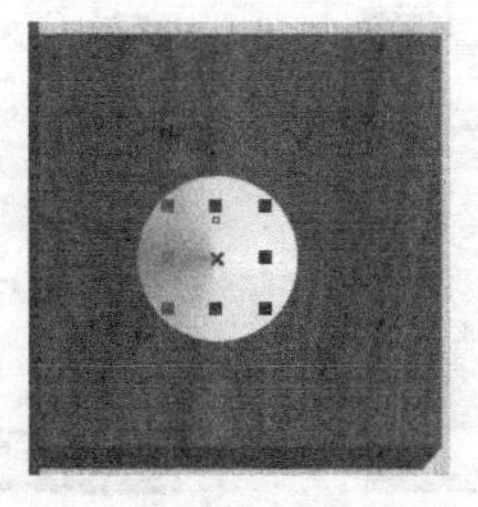
图 12-57

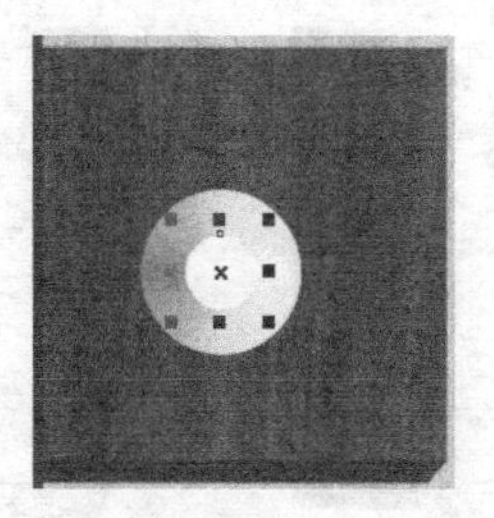
图 12-58

（16）选择“选择”工具，选取需要的图形，如图 12-59 所示。按数字键盘上的+键，复制一组图形并拖曳到适当的位置，如图 12-60 所示。

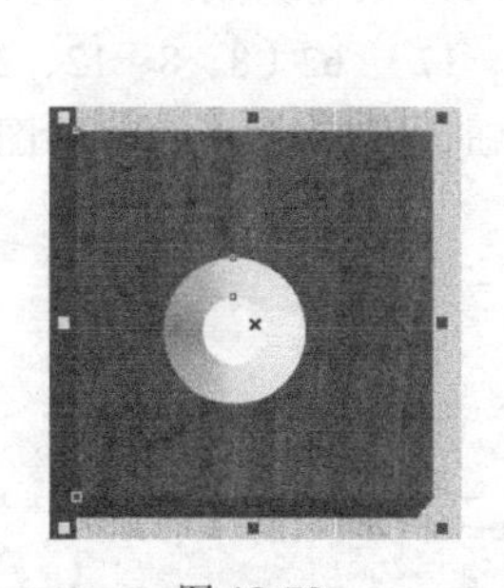
图 12-59

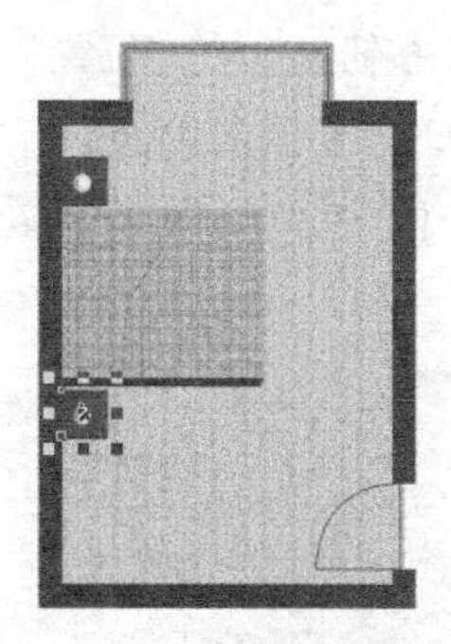
图 12-60

（17）按 Ctrl+I 组合键，弹出“导入”对话框，选择云盘中的“Ch12 > 素材 > 彩色平面图制作 4”文件，单击“导入”按钮，在页面中单击导入图片，将其拖曳到适当的位置，效果如图 12-61 所示。连续按 Ctrl+PageDown 组合键，向后移动到适当的位置，如图 12-62 所示。

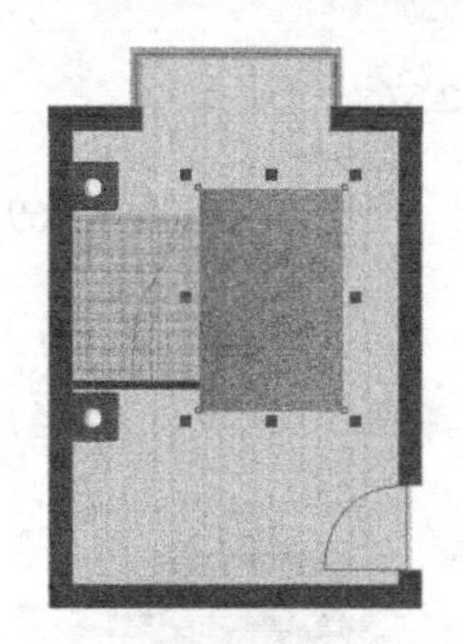
图 12-61

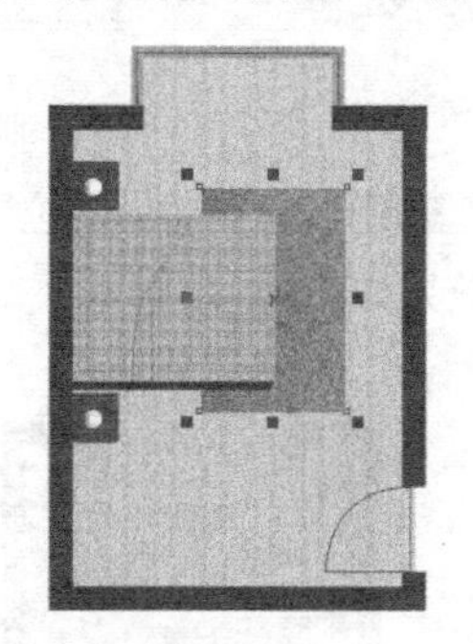
图 12-62

3．绘制其他家具

（1）按 Ctrl+I 组合键，弹出“导入”对话框，选择云盘中的“Ch12 > 素材 > 彩色平面图制作 5”文件，单击“导入”按钮，在页面中单击导入图片，将其拖曳到适当的位置，效果如图 12-63 所示。选择“矩形”工具，绘制一个矩形，如图 12-64 所示。选择“选择”工具，选取图片，选择“对

象 > 图框精确剪裁 > 置于图文框内部”命令，鼠标光标变为黑色箭头，在矩形框上单击，将图片置入矩形框中，并去除矩形的轮廓线，如图 12-65 所示。

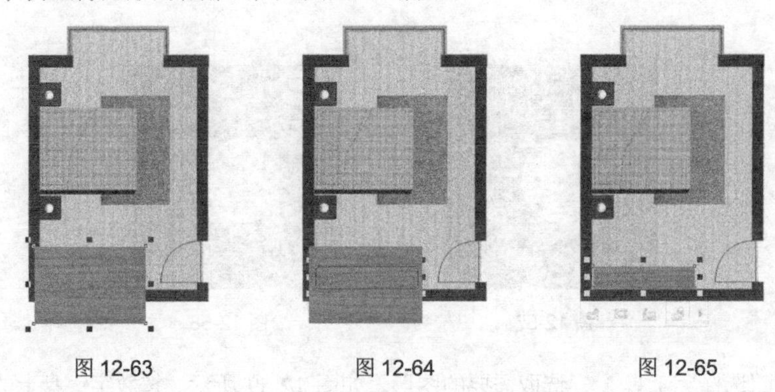

图 12-63　　图 12-64　　图 12-65

（2）选择“矩形”工具，绘制一个矩形，如图 12-66 所示。按 F11 键，弹出“编辑填充”对话框，单击“渐变填充”按钮，在“位置”选项中分别添加并输入 0、62、100 三个位置点，分别设置三个位置点颜色的 CMYK 值为 0（66、71、80、17）、62（8、8、12、2）、100（2、2、5、0），其他选项的设置如图 12-67 所示，单击“确定”按钮，填充图形，并去除图形的轮廓线，效果如图 12-68 所示。

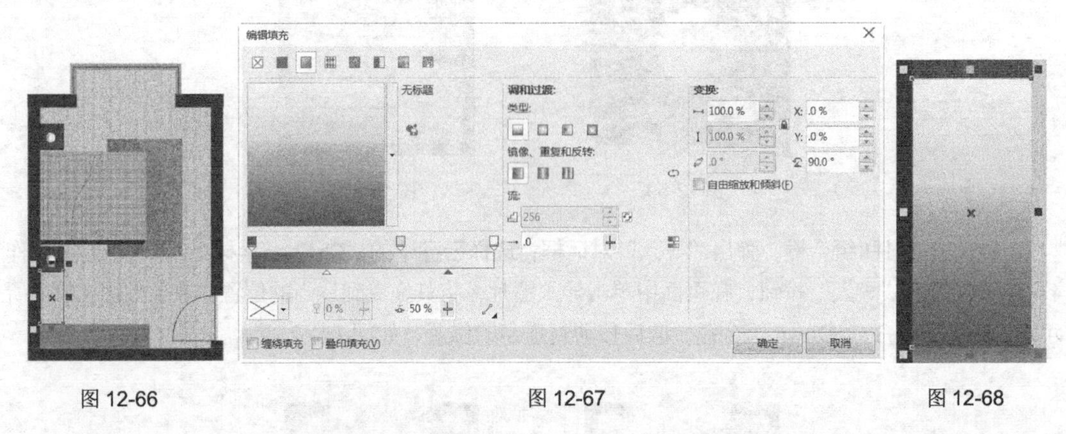

图 12-66　　图 12-67　　图 12-68

（3）选择“贝塞尔”工具，在适当的位置绘制一个图形，如图 12-69 所示。填充图形为黑色，并去除图形的轮廓线，效果如图 12-70 所示。

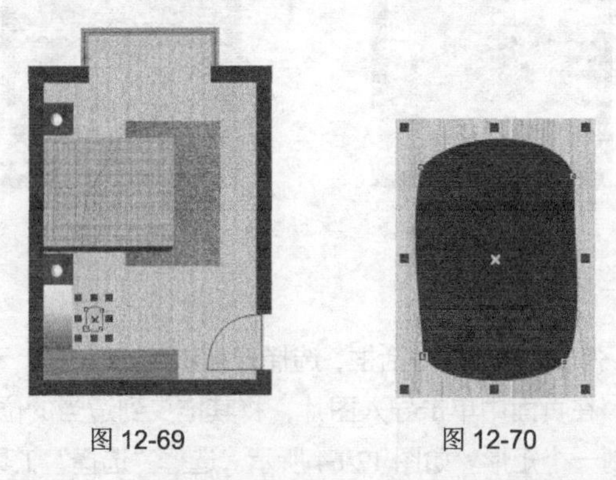

图 12-69　　图 12-70

（4）选择“选择”工具，选取图形，按数字键盘上的+键，复制图形。按 F11 键，弹出“编辑填充”对话框，单击“渐变填充”按钮，在“位置”选项中分别添加并输入 0、27、100 三个位置点，分别设置三个位置点颜色的 CMYK 值为 0（0、0、0、100）、27（40、99、98、4）、100（15、67、51、0），其他选项的设置如图 12-71 所示，单击“确定”按钮，填充图形，并去除图形的轮廓线，效果如图 12-72 所示。选择“选择”工具，选取图形并移动到适当的位置，如图 12-73 所示。

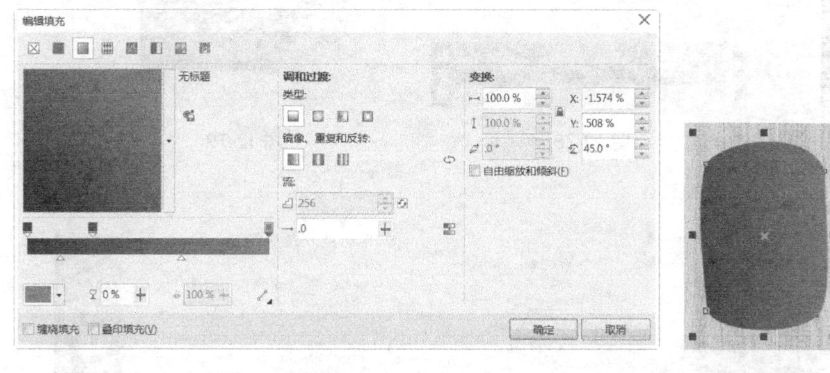

图 12-71

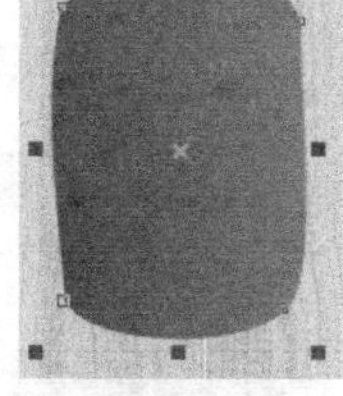

图 12-72

图 12-73

（5）按 Ctrl+I 组合键，弹出“导入”对话框，选择云盘中的“Ch12 > 素材 > 彩色平面图制作 5”文件，单击“导入”按钮，在页面中单击导入图片，将其拖曳到适当的位置，在属性栏中的“旋转角度”框 .0 °中设置数值为 90°，效果如图 12-74 所示。选择“矩形”工具，绘制一个矩形，如图 12-75 所示。选择“选择”工具，选取图片，选择“对象 > 图框精确剪裁 > 置于图文框内部”命令，鼠标光标变为黑色箭头，在矩形框上单击，将图片置入矩形框中，并去除矩形的轮廓线，如图 12-76 所示。

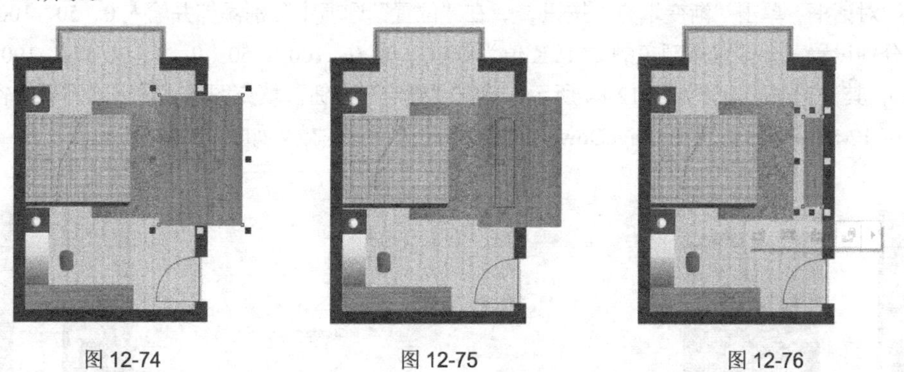

图 12-74　　图 12-75　　图 12-76

（6）选择“矩形”工具，在适当的位置绘制一个矩形，如图 12-77 所示。填充图形为黑色，并去除图形的轮廓线，效果如图 12-78 所示。单击属性栏中的“转换为曲线”按钮，将图形转换为曲线。选择“形状”工具，选取左下角节点并将其拖曳到适当的位置，效果如图 12-79 所示。

（7）选择“钢笔”工具，在适当的位置绘制一个图形，如图 12-80 所示。按 F11 键，弹出“编辑填充”对话框，单击“渐变填充”按钮，在“位置”选项中分别添加并输入 0、94、100 三个位置点，分别设置三个位置点颜色的 CMYK 值为 0（0、0、0、100）、94（0、0、0、26）、100（0、0、0、0），其他选项的设置如图 12-81 所示，单击“确定”按钮。填充图形，并去除图形的轮廓线，效果如图 12-82 所示。

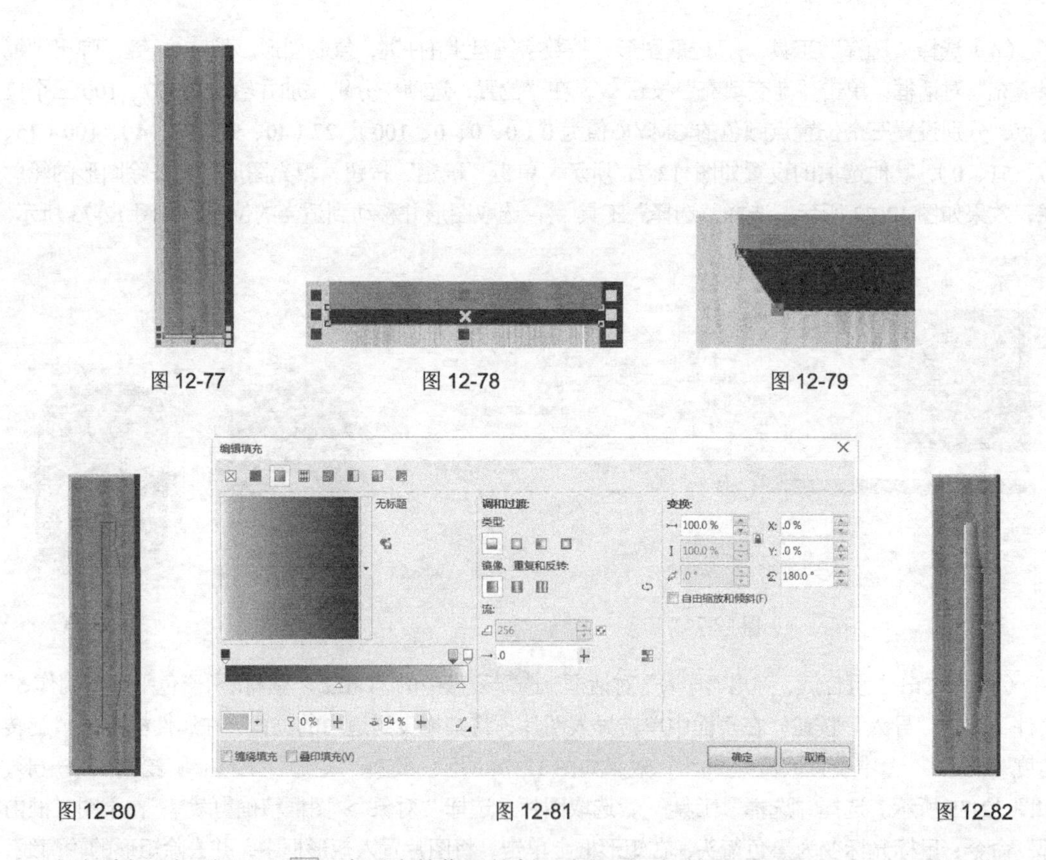

图 12-77　图 12-78　图 12-79

图 12-80　图 12-81　图 12-82

（8）选择“矩形”工具，在适当的位置绘制一个矩形，如图 12-83 所示。按 F11 键，弹出“编辑填充”对话框，单击“渐变填充”按钮，在“位置”选项中分别添加并输入 0、50、100 三个位置点，分别设置三个位置点颜色的 CMYK 值为 0（0、0、0、100）、50（0、0、0、67）、100（0、0、0、100），其他选项的设置如图 12-84 所示，单击“确定”按钮。填充图形，并去除图形的轮廓线，效果如图 12-85 所示。按 Ctrl+PageDown 组合键，将其后移，效果如图 12-86 所示。

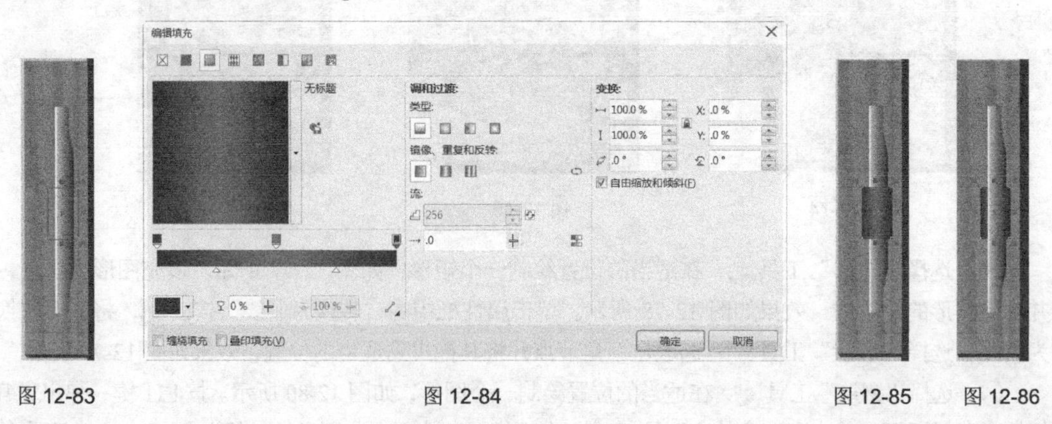

图 12-83　图 12-84　图 12-85　图 12-86

（9）按 Ctrl+I 组合键，弹出“导入”对话框，选择云盘中的“Ch12 > 素材 > 彩色平面图制作 6”文件，单击“导入”按钮，在页面中单击导入图片，将其拖曳到适当的位置，效果如图 12-87 所示。

（10）选择“文本”工具，在页面中分别输入需要的文字，选择“选择”工具，在属性栏中选取适当的字体并设置文字大小，如图 12-88 所示。选取下方的文字，单击属性栏中的“将文本更改为垂直方向”按钮，垂直排列文字，效果如图 12-89 所示。

（11）选择“钢笔”工具，按住 Shift 键的同时，在适当的位置绘制一条直线，如图 12-90 所示。继续绘制直线，如图 12-91 所示。

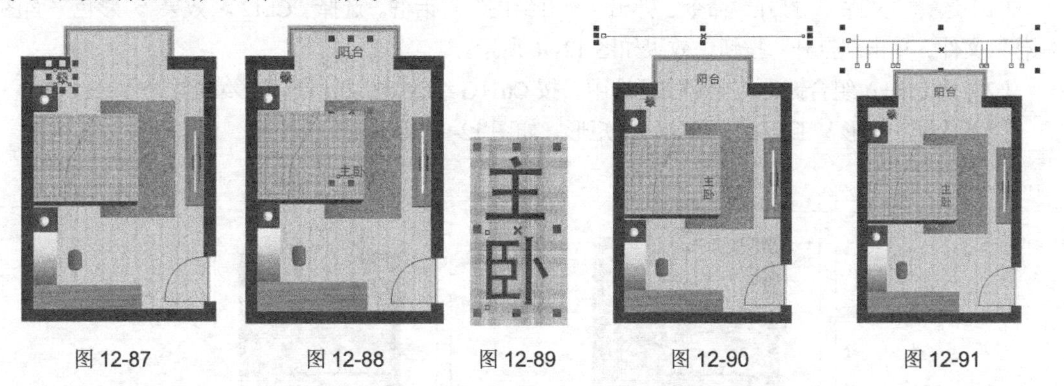

图 12-87　　图 12-88　　图 12-89　　图 12-90　　图 12-91

（12）选择“钢笔”工具，按住 Shift 键的同时，在直线交汇处绘制角度为 45° 的斜线，如图 12-92 所示。

（13）使用相同的方法绘制其他斜线，如图 12-93 所示。

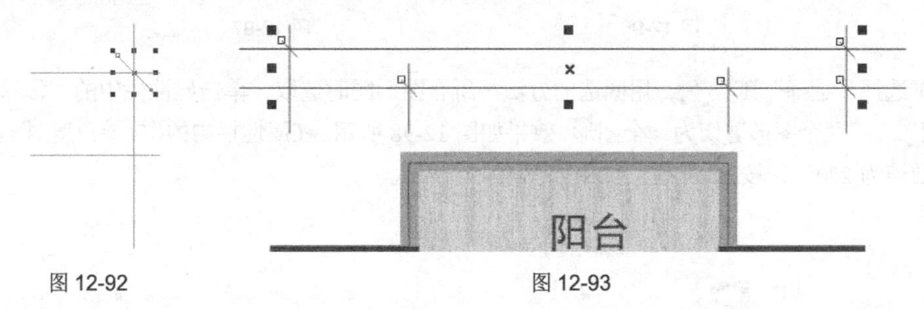

图 12-92　　图 12-93

（14）选择“文本”工具，在页面中分别输入需要的文字，选择“选择”工具，在属性栏中选取适当的字体并设置文字大小，如图 12-94 所示。

（15）使用相同的方法绘制标注，效果如图 12-95 所示。至此，彩色平面图制作完成。按 Ctrl+S 组合键，弹出“保存绘图”对话框，将其命名为“彩色平面图制作”，保存为 CDR 格式，单击“保存”按钮，将图像保存。

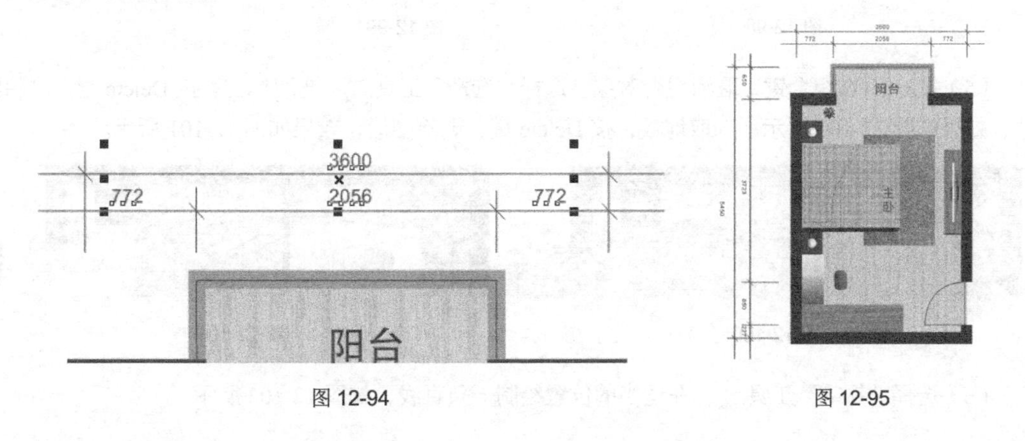

图 12-94　　图 12-95

12.3 制作彩色立面图

（1）选择“文件 > 打开”命令，弹出“打开绘图”对话框。选择“Ch12 > 效果 > 彩色平面图制作”文件，单击“打开”按钮，效果如图 12-96 所示。

（2）按 Ctrl+A 组合键，将全部图形选中。按 Ctrl+G 组合键，将所选图形编组。

（3）选择“矩形”工具，绘制一个矩形，如图 12-97 所示。

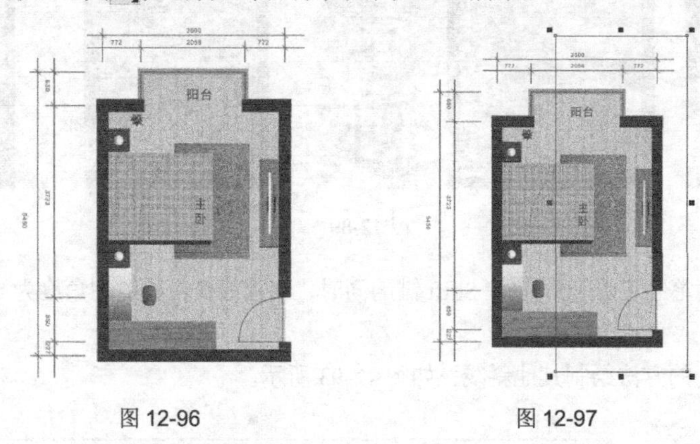

图 12-96　　图 12-97

（4）选择“选择”工具，用圈选的方法将所有图形同时选取，单击属性栏中的“移除前面对象”按钮，将两个图形剪切为一个图形，效果如图 12-98 所示。在属性栏中的“旋转角度”框中设置数值为 270°，按 Enter 键，效果如图 12-99 所示。

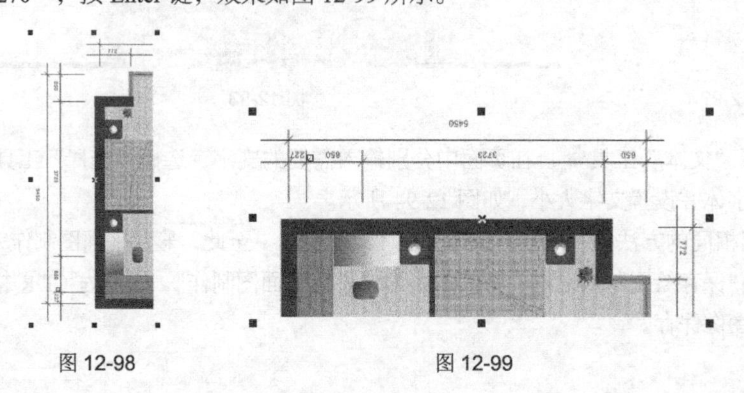

图 12-98　　图 12-99

（5）按 Ctrl+U 组合键，取消组合对象。选择“选择”工具，选取标注。按 Delete 键，删除图形，效果如图 12-100 所示。选取地板，按 Delete 键，删除图形，效果如图 12-101 所示。

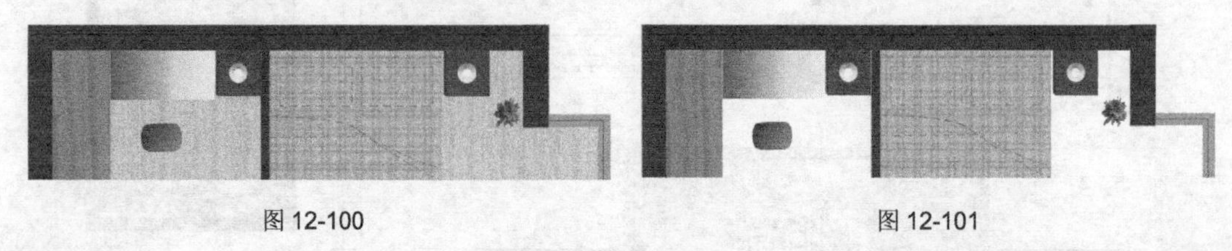

图 12-100　　图 12-101

（6）选择“钢笔”工具，在适当的位置绘制一条直线，如图 12-102 所示。

（7）选择“形状”工具，在适当的位置双击鼠标添加 4 个节点，如图 12-103 所示。选取需要的节点并将其拖曳到适当的位置，效果如图 12-104 所示。选择“矩形”工具，绘制一个矩形，在属性栏的“对象大小”选项中输入矩形的宽度为 4560mm，高度为 2800mm，按 Enter 键，如图 12-105 所示。

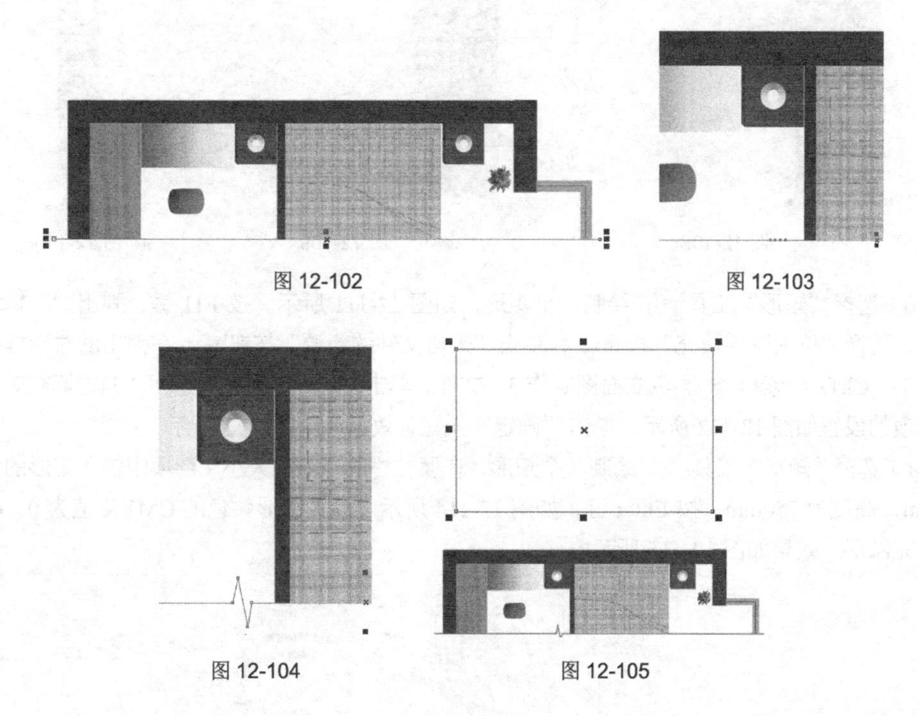

图 12-102　　图 12-103

图 12-104　　图 12-105

（8）按 F11 键，弹出“编辑填充”对话框，选择“位图图样填充”按钮，单击“来自文件的新源”按钮，在弹出的对话框中打开云盘中的“Ch12 > 素材 > 彩色立面图制作 1”文件，单击“导入”按钮。返回“编辑填充”对话框，其他选项的设置如图 12-106 所示，单击“确定”按钮，效果如图 12-107 所示。

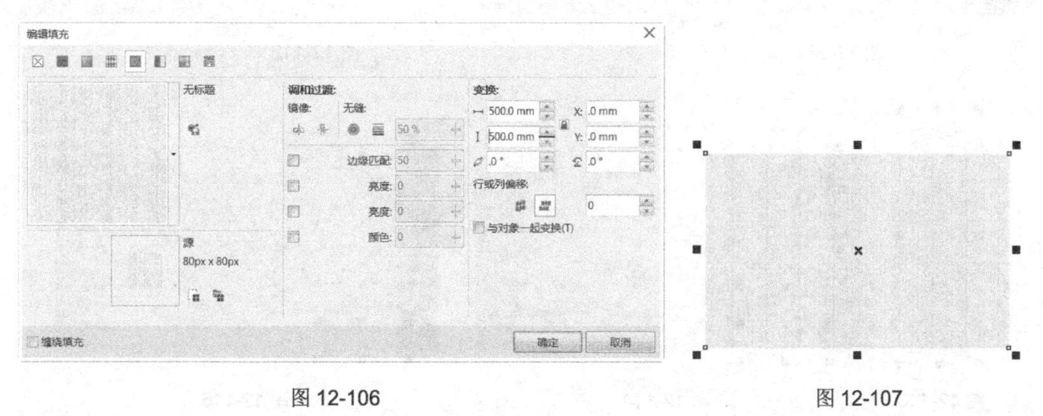

图 12-106　　图 12-107

（9）按 Ctrl+I 组合键，弹出“导入”对话框，选择云盘中的“Ch12 > 素材 > 彩色立面图制作 2”文件，单击“导入”按钮，在页面中单击导入图片，将其拖曳到适当的位置并调整大小，效果如图 12-108 所示。选择“矩形”工具，绘制一个矩形，如图 12-109 所示。选择“选择”工具，选取图片，选择“对象 > 图框精确剪裁 > 置于图文框内部”命令，鼠标光标变为黑色箭头，在矩形上单击，将图片置入矩形中，并去除矩形的轮廓线，如图 12-110 所示。

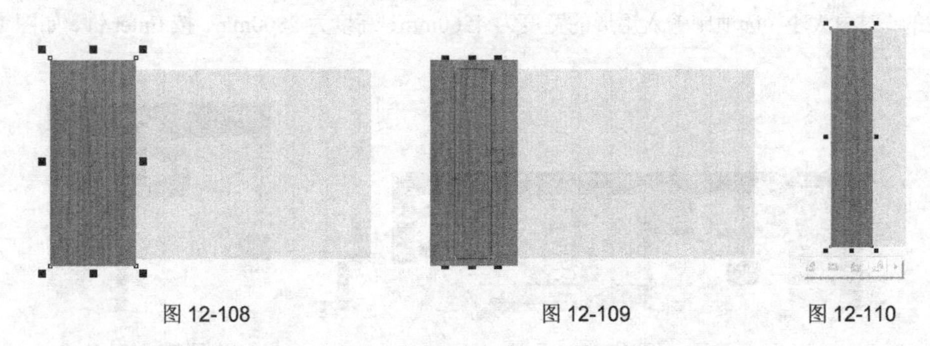

图 12-108　　图 12-109　　图 12-110

（10）选择“矩形”工具，绘制一个矩形，如图 12-111 所示。按 F11 键，弹出“编辑填充”对话框，选择“位图图样填充”按钮，单击“来自文件的新源”按钮，在弹出的对话框中打开云盘中的“Ch12 > 素材 > 彩色立面图制作 3”文件，单击“导入”按钮。返回“编辑填充对话框”，其他选项的设置如图 12-112 所示，单击“确定”按钮，效果如图 12-113 所示。

（11）选择“矩形”工具，绘制一个矩形，在属性栏的“对象大小”选项中输入矩形的宽度为 1000mm，高度为 750mm，按 Enter 键，如图 12-114 所示。设置图形颜色的 CMYK 值为 0、0、0、20，填充图形，效果如图 12-115 所示。

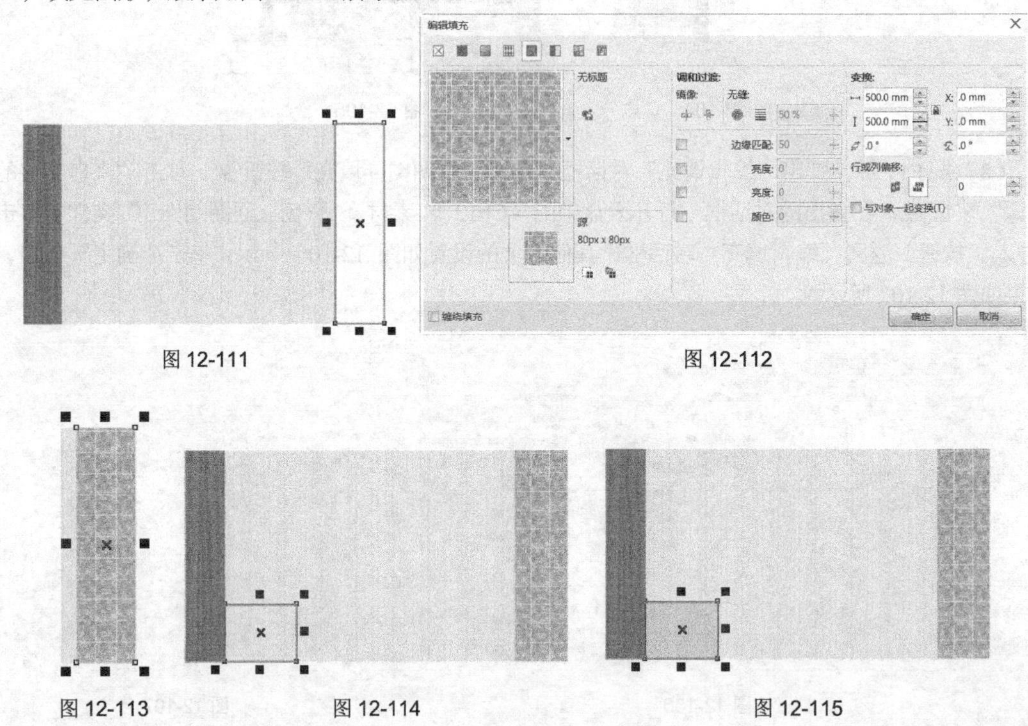

图 12-111　　图 12-112

图 12-113　　图 12-114　　图 12-115

（12）选择“矩形”工具，在页面中分别绘制多个矩形，如图 12-116 所示。选择“选择”工具，选取需要的矩形，填充图形为白色，效果如图 12-117 所示。

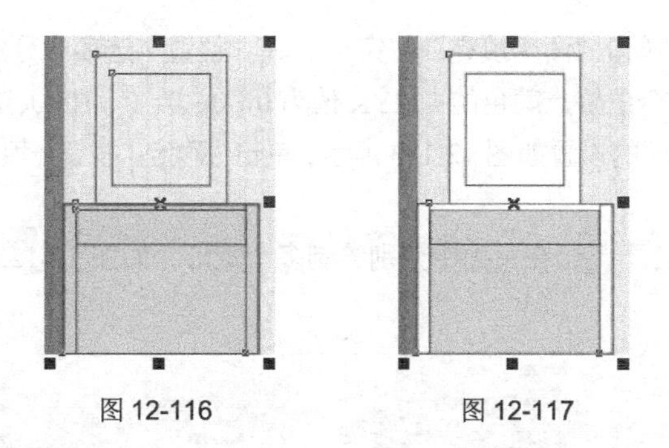

图 12-116　　　　图 12-117

（13）选择“选择”工具，选取需要的矩形。按 F11 键，弹出“编辑填充”对话框，单击“渐变填充”按钮，在“位置”选项中分别添加并输入 0、50、100 三个位置点，分别设置三个位置点颜色的 CMYK 值为 0（0、0、0、40）、50（0、0、0、0）、100（0、0、0、44），其他选项的设置如图 12-118 所示，单击“确定”按钮，填充图形，效果如图 12-119 所示。

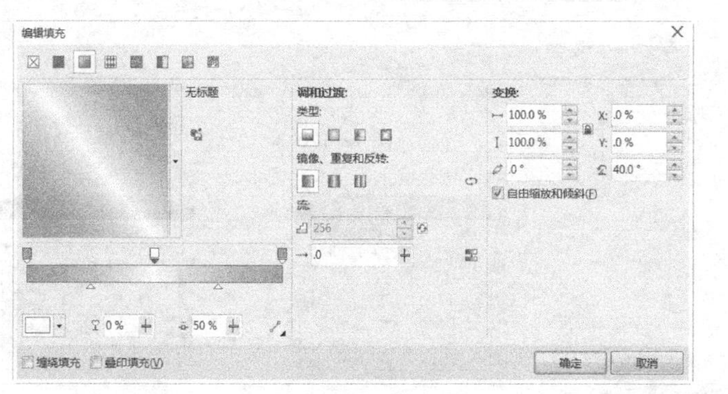

图 12-118

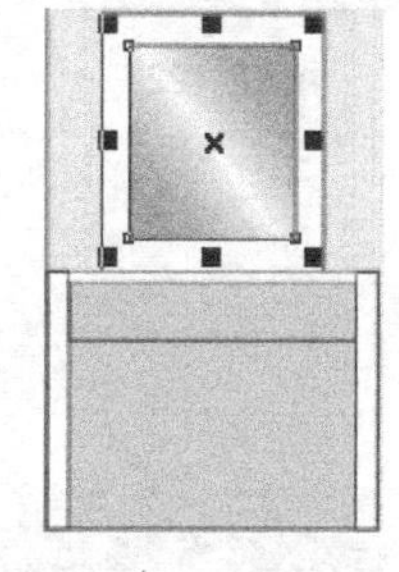

图 12-119

（14）选择“选择”工具，选取需要的矩形。按 F11 键，弹出“编辑填充”对话框，单击“渐变填充”按钮，在“位置”选项中分别添加并输入 0、27、100 三个位置点，分别设置三个位置点颜色的 CMYK 值为 0（0、0、0、100）、27（40、99、98、4）、100（15、67、51、0），其他选项的设置如图 12-120 所示，单击“确定”按钮。填充图形，并去除图形的轮廓线，效果如图 12-121 所示。

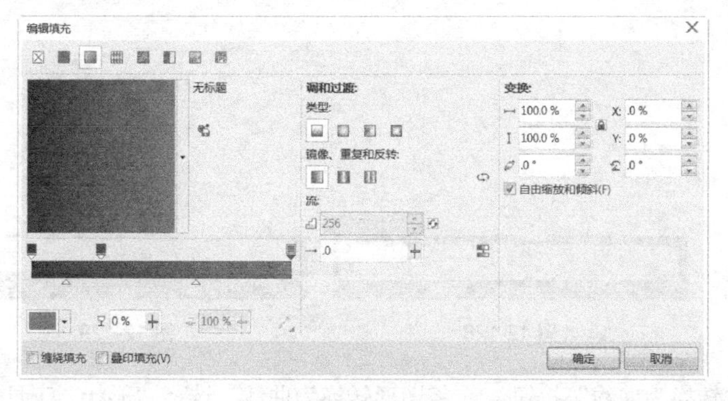

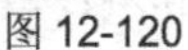

图 12-120

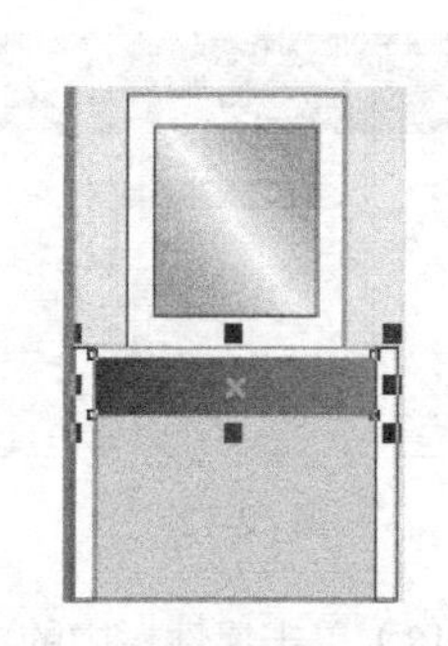

图 12-121

（15）选择“贝塞尔”工具，在适当的位置绘制一个图形，如图 12-122 所示。按 F11 键，弹出“编辑填充”对话框，单击“渐变填充”按钮，在“位置”选项中分别添加并输入 0、27、100 三个位置点，分别设置三个位置点颜色的 CMYK 值为 0（0、0、0、100）、27（40、99、98、4）、100（15、67、51、0），其他选项的设置如图 12-123 所示，单击“确定”按钮，填充图形，效果如图 12-124 所示。

（16）选择“矩形”工具，在页面中分别绘制多个矩形，如图 12-125 所示。填充图形为白色，效果如图 12-126 所示。

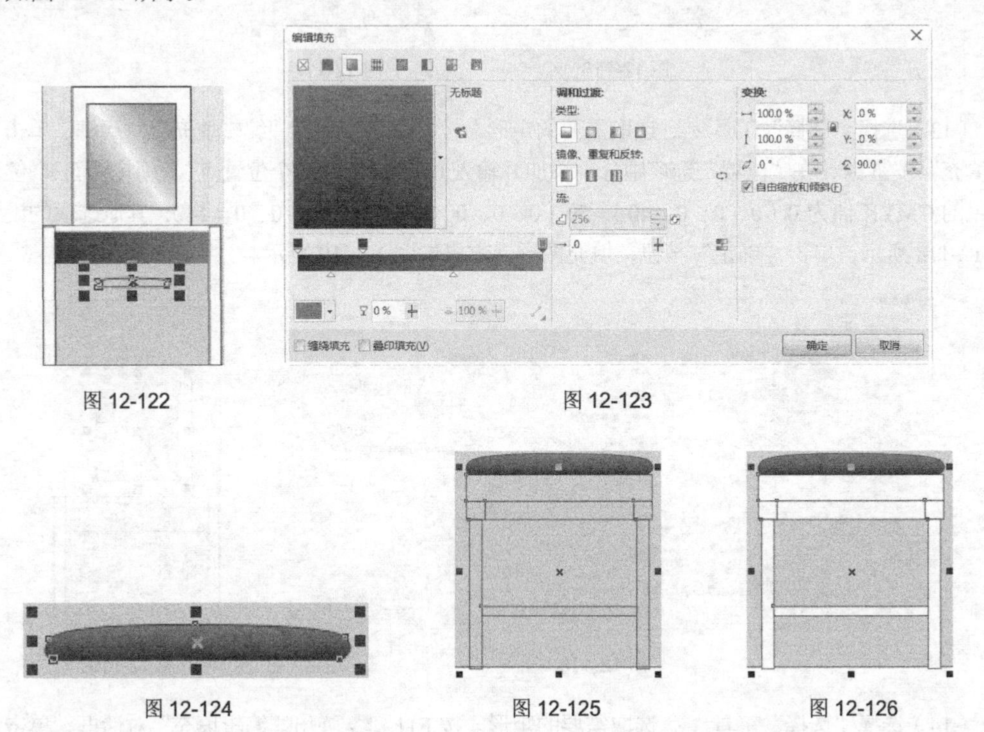

图 12-122　　图 12-123

图 12-124　　图 12-125　　图 12-126

（17）选择“矩形”工具，在页面中分别绘制多个矩形，如图 12-127 所示。选择“选择”工具，选取需要的矩形，填充图形为白色，并去除图形的轮廓线，效果如图 12-128 所示。选取需要的矩形，设置图形颜色的 CMYK 值为 0、0、0、90，填充图形，并去除图形的轮廓线，效果如图 12-129 所示。

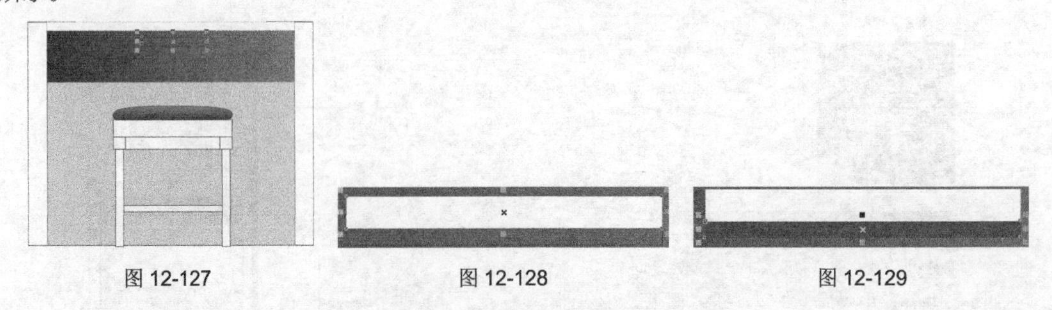

图 12-127　　图 12-128　　图 12-129

（18）单击属性栏中的“转换为曲线”按钮，将图形转换为曲线。选择“形状”工具，选取左下角节点并将其拖曳到适当的位置，效果如图 12-130 所示。选择“矩形”工具，在页面中分别绘制多个矩形，如图 12-131 所示。

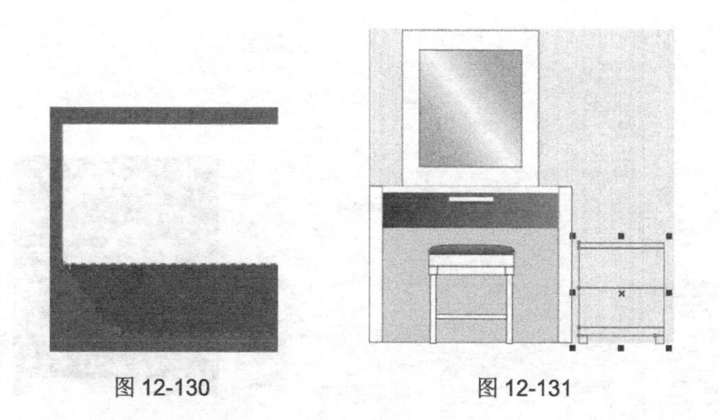

图 12-130　　　　图 12-131

（19）按 F11 键，弹出“编辑填充”对话框，单击“位图图样填充”按钮，单击“来自文件的新源”按钮，在弹出的对话框中打开云盘中的“Ch12 > 素材 > 彩色立面图制作 4”文件，单击“导入”按钮。返回“编辑填充对话框”，其他设置如图 12-132 所示，单击“确定”按钮，效果如图 12-133 所示。

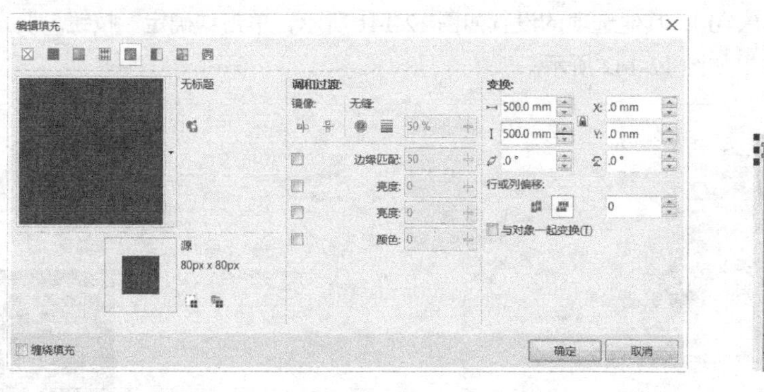

图 12-132

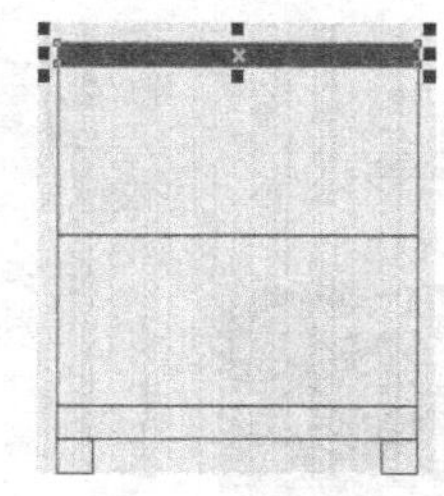

图 12-133

（20）使用相同的方法制作其他效果，如图 12-134 所示。选择需要的矩形，填充矩形为黑色，效果如图 12-135 所示。选择“矩形”工具，在页面中绘制一个矩形，如图 12-136 所示。

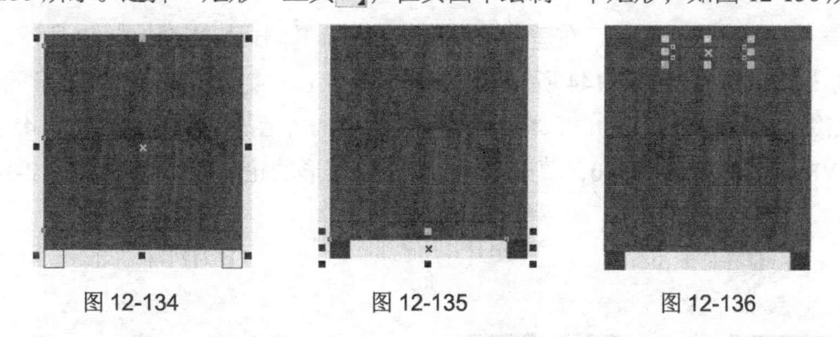

图 12-134　　　　图 12-135　　　　图 12-136

（21）按 F11 键，弹出“编辑填充”对话框，单击“渐变填充”按钮，在“位置”选项中分别添加并输入 0、50、100 三个位置点，分别设置三个位置点颜色的 CMYK 值为 0（0、0、0、100）、50（0、0、0、0、）、100（0、0、0、44），其他选项的设置如图 12-137 所示，单击“确定”按钮。填充图形，并去除图形的轮廓线，效果如图 12-138 所示。选择“选择”工具，选取矩形，按数字键盘上的+键，复制图形并拖曳到适当的位置，如图 12-139 所示。

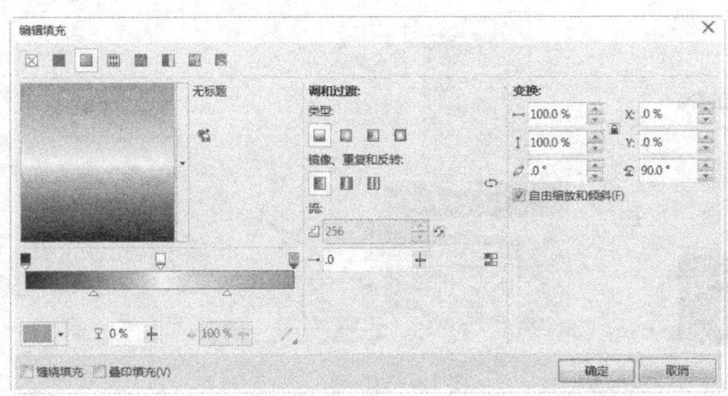

图 12-137

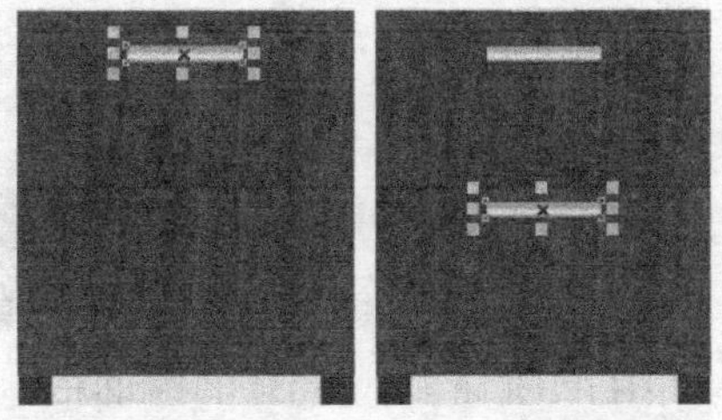

图 12-138　　图 12-139

（22）选择“钢笔”工具，在适当的位置绘制一个图形，如图 12-140 所示。按 F11 键，弹出“编辑填充”对话框，单击“渐变填充”按钮，在“位置”选项中分别添加并输入 0、21、38、100 四个位置点，分别设置四个位置点颜色的 CMYK 值为 0（0、0、0、30）、21（0、0、0、60）、38（0、0、0、19）、100（0、0、0、0），其他选项的设置如图 12-141 所示，单击“确定”按钮。填充图形，并去除图形的轮廓线，效果如图 12-142 所示。

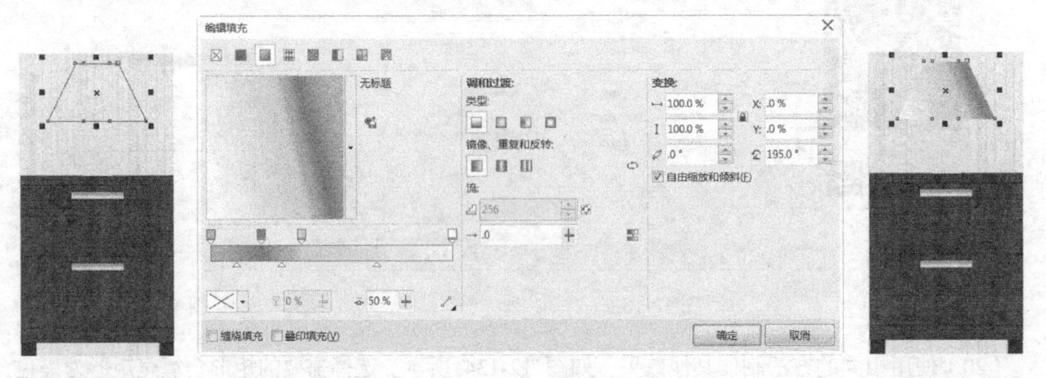

图 12-140　　图 12-141　　图 12-142

（23）选择“椭圆形”工具，在适当的位置绘制一个椭圆形，如图 12-143 所示。选择“矩形”工具，绘制一个矩形，如图 12-144 所示。选择“选择”工具，将椭圆形和矩形同时选取，单击属性栏中的“移除前面对象”按钮，将两个图形剪切为一个图形，效果如图 12-145 所示。设置图形颜色的 CMYK 值为 6、5、15、0，填充图形，并去除图形的轮廓线，效果如图 12-146 所示。

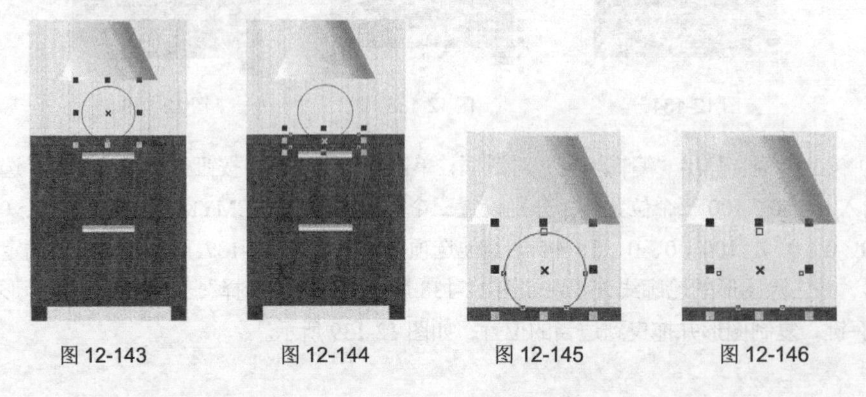

图 12-143　　图 12-144　　图 12-145　　图 12-146

（24）按数字键盘上的+键，复制图形。选择“交互式填充”工具，在属性栏中单击“渐变填充”按钮，单击“椭圆形渐变填充”按钮，在页面中拖曳鼠标绘制渐变效果，如图 12-147 所示。

（25）选择“透明度”工具，单击属性栏左侧的“均匀透明度”按钮，在属性栏中将“透明度”选项设为 50，按 Enter 键，效果如图 12-148 所示。

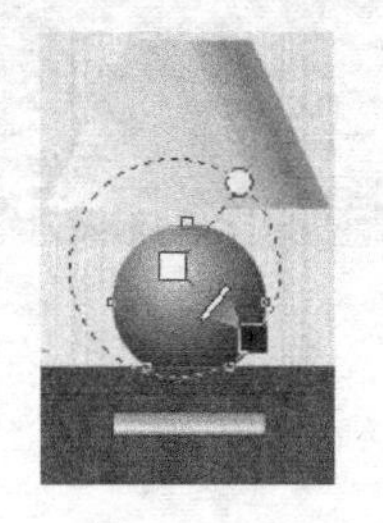

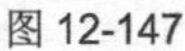

图 12-147

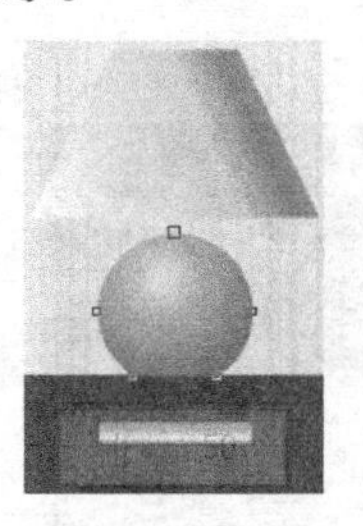

图 12-148

（26）选择“矩形”工具，绘制一个矩形，如图 12-149 所示。按 F11 键，弹出“编辑填充”对话框，单击“渐变填充”按钮，在“位置”选项中分别添加并输入 0、39、100 三个位置点，分别设置三个位置点颜色的 CMYK 值为 0（0、0、0、100）、39（0、0、0、60）、100（0、0、0、100），其他选项的设置如图 12-150 所示，单击“确定”按钮。填充图形，并去除图形的轮廓线，效果如图 12-151 所示。

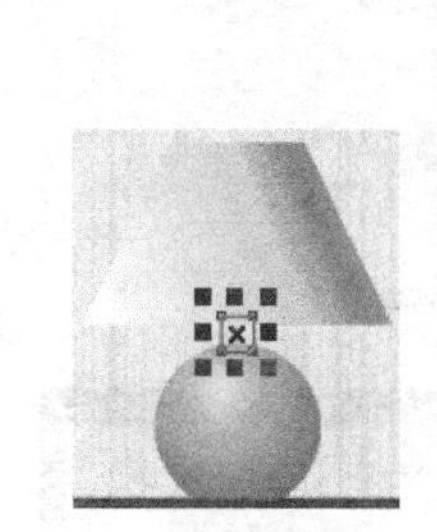

图 12-149

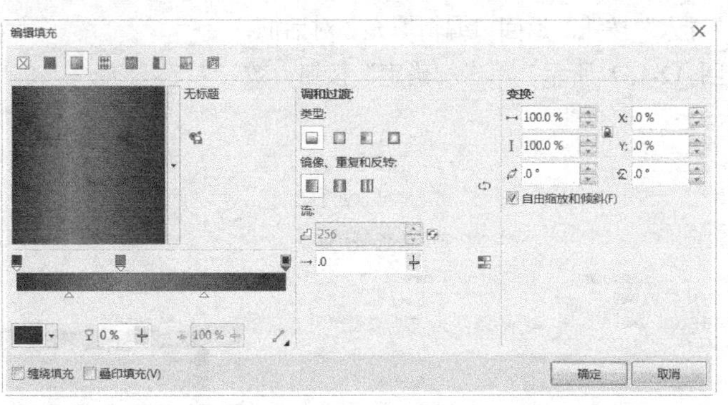

图 12-150

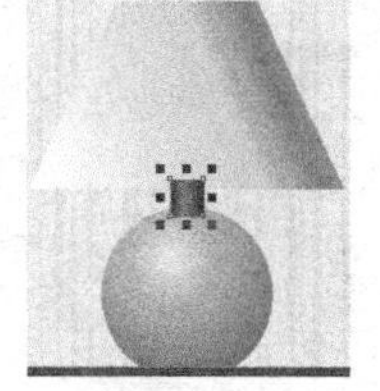

图 12-151

（27）选择“选择”工具，选取图形，连续按 Ctrl+PageDown 组合键，将其后移，效果如图 12-152 所示。

（28）按 Ctrl+I 组合键，弹出“导入”对话框，选择云盘中的“Ch12 > 素材 > 彩色立面图制作 4”文件，单击“导入”按钮，在页面中单击导入图片，将其拖曳到适当的位置并调整大小，效果如图 12-153 所示。

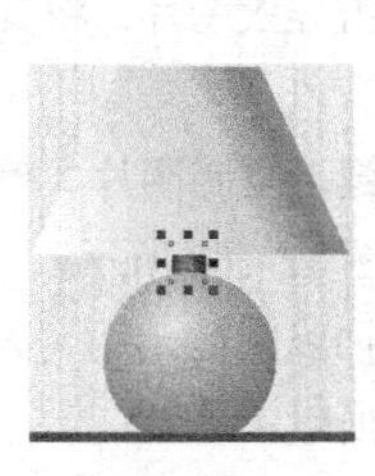

图 12-152

图 12-153

（29）选择“矩形”工具□，绘制一个矩形，如图 12-154 所示。选择“选择”工具，选取图片，选择“对象 > 图框精确剪裁 > 置于图文框内部”命令，鼠标光标变为黑色箭头，在矩形框上单击，将图片置入矩形框中，并去除矩形的轮廓线，如图 12-155 所示。

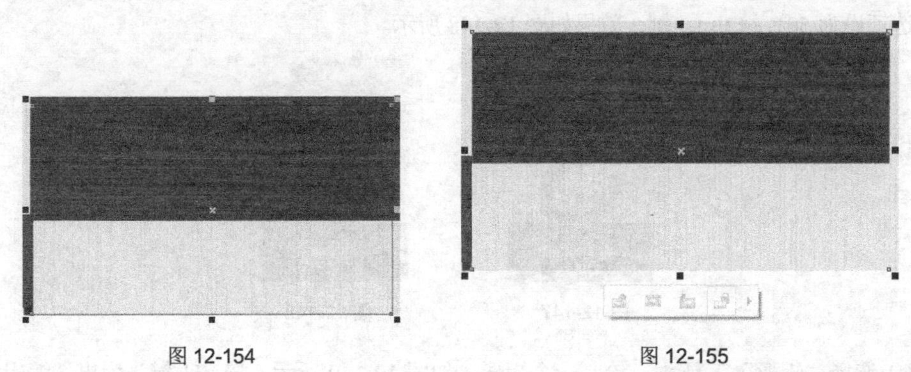

图 12-154　　　　图 12-155

（30）选择“矩形”工具□，绘制一个矩形，如图 12-156 所示。按 F11 键，弹出“编辑填充”对话框，选择“位图图样填充”按钮，单击“来自文件的新源”按钮，在弹出的对话框中打开云盘中的“Ch12 > 素材 > 彩色立面图制作 5”文件，单击“导入”按钮。返回“编辑填充”对话框，其他选项的设置如图 12-157 所示，单击“确定”按钮，效果如图 12-158 所示。

图 12-156

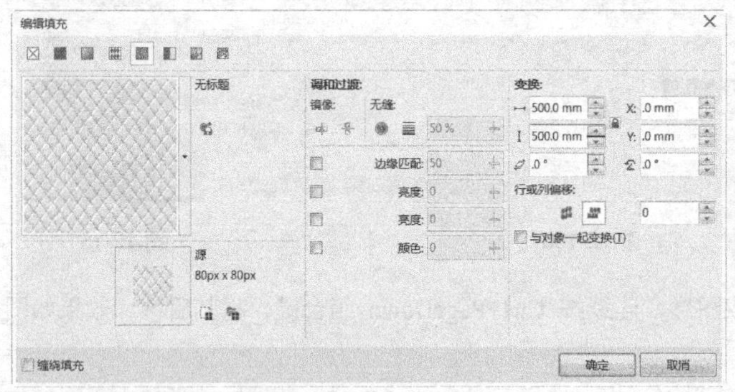

图 12-157

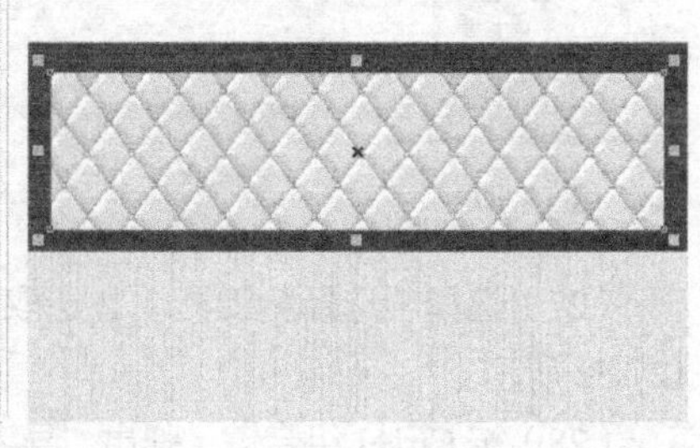

图 12-158

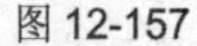

（31）按 Ctrl+I 组合键，弹出“导入”对话框，选择云盘中的“Ch12 > 素材 > 彩色立面图制作 6、彩色立面图制作 7”文件，单击“导入”按钮，在页面中单击导入图片，将其拖曳到适当的位置并调整大小，效果如图 12-159 所示。

（32）选择“选择”工具，选取图片，按数字键盘上的+键，复制图片。单击属性栏中的“水平镜像”按钮，镜像图片并将其拖曳到适当的位置，效果如图 12-160 所示。

（33）选择“选择”工具，选取需要的图片和图形，如图 12-161 所示。按数字键盘上的+键，复制图片和图形，拖曳到适当的位置并调整大小，如图 12-162 所示。

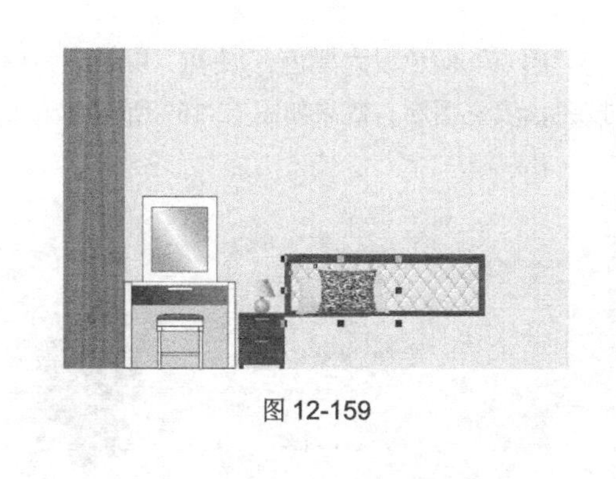

图 12-159

图 12-160

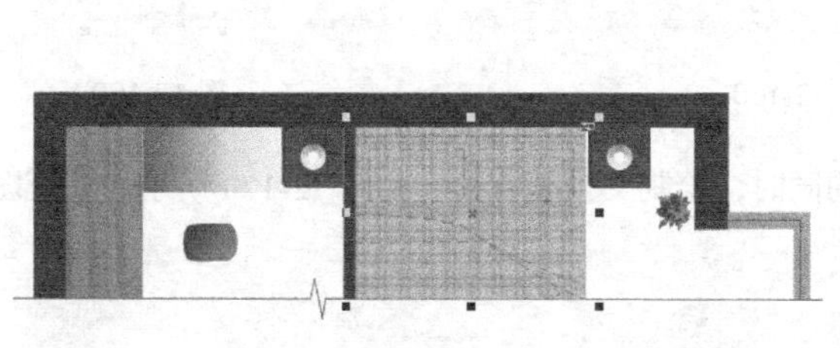

图 12-161

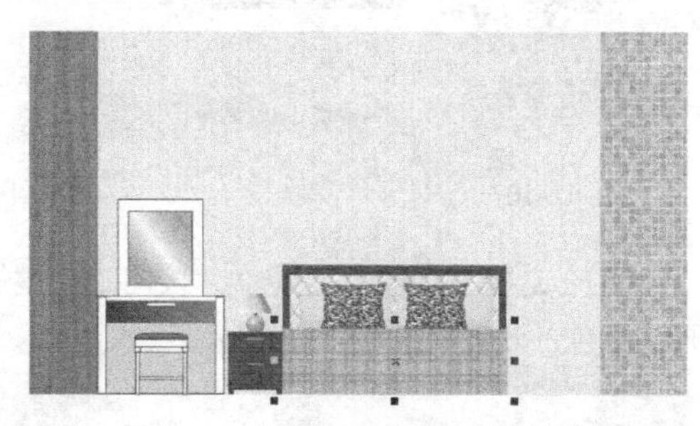

图 12-162

（34）选取需要的图形，如图 12-163 所示，按数字键盘上的+键，复制图形，拖曳到适当的位置，如图 12-164 所示。

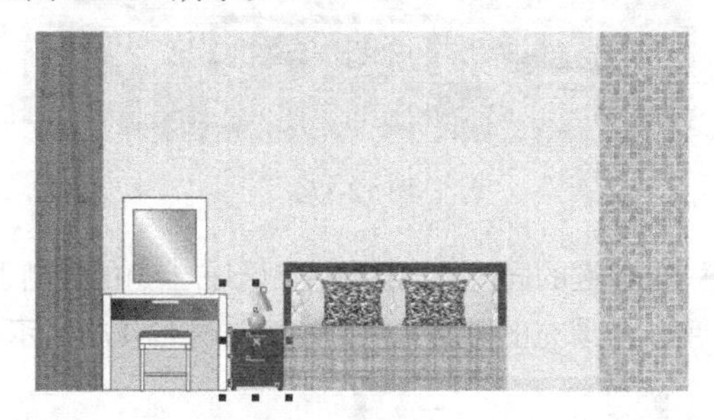

图 12-163

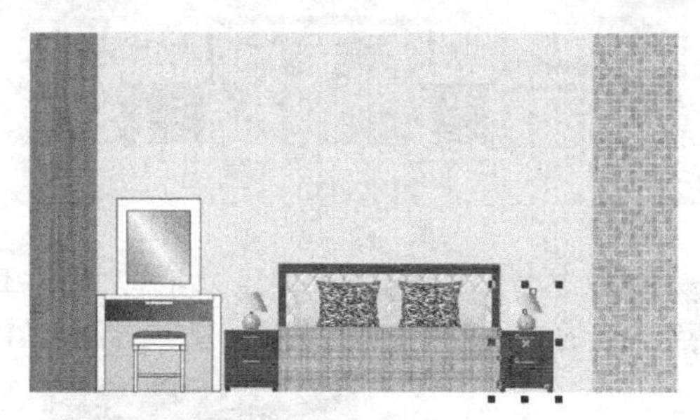

图 12-164

（35）选取需要的图片和图形，如图 12-165 所示，按数字键盘上的+键，复制图片和图形，拖曳到适当的位置并调整大小，如图 12-166 所示。

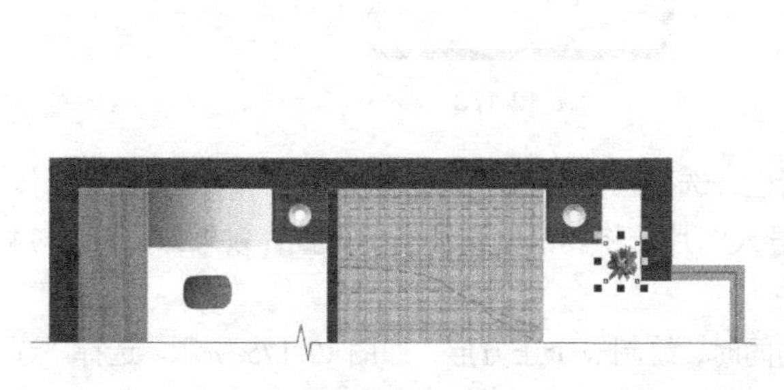

图 12-165

图 12-166

（36）选择“钢笔”工具，在适当的位置绘制一个图形，如图 12-167 所示。按 F11 键，弹出

“编辑填充”对话框，单击“渐变填充”按钮，将“起点”颜色设为黑色，“终点”颜色设为白色，其他选项的设置如图 12-168 所示，单击“确定”按钮，填充图形，效果如图 12-169 所示。

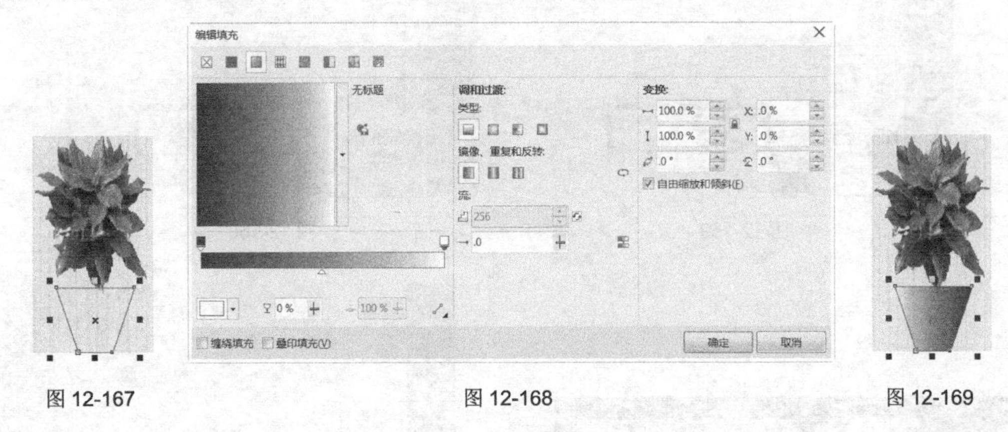

图 12-167　　图 12-168　　图 12-169

（37）选择“矩形”工具，按住 Ctrl 键的同时，绘制一个正方形，如图 12-170 所示。填充图形为黑色，效果如图 12-171 所示。

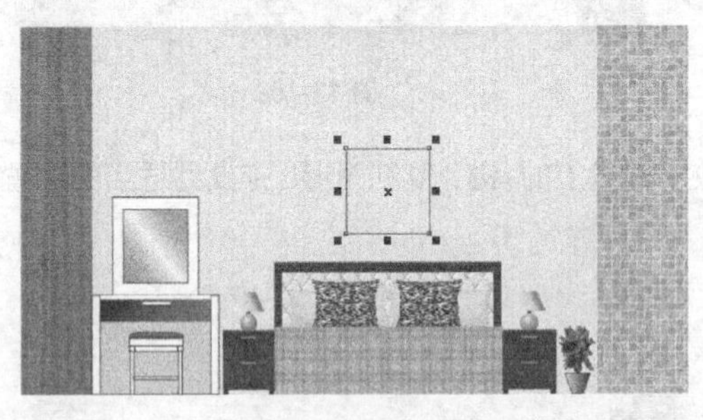

图 12-170

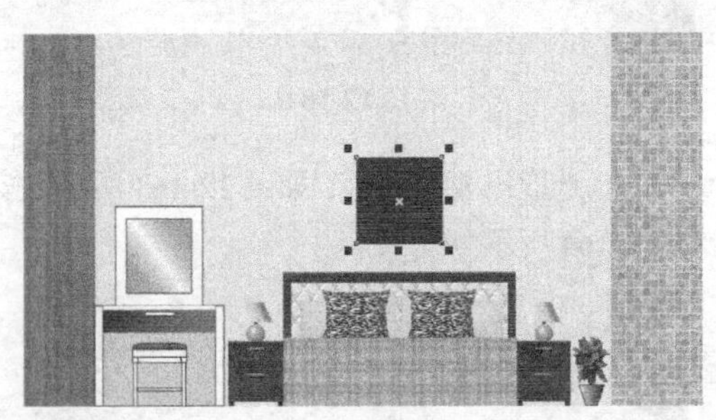

图 12-171

（38）选择“选择”工具，选取正方形，按住 Shift 键的同时，向内拖曳矩形右上角的控制手柄到适当的位置，单击鼠标右键，效果如图 12-172 所示。填充图形为白色，效果如图 12-173 所示。

图 12-172

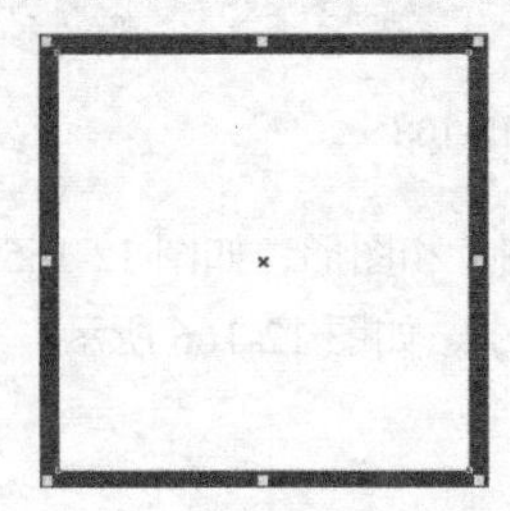

图 12-173

（39）按 Ctrl+I 组合键，弹出“导入”对话框，选择云盘中的“Ch12 > 素材 > 彩色立面图制作 8”文件，单击“导入”按钮，在页面中单击导入图片，将其拖曳到适当的位置，效果如图 12-174 所示。

（40）选择“矩形”工具，按住 Ctrl 键的同时，绘制一个正方形，如图 12-175 所示。选择“选择”工具，选取图片，选择“对象 > 图框精确剪裁 > 置于图文框内部”命令，鼠标光标变为黑色箭头，在正方形框上单击，将图片置入正方形框中，并去除正方形的轮廓线，如图 12-176 所示。

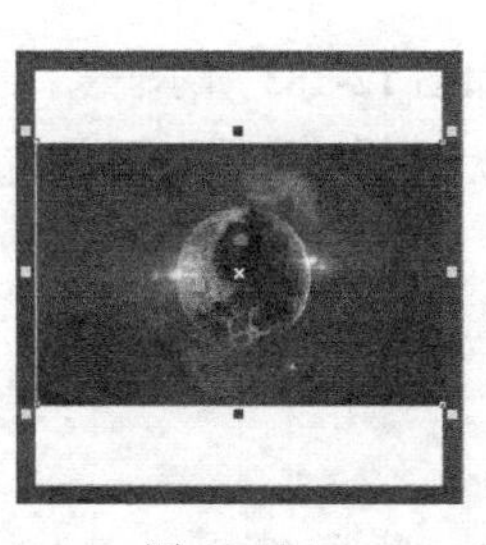

图 12-174

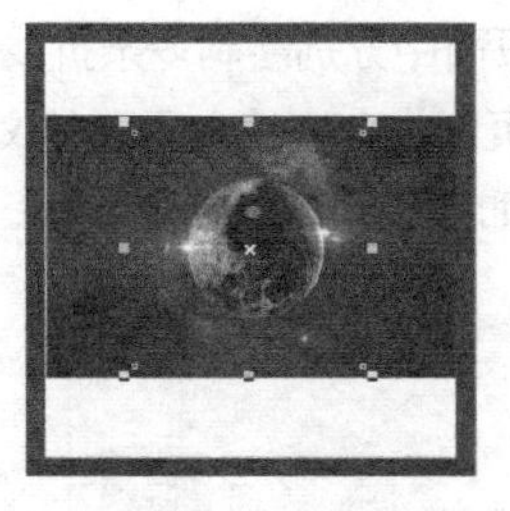

图 12-175

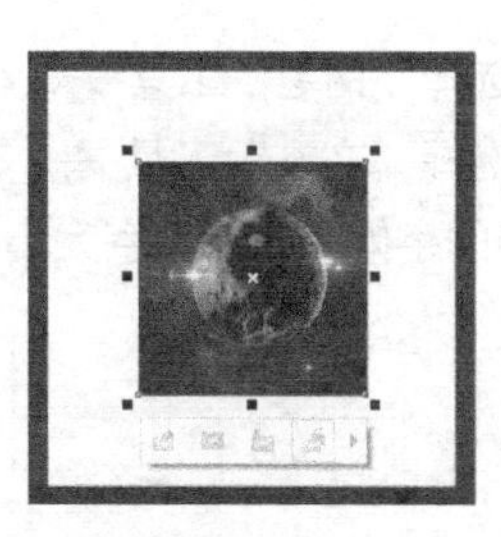

图 12-176

（41）选择“钢笔”工具，在适当的位置绘制一个图形，如图 12-177 所示。设置图形颜色的 CMYK 值为 0、0、0、20，填充图形，并去除图形的轮廓线，效果如图 12-178 所示。

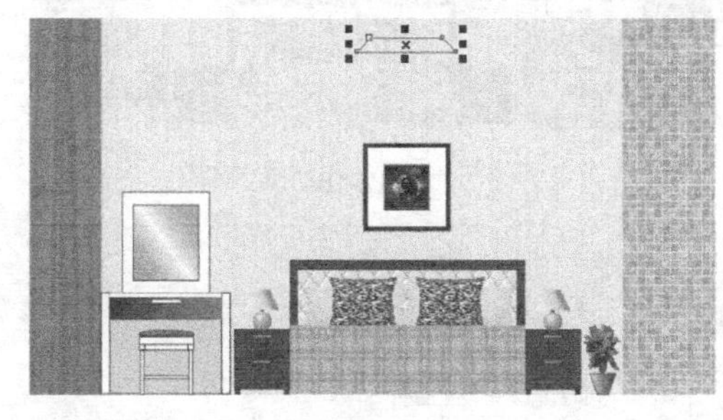

图 12-177

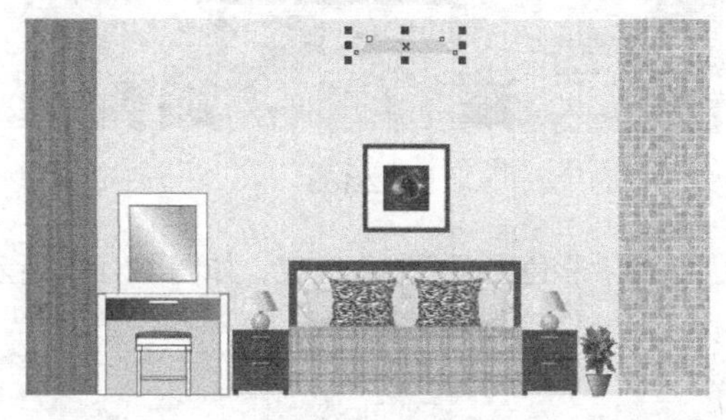

图 12-178

（42）选择“椭圆形”工具，在适当的位置拖曳光标绘制一个椭圆形，如图 12-179 所示。填充图形为白色，并去除图形的轮廓线，效果如图 12-180 所示。

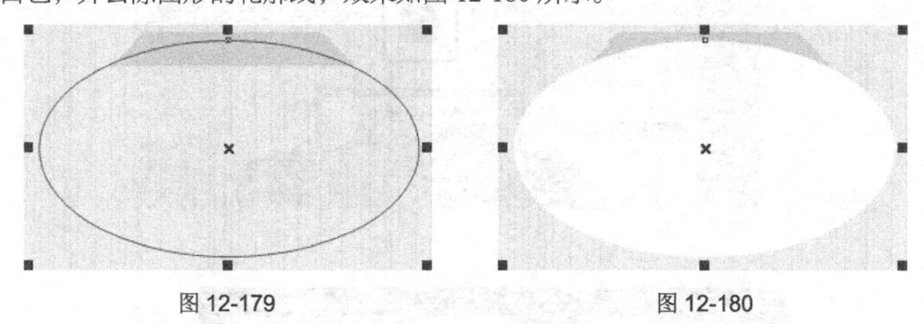

图 12-179　　图 12-180

（43）选择“透明度”工具，按住 Shift 键的同时，在图形对象上从上到下拖曳鼠标，为图形添加透明度效果，如图 12-181 所示。

（44）选择“选择”工具，选择椭圆形，按 Ctrl+PageDown 组合键，将其后移，效果如图 12-182 所示。

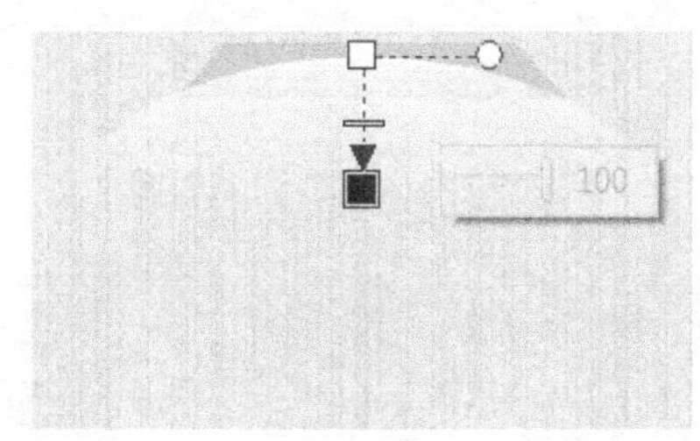

图 12-181

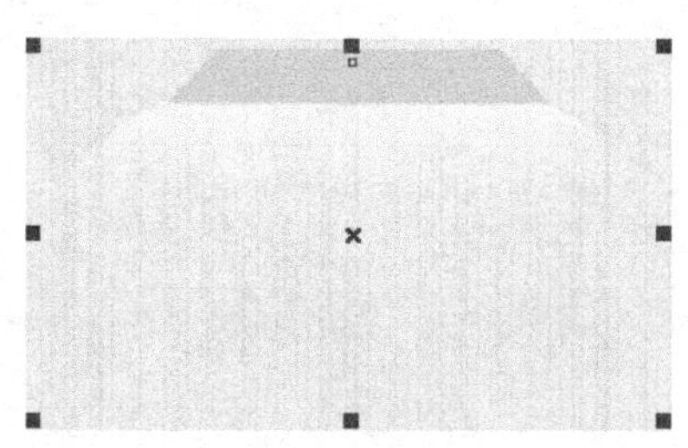

图 12-182

（45）选择“钢笔”工具，在页面中分别绘制多条折线，如图 12-183 所示。

（46）选择“文本”工具，在页面中分别输入需要的文字，选择“选择”工具，在属性栏中选取适当的字体并设置文字大小，如图 12-184 所示。

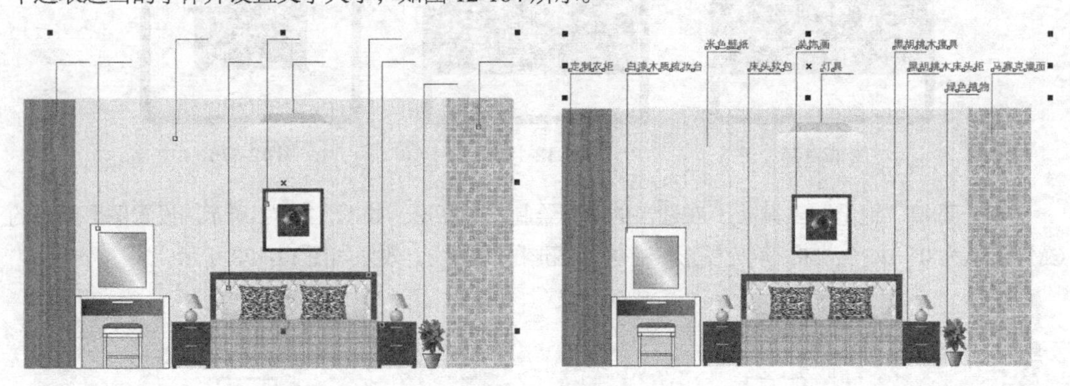

图 12-183　　图 12-184

（47）彩色立面图制作完成，如图 12-185 所示。

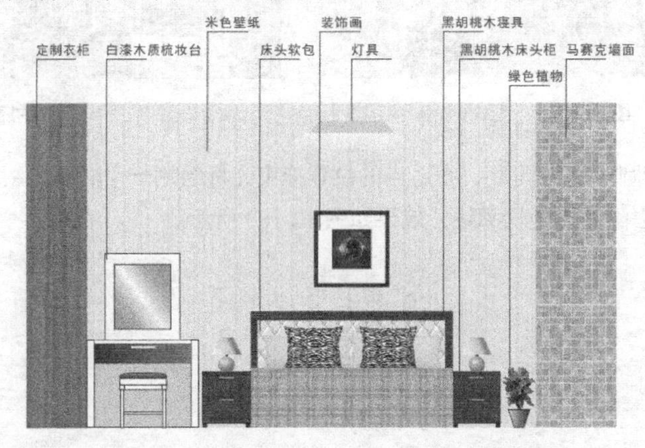

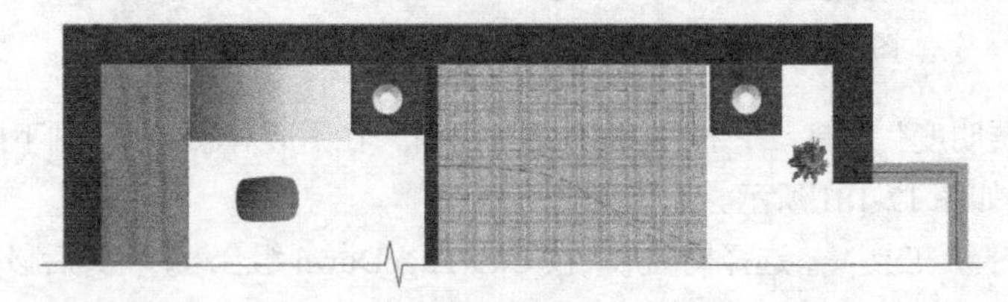

图 12-185

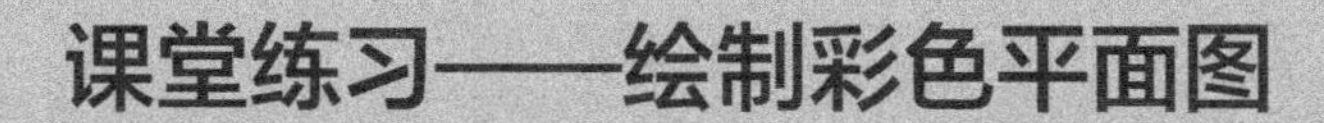

课堂练习——绘制彩色平面图

练习知识要点

在 CorelDRAW 中使用绘图工具绘制基本形状，使用图框精确剪裁命令制作地板效果，使用钢笔工具和文本工具制作标注，效果如图 12-186 所示。

效果所在位置

云盘/Ch12/效果/课堂练习.cdr。

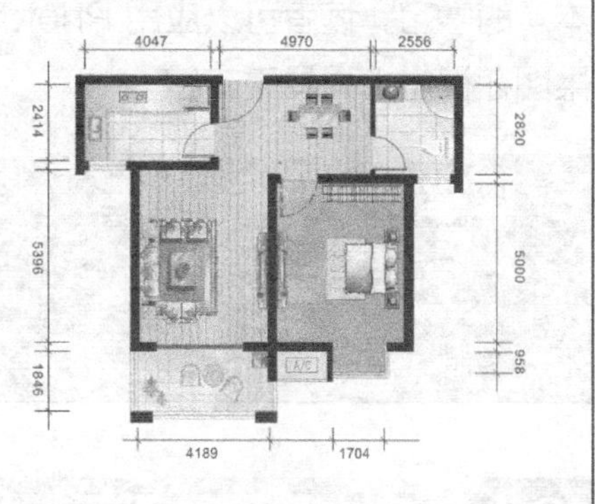

平面布置图方案一　1：60

图 12-186

课后习题——绘制建筑立面图

习题知识要点

在 CorelDRAW 中使用矩形工具、椭圆形工具等绘图工具绘制建筑立面图，效果如图 12-187 所示。

效果所在位置

云盘/Ch12/效果/课后习题.psd。

图 12-187

第 13 章　室内效果图后期处理技术

本章将主要介绍使用 Photoshop 对室内效果图进行后期处理的方法和技巧。通过本章的学习，读者可以应用 Photoshop 对 3ds Max 渲染后的效果图进行调整，使效果图在视觉上更具真实感。

课堂学习目标

- 掌握室内日景效果图后期处理的方法和技巧
- 掌握室内夜景效果图后期处理的方法和技巧

13.1 室内日景效果后期处理技巧

13.1.1　案例分析

阳琼室内设计公司是一家专业的室内设计公司，在本市已经获得 ISO9000 质量体系认证，是本市重点文化企业。阳琼室内设计公司为客户制作的室内效果图需要修改，要求将整体色调调亮，并修饰一些细节。

13.1.2　案例制作要点

使用魔棒工具选择需要修改的区域；使用调整命令调整图像；使用画笔工具和高级混合命令为图像添加高光；使用浮雕效果滤镜、高斯模糊滤镜和图层混合模式调整图像细节。

13.1.3　案例制作

（1）按 Ctrl + O 组合键，打开云盘中的“Ch13 > 素材 > 室内日景效果后期处理实例 1”文件，如图 13-1 所示。

图 13-1

（2）按 Ctrl + O 组合键，打开云盘中的“Ch13 > 素材 > 室内日景效果后期处理实例 2”文件，选择“移动”工具，将图片拖曳到图像窗口中适当的位置，效果如图 13-2 所示，在“图层”控制面板中生成新图层“图层 1”。单击“图层 1”图层左侧的眼睛图标，将“图层 1”图层隐藏。

（3）将“背景”图层拖曳到“图层”控制面板下方的“创建新图层”按钮上进行复制，生成新的图层“背景 拷贝”。按 Ctrl+M 组合键，弹出“曲线”对话框，在曲线上单击鼠标添加控制点，将“输入”选项设为 186，“输出”选项设为 198，如图 13-3 所示；在曲线上单击鼠标添加控制点，将“输入”选项设为 61，“输出”选项设为 58，如图 13-4 所示，单击“确定”按钮，效果如图 13-5 所示。

图 13-2

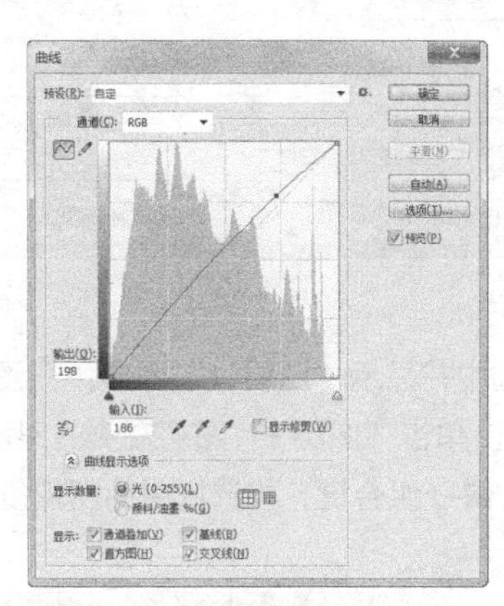

图 13-3

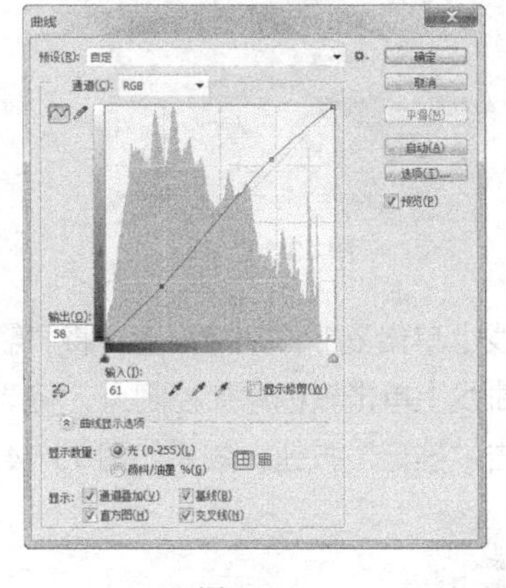

图 13-4

图 13-5

（4）选中并显示“图层 1”图层。选择“魔棒”工具，在属性栏中将“容差”选项设为 5，在图像窗口中的会议桌区域单击，图像周围生成选区，如图 13-6 所示。单击“图层 1”图层左侧的眼睛图标，将“图层 1”图层隐藏。选中“背景 拷贝”图层，按 Ctrl+J 组合键，将选区中的图像复制到新图层并将其命名为“会议桌”，如图 13-7 所示。

图 13-6

图 13-7

（5）选择“图像 > 调整 > 亮度/对比度”命令，在弹出的对话框中进行设置，如图 13-8 所示，单击“确定”按钮，效果如图 13-9 所示。

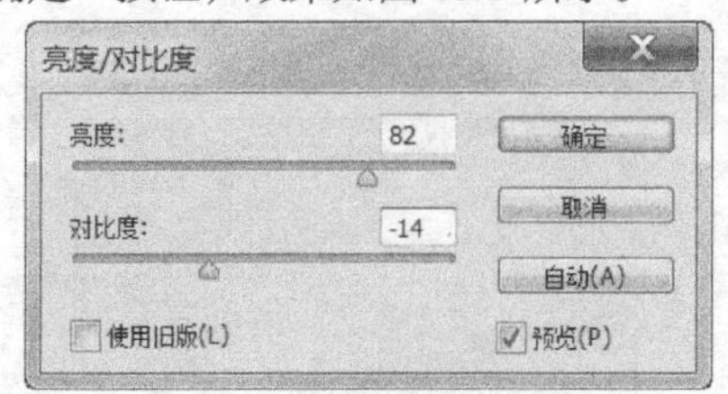

图 13-8

图 13-9

（6）选中并显示“图层 1”图层。在图像窗口中的装饰画区域单击，图像周围生成选区，如图 13-10 所示。单击“图层 1”图层左侧的眼睛图标 ，将“图层 1”图层隐藏。选中“背景 拷贝”图层，按 Ctrl+J 组合键，将选区中的图像复制到新图层并将其命名为“装饰画”，如图 13-11 所示。

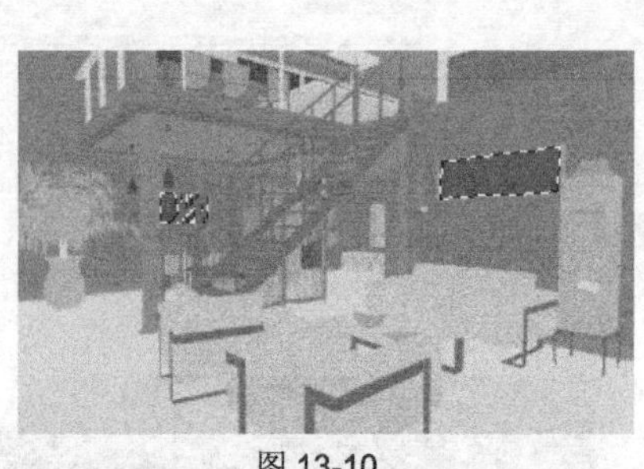

图 13-10

图 13-11

（7）按 Ctrl+M 组合键，弹出“曲线”对话框，在曲线上单击鼠标添加控制点，将“输入”选项设为 170，“输出”选项设为 195，如图 13-12 所示；在曲线上单击鼠标添加控制点，将“输入”选项设为 103，“输出”选项设为 50，如图 13-13 所示，单击“确定”按钮，效果如图 13-14 所示。

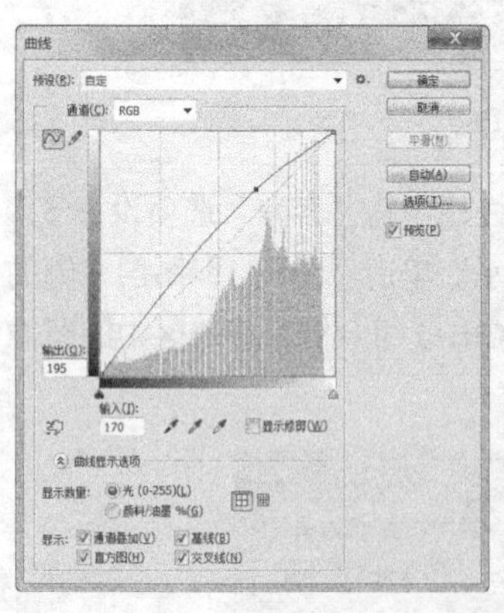

图 13-12

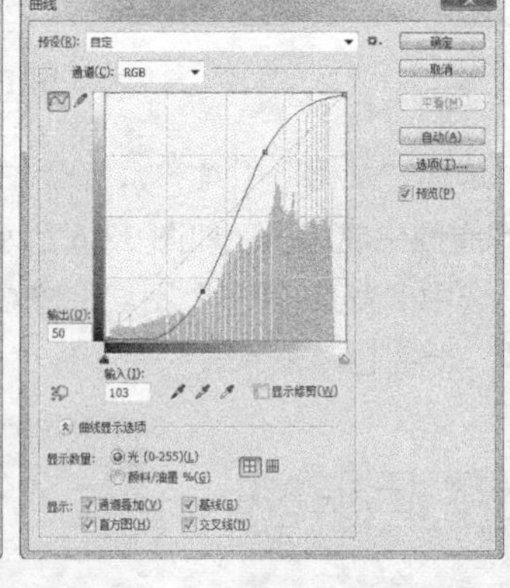

图 13-13

图 13-14

（8）选择“图像 > 调整 > 亮度/对比度”命令，在弹出的对话框中进行设置，如图 13-15 所示，单击“确定”按钮，效果如图 13-16 所示。

（9）选择“图像 > 调整 > 色相/饱和度”命令，在弹出的对话框中进行设置，如图 13-17 所示，单击“确定”按钮，效果如图 13-18 所示。

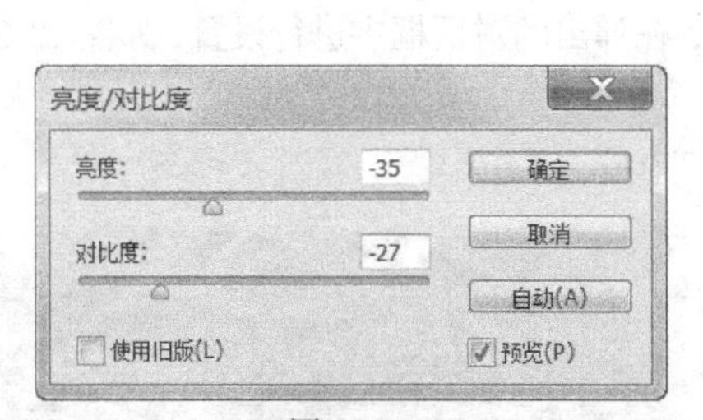

图 13-15

图 13-16

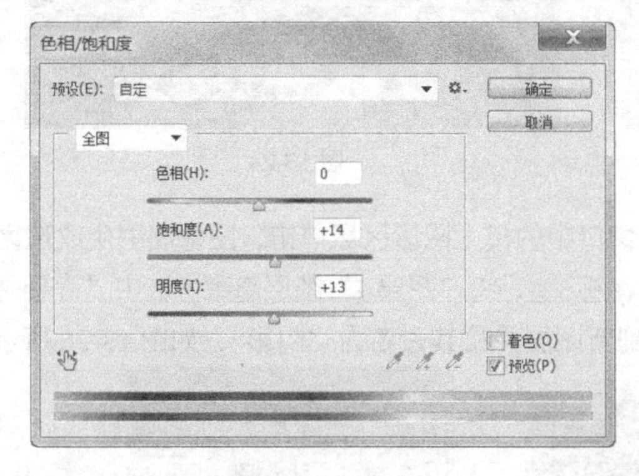

图 13-17

图 13-18

（10）选中并显示“图层 1”图层。在图像窗口中的楼上栏杆区域单击，图像周围生成选区，如图 13-19 所示。单击“图层 1”图层左侧的眼睛图标 ，将“图层 1”图层隐藏。选中“背景 拷贝”图层，按 Ctrl+J 组合键，将选区中的图像复制到新图层并将其命名为“楼上栏杆”，如图 13-20 所示。

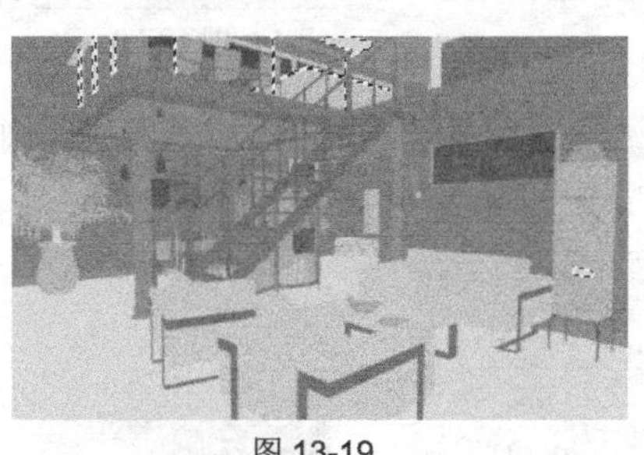

图 13-19

图 13-20

（11）选择“图像 > 调整 > 亮度/对比度”命令，在弹出的对话框中进行设置，如图 13-21 所示，单击“确定”按钮，效果如图 13-22 所示。

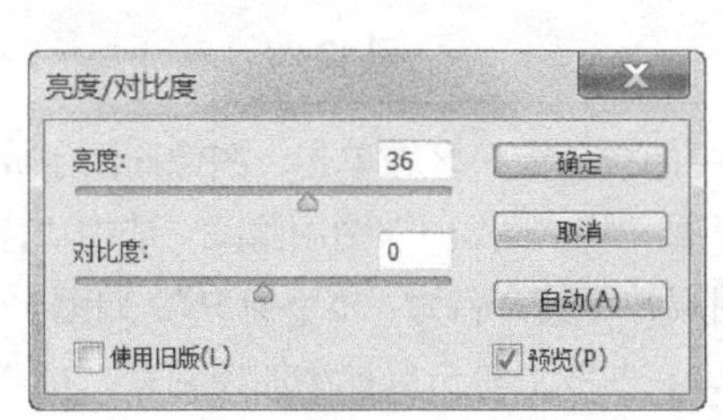

图 13-21

图 13-22

（12）选择“图像 > 调整 > 色相/饱和度”命令，在弹出的对话框中进行设置，如图 13-23 所示，单击“确定”按钮，效果如图 13-24 所示。

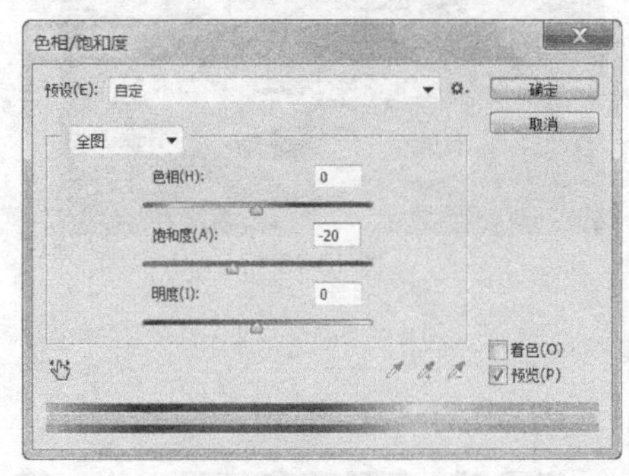

图 13-23

图 13-24

（13）选中并显示“图层 1”图层。在图像窗口中的楼上阴影区域单击，图像周围生成选区，如图 13-25 所示。单击“图层 1”图层左侧的眼睛图标 ，将“图层 1”图层隐藏。选中“背景 拷贝”图层，按 Ctrl+J 组合键，将选区中的图像复制到新图层并将其命名为“阴影”，如图 13-26 所示。

图 13-25

图 13-26

（14）选择“图像 > 调整 > 照片滤镜”命令，在弹出的对话框中进行设置，如图 13-27 所示，单击“确定”按钮，效果如图 13-28 所示。

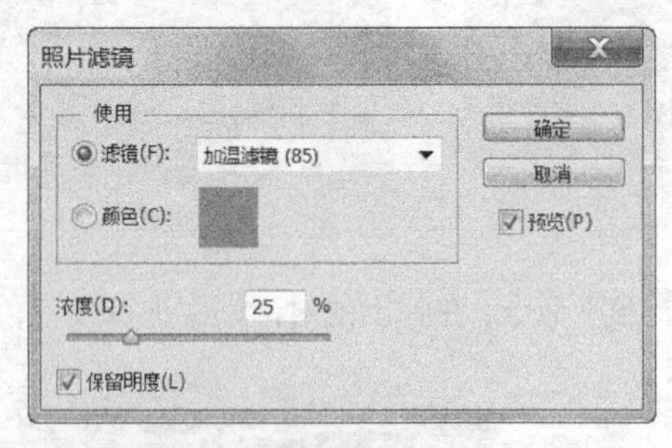

图 13-27

图 13-28

（15）选中并显示“图层 1”图层。在图像窗口中的楼下窗户区域单击，图像周围生成选区，如图 13-29 所示。单击“图层 1”图层左侧的眼睛图标 ，将“图层 1”图层隐藏。选中“背景 拷贝”图层，按 Ctrl+J 组合键，将选区中的图像复制到新图层并将其命名为“楼下窗户”，如图 13-30 所示。

（16）按 Ctrl+M 组合键，弹出“曲线”对话框，在曲线上单击鼠标添加控制点，将“输入”选项设为 193，“输出”选项设为 211，如图 13-31 所示，单击“确定”按钮，效果如图 13-32 所示。

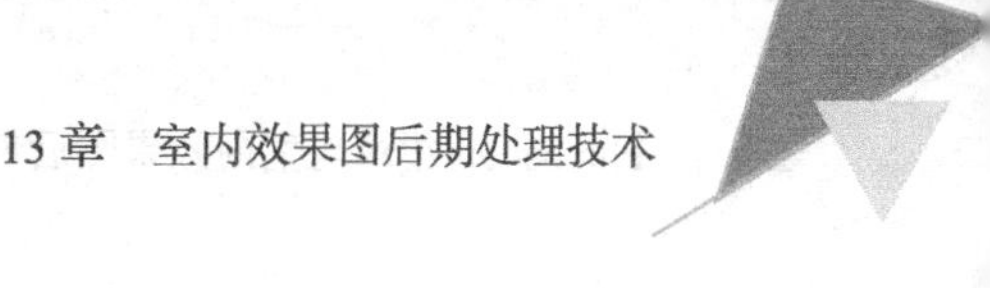

图 13-29

图 13-30

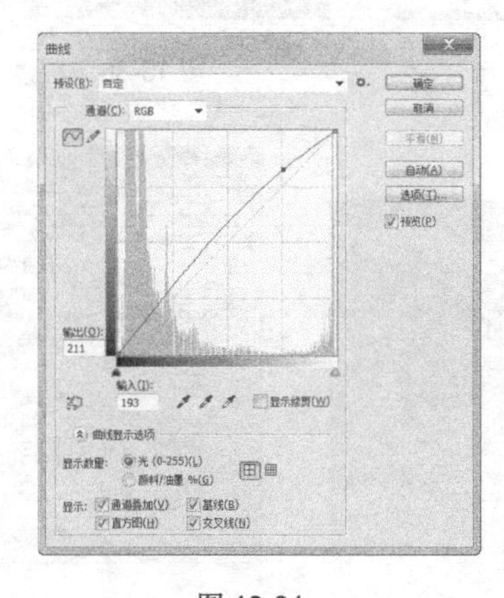

图 13-31

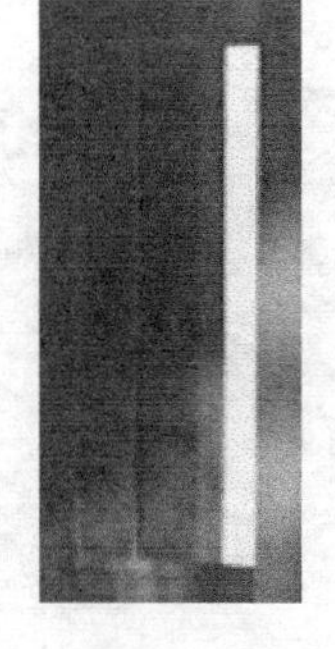

图 13-32

（17）选中并显示“图层 1”图层。在图像窗口中的果盘区域单击，图像周围生成选区，如图 13-33 所示。单击“图层 1”图层左侧的眼睛图标 ，将“图层 1”图层隐藏。选中“背景 拷贝”图层，按 Ctrl+J 组合键，将选区中的图像复制到新图层并将其命名为“果盘”，如图 13-34 所示。

图 13-33

图 13-34

（18）按 Ctrl+M 组合键，弹出“曲线”对话框，在曲线上单击鼠标添加控制点，将“输入”选项设为 167，“输出”选项设为 214，如图 13-35 所示，单击“确定”按钮，效果如图 13-36 所示。

（19）选中并显示“图层 1”图层。在图像窗口中的盘子区域单击，图像周围生成选区，如图 13-37 所示。单击“图层 1”图层左侧的眼睛图标 ，将“图层 1”图层隐藏。选中“背景 拷贝”图层，按 Ctrl+J 组合键，将选区中的图像复制到新图层并将其命名为“盘子”，如图 13-38 所示。

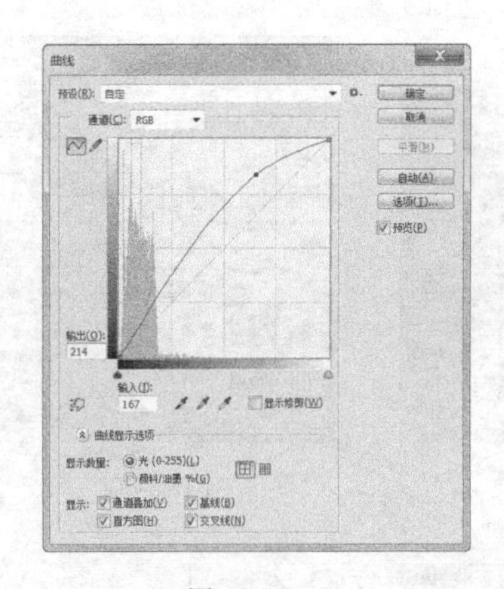

图 13-35　　图 13-36

图 13-37　　图 13-38

（20）按 Ctrl+M 组合键，弹出“曲线”对话框，在曲线上单击鼠标添加控制点，将“输入”选项设为 184，“输出”选项设为 197，如图 13-39 所示，单击“确定”按钮，效果如图 13-40 所示。

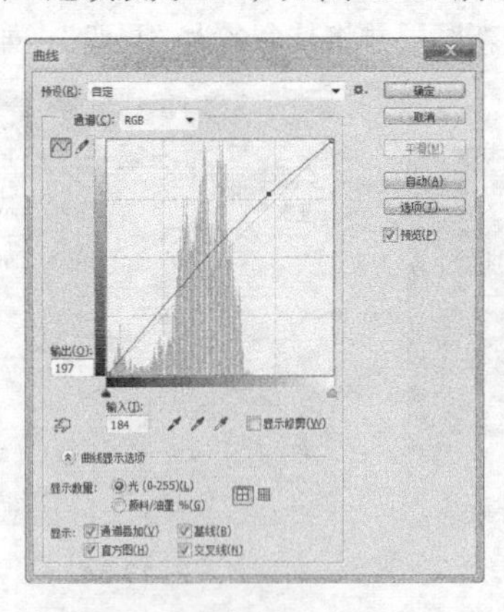

图 13-39　　图 13-40

（21）选中并显示“图层 1”图层。在图像窗口中的茶几区域单击，图像周围生成选区，如图 13-41 所示。单击“图层 1”图层左侧的眼睛图标 ，将“图层 1”图层隐藏。选中“背景 拷贝”图层，按 Ctrl+J 组合键，将选区中的图像复制到新图层并将其命名为“茶几”，如图 13-42 所示。

图 13-41

图 13-42

（22）选择“图像 > 调整 > 亮度/对比度”命令，在弹出的对话框中进行设置，如图 13-43 所示，单击“确定”按钮，效果如图 13-44 所示。

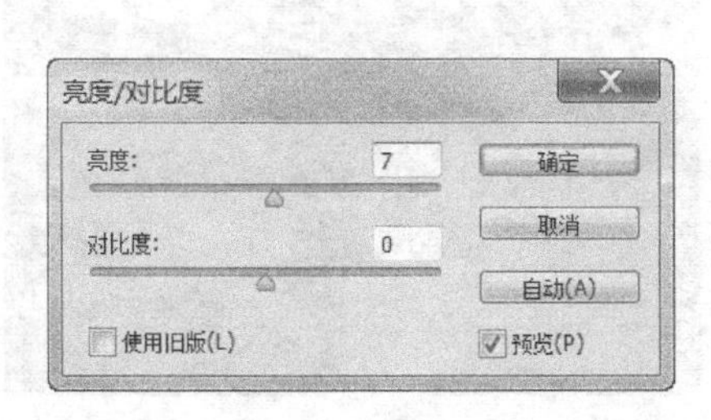

图 13-43　　图 13-44

（23）按 Ctrl+M 组合键，弹出“曲线”对话框，在曲线上单击鼠标添加控制点，将“输入”选项设为 191，“输出”选项设为 222，如图 13-45 所示；在曲线上单击鼠标添加控制点，将“输入”选项设为 38，“输出”选项设为 32，如图 13-46 所示，单击“确定”按钮，效果如图 13-47 所示。

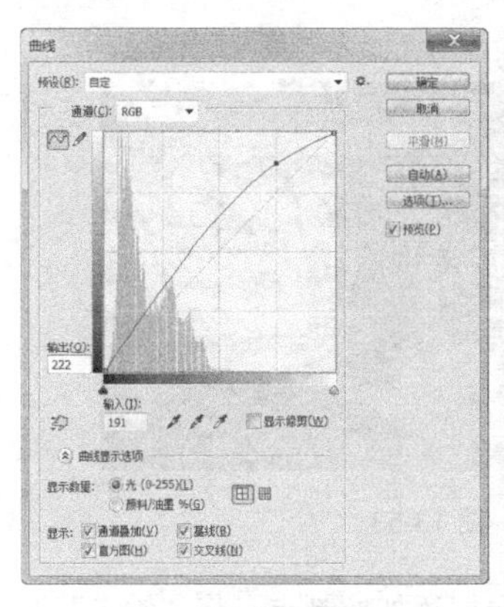

图 13-45

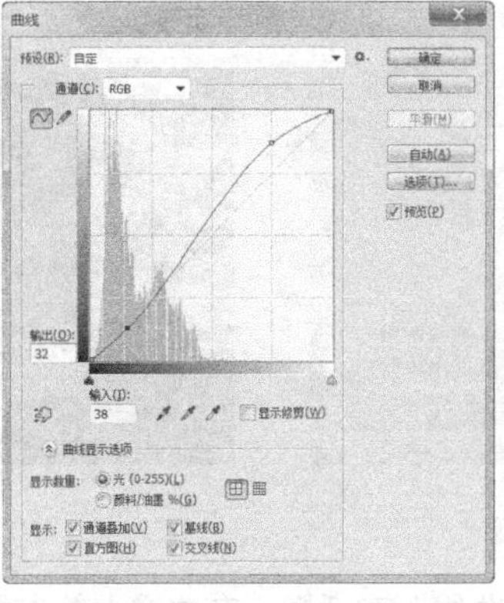

图 13-46

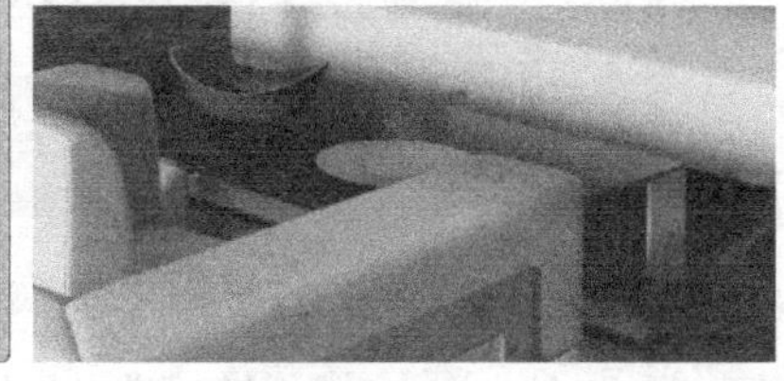

图 13-47

（24）选中并显示“图层 1”图层。在图像窗口中的沙发区域单击，图像周围生成选区，如图 13-48 所示。单击“图层 1”图层左侧的眼睛图标，将“图层 1”图层隐藏。选中“背景 拷贝”图层，按 Ctrl+J 组合键，将选区中的图像复制到新图层并将其命名为“沙发”，如图 13-49 所示。

图 13-48

图 13-49

（25）选择“图像 > 调整 > 色彩平衡”命令，在弹出的对话框中进行设置，如图 13-50 所示，单击“确定”按钮，效果如图 13-51 所示。

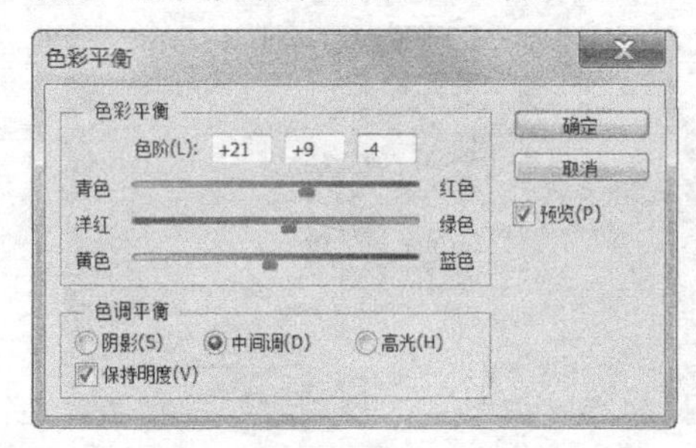

图 13-50

图 13-51

（26）选择“图像 > 调整 > 色相/饱和度”命令，在弹出的对话框中进行设置，如图 13-52 所示，单击“确定”按钮，效果如图 13-53 所示。

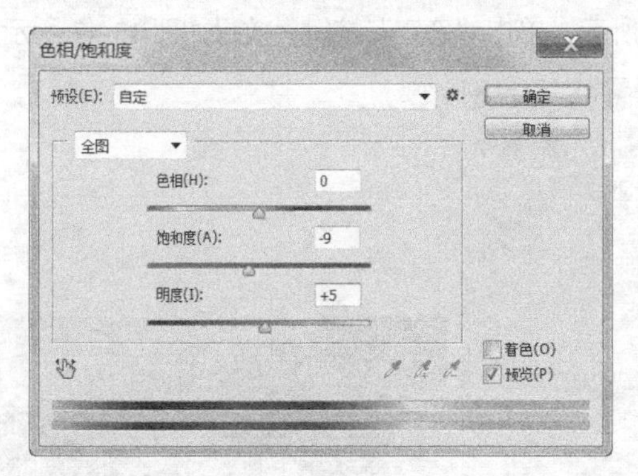

图 13-52

图 13-53

（27）按 Ctrl+M 组合键，弹出“曲线”对话框，在曲线上单击鼠标添加控制点，将“输入”选项设为 90，“输出”选项设为 76，如图 13-54 所示；在曲线上单击鼠标添加控制点，将“输入”选项设为 37，“输出”选项设为 22，如图 13-55 所示，单击“确定”按钮，效果如图 13-56 所示。

（28）选中并显示“图层 1”图层。在图像窗口中的壁灯区域单击，图像周围生成选区，如图 13-57 所示。在属性栏中单击“添加到选区”按钮，在图像窗口中的吊灯区域单击，图像周围生成选区，如图 13-58 所示。单击“图层 1”图层左侧的眼睛图标，将“图层 1”图层隐藏。选中“背

景 拷贝”图层，按 Ctrl+J 组合键，将选区中的图像复制到新图层并将其命名为“灯罩”，如图 13-59 所示。

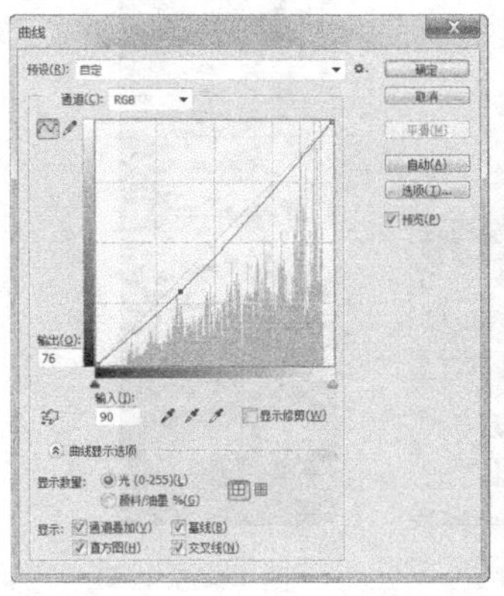

图 13-54

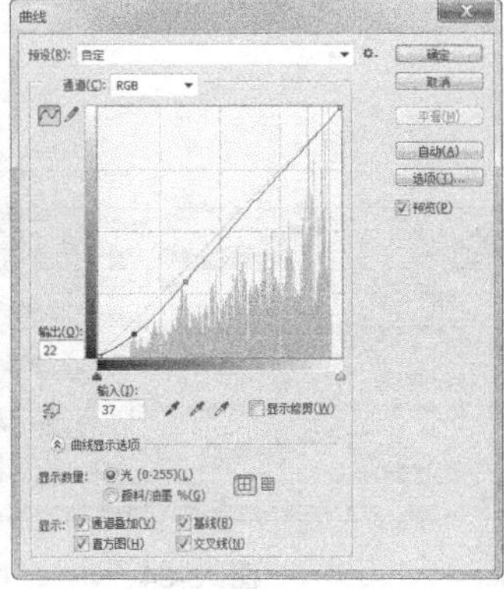

图 13-55

图 13-56

图 13-57

图 13-58

图 13-59

（29）选择“图像 > 调整 > 亮度/对比度”命令，在弹出的对话框中进行设置，如图 13-60 所示，单击“确定”按钮，效果如图 13-61 所示。

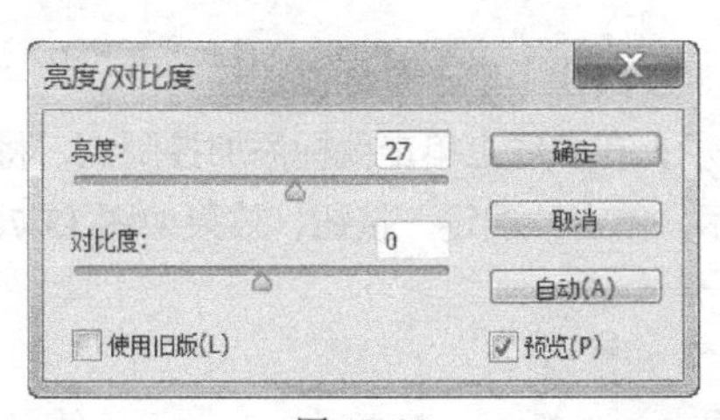

图 13-60

图 13-61

（30）选中并显示“图层 1”图层。在属性栏中单击“新选区”按钮，在图像窗口中的玻璃柜区域单击，图像周围生成选区，如图 13-62 所示。单击“图层 1”图层左侧的眼睛图标，将“图层 1”图层隐藏。选中“背景 拷贝”图层，按 Ctrl+J 组合键，将选区中的图像复制到新图层并将其命名为“玻璃”，如图 13-63 所示。

图 13-62

（31）选择“图像 > 调整 > 亮度/对比度”命令，在弹

出的对话框中进行设置，如图 13-64 所示，单击“确定”按钮，效果如图 13-65 所示。

图 13-63

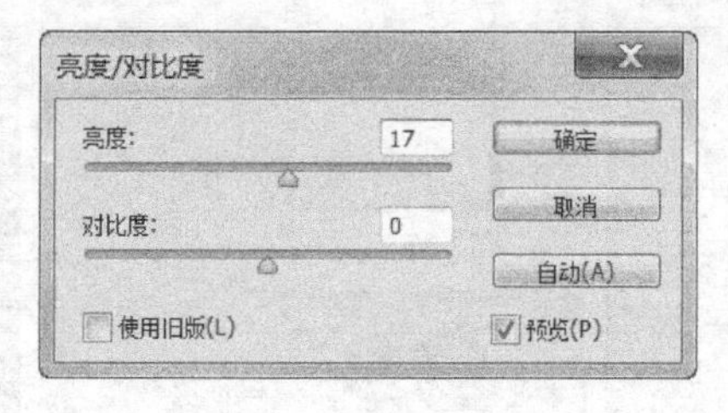

图 13-64

图 13-65

（32）选中并显示“图层 1”图层。在图像窗口中的植物区域单击，图像周围生成选区，如图 13-66 所示。单击“图层 1”图层左侧的眼睛图标 ，将“图层 1”图层隐藏。选中“背景 拷贝”图层，按 Ctrl+J 组合键，将选区中的图像复制到新图层并将其命名为“植物”，如图 13-67 所示。

图 13-66

图 13-67

（33）按 Ctrl+M 组合键，弹出“曲线”对话框，在曲线上单击鼠标添加控制点，将“输入”选项设为 172，“输出”选项设为 184，如图 13-68 所示；在曲线上单击鼠标添加控制点，将“输入”选项设为 57，“输出”选项设为 77，如图 13-69 所示，单击“确定”按钮，效果如图 13-70 所示。

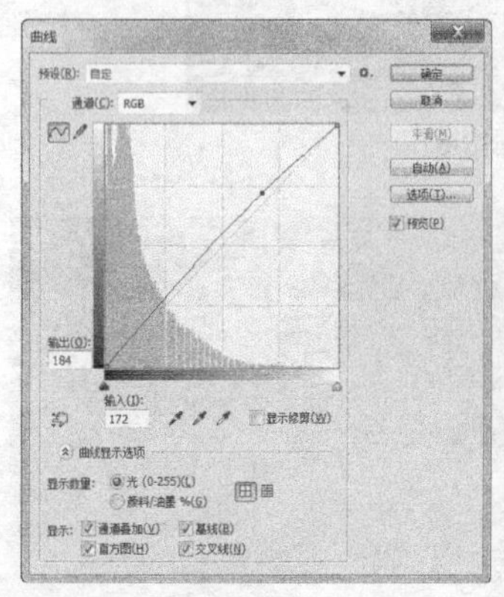

图 13-68

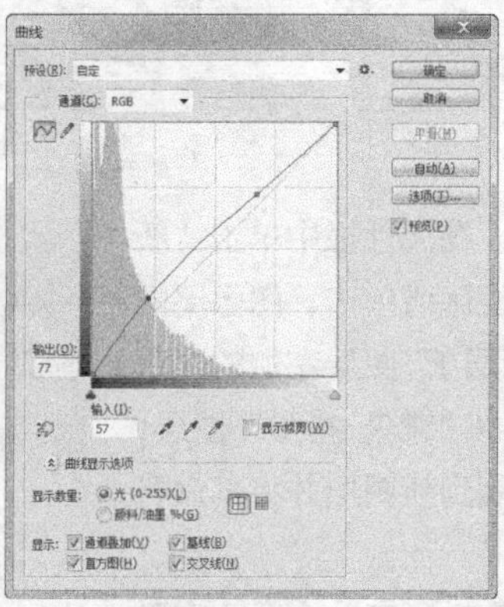

图 13-69

图 13-70

（34）选中并显示“图层 1”图层。在图像窗口中的花盆区域单击，图像周围生成选区，如图 13-71 所示。单击“图层 1”图层左侧的眼睛图标 ，将“图层 1”图层隐藏。选中“背景 拷贝”图层，按 Ctrl+J 组合键，将选区中的图像复制到新图层并将其命名为“花盆”，如图 13-72 所示。

图 13-71

图 13-72

（35）选择“图像 > 调整 > 曝光度”命令，在弹出的对话框中进行设置，如图 13-73 所示，单击“确定”按钮，效果如图 13-74 所示。

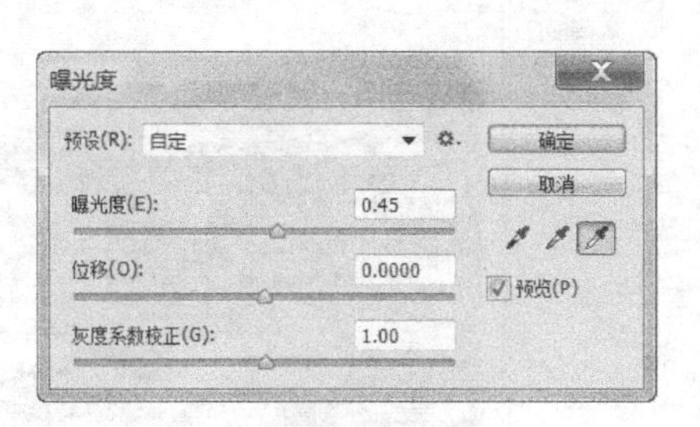

图 13-73

图 13-74

（36）选择“图像 > 调整 > 色相/饱和度”命令，在弹出的对话框中进行设置，如图 13-75 所示，单击“确定”按钮，效果如图 13-76 所示。

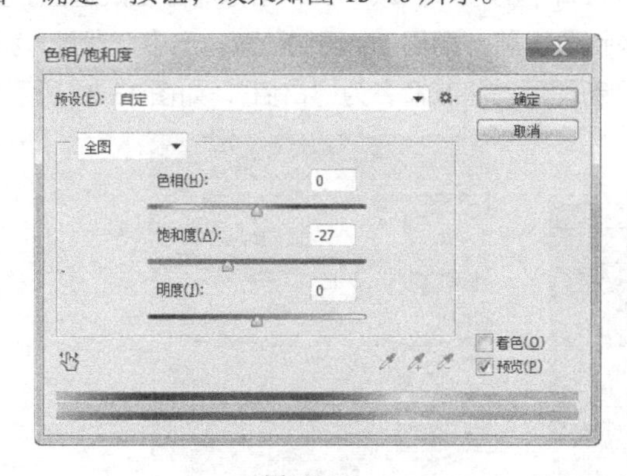

图 13-75

图 13-76

（37）选中并显示“图层 1”图层。在图像窗口中的沙发架区域单击，图像周围生成选区，如图 13-77 所示。单击“图层 1”图层左侧的眼睛图标 ，将“图层 1”图层隐藏。选中“背景 拷贝”图层，按 Ctrl+J 组合键，将选区中的图像复制到新图层并将其命名为“沙发架”，如图 13-78 所示。

图 13-77

图 13-78

（38）按 Ctrl+M 组合键，弹出“曲线”对话框，在曲线上单击鼠标添加控制点，将“输入”选项设为 183，“输出”选项设为 191，如图 13-79 所示；在曲线上单击鼠标添加控制点，将“输入”选项设为 83，“输出”选项设为 77，如图 13-80 所示，单击“确定”按钮，效果如图 13-81 所示。

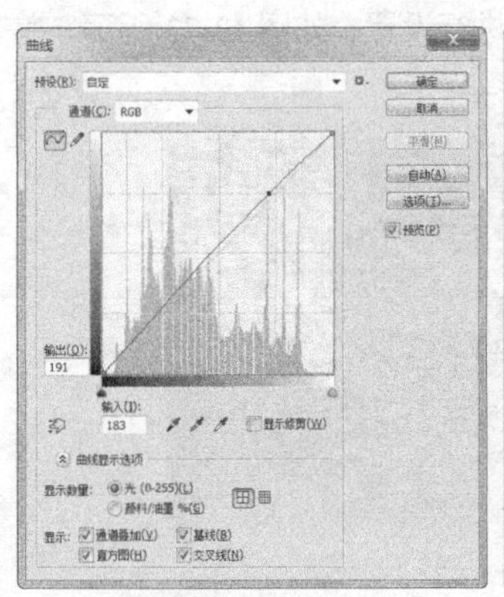

图 13-79

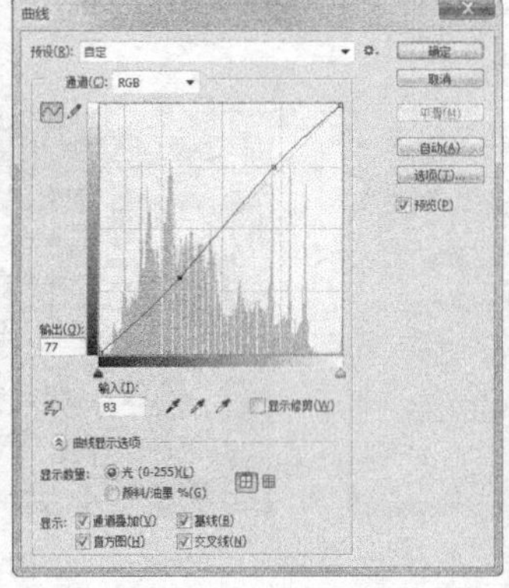

图 13-80

图 13-81

（39）选中并显示“图层 1”图层。在图像窗口中的柱子区域单击，图像周围生成选区，如图 13-82 所示。单击“图层 1”图层左侧的眼睛图标 ，将“图层 1”图层隐藏。选中“背景 拷贝”图层，按 Ctrl+J 组合键，将选区中的图像复制到新图层并将其命名为“白墙”，如图 13-83 所示。

图 13-82

图 13-83

（40）选择“图像 > 调整 > 亮度/对比度”命令，在弹出的对话框中进行设置，如图 13-84 所示，单击“确定”按钮，效果如图 13-85 所示。

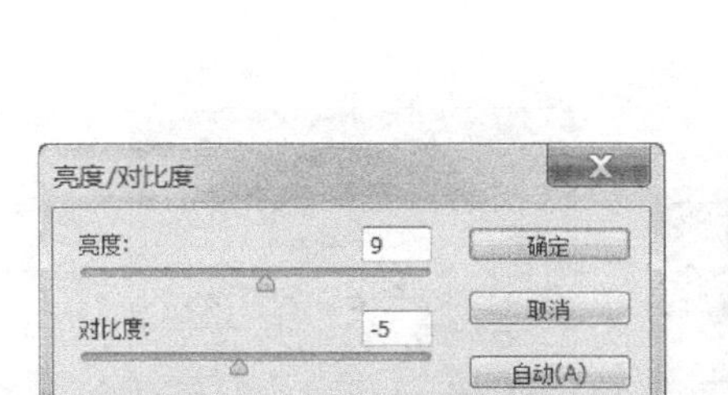

图 13-84

图 13-85

（41）选中并显示“图层 1”图层。在图像窗口中的楼梯区域单击，图像周围生成选区，如图 13-86 所示。单击“图层 1”图层左侧的眼睛图标 ，将“图层 1”图层隐藏。选中“背景 拷贝”图层，按 Ctrl+J 组合键，将选区中的图像复制到新图层并将其命名为“楼梯”，如图 13-87 所示。

（42）按 Ctrl+M 组合键，弹出“曲线”对话框，在曲线上单击鼠标添加控制点，将“输入”选项设为 184，“输出”选项设为 182，如图 13-88 所示；在曲线上单击鼠标添加控制点，将“输入”选项设为 96，“输出”选项设为 95，如图 13-89 所示，单击“确定”按钮，效果如图 13-90 所示。

图 13-86

图 13-87

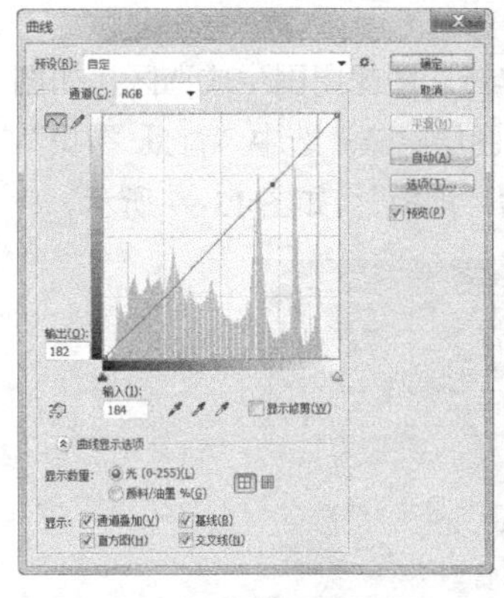
图 13-88

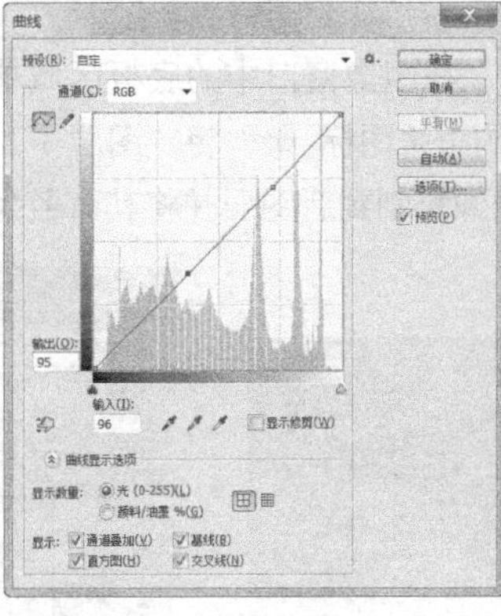
图 13-89

图 13-90

（43）选中并显示“图层 1”图层。在图像窗口中的墙面区域单击，图像周围生成选区，如图 13-91 所示。单击“图层 1”图层左侧的眼睛图标 ，将“图层 1”图层隐藏。选中“背景 拷贝”图层，按 Ctrl+J 组合键，将选区中的图像复制到新图层并将其命名为“墙面”，如图 13-92 所示。

图 13-91

图 13-92

（44）按 Ctrl+M 组合键，弹出“曲线”对话框，在曲线上单击鼠标添加控制点，将“输入”选项设为 170，“输出”选项设为 181，如图 13-93 所示；在曲线上单击鼠标添加控制点，将“输入”选项设为 67，“输出”选项设为 71，如图 13-94 所示，单击“确定”按钮，效果如图 13-95 所示。

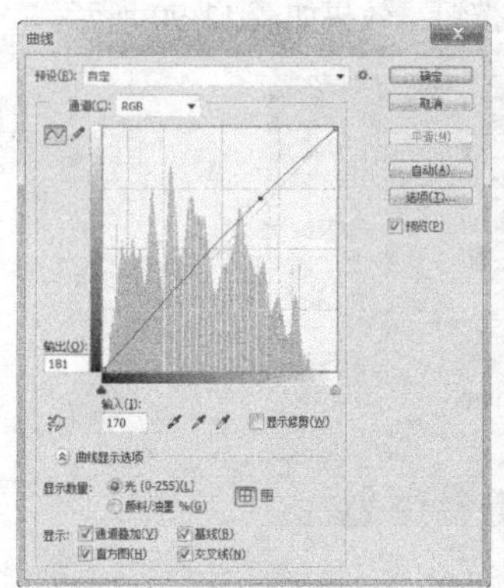

图 13-93

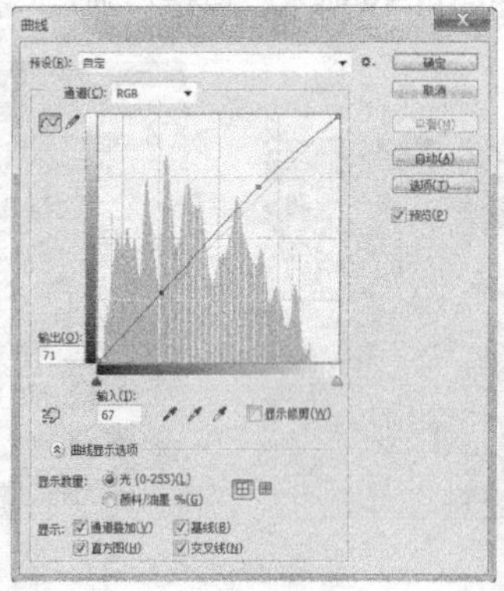

图 13-94

图 13-95

（45）选中并显示“图层 1”图层。在图像窗口中的底板区域单击，图像周围生成选区，如图 13-96 所示。单击“图层 1”图层左侧的眼睛图标 ，将“图层 1”图层隐藏。选中“背景 拷贝”图层，按 Ctrl+J 组合键，将选区中的图像复制到新图层并将其命名为“地板”，如图 13-97 所示。

图 13-96

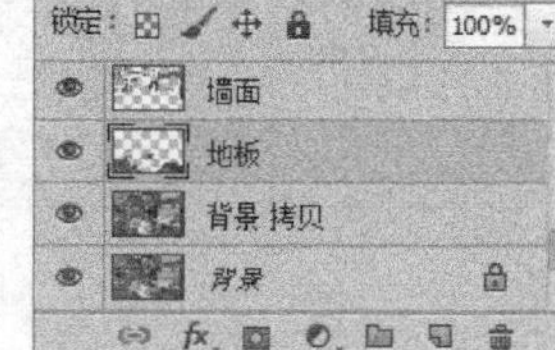

图 13-97

（46）选择“图像 > 调整 > 亮度/对比度”命令，在弹出的对话框中进行设置，如图 13-98 所示，单击“确定”按钮，效果如图 13-99 所示。

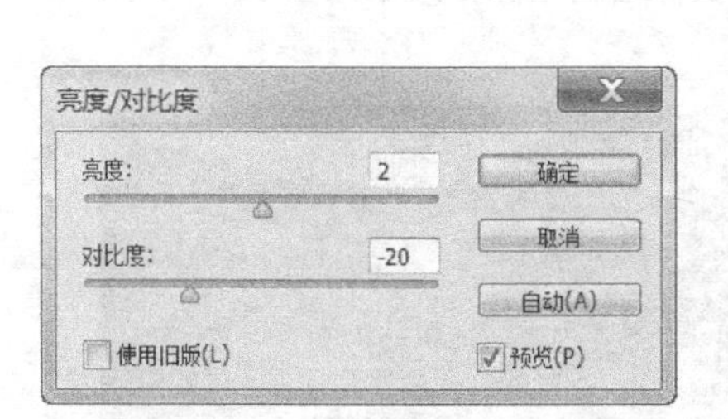

图 13-98

图 13-99

（47）选择“图像 > 调整 > 色相/饱和度”命令，在弹出的对话框中进行设置，如图 13-100 所示，单击“确定”按钮，效果如图 13-101 所示。

图 13-100

图 13-101

（48）在“图层”控制面板中选择“会议桌”图层，单击“图层”控制面板下方的“创建新图层”按钮，生成新的图层并将其命名为“高光”，如图 13-102 所示。将前景色设为白色。选择“画笔”工具，在属性栏中单击“画笔”选项右侧的按钮，在弹出的画笔面板中选择需要的画笔形状，如图 13-103 所示。将属性栏中的“不透明度”选项设为 28%，在图像窗口中拖曳鼠标绘制高光，效果如图 13-104 所示。

图 13-102

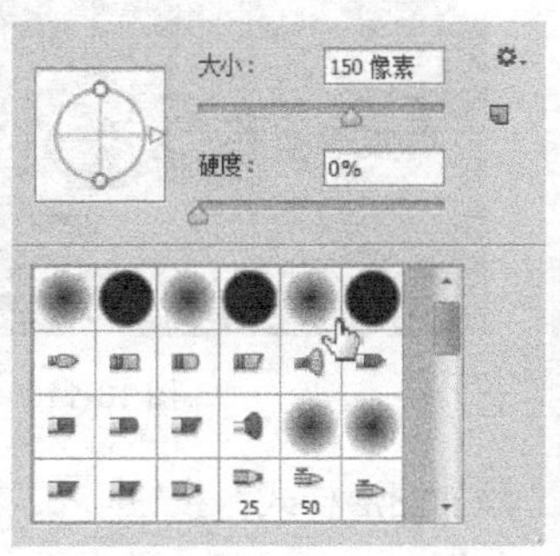

图 13-103

图 13-104

（49）在属性栏中单击“画笔”选项右侧的按钮，在弹出的画笔面板中将画笔“大小”选项设为 100 像素，如图 13-105 所示。在图像窗口中拖曳鼠标绘制图像，效果如图 13-106 所示。

（50）将前景色设为浅灰色（其 R、G、B 的值分别为 240、237、237）。在属性栏中单击“画笔”选项右侧的按钮，在弹出的画笔面板中将画笔大小设为 200 像素，如图 13-107 所示。将属性栏中的“不透明度”选项设为 19%，在图像窗口中拖曳鼠标绘制图像，效果如图 13-108 所示。

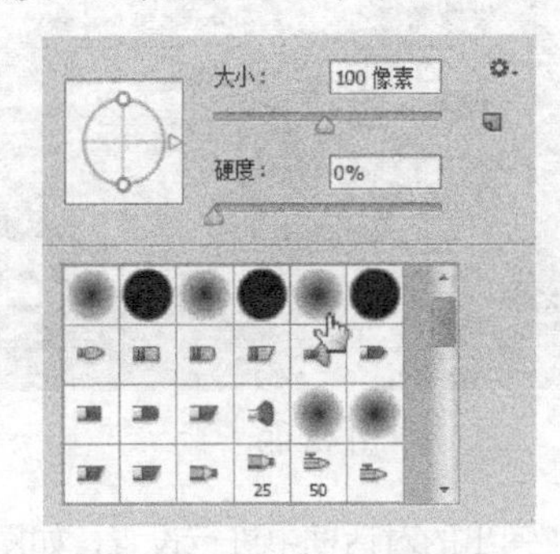

图 13-105

图 13-106

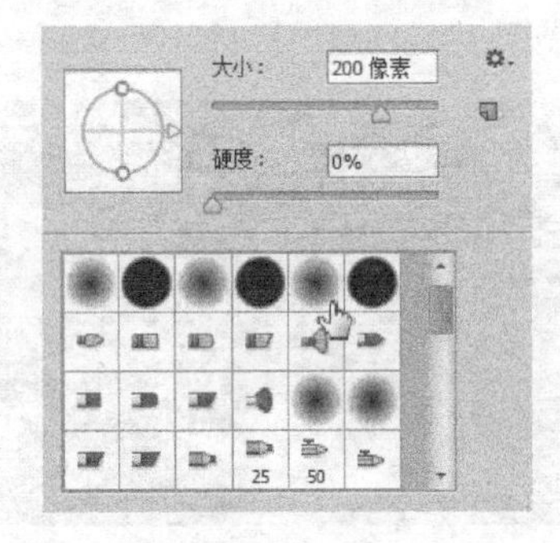

图 13-107

图 13-108

（51）在“图层”控制面板上方，将“高光”图层的混合模式选项设为“颜色减淡”，如图 13-109 所示，图像效果如图 13-110 所示。

图 13-109

图 13-110

（52）单击“图层”控制面板下方的“添加图层样式”按钮 fx，在弹出的菜单中选择“混合选项”命令，在弹出的对话框中进行设置，如图 13-111 所示，单击“确定”按钮，效果如图 13-112 所示。

（53）按 Shift+Ctrl+Alt+E 组合键，盖印图层并将其命名为“图层 2”。选择“滤镜 > 风格化 > 浮雕效果”命令，在弹出的对话框中进行设置，如图 13-113 所示，单击“确定”按钮，效果如图 13-114 所示。

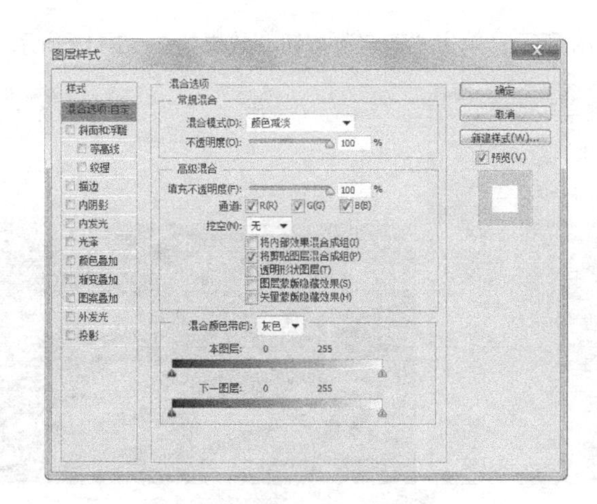

图 13-111

图 13-112

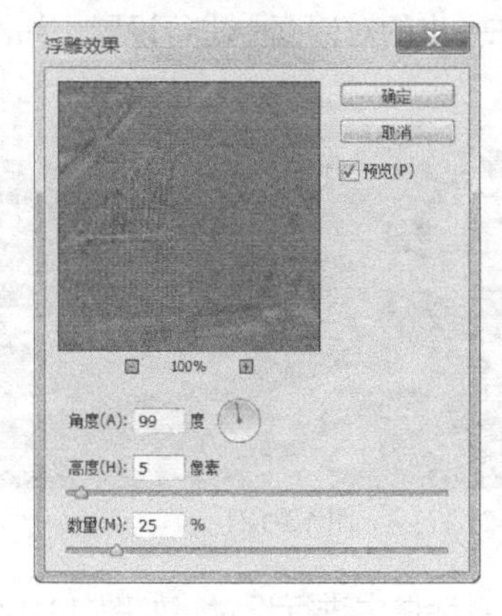

图 13-113

图 13-114

（54）在“图层”控制面板上方，将“图层 2”图层的混合模式选项设为“叠加”，如图 13-115 所示，图像效果如图 13-116 所示。

图 13-115

图 13-116

（55）按 Shift+Ctrl+Alt+E 组合键，盖印图层并将其命名为“图层 3”。

（56）按 Ctrl+M 组合键，弹出“曲线”对话框，在曲线上单击鼠标添加控制点，将“输入”选项设为 225，“输出”选项设为 196，如图 13-117 所示；在曲线上单击鼠标添加控制点，将“输入”

选项设为 66，“输出”选项设为 43，如图 13-118 所示，单击“确定”按钮，效果如图 13-119 所示。

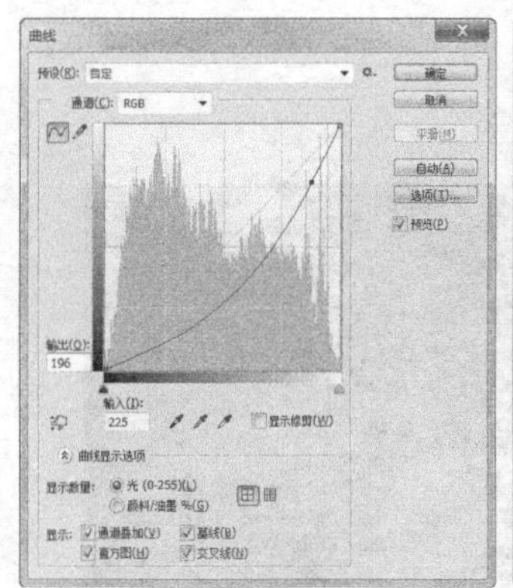

图 13-117

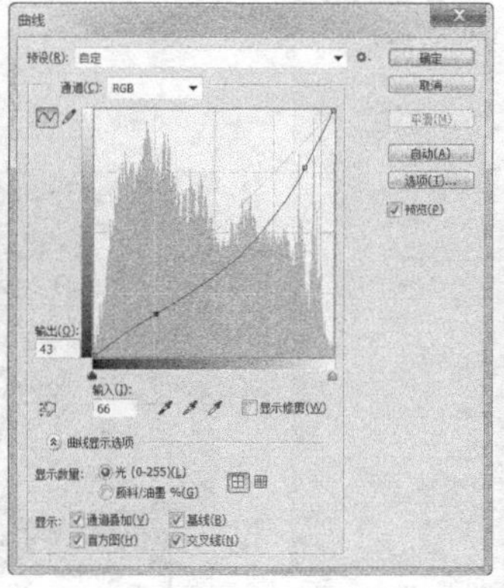

图 13-118

图 13-119

（57）选择“图像 > 调整 > 亮度/对比度”命令，在弹出的对话框中进行设置，如图 13-120 所示，单击“确定”按钮，效果如图 13-121 所示。

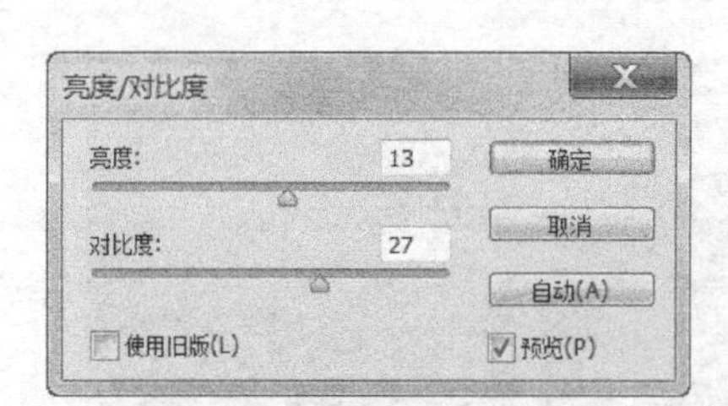

图 13-120

图 13-121

（58）选择“图像 > 调整 > 色阶”命令，在弹出的对话框中进行设置，如图 13-122 所示，单击“确定”按钮，效果如图 13-123 所示。

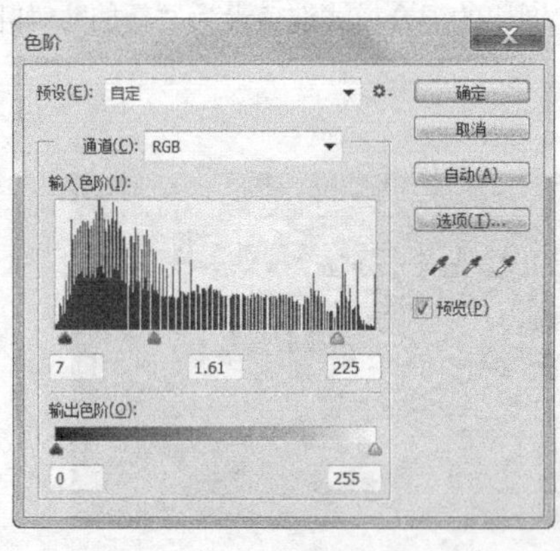

图 13-122

图 13-123

（59）将“图层 3”图层拖曳到“图层”控制面板下方的“创建新图层”按钮上进行复制，生成新的图层“图层 3 拷贝”。选择“滤镜 > 模糊 > 高斯模糊”命令，在弹出的对话框中进行设置，如图 13-124 所示，单击“确定”按钮，效果如图 13-125 所示。

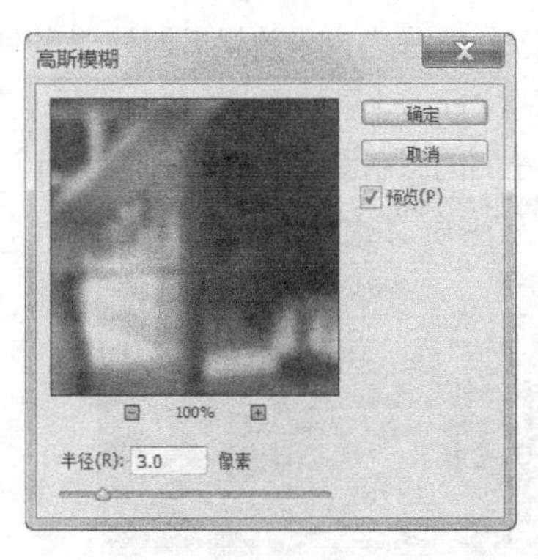

图 13-124

图 13-125

（60）在“图层”控制面板上方，将“图层 3 拷贝”图层的混合模式选项设为“滤色”，“不透明度”选项设为 18%，如图 13-126 所示，图像效果如图 13-127 所示。室内日景效果后期处理完成。

图 13-126

图 13-127

13.2 室内夜景效果后期处理技巧

13.2.1 案例分析

阳琼室内设计公司是一家专业的室内设计公司，在本市已经获得 ISO9000 质量体系认证，是本市重点文化企业。阳琼室内设计公司为客户制作的室内效果图需要修改，要求将整体色调调暗，并修饰一些细节，表现出家具的质感。

13.2.2 案例制作要点

使用魔棒工具选择需要修改的区域；使用调整命令调整图像；使用移动工具和变换命令添加筒灯灯光。

13.2.3 案例制作

（1）按 Ctrl＋O 组合键，打开云盘中的“Ch13 > 素材 > 室内夜景效果后期处理实例 1”文件，如图 13-128 所示。

（2）按 Ctrl + O 组合键，打开云盘中的“Ch13 > 素材 > 室内夜景效果后期处理实例 2”文件，选择“移动”工具，将图片拖曳到图像窗口中适当的位置，效果如图 13-129 所示，在“图层”控制面板中生成新图层“图层 1”。单击“图层 1”图层左侧的眼睛图标，将“图层 1”图层隐藏。

图 13-128

图 13-129

（3）将“背景”图层拖曳到“图层”控制面板下方的“创建新图层”按钮上进行复制，生成新的图层“背景 拷贝”。按 Ctrl+M 组合键，弹出“曲线”对话框，在曲线上单击鼠标添加控制点，将“输入”选项设为 179，“输出”选项设为 192，如图 13-130 所示，单击“确定”按钮，效果如图 13-131 所示。

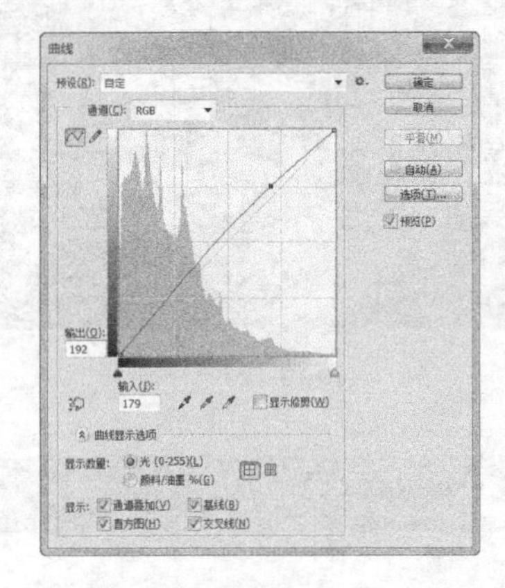

图 13-130

图 13-131

（4）选中并显示“图层 1”图层。选择“魔棒”工具，在属性栏中将“容差”选项设为 5，在图像窗口中的电脑区域单击，图像周围生成选区，如图 13-132 所示。单击“图层 1”图层左侧的眼睛图标，将“图层 1”图层隐藏。选中“背景 拷贝”图层，按 Ctrl+J 组合键，将选区中的图像复制到新图层并将其命名为“电脑”，如图 13-133 所示。

图 13-132

图 13-133

（5）按 Ctrl+M 组合键，弹出“曲线”对话框，在曲线上单击鼠标添加控制点，将“输入”选项设为 167，“输出”选项设为 189，如图 13-134 所示，单击“确定”按钮，效果如图 13-135 所示。

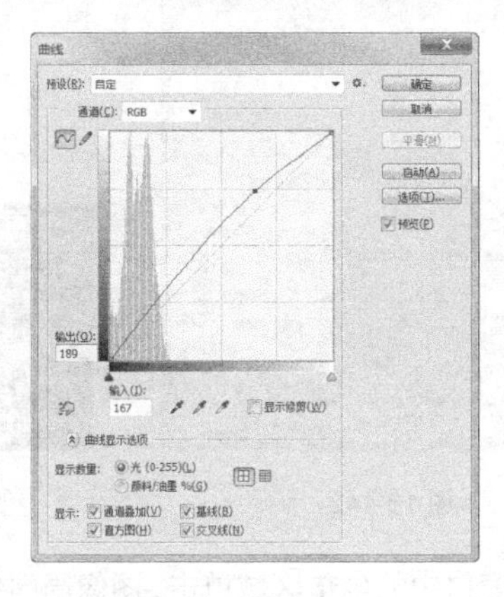

图 13-134

图 13-135

（6）选中并显示“图层 1”图层。在图像窗口中的灯座区域单击，图像周围生成选区，如图 13-136 所示。单击“图层 1”图层左侧的眼睛图标 ，将“图层 1”图层隐藏。选中“背景 拷贝”图层，按 Ctrl+J 组合键，将选区中的图像复制到新图层并将其命名为“灯座”，如图 13-137 所示。

图 13-136

图 13-137

（7）选择“图像 > 调整 > 曝光度”命令，在弹出的对话框中进行设置，如图 13-138 所示，单击“确定”按钮，效果如图 13-139 所示。

（8）选中并显示“图层 1”图层。在图像窗口中的桌旗区域单击，图像周围生成选区，如图 13-140 所示。单击“图层 1”图层左侧的眼睛图标 ，将“图层 1”图层隐藏。选中“背景 拷贝”图层，按 Ctrl+J 组合键，将选区中的图像复制到新图层并将其命名为“桌旗”，如图 13-141 所示。

（9）按 Ctrl+M 组合键，弹出“曲线”对话框，在曲线上单击鼠标添加控制点，将“输入”选项设为 187，“输出”选项设为 197，如图 13-142 所示，单击“确定”按钮，效果如图 13-143 所示。

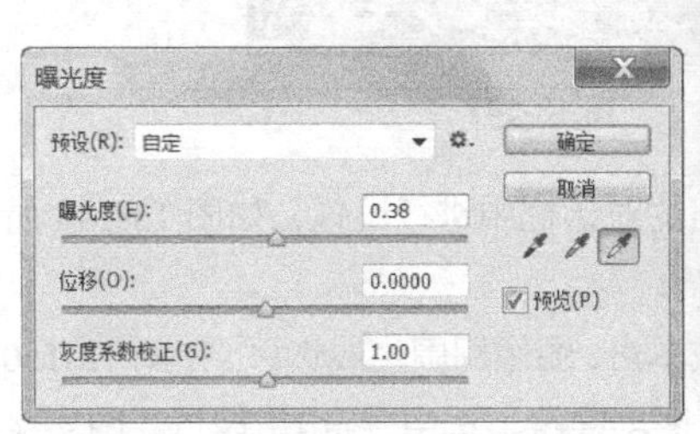

图 13-138

图 13-139

图 13-140

图 13-141

图 13-142

图 13-143

（10）选中并显示“图层 1”图层。在图像窗口中的坐垫区域单击，图像周围生成选区，如图 13-144 所示。单击“图层 1”图层左侧的眼睛图标，将“图层 1”图层隐藏。选中“背景 拷贝”图层，按 Ctrl+J 组合键，将选区中的图像复制到新图层并将其命名为“坐垫”，如图 13-145 所示。

图 13-144

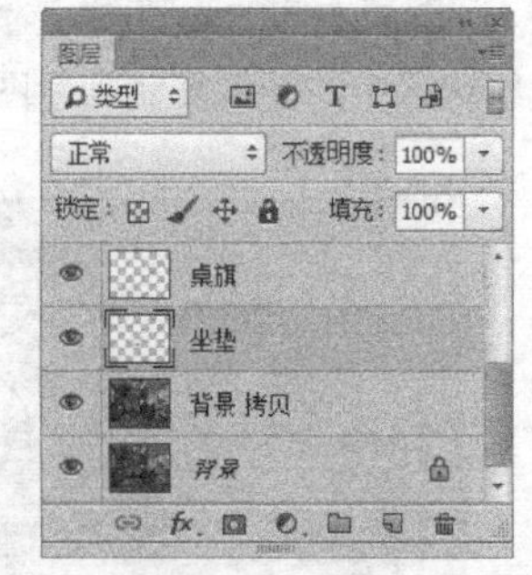

图 13-145

（11）选择“图像 > 调整 > 亮度/对比度”命令，在弹出的对话框中进行设置，如图 13-146 所示，单击“确定”按钮，效果如图 13-147 所示。

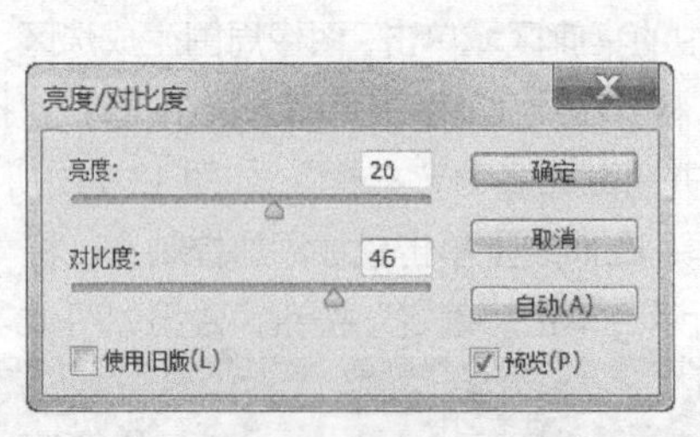

图 13-146

图 13-147

（12）选择“图像 > 调整 > 色相/饱和度”命令，在弹出的对话框中进行设置，如图 13-148 所示，单击“确定”按钮，效果如图 13-149 所示。

（13）选中并显示“图层 1”图层。在图像窗口中的插花区域单击，图像周围生成选区，如图 13-150 所示。单击“图层 1”图层左侧的眼睛图标，将“图层 1”图层隐藏。选中“背景 拷贝”图层，按 Ctrl+J 组合键，将选区中的图像复制到新图层并将其命名为“花”，如图 13-151 所示。

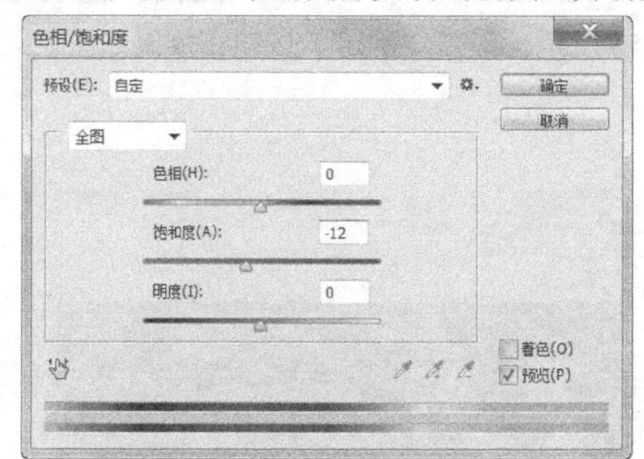

图 13-148

图 13-149

图 13-150

图 13-151

（14）选择“图像 > 调整 > 亮度/对比度”命令，在弹出的对话框中进行设置，如图 13-152 所示，单击“确定”按钮，效果如图 13-153 所示。

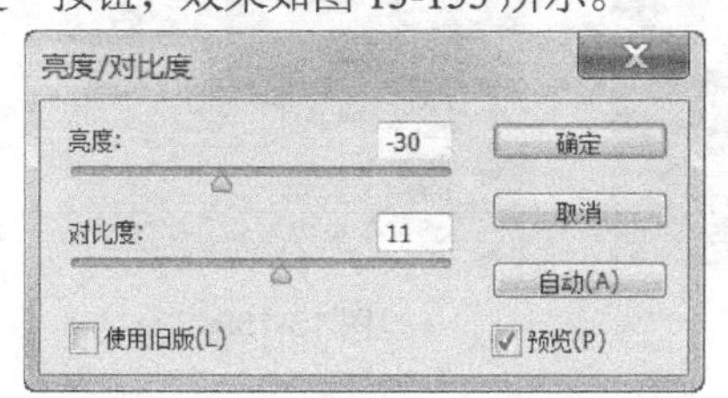

图 13-152

图 13-153

（15）选中并显示“图层 1”图层。在图像窗口中的筒灯区域单击，图像周围生成选区，如图 13-154 所示。单击“图层 1”图层左侧的眼睛图标 ，将“图层 1”图层隐藏。选中“背景 拷贝”图层，按 Ctrl+J 组合键，将选区中的图像复制到新图层并将其命名为“筒灯金属”，如图 13-155 所示。

图 13-154

图 13-155

（16）按 Ctrl+M 组合键，弹出“曲线”对话框，在曲线上单击鼠标添加控制点，将“输入”选项设为 206，“输出”选项设为 218，如图 13-156 所示，单击“确定”按钮，效果如图 13-157 所示。

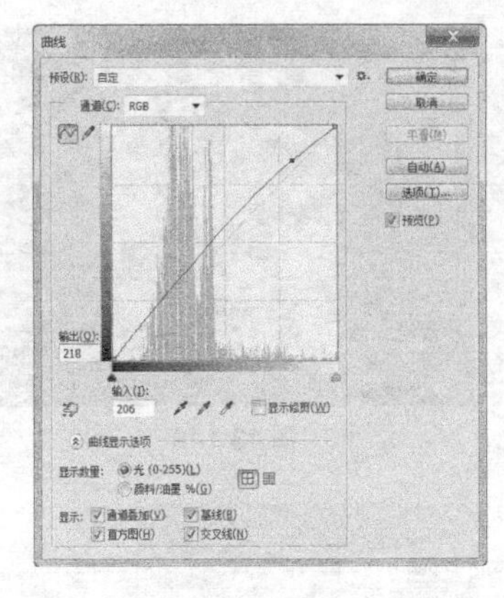

图 13-156

图 13-157

（17）选中并显示“图层 1”图层。在图像窗口中的花盆区域单击，图像周围生成选区，如图 13-158 所示。单击“图层 1”图层左侧的眼睛图标 ，将“图层 1”图层隐藏。选中“背景 拷贝”图层，按 Ctrl+J 组合键，将选区中的图像复制到新图层并将其命名为“花盆”，如图 13-159 所示。

图 13-158

图 13-159

（18）选择“图像 > 调整 > 亮度/对比度”命令，在弹出的对话框中进行设置，如图 13-160 所示，单击“确定”按钮，效果如图 13-161 所示。

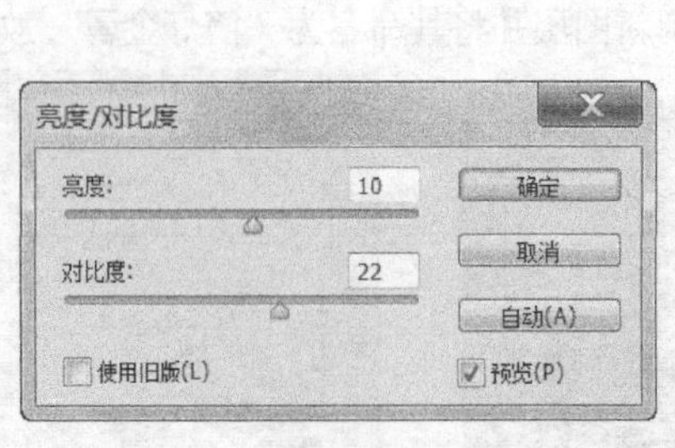

图 13-160

图 13-161

（19）选择“图像 > 调整 > 色相/饱和度”命令，在弹出的对话框中进行设置，如图 13-162 所示，单击“确定”按钮，效果如图 13-163 所示。

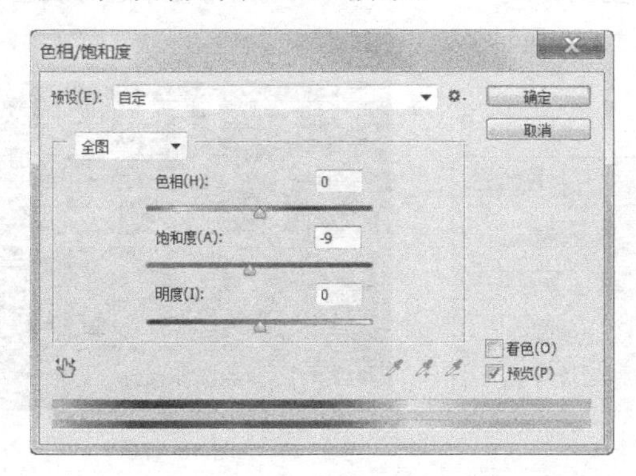

图 13-162　　图 13-163

（20）选中并显示“图层 1”图层。在图像窗口中的植物叶子区域单击，图像周围生成选区，如图 13-164 所示。在属性栏中单击“添加到选区”按钮，在图像窗口中的植物区域单击，图像周围生成选区，如图 13-165 所示。单击“图层 1”图层左侧的眼睛图标，将“图层 1”图层隐藏。选中“背景 拷贝”图层，按 Ctrl+J 组合键，将选区中的图像复制到新图层并将其命名为“植物”，如图 13-166 所示。

图 13-164　　图 13-165　　图 13-166

（21）选择“图像 > 调整 > 色相/饱和度”命令，在弹出的对话框中进行设置，如图 13-167 所示，单击“确定”按钮，效果如图 13-168 所示。

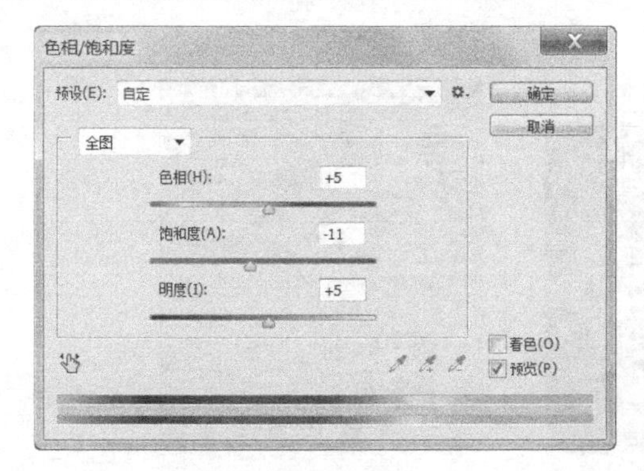

图 13-167　　图 13-168

（22）选择“图像 > 调整 > 亮度/对比度”命令，在弹出的对话框中进行设置，如图 13-169 所示，单击“确定”按钮，效果如图 13-170 所示。

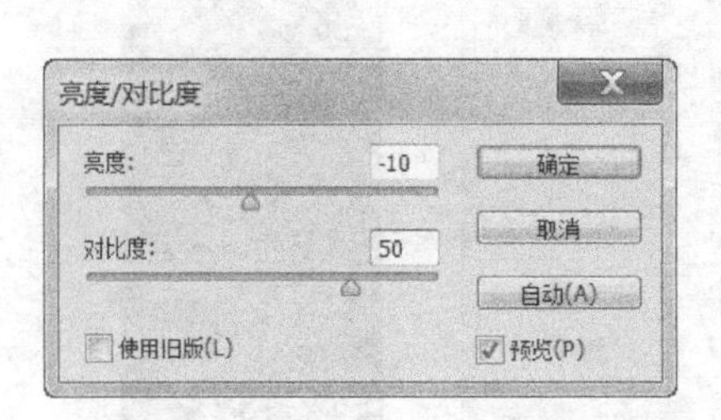

图 13-169

图 13-170

（23）按 Ctrl+M 组合键，弹出“曲线”对话框，在曲线上单击鼠标添加控制点，将“输入”选项设为 193，“输出”选项设为 203，如图 13-171 所示；在曲线上单击鼠标添加控制点，将“输入”选项设为 102，“输出”选项设为 114，如图 13-172 所示，单击“确定”按钮，效果如图 13-173 所示。

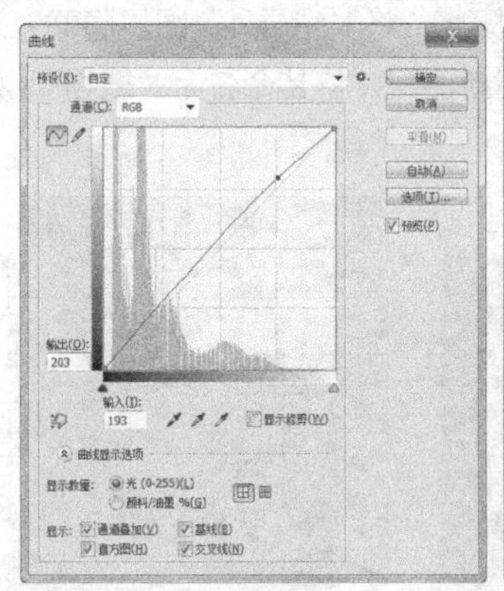

图 13-171

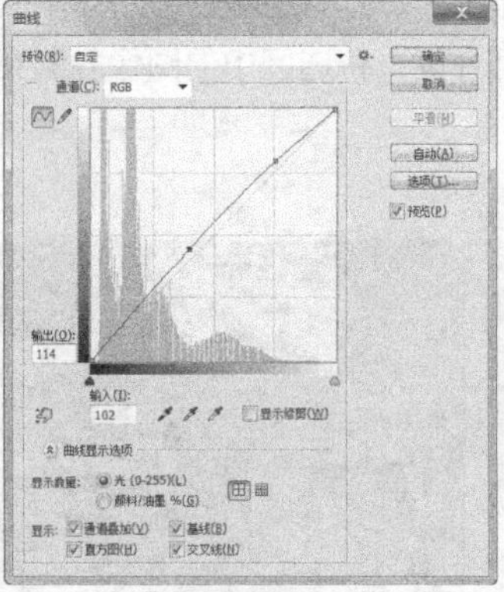

图 13-172

图 13-173

（24）选中并显示“图层 1”图层。在属性栏中单击“新选区”按钮，在图像窗口中的门窗区域单击，图像周围生成选区，如图 13-174 所示。单击“图层 1”图层左侧的眼睛图标，将“图层 1”图层隐藏。选中“背景 拷贝”图层，按 Ctrl+J 组合键，将选区中的图像复制到新图层并将其命名为“门窗”，如图 13-175 所示。

图 13-174

图 13-175

（25）选择“图像 > 调整 > 亮度/对比度”命令，在弹出的对话框中进行设置，如图 13-176 所示，单击“确定”按钮，效果如图 13-177 所示。

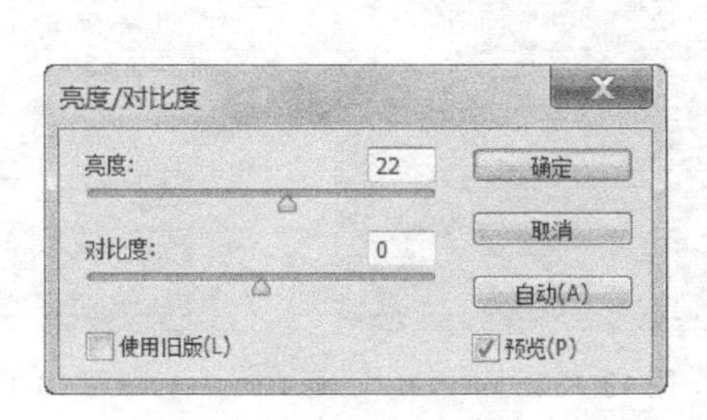

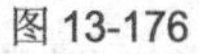
图 13-176

图 13-177

（26）选中并显示“图层 1”图层。在图像窗口中的桌椅区域单击，图像周围生成选区，如图 13-所 178 示。在单击“图层 1”图层左侧的眼睛图标 ，将“图层 1”图层隐藏。选中“背景 拷贝”图层，按 Ctrl+J 组合键，将选区中的图像复制到新图层并将其命名为“桌椅”，如图 13-179 所示。

图 13-178

图 13-179

（27）选择“图像 > 调整 > 亮度/对比度”命令，在弹出的对话框中进行设置，如图 13-180 所示，单击“确定”按钮，效果如图 13-181 所示。

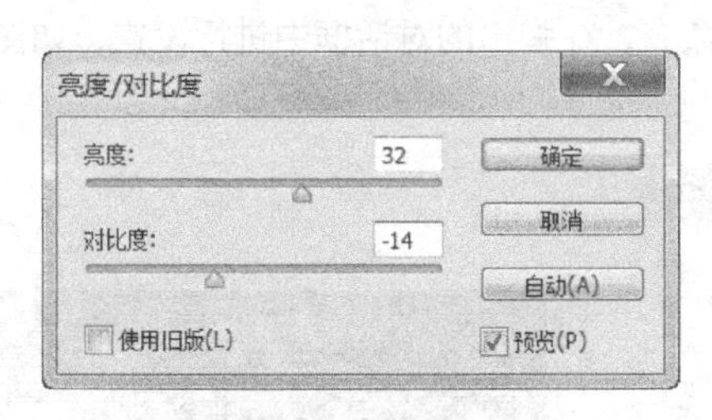

图 13-180

图 13-181

（28）选中并显示“图层 1”图层。在图像窗口中的墙面区域单击，图像周围生成选区，如图 13-182 所示。在属性栏中单击“添加到选区”按钮，在图像窗口中的天花板区域单击，图像周围生成选区，如图 13-183 所示。单击“图层 1”图层左侧的眼睛图标 ，将“图层 1”图层隐藏。选中“背景 拷贝”图层，按 Ctrl+J 组合键，将选区中的图像复制到新图层并将其命名为“白墙”，如图 13-184 所示。

图 13-182

图 13-183

图 13-184

（29）按 Ctrl+M 组合键，弹出“曲线”对话框，在曲线上单击鼠标添加控制点，将“输入”选项设为 208，“输出”选项设为 225，如图 13-185 所示；在曲线上单击鼠标添加控制点，将“输入”选项设为 36，“输出”选项设为 28，如图 13-186 所示，单击“确定”按钮，效果如图 13-187 所示。

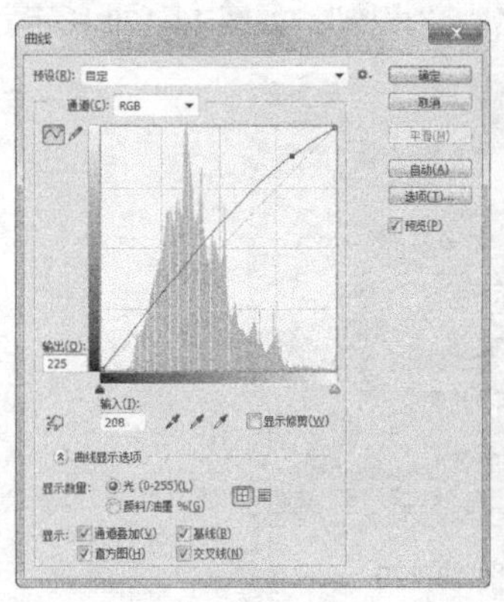

图 13-185

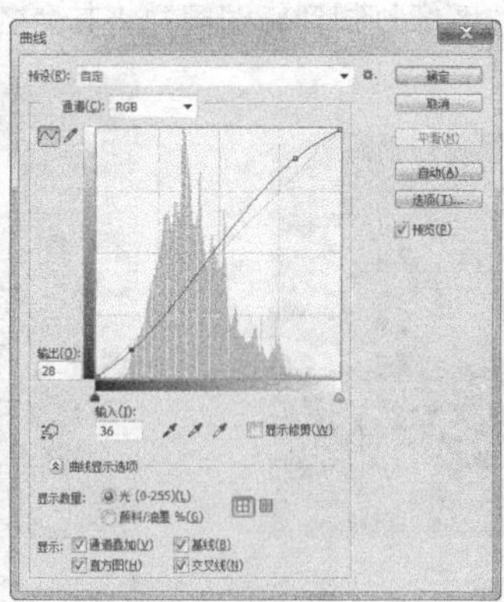

图 13-186

图 13-187

（30）选择“图像 > 调整 > 色相/饱和度”命令，在弹出的对话框中进行设置，如图 13-188 所示，单击“确定”按钮，效果如图 13-189 所示。

（31）选择“图像 > 调整 > 亮度/对比度”命令，在弹出的对话框中进行设置，如图 13-190 所示，单击“确定”按钮，效果如图 13-191 所示。

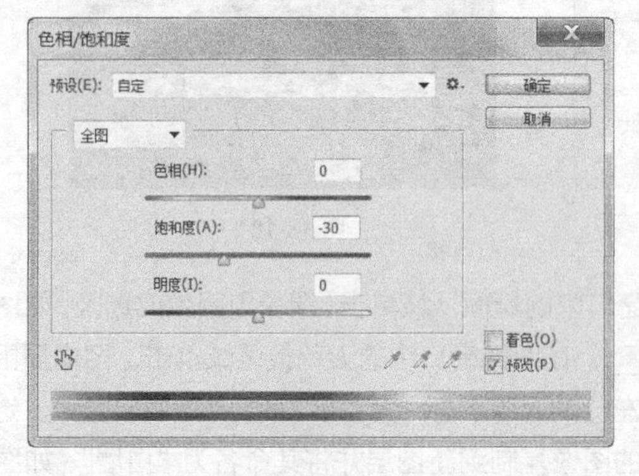

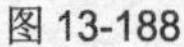

图 13-188

图 13-189

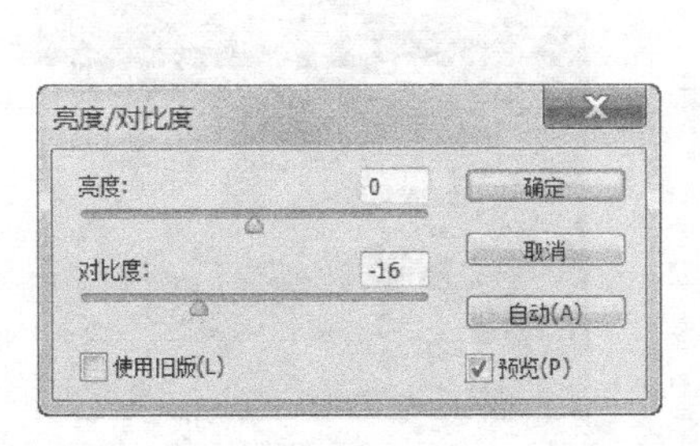

图 13-190

图 13-191

（32）选中并显示“图层 1”图层。在属性栏中单击“新选区”按钮，在图像窗口中的窗帘区域单击，图像周围生成选区，如图 13-192 所示。单击“图层 1”图层左侧的眼睛图标，将“图层 1”图层隐藏。选中“背景 拷贝”图层，按 Ctrl+J 组合键，将选区中的图像复制到新图层并将其命名为“窗帘”，如图 13-193 所示。

图 13-192

图 13-193

（33）按 Ctrl+M 组合键，弹出“曲线”对话框，在曲线上单击鼠标添加控制点，将“输入”选项设为 197，“输出”选项设为 212，如图 13-194 所示；在曲线上单击鼠标添加控制点，将“输入”选项设为 96，“输出”选项设为 83，如图 13-195 所示，单击“确定”按钮，效果如图 13-196 所示。

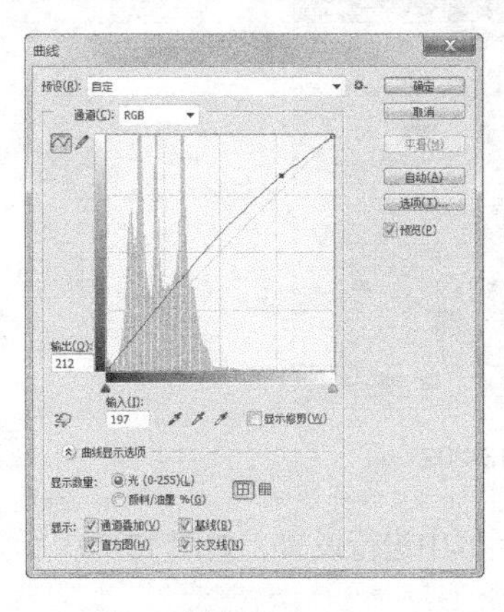

图 13-194

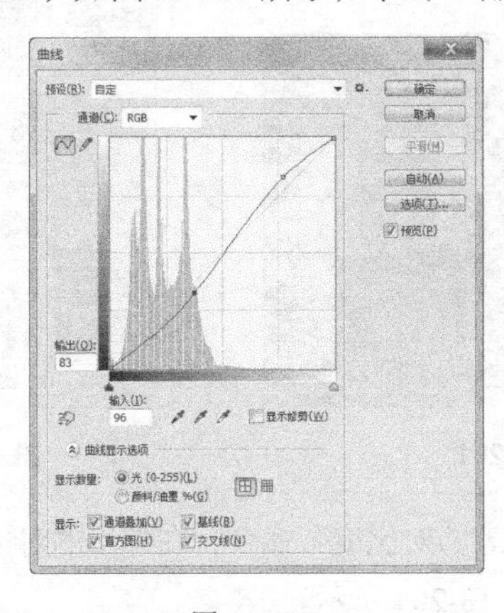

图 13-195

图 13-196

（34）选择“图像 > 调整 > 亮度/对比度”命令，在弹出的对话框中进行设置，如图 13-197 所示，单击“确定”按钮，效果如图 13-198 所示。

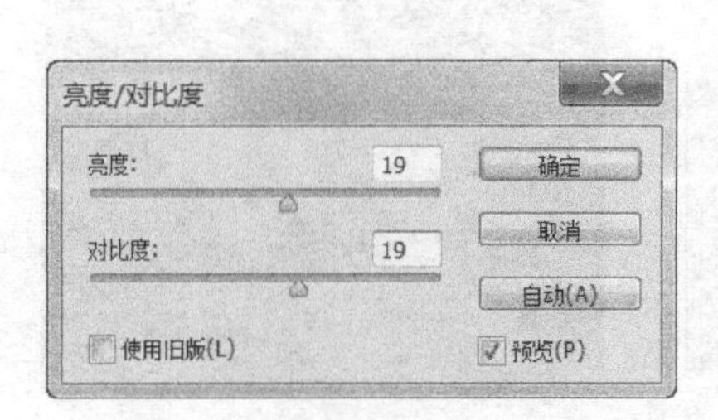

图 13-197

图 13-198

（35）选择“图像 > 调整 > 色相/饱和度”命令，在弹出的对话框中进行设置，如图 13-199 所示，单击“确定”按钮，效果如图 13-200 所示。

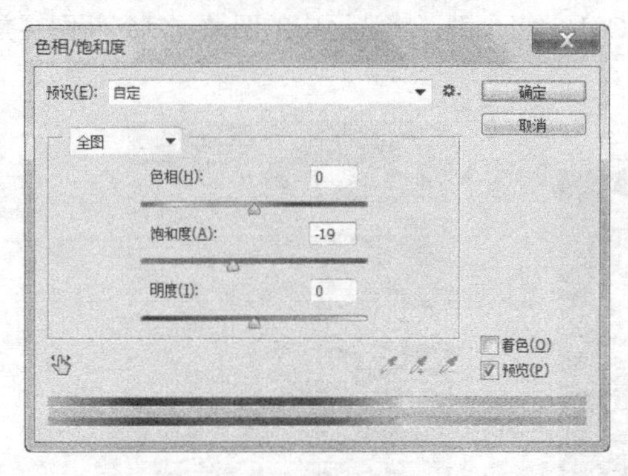

图 13-199

图 13-200

（36）选中并显示“图层 1”图层。在图像窗口中的地板区域单击，图像周围生成选区，如图 13-201 所示。单击“图层 1”图层左侧的眼睛图标 ，将“图层 1”图层隐藏。选中“背景 拷贝”图层，按 Ctrl+J 组合键，将选区中的图像复制到新图层并将其命名为“地板”，如图 13-202 所示。

图 13-201

图 13-202

（37）选择“图像 > 调整 > 亮度/对比度”命令，在弹出的对话框中进行设置，如图 13-203 所示，单击“确定”按钮，效果如图 13-204 所示。

（38）按 Ctrl + O 组合键，打开云盘中的“Ch13 > 素材 > 室内夜景效果后期处理实例 3”文件，选择“移动”工具 ，将灯光图片拖曳到图像窗口中适当的位置并调整大小，效果如图 13-205 所示，在“图层”控制面板中生成新图层并将其命名为“灯光”。

（39）使用相同的方法制作其他效果，如图 13-206 所示。室内夜景效果后期处理完成。

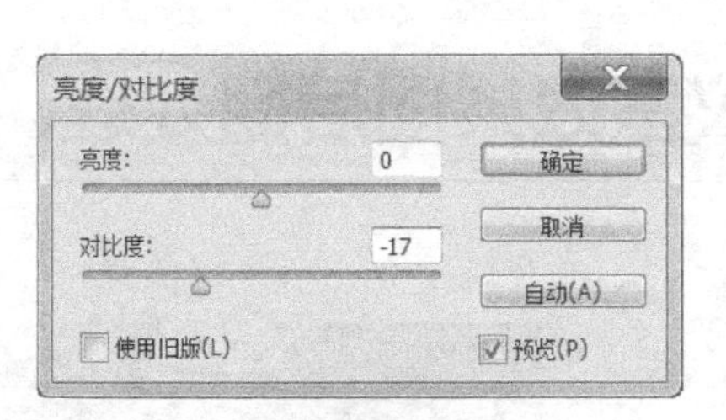

图 13-203

图 13-204

图 13-205

图 13-206

课堂练习——客厅效果图后期处理

练习知识要点

使用曲线命令调整图像的亮度；使用移动工具添加素材图像；使用变换命令调整素材的大小；使用图层混合模式提高效果图的亮度，效果如图 13-207 所示。

图 13-207

效果所在位置

云盘/Ch13/效果/课堂练习.psd。

课后习题——会议室效果图后期处理

习题知识要点

使用移动工具和变换命令添加插画，使用曲线命令调整图像的亮度，使用高斯模糊滤镜制作图像的模糊效果，使用图层混合模式提高效果图的亮度，效果如图 13-208 所示。

图 13-208

效果所在位置

云盘/Ch13/效果/课后习题.psd。

第 14 章　建筑效果图后期处理技术

本章详细讲解了建筑效果图后期处理的方法和技巧。通过本章的学习，读者能掌握建筑日景和夜景效果图的基本方法，并能将处理方法和技巧举一反三，制作出精美的建筑效果图。

课堂学习目标

- 掌握建筑日景效果的后期处理方法和技巧
- 掌握建筑夜景效果的后期处理方法和技巧

14.1 建筑日景效果后期处理技巧

14.1.1　案例分析

本案例是为建筑日景效果进行后期处理，要求效果内容丰富，体现时尚现代的建筑风格和宜人的周围环境。

在设计思路上，要体现建筑的现代感。整体效果偏暗，体现庄重感。

14.1.2　案例制作要点

使用通道绘制选区；使用多边形套索工具和图层混合模式制作绿地效果；使用图层混合模式制作高光和阴影效果；使用调整图层将整体色调调暗；使用矩形选区工具绘制黑框。

14.1.3　案例制作

（1）按 Ctrl + O 组合键，打开云盘中的“Ch14 > 素材 > 建筑日景效果后期处理 1、建筑日景效果后期处理 2”文件，如图 14-1 所示。

（2）在“建筑日景效果后期处理 2”图像窗口中选择“通道”控制面板，选中“Alpha1”通道，图像如图 14-2 所示。按住 Ctrl 键的同时，单击“Alpha1”通道的缩览图，图像周围生成选区。选中“RGB”通道，图像如图 14-3 所示。

图 14-1

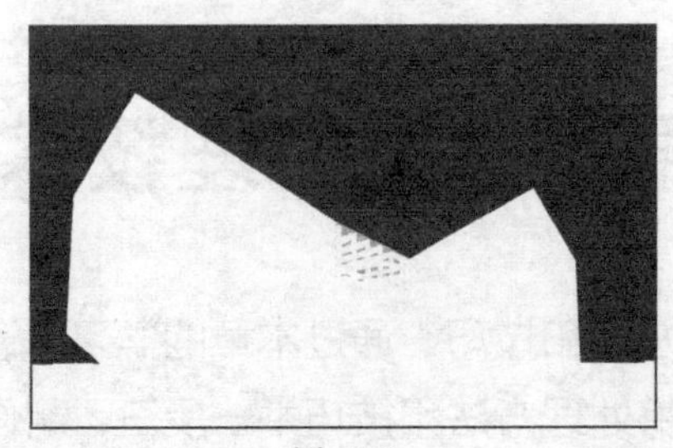

图 14-2

图 14-3

（3）选择“移动”工具，将选区中的图像拖曳到“建筑日景效果后期处理 1”图像窗口中适当的位置并调整大小，效果如图 14-4 所示，在“图层”控制面板中生成新图层并将其命名为“大楼”。

（4）按 Ctrl + O 组合键，打开云盘中的“Ch14 > 素材 > 建筑日景效果后期处理 3”文件，将图片拖曳到图像窗口中适当的位置并调整大小，效果如图 14-5 所示，在“图层”控制面板中生成新图层并将其命名为“远景”。

图 14-4

图 14-5

（5）将“远景”图层拖曳到“图层”控制面板下方的“创建新图层”按钮上进行复制，生成新的图层“远景 拷贝”。按 Ctrl+T 组合键，图像周围出现变换框，按住 Shift 键的同时，拖曳右上角的控制手柄等比例缩小图片，在变换框中单击鼠标右键，在弹出的菜单中选择“水平翻转”命令，将图片水平翻转，按 Enter 键确定操作，效果如图 14-6 所示。

（6）在“图层”控制面板中，按住 Ctrl 键的同时，选择“远景”和“远景 拷贝”。按 Ctrl+E 组合键，合并图层并将其命名为“远景”。在“图层”控制面板中，将“远景”图层拖曳到“大楼”图层的下方，如图 14-7 所示，图像效果如图 14-8 所示。

图 14-6

图 14-7

图 14-8

（7）按 Ctrl + O 组合键，打开云盘中的“Ch14 > 素材 > 建筑日景效果后期处理 4”文件，如图 14-9 所示。选择“多边形套索”工具，在图像窗口中绘制选区，效果如图 14-10 所示。选择“移动”工具，将选区中的图像拖曳到图像窗口中适当的位置并调整大小，效果如图 14-11 所示，在

“图层”控制面板中生成新图层并将其命名为“草地”。在“图层”控制面板上方，将“草地”图层的“不透明度”选项设为 30%，图像效果如图 14-12 所示。

图 14-9

图 14-10

图 14-11

图 14-12

（8）选择“多边形套索”工具，在图像窗口中绘制选区，效果如图 14-13 所示。按 Delete 键，删除选区中的图像，按 Ctrl+D 组合键，取消选区，效果如图 14-14 所示。

图 14-13

图 14-14

（9）使用相同的方法将不需要的图像删除，效果如图 14-15 所示。在“图层”控制面板上方，将“草地”图层的“不透明度”选项设为 100%，图像效果如图 14-16 所示。

图 14-15

图 14-16

（10）使用相同的方法制作其他效果，如图 14-17 所示。在“图层”控制面板中，按住 Ctrl 键的同时，选择“草地”和“草地 拷贝”。按 Ctrl+E 组合键，合并图层并将其命名为“草地”。

（11）按 Ctrl + O 组合键，打开云盘中的“Ch14 > 素材 > 建筑日景效果后期处理 5~建筑日景效果后期处理 10”文件。选择“移动”工具，将图片分别拖曳到图像窗口中适当的位置并调整大小，效果如图 14-18 所示，在“图层”控制面板中生成新图层并将其命名为“人物”“树”“树 1”“树 2”“树 3”“树 4”，“图层”控制面板如图 14-19 所示。按住 Ctrl 键的同时，选择“树”“树 1”“树 2”“树 3”和“树 4”。按 Ctrl+E 组合键，合并图层并将其命名为“树”，“图层”控制面板如图 14-20 所示。

图 14-17

图 14-18

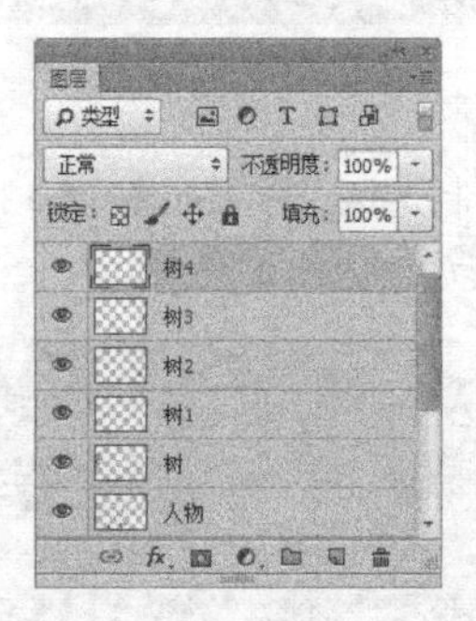

图 14-19

图 14-20

（12）新建图层并将其命名为“高光”。将前景色设为白色。选择“画笔”工具，在属性栏中单击“画笔”选项右侧的按钮，在弹出的画笔面板中选择需要的画笔形状，如图 14-21 所示。在属性栏中将“不透明度”选项设为 40%，在图像窗口中拖曳鼠标绘制图像，效果如图 14-22 所示。在“图层”控制面板上方，将“高光”图层的混合模式选项设为“柔光”，如图 14-23 所示，图像效果如图 14-24 所示。

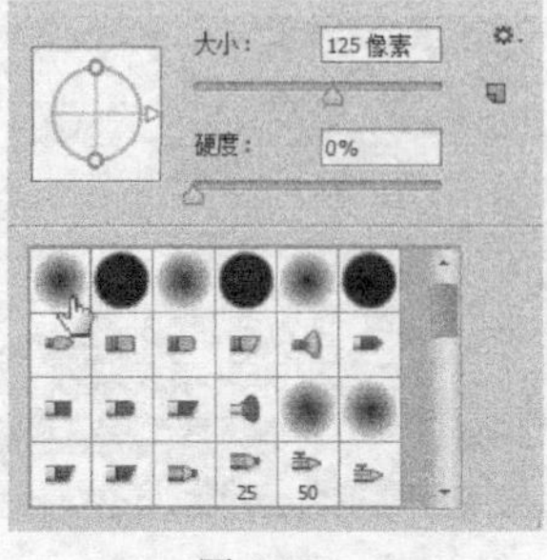

图 14-21

图 14-22

图 14-23

图 14-24

（13）新建图层并将其命名为“高光 2”。在图像窗口中拖曳鼠标绘制图像，效果如图 14-25 所示。在“图层”控制面板上方，将“高光 2”图层的混合模式选项设为“柔光”，“不透明度”选项设为 60%，如图 14-26 所示，图像效果如图 14-27 所示。

图 14-25

图 14-26

图 14-27

（14）按 Ctrl + O 组合键，打开云盘中的“Ch14 > 素材 > 建筑日景效果后期处理 11”文件。选择“移动”工具，将图片拖曳到图像窗口中适当的位置并调整大小，效果如图 14-28 所示，在“图层”控制面板中生成新图层并将其命名为“阴影”。在“图层”控制面板上方，将“阴影”图层的混合模式选项设为“正片叠底”，“不透明度”选项设为 50%，如图 14-29 所示，图像效果如图 14-30 所示。

图 14-28

图 14-29

图 14-30

（15）单击“图层”控制面板下方的“创建新的填充或调整图层”按钮，在弹出的菜单中选择“色阶”命令，在“图层”控制面板中生成“色阶 1”图层，同时在弹出的“色阶”面板中进行设置，如图 14-31 所示，按 Enter 键，图像效果如图 14-32 所示。

（16）新建图层并将其命名为“黑框”。将前景色设为黑色。选择“矩形选框”工具，在图像窗口中绘制矩形选区，如图 14-33 所示。按 Alt+Delete 组合键，用前景色填充选区。按 Ctrl+D 组合键，取消选区，效果如图 14-34 所示。

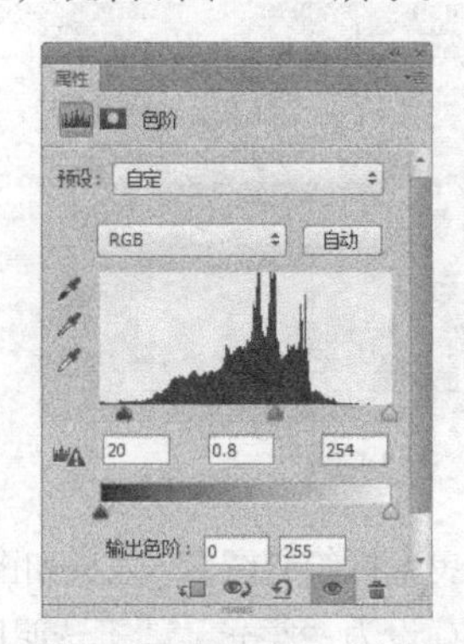

图 14-31

图 14-32

图 14-33

图 14-34

（17）在图像窗口中绘制矩形选区，如图 14-35 所示。按 Alt+Delete 组合键，用前景色填充选区。按 Ctrl+D 组合键，取消选区，效果如图 14-36 所示。建筑日景效果后期处理完成。

图 14-35

图 14-36

14.2 建筑夜景效果后期处理实例

14.2.1 案例分析

本案例为房地产项目制作的建筑夜景效果后期处理，用于房地产广告，要求在设计中体现清新自然的居住环境和时尚现代的建筑风格。

在设计思路上，通过草地与景观植物的完美融合来展示出自然清新地居住氛围；注重灯光的刻画，体现温馨的感觉。

14.2.2　案例制作要点

使用矩形选框工具和移动工具制作绿色植物效果；使用魔棒工具删除不需要的图像；使用多边形套索工具、蒙版和剪切蒙版制作灌木阴影效果；使用多边形套索工具和变换命令制作藤蔓效果；使用图层混合模式制作树剪影效果；使用变换命令、模糊滤镜和图层混合模式制作树阴影效果；使用曝光度命令制作人物效果。

14.2.3　案例制作

（1）按 Ctrl + O 组合键，打开云盘中的“Ch14 > 素材 > 建筑夜景效果后期处理 1”文件，如图 14-37 所示。

图 14-37

（2）按住 Ctrl 键的同时，单击“图层”控制面板下方的“创建新图层”按钮，生成新的图层并将其命名为“天空”。选择“渐变”工具，单击属性栏中的“点按可编辑渐变”按钮，弹出“渐变编辑器”对话框，将渐变颜色设为从深紫色（其 R、G、B 的值分别为 85、80、171）到肤色（其 R、G、B 的值分别为 249、234、230），如图 14-38 所示，单击“确定”按钮。按住 Shift 键的同时，在图像窗口中由右上至左下拖曳鼠标填充渐变色，效果如图 14-39 所示。

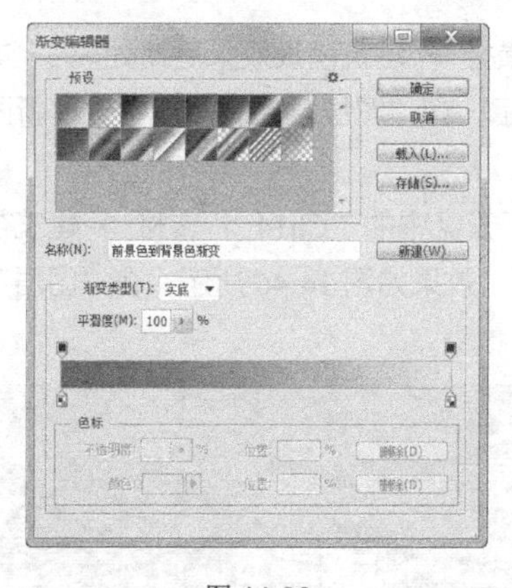

图 14-38

图 14-39

（3）按 Ctrl + O 组合键，打开云盘中的“Ch14 > 素材 > 建筑夜景效果后期处理 2”文件，选择“移动”工具，将图片拖曳到图像窗口中适当的位置，效果如图 14-40 所示，在“图层”控制面板中生成新图层并将其命名为“树”。

图 14-40

（4）按 Ctrl+J 组合键，复制“树”图层，生成新的图层“树 拷贝”，将其拖曳到适当的位置，如图 14-41 所示。再次

复制图层，生成新的图层“树 拷贝 2”，将其移动到适当的位置，如图 14-42 所示。

图 14-41

图 14-42

（5）在“图层”控制面板中，按住 Ctrl 键的同时，选择“树”“树 拷贝”和“树 拷贝 2”图层。按 Ctrl+E 组合键，合并图层并将其命名为“树”。将“树”图层拖曳到“别墅”图层的下方，如图 14-43 所示，图像效果如图 14-44 所示。

图 14-43

图 14-44

（6）按 Ctrl + O 组合键，打开云盘中的“Ch14 > 素材 > 建筑夜景效果后期处理 3”文件，将图片拖曳到图像窗口中适当的位置，效果如图 14-45 所示，在“图层”控制面板中生成新图层并将其命名为“树 2”。

（7）选择“别墅”图层。按 Ctrl + O 组合键，打开云盘中的“Ch14 > 素材 > 建筑夜景效果后期处理 4”文件，将图片拖曳到图像窗口中适当的位置，效果如图 14-46 所示，在“图层”控制面板中生成新图层并将其命名为“汽车”。

图 14-45

图 14-46

（8）按 Ctrl + O 组合键，打开云盘中的“Ch14 > 素材 > 建筑夜景效果后期处理 5”文件，将图片拖曳到图像窗口中适当的位置并调整大小，效果如图 14-47 所示，在“图层”控制面板中生成新图层并将其命名为“草坪”。在“图层”控制面板上方，将“图案”图层的“不透明度”选项设为 30%，

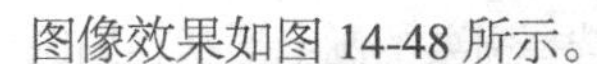
图像效果如图 14-48 所示。

图 14-47

图 14-48

（9）选择“多边形套索”工具，在图像窗口中绘制选区，效果如图 14-49 所示。按 Ctrl+Shift+I 组合键，将选区反选。按 Delete 键，删除选区中的图像，按 Ctrl+D 组合键，取消选区，图像效果如图 14-50 所示。

图 14-49

图 14-50

（10）在“图层”控制面板上方，将“草坪”图层的“不透明度”选项设为 75%，图像效果如图 14-51 所示。按 Ctrl+J 组合键，复制“草坪”图层，生成新的图层并将其命名为“草坪阴影”，如图 14-52 所示。按住 Ctrl 键的同时，单击“草坪阴影”图层的缩览图，图像周围生成选区。将前景色设为黑色。按 Alt+Delete 组合键，用前景色填充选区。按 Ctrl+D 组合键，取消选区，效果如图 14-53 所示。

图 14-51

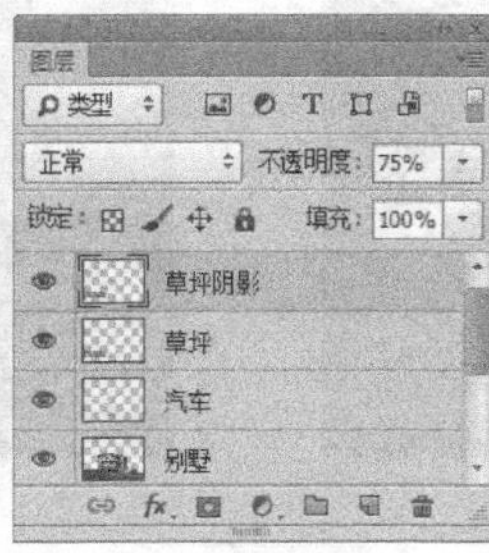

图 14-52

图 14-53

（11）单击“图层”控制面板下方的“添加图层蒙版”按钮，为“草坪阴影”图层添加图层蒙版，如图 14-54 所示。选择“渐变”工具，单击属性栏中的“点按可编辑渐变”按钮，弹出“渐变编辑器”对话框，将渐变色设为从黑色到白色，单击“确定”按钮。在图像窗口中由右上至左下拖曳鼠标填充渐变色，松开鼠标，效果如图 14-55 所示。将前景色设为白色。选择“画笔”

工具，在属性栏中单击“画笔”选项右侧的按钮，在弹出的面板中选择需要的画笔形状，如图 14-56 所示。在属性栏中将“不透明度”选项设为 54%，在图像窗口中拖曳鼠标擦除不需要的图像，效果如图 14-57 所示。

图 14-54

图 14-55

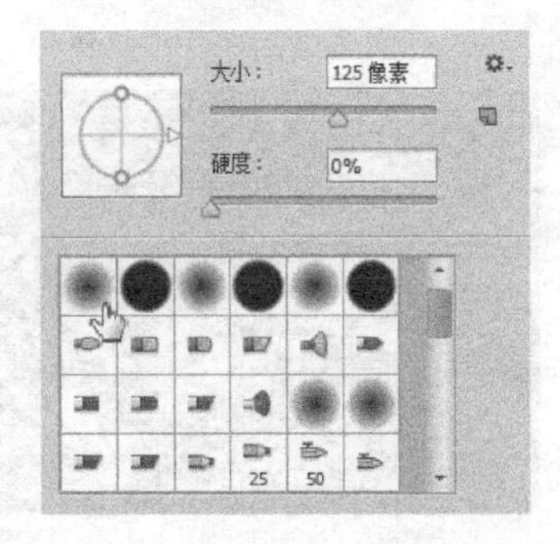

图 14-56

图 14-57

（12）按 Ctrl + O 组合键，打开云盘中的“Ch14 > 素材 > 建筑夜景效果后期处理 5”文件，选择“移动”工具，将图片拖曳到图像窗口中适当的位置并调整大小，效果如图 14-58 所示，在“图层”控制面板中生成新图层并将其命名为“草坪 2”。在“图层”控制面板上方，将“草坪 2”图层的“不透明度”选项设为 30%，图像效果如图 14-59 所示。

图 14-58

图 14-59

（13）选择“多边形套索”工具，在图像窗口中绘制选区，效果如图 14-60 所示。按 Ctrl+Shift+I 组合键，将选区反选。按 Delete 键，删除选区中的图像。按 Ctrl+D 组合键，取消选区，图像效果如图 14-61 所示。

（14）在“图层”控制面板上方，将“草坪 2”图层的“不透明度”选项设为 70%，如图 14-62 所示，图像效果如图 14-63 所示。

图 14-60

图 14-61

图 14-62

图 14-63

（15）新建图层并将其命名为“草坪 2 阴影”。选择“画笔”工具，在属性栏中单击“画笔”选项右侧的按钮，在弹出的面板中选择需要的画笔形状，如图 14-64 所示，在属性栏中将“不透明度”选项设为 54%，在图像窗口中拖曳鼠标绘制阴影，效果如图 14-65 所示。

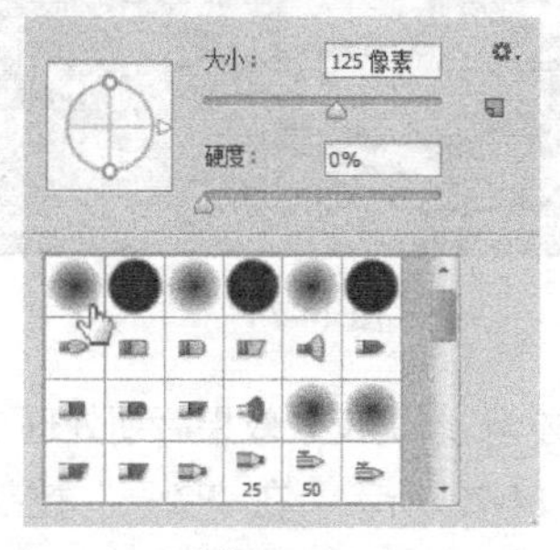

图 14-64

图 14-65

（16）按住 Alt 键的同时，将鼠标光标放在“草坪 2”图层和“草坪 2 阴影”图层的中间，鼠标光标变为图标，如图 14-66 所示，单击鼠标左键，创建剪贴蒙版，图像效果如图 14-67 所示。

图 14-66

图 14-67

（17）按 Ctrl + O 组合键，打开云盘中的“Ch14 > 素材 > 建筑夜景效果后期处理 6”文件，选择“移动”工具，将图片拖曳到图像窗口中适当的位置并调整大小，效果如图 14-68 所示，在“图层”控制面板中生成新图层并将其命名为“树 3”。

（18）选择“矩形选框”工具，在图像窗口中绘制矩形选区，如图 14-69 所示。按 Ctrl+T 组合键，图像周围出现变换框，在变换框中单击鼠标右键，在弹出的菜单中选择“水平翻转”命令，将图片水平翻转，按 Enter 键确定操作，效果如图 14-70 所示。

（19）选择“移动”工具，将选区中的图像拖曳到图像窗口中适当的位置，按 Ctrl+D 组合键，取消选区，效果如图 14-71 所示。

图 14-68

图 14-69

图 14-70

图 14-71

（20）按 Ctrl + O 组合键，打开云盘中的“Ch14 > 素材 > 建筑夜景效果后期处理 7”文件，将图片拖曳到图像窗口中适当的位置并调整大小，效果如图 14-72 所示，在“图层”控制面板中生成新图层并将其命名为“树 4”。

（21）将“树 4”图层拖曳到“图层”控制面板下方的“创建新图层”按钮上进行复制，生成新的图层“树 4 拷贝”。将复制后的图片拖曳到适当的位置并调整大小，如图 14-73 所示。

图 14-72

图 14-73

（22）将“树 4 拷贝”图层拖曳到“图层”控制面板下方的“创建新图层”按钮 上进行复制，生成新的图层“树 4 拷贝 2”。按 Ctrl+T 组合键，图像周围出现变换框，在变换框中单击鼠标右键，在弹出的菜单中选择“水平翻转”命令，将图片水平翻转并移动到适当的位置，按 Enter 键确定操作，效果如图 14-74 所示。在“图层”控制面板中，按住 Ctrl 键的同时，选择“树 4”“树 4 拷贝”和“树 4 拷贝 2”。按 Ctrl+E 组合键，合并图层并将其命名为“树 4”。

（23）按 Ctrl + O 组合键，打开云盘中的“Ch14 > 素材 > 建筑夜景效果后期处理 8”文件，将图片拖曳到图像窗口中适当的位置并调整大小，效果如图 14-75 所示，在“图层”控制面板中生成新图层并将其命名为“人物”。

图 14-74

图 14-75

（24）选择“别墅”图层。选择“魔棒”工具 ，在属性栏中将“容差”选项设为 32，在属性栏中勾选“连续”选项，在图像窗口中的栏杆区域单击，图像周围生成选区，如图 14-76 所示。在“图层”控制面板中选择“人物”图层，按 Delete 键，删除选区中的图像，效果如图 14-77 所示。

（25）选择“多边形套索”工具 ，在图像窗口中绘制选区，效果如图 14-78 所示。按 Delete 键，删除选区中的图像，效果如图 14-79 所示。

图 14-76

图 14-77

图 14-78

图 14-79

（26）按 Ctrl + O 组合键，打开云盘中的“Ch14 > 素材 > 建筑夜景效果后期处理 9”文件，选择“移动”工具 ，将图片拖曳到图像窗口中适当的位置并调整大小，效果如图 14-80 所示，在“图层”控制面板中生成新图层并将其命名为“装饰花”。将“装饰花”图层拖曳到控制面板下方的“创建新图层”按钮 上进行复制，生成新的图层“装饰花 拷贝”。单击“装饰花 拷贝”图层左侧的眼睛图标 ，将该图层隐藏。

（27）选择“装饰花”图层。按 Ctrl+T 组合键，在图像周围出现变换框，将指针放在变换框的控制手柄外边，指针变为旋转图标 ，拖曳鼠标将图像旋转到适当的角度，按 Enter 键确定操作，效果如图 14-81 所示。

（28）选择“多边形套索”工具，在图像窗口中绘制选区，效果如图 14-82 所示。按 Ctrl+T 组合键，在图像周围出现变换框，将指针放在变换框的控制手柄外边，指针变为旋转图标，拖曳鼠标将图像旋转到适当的角度，按 Enter 键确定操作。按 Ctrl+D 组合键，取消选区，效果如图 14-83 所示。

图 14-80

图 14-81

图 14-82

图 14-83

（29）在图像窗口中绘制选区，效果如图 14-84 所示。按 Delete 键，删除选区中的图像，效果如图 14-85 所示。

（30）选中并显示“装饰花 拷贝”图层。使用相同的方法制作其他效果，如图 14-86 所示。在“图层”控制面板中，按住 Ctrl 键的同时，选择“装饰花”和“装饰花 拷贝”图层。按 Ctrl+E 组合键，合并图层并将其命名为“装饰花”。

图 14-84

图 14-85

图 14-86

（31）按 Ctrl + O 组合键，打开云盘中的“Ch14 > 素材 > 建筑夜景效果后期处理 10”文件，选择“移动”工具，将图片拖曳到图像窗口中适当的位置并调整大小，效果如图 14-87 所示，在“图层”控制面板中生成新图层并将其命名为“藤蔓”。按 Ctrl+T 组合键，图像周围出现变换框，在变换框中单击鼠标右键，在弹出的菜单中选择“扭曲”命令，将图片扭曲，如图 14-88 所示，按 Enter 键确定操作，效果如图 14-89 所示。

图 14-87

图 14-88

图 14-89

（32）按 Ctrl + O 组合键，打开云盘中的“Ch14 > 素材 > 建筑夜景效果后期处理 11”文件，将图片拖曳到图像窗口中适当的位置并调整大小，效果如图 14-90 所示，在“图层”控制面板中生成新图层并将其命名为“石头”。

（33）按 Ctrl + O 组合键，打开云盘中的“Ch14 > 素材 > 建筑夜景效果后期处理 12”文件，将图片拖曳到图像窗口中适当的位置并调整大小，效果如图 14-91 所示，在“图层”控制面板中生成新图层并将其命名为“绿色植物 1”。

图 14-90

图 14-91

（34）将“绿色植物 1”图层拖曳到控制面板下方的“创建新图层”按钮上进行复制，生成新的图层“绿色植物 1 拷贝”。在图像窗口中将复制后的图像拖曳到适当的位置并调整大小，如图 14-92 所示。在“图层”控制面板中，按住 Ctrl 键的同时，选择“绿色植物 1”和“绿色植物 1 拷贝”。按 Ctrl+E 组合键，合并图层并将其命名为“绿色植物 1”。

（35）按 Ctrl + O 组合键，打开云盘中的“Ch14 > 素材 > 建筑夜景效果后期处理 13”文件，将图片拖曳到图像窗口中适当的位置并调整大小，效果如图 14-93 所示，在“图层”控制面板中生成新图层并将其命名为“绿色植物 2”。

图 14-92

图 14-93

（36）按 Ctrl + O 组合键，打开云盘中的“Ch14 > 素材 > 建筑夜景效果后期处理 14”文件，将图片拖曳到图像窗口中适当的位置并调整大小，效果如图 14-94 所示，在“图层”控制面板中生成新图层并将其命名为“花”。将“花”图层拖曳到控制面板下方的“创建新图层”按钮上进行复制，生成新的图层“花 拷贝”。在图像窗口中将复制后的图像拖曳到适当的位置并调整大小，如图 14-95 所示。在“图层”控制面板中，按住 Ctrl 键的同时，选择“花”和“花 拷贝”。按 Ctrl+E 组合键，合并图层并将其命名为“花”。

图 14-94

图 14-95

（37）按 Ctrl + O 组合键，打开云盘中的“Ch14 > 素材 > 建筑夜景效果后期处理 15”文件，将图片拖曳到图像窗口中适当的位置并调整大小，效果如图 14-96 所示，在“图层”控制面板中生成新图层并将其命名为“绿色植物 3”。

（38）按 Ctrl + O 组合键，打开云盘中的“Ch14 > 素材 > 建筑夜景效果后期处理 16”文件，将图片拖曳到图像窗口中适当的位置并调整大小，在“图层”控制面板中生成新图层并将其命名为“草”。将“草”图层拖曳到控制面板下方的“创建新图层”按钮上进行复制，生成新的图层“草 拷贝”。在图像窗口中将复制后的图像拖曳到适当的位置并调整大小，如图 14-97 所示。在“图层”控制面板中，按住 Ctrl 键的同时，选择“草”和“草 拷贝”。按 Ctrl+E 组合键，合并图层并将其命名为“草”。

图 14-96

图 14-97

（39）按 Ctrl + O 组合键，打开云盘中的“Ch14 > 素材 > 建筑夜景效果后期处理 17”文件，如图 14-98 所示，在“图层”控制面板中生成新图层并将其命名为“树 5”。在“图层”控制面板上方，将该图层的混合模式选项设为“深色”，如图 14-99 所示，图像效果如图 14-100 所示。

（40）将“树 5”图层拖曳到控制面板下方的“创建新图层”按钮上进行复制，生成新的图层“树 5 拷贝”。将复制后的图像拖曳到适当的位置，如图 14-101 所示。

图 14-98

图 14-99

图 14-100

图 14-101

（41）将“树 5 拷贝”图层拖曳到控制面板下方的“创建新图层”按钮上进行复制，生成新的图层并将其重命名为“阴影”。将复制后的图像拖曳到适当的位置，如图 14-102 所示。按 Ctrl+T 组合键，图像周围出现变换框，在变换框中单击鼠标右键，在弹出的菜单中选择“扭曲”命令，将图片扭曲，按 Enter 键确定操作，效果如图 14-103 所示。

图 14-102

图 14-103

（42）选择“滤镜 > 模糊 > 高斯模糊”命令，在弹出的对话框中进行设置，如图 14-104 所示，单击“确定”按钮，效果如图 14-105 所示。

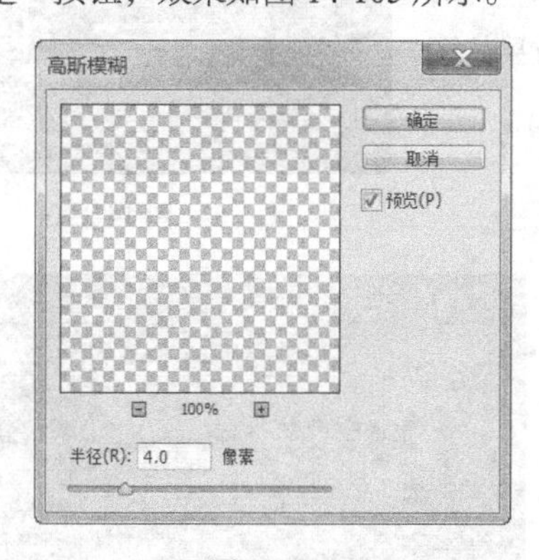

图 14-104

图 14-105

（43）选择“滤镜 > 模糊 > 动感模糊”命令，在弹出的对话框中进行设置，如图 14-106 所示，单击“确定”按钮，效果如图 14-107 所示。

（44）在“图层”控制面板上方，将“阴影”图层的“不透明度”选项设为 44%，如图 14-108 所示，图像效果如图 14-109 所示。

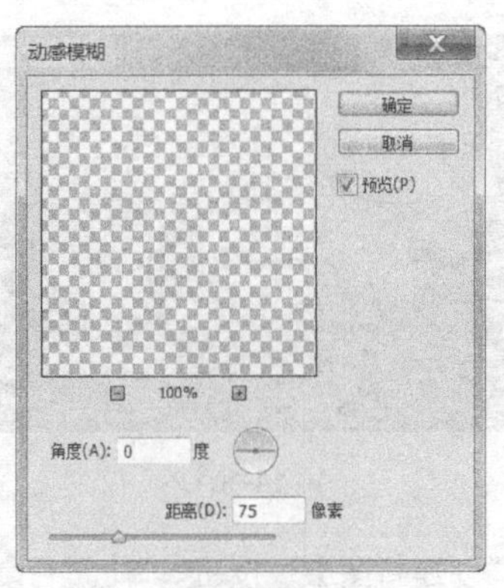

图 14-106

图 14-107

图 14-108

图 14-109

（45）按 Ctrl + O 组合键，打开云盘中的“Ch14 > 素材 > 建筑夜景效果后期处理 18”文件，如图 14-110 所示，在“图层”控制面板中生成新图层并将其命名为“人物 2”。

（46）选择“图像 > 调整 > 曝光度”命令，弹出对话框，选项的设置如图 14-111 所示，单击“确定”按钮，效果如图 14-112 所示。

图 14-110

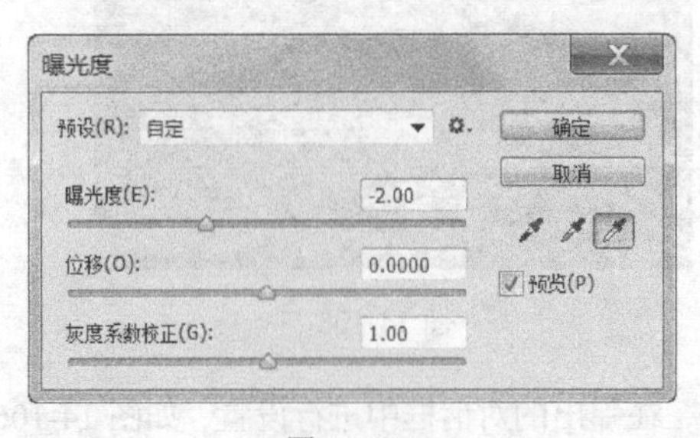

图 14-111

图 14-112

（47）单击“图层”控制面板下方的“创建新的填充或调整图层”按钮 ，在弹出的菜单中选择“色阶”命令，在“图层”控制面板中生成“色阶 1”图层，同时在弹出的“色阶”面板中进行设置，如图 14-113 所示，按 Enter 键，图像效果如图 14-114 所示。

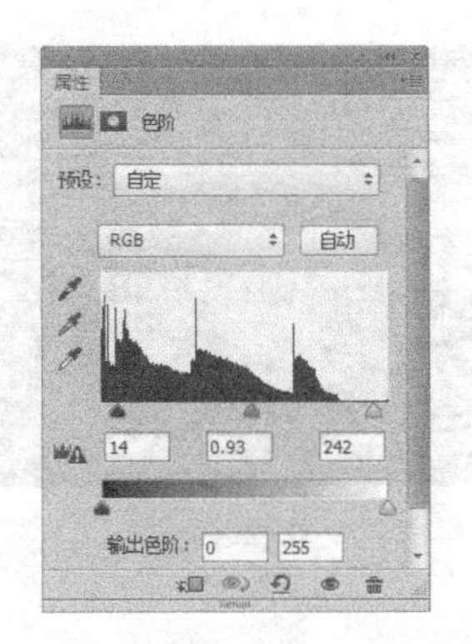

图 14-113　　　　图 14-114

（48）将前景色设为黑色。选择“画笔”工具，在属性栏中单击“画笔”选项右侧的按钮，在弹出的面板中选择需要的画笔形状，如图 14-115 所示，在属性栏中将“不透明度”选项设为 80%，在图像窗口中的灯光处拖曳鼠标擦除不需要的图像，效果如图 14-116 所示。

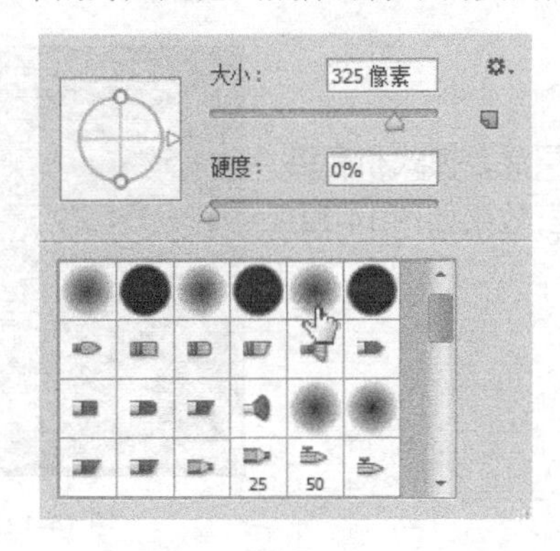

图 14-115　　　　图 14-116

（49）新建图层并将其命名为“黑框”。将前景色设为黑色。选择“矩形选框”工具，在图像窗口中绘制矩形选区，如图 14-117 所示。按 Alt+Delete 组合键，用前景色填充选区，按 Ctrl+D 组合键，取消选区，效果如图 14-118 所示。

图 14-117　　　　图 14-118

（50）在图像窗口中绘制矩形选区，如图 14-119 所示。按 Alt+Delete 组合键，用前景色填充选区，按 Ctrl+D 组合键，取消选区，效果如图 14-120 所示。建筑夜景效果后期处理完成。

图 14-119

图 14-120

课堂练习——制作大厦夜景效果

练习知识要点

使用移动工具添加远景、人物和灯柱；使用图层混合模式和高级混合选项制作灯光效果；使用矩形选框工具添加黑框，效果如图 14-121 所示。

图 14-121

效果所在位置

云盘/Ch14/效果/课堂练习.psd。

课后习题——制作别墅效果图

习题知识要点

使用移动工具添加远景、绿植、路灯和汽车；使用图层蒙版擦除不需要的图像；使用矩形选框工具添加黑框，效果如图 14-122 所示。

图 14-122

效果所在位置

云盘/Ch14/效果/课后习题.psd。

第 15 章　效果图专题及特效制作

本章详细讲解了效果图的专题与特效制作技巧，包括玻璃制作、日夜景变换、水墨特效制作、雨景和雪景特效制作等。通过本章的学习，读者能掌握各类效果图特效及专题制作的技巧，制作出精美的效果图。

课堂学习目标

- 掌握各类效果图专题的制作技巧和方法
- 掌握各种特效效果图的制作技巧和方法

15.1 专题制作

在建筑效果图制作过程中，需要添加一些比较特殊的材质和灯光效果。在这里主要讲解其中一些较为常用的效果制作。

15.1.1 各类玻璃效果制作

1．磨砂玻璃效果制作

（1）按 Ctrl + O 组合键，打开云盘中的“Ch15 > 素材 > 磨砂玻璃效果制作”文件，如图 15-1 所示。

（2）选择“钢笔”工具，在属性栏的“选择工具模式”选项中选择“路径”，在图像窗口中绘制路径，如图 15-2 所示。按 Ctrl+Enter 组合键，将路径转换为选区。按 Ctrl+J 组合键，复制选区内容，生成新的图层“图层 1”。

（3）选择“多边形套索”工具，在图像窗口中沿着不需要的图像边缘绘制选区，如图 15-3 所示。按 Delete 键，删除选区中的图像。

图 15-1

图 15-2

图 15-3

（4）选择“滤镜 > 模糊 > 镜头模糊”命令，在弹出的对话框中进行设置，如图 15-4 所示，单击“确定”按钮，效果如图 15-5 所示。磨砂玻璃效果制作完成。

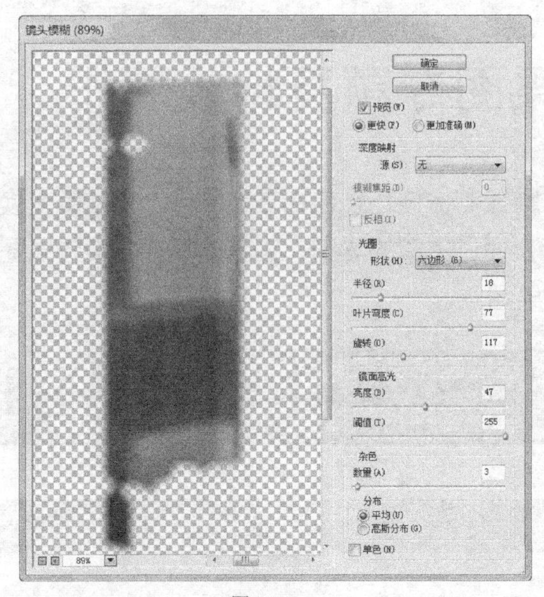

图 15-4

图 15-5

2．玻璃砖效果制作

（1）按 Ctrl + O 组合键，打开云盘中的“Ch15 > 素材 > 玻璃砖效果制作”文件，如图 15-6 所示。

（2）选择“矩形选框”工具，在图像窗口中绘制矩形选区，如图 15-7 所示。按 Ctrl+J 组合键，复制选区内容，生成新的图层“图层 1”。按 Ctrl+D 组合键，取消选区。

图 15-6

图 15-7

（3）选择“滤镜 > 模糊 > 高斯模糊”命令，在弹出的对话框中进行设置，如图 15-8 所示，单击“确定”按钮，效果如图 15-9 所示。

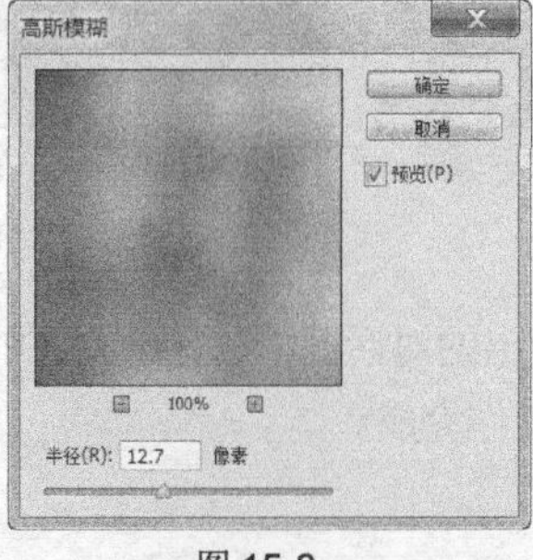

图 15-8

图 15-9

（4）选择“滤镜 > 扭曲 > 玻璃”命令，在弹出的对话框中进行设置，如图 15-10 所示，单击“确定”按钮，效果如图 15-11 所示。

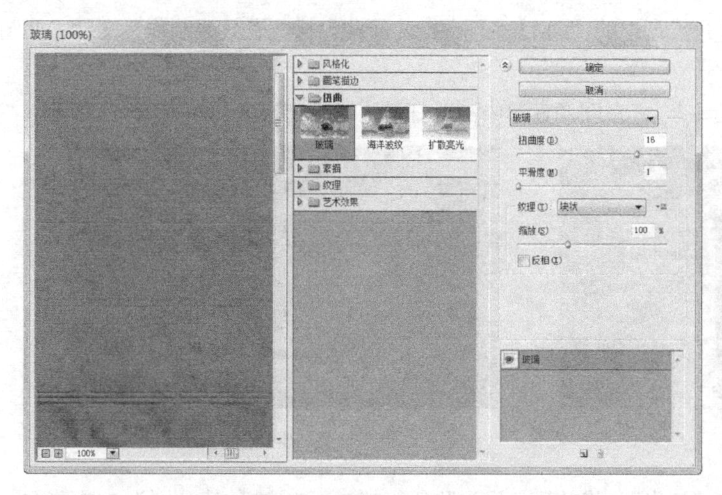

图 15-10

图 15-11

（5）单击“图层”控制面板下方的“添加图层蒙版”按钮，为“图层 1”图层添加图层蒙版，如图 15-12 所示。将前景色设为黑色。选择“矩形选框”工具，在图像窗口中绘制矩形选区。按 Alt+Delete 组合键，用前景色填充选区，效果如图 15-13 所示。

（6）将前景色设为黄色（其 R、G、B 的值分别为 255、246、108）。选择“矩形”工具，在属性栏的“选择工具模式”选项中选择“形状”，在图像窗口中绘制矩形，如图 15-14 所示。在“图层”控制面板中生成形状图层“矩形 1”。

图 15-12

图 15-13

图 15-14

（7）在“图层”控制面板上方，将“矩形 1”图层的混合模式选项设为“正片叠底”，“不透明度”选项设为 22%，如图 15-15 所示，图像效果如图 15-16 所示。玻璃砖效果制作完成。

图 15-15

图 15-16

15.1.2 暗藏灯槽光芒效果制作

（1）按 Ctrl + O 组合键，打开云盘中的“Ch15 > 素材 > 暗藏灯槽光芒效果制作”文件，如图 15-17 所示。

（2）选择“多边形套索”工具，在图像窗口中沿着灯槽边缘绘制选区，如图 15-18 所示。

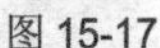

图 15-17

图 15-18

（3）新建图层并将其命名为“灯光”。将前景色设为肤色（其 R、G、B 的值分别为 237、185、122）。选择“画笔”工具，在属性栏中单击“画笔”选项右侧的按钮，在弹出的画笔面板中选择需要的画笔形状，如图 15-19 所示。在图像窗口中的选区内拖曳鼠标沿选区边缘绘制灯光，如图 15-20 所示。使用相同的方法绘制其他效果。按 Ctrl+D 组合键，取消选区。效果如图 15-21 所示。暗藏灯槽光芒效果制作完成。

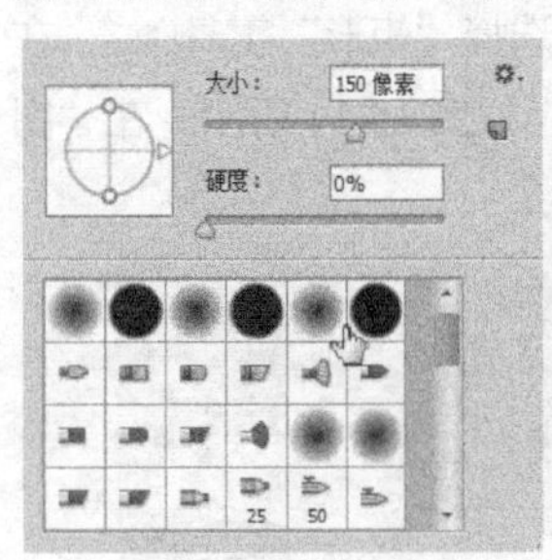

图 15-19

图 15-20

图 15-21

15.1.3 日景变夜景

（1）按 Ctrl + O 组合键，打开云盘中的“Ch15 > 素材 > 日景变夜景 1”文件，如图 15-22 所示。

（2）按 Ctrl + O 组合键，打开云盘中的“Ch15 > 素材 > 日景变夜景 2”文件，选择“移动”工具，将路灯图片拖曳到图像窗口中适当的位置，效果如图 15-23 所示。在“图层”控制面板中生成新图层并将其命名为“灯”。

（3）单击“图层”控制面板下方的“添加图层蒙版”按钮，为“灯”图层添加图层蒙版。将前景色设为黑色。选择“画笔”工具，在属性栏中单击“画笔”选项右侧的按钮，在弹出的面板中选择需要的画笔形状，如图 15-24 所示，在图像窗口中拖曳鼠标擦除不需要的图像，效果如图 15-25 所示。

（4）按 Shift+Ctrl+Alt+E 组合键，将所有可见图层中的图像复制并合并到新图层中，将其命名为“图片”，如图 15-26 所示。

图 15-22

图 15-23

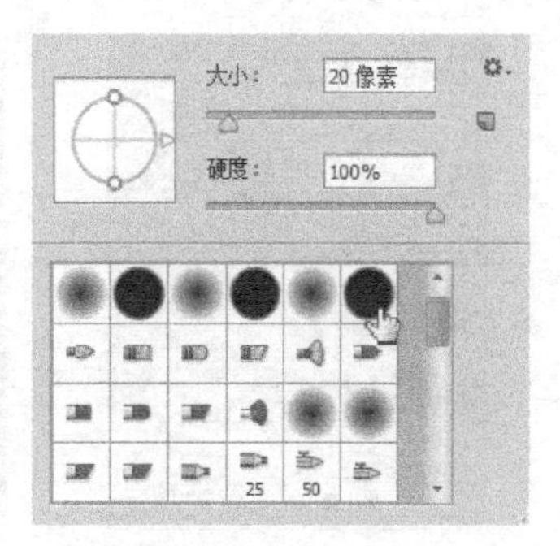

图 15-24

图 15-25

图 15-26

（5）新建图层并将其命名为“渐变”。单击属性栏中的“点按可编辑渐变”按钮，弹出“渐变编辑器”对话框，将渐变颜色设为从黑色到深蓝色（其 R、G、B 的值分别为 0、29、54），如图 15-27 所示，单击“确定”按钮。按住 Shift 键的同时，在图形窗口中由上至下拖曳鼠标填充渐变色，效果如图 15-28 所示。

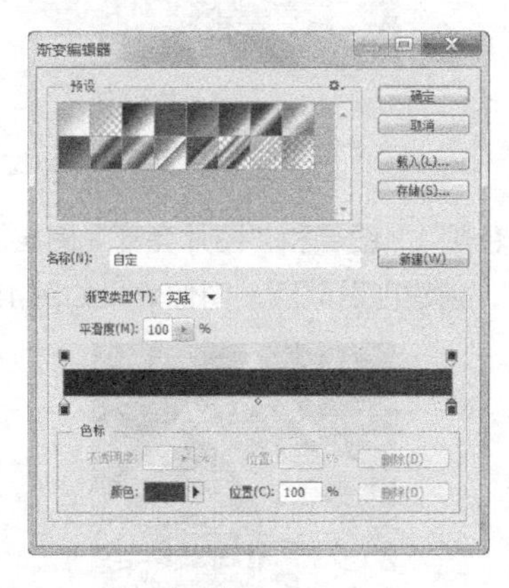

图 15-27

图 15-28

（6）将“图片”图层拖曳到“图层”控制面板下方的“创建新图层”按钮上进行复制，生成新的图层并将其重命名为“图片亮部”。将“图片亮部”图层拖曳到“渐变”图层的上方，如图 15-29 所示。选择“魔棒”工具，在属性栏中将“容差”选项设为 40，在图像窗口中的天空区域单击，

图像周围生成选区，如图 15-30 所示。按 Delete 键，删除所选区域。按 Ctrl+D 组合键，取消选区，效果如图 15-31 所示。

图 15-29

图 15-30

图 15-31

（7）将“图片亮部”图层拖曳到“图层”控制面板下方的“创建新图层”按钮上进行复制，生成新的图层并将其重命名为“图片暗部”。单击“图片暗部”图层左侧的眼睛图标，将“图片暗部”图层隐藏。

（8）选择“图片亮部”图层。单击“图层”控制面板下方的“创建新的填充或调整图层”按钮，在弹出的菜单中选择“色阶”命令，在“图层”控制面板中生成“色阶 1”图层，同时在弹出的“色阶”面板中进行设置，如图 15-32 所示，按 Enter 键，图像效果如图 15-33 所示。

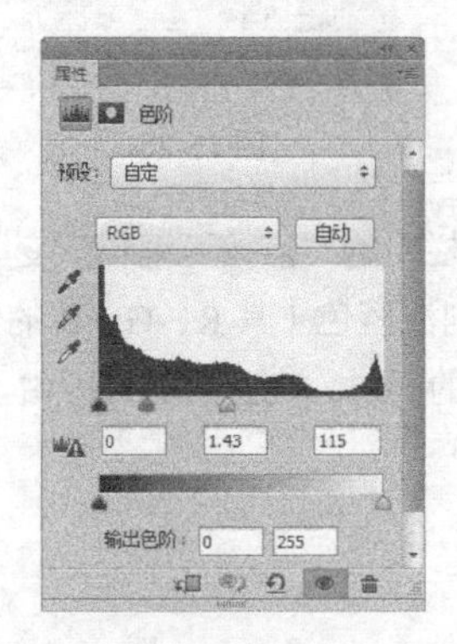

图 15-32

图 15-33

（9）按住 Alt 键的同时，将鼠标光标放在“色阶 1”图层和“图片亮部”图层的中间，鼠标光标变为图标，如图 15-34 所示，单击鼠标左键，创建剪贴蒙版，图像效果如图 15-35 所示。

图 15-34

图 15-35

（10）选中并显示“图片暗部”图层。单击“图层”控制面板下方的“添加图层蒙版”按钮，为“图片暗部”图层添加图层蒙版。将前景色设为黑色。选择“多边形套索”工具，在图像窗口中沿着窗户和路灯边缘拖曳鼠标绘制选区，效果如图 15-36 所示。按 Alt+Delete 组合键，用前景色填充选区，效果如图 15-37 所示。按 Ctrl+D 组合键，取消选区。

图 15-36

图 15-37

（11）单击“图层”控制面板下方的“创建新的填充或调整图层”按钮，在弹出的菜单中选择“色阶”命令，在“图层”控制面板中生成“色阶 2”图层，同时在弹出的“色阶”面板中进行设置，如图 15-38 所示，单击“确定”按钮，图像效果如图 15-39 所示。

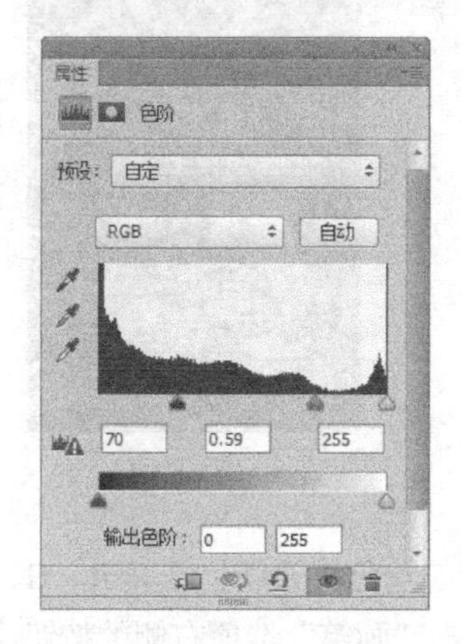

图 15-38

图 15-39

（12）按住 Alt 键的同时，将鼠标光标放在“色阶 2”图层和“图片暗部”图层的中间，鼠标光标变为图标，如图 15-40 所示，单击鼠标左键，创建剪贴蒙版，图像效果如图 15-41 所示。

图 15-40

图 15-41

（13）单击“图层”控制面板下方的“创建新的填充或调整图层”按钮 ，在弹出的菜单中选择“色相/饱和度”命令，在“图层”控制面板中生成“色相/饱和度 1”图层，同时在弹出的“色相/饱和度”面板中进行设置，如图 15-42 所示，按 Enter 键，图像效果如图 15-43 所示。

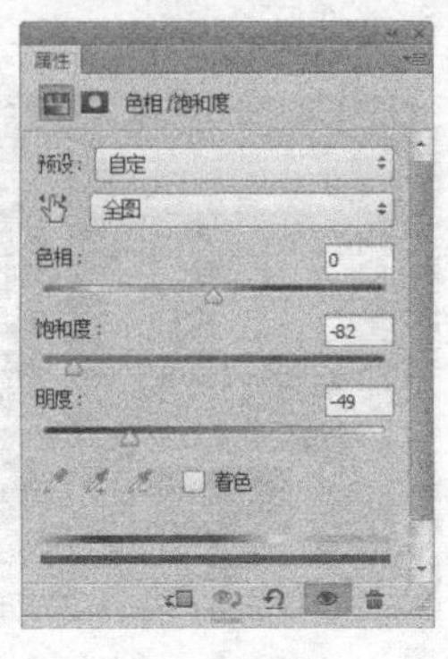

图 15-42

图 15-43

（14）按住 Alt 键的同时，将鼠标光标放在“色相饱和度 1”图层和“色阶 2”图层的中间，鼠标光标变为 图标，如图 15-44 所示，单击鼠标左键，创建剪贴蒙版，图像效果如图 15-45 所示。

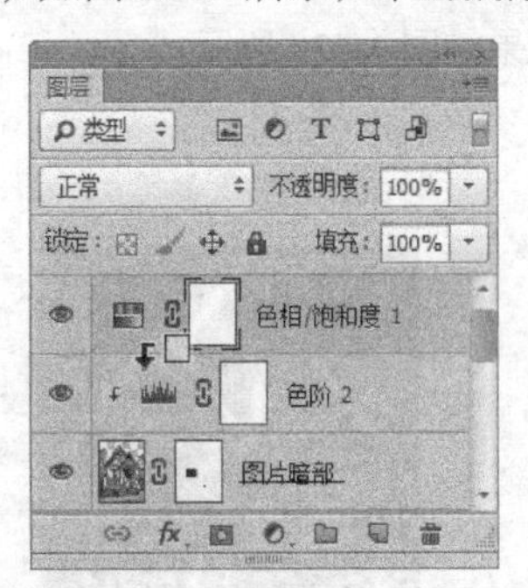

图 15-44

图 15-45

（15）新建图层并将其命名为“路灯灯光”。将前景色设为肤色（其 R、G、B 的值分别为 255、232、203）。选择“画笔”工具 ，在属性栏中单击“画笔”选项右侧的按钮 ，在弹出的画笔面板中选择需要的画笔形状，如图 15-46 所示。在属性栏中将“不透明度”选项设为 70%。在图像窗口中路灯的位置单击，效果如图 15-47 所示。

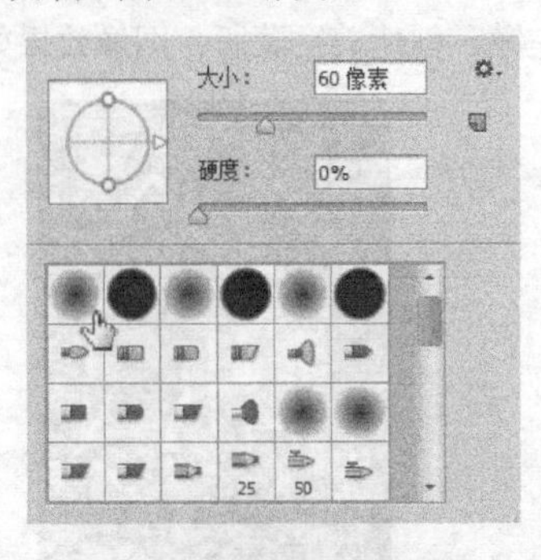

图 15-46

图 15-47

（16）新建图层并将其命名为“窗户灯光”。选择“多边形套索”工具，在图像窗口中沿着窗户边缘绘制选区，效果如图 15-48 所示。按 Alt+Delete 组合键，用前景色填充选区，效果如图 15-49 所示。按 Ctrl+D 组合键，取消选区。

图 15-48

图 15-49

（17）单击“图层”控制面板下方的“添加图层样式”按钮，在弹出的菜单中选择“外发光”命令，弹出对话框，将外发光颜色设为肤色（其 R、G、B 的值分别为 255、232、203），其他选项的设置如图 15-50 所示，单击“确定”按钮，效果如图 15-51 所示。

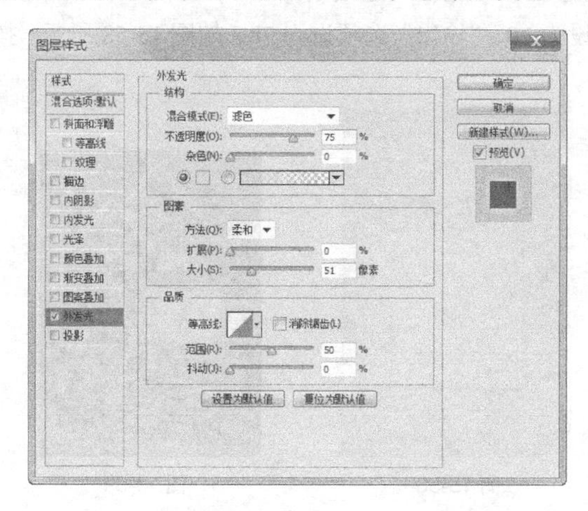

图 15-50

图 15-51

（18）在“图层”控制面板上方，将“窗户灯光”图层的混合模式选项设为“叠加”，如图 15-52 所示，图像效果如图 15-53 所示。

（19）按 Shift+Ctrl+Alt+E 组合键，将所有可见图层中的图像复制并合并到新图层中，将其命名为“盖印”，如图 15-54 所示。

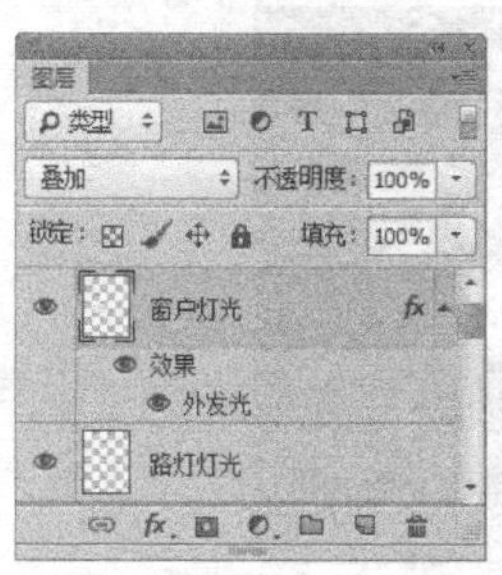

图 15-52

图 15-53

图 15-54

（20）将“盖印”图层拖曳到“图层”控制面板下方的“创建新图层”按钮上进行复制，生成新的图层并将其重命名为“盖印 拷贝”。在“图层”控制面板上方，将“盖印 拷贝”图层的混合模式选项设为“滤色”，“不透明度”选项设为 80%，如图 15-55 所示，图像效果如图 15-56 所示。

图 15-55

图 15-56

（21）单击“图层”控制面板下方的“创建新的填充或调整图层”按钮，在弹出的菜单中选择“曲线”命令，在“图层”控制面板中生成“曲线 1”图层，同时弹出“曲线”面板，在曲线上单击鼠标添加控制点，将“输入”选项设为 207，“输出”选项设为 195，如图 15-57 所示，在曲线上单击鼠标添加控制点，将“输入”选项设为 70，“输出”选项设为 78，如图 15-58 所示。按 Enter 键，图像效果如图 15-59 所示。

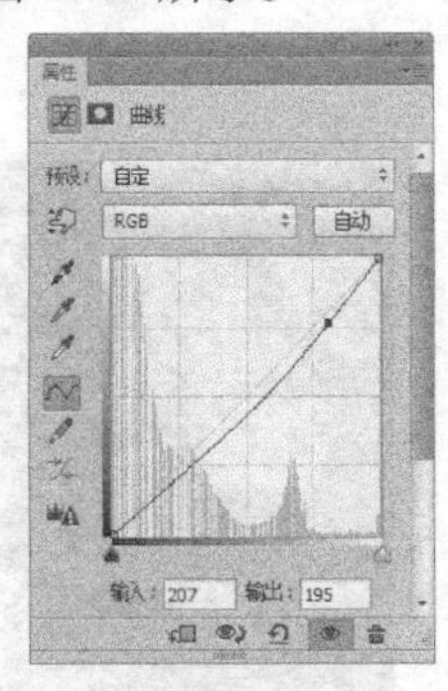

图 15-57

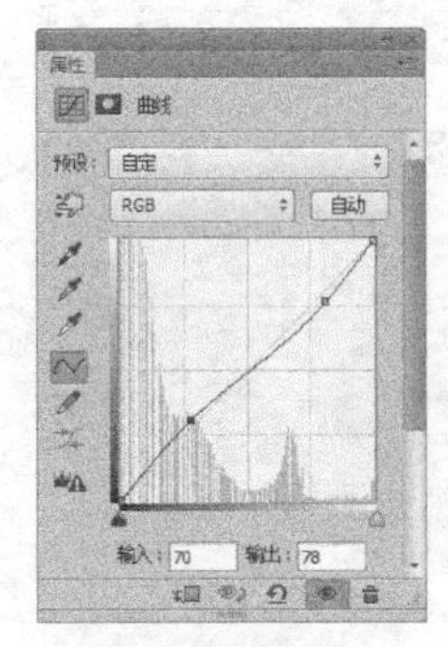

图 15-58

图 15-59

（22）单击“图层”控制面板下方的“创建新的填充或调整图层”按钮，在弹出的菜单中选择“色相/饱和度”命令，在“图层”控制面板中生成“色相/饱和度 2”图层，同时在弹出的“色相/饱和度”面板中进行设置，如图 15-60 所示，按 Enter 键，图像效果如图 15-61 所示。日景变夜景制作完成。

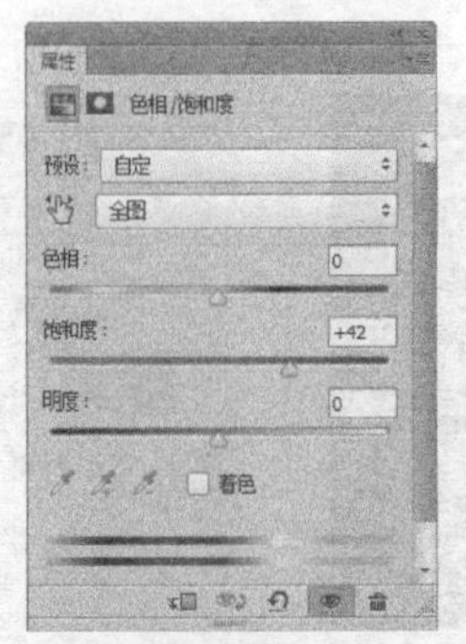

图 15-60

图 15-61

15.2 特效制作

15.2.1 水墨特效制作

图 15-62

（1）按 Ctrl + O 组合键，打开云盘中的“Ch15 > 素材 > 水墨特效制作 1”文件，如图 15-62 所示。

（2）将“背景”图层 3 次拖曳到“图层”控制面板下方的“创建新图层”按钮上进行复制，生成新的图层“背景 拷贝”“背景 拷贝 2”和“背景 拷贝 3”。如图 15-63 所示。

（3）单击“背景 拷贝 2”和“背景 拷贝 3”图层左侧的眼睛图标，将“背景 拷贝 2”和“背景 拷贝 3”图层隐藏。选择“背景 拷贝”图层。选择“滤镜 > 杂色 > 中间值”命令，在弹出的对话框中进行设置，如图 15-64 所示，单击“确定”按钮，效果如图 15-65 所示。

图 15-63

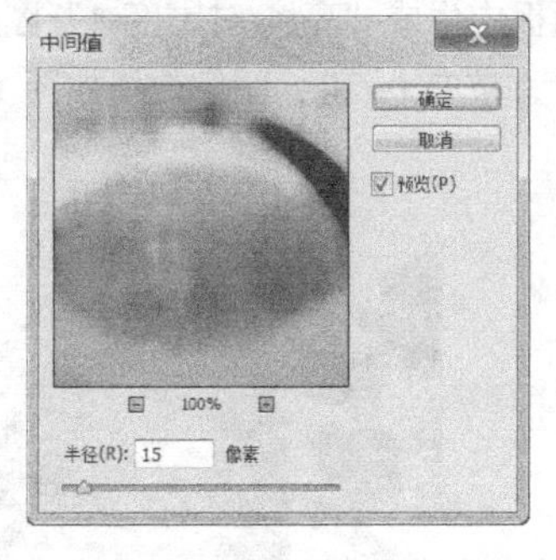

图 15-64

图 15-65

（4）选择“滤镜 > 模糊 > 高斯模糊”命令，在弹出的对话框中进行设置，如图 15-66 所示，单击“确定”按钮，效果如图 15-67 所示。

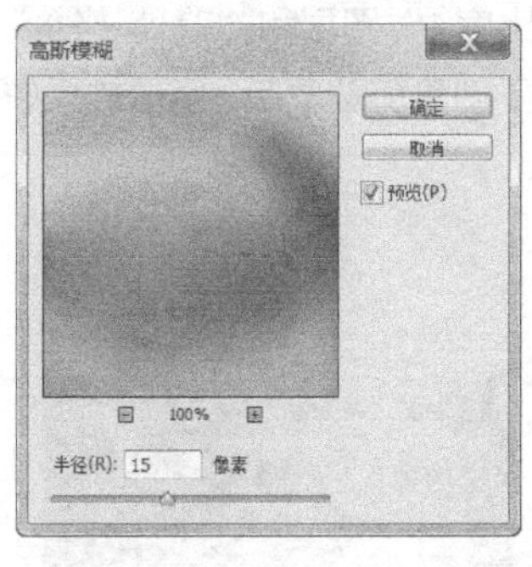

图 15-66

图 15-67

（5）选择“滤镜 > 调色效果 > 调色刀”命令，在弹出的对话框中进行设置，如图 15-68 所示，单击“确定”按钮，效果如图 15-69 所示。

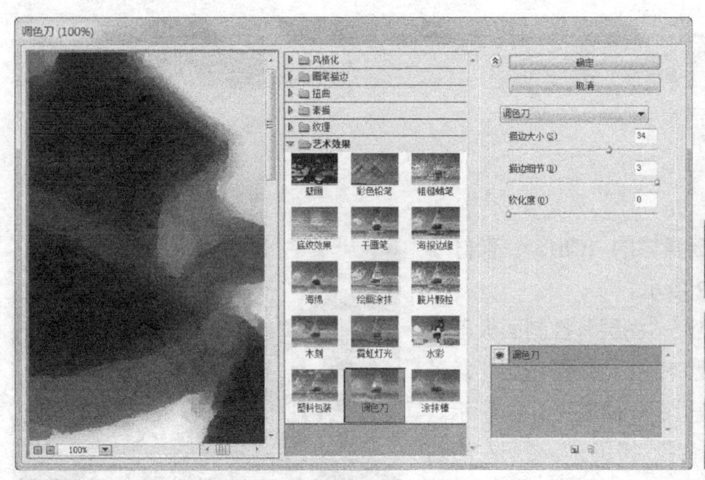

图 15-68

图 15-69

（6）单击“图层”控制面板下方的“创建新的填充或调整图层”按钮，在弹出的菜单中选择“亮度/对比度”命令，在“图层”控制面板中生成“亮度/对比度 1”图层，同时在弹出的“亮度/对比度”面板中进行设置，如图 15-70 所示，按 Enter 键，图像效果如图 15-71 所示。

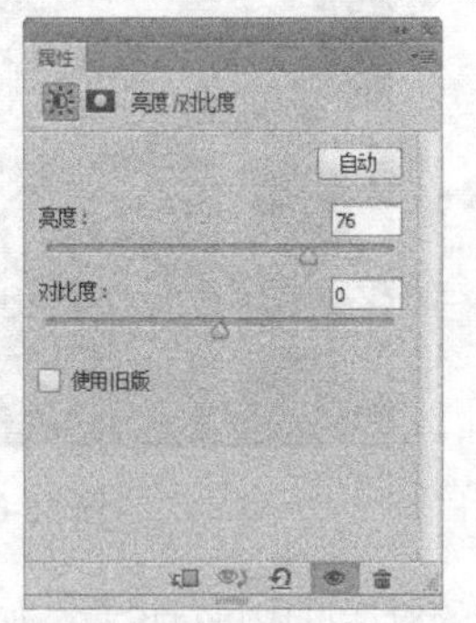

图 15-70

图 15-71

（7）按住 Alt 键的同时，将鼠标光标放在“亮度/对比度 1”图层和“背景 拷贝”图层的中间，鼠标光标变为图标，如图 15-72 所示，单击鼠标左键，创建剪贴蒙版，图像效果如图 15-73 所示。

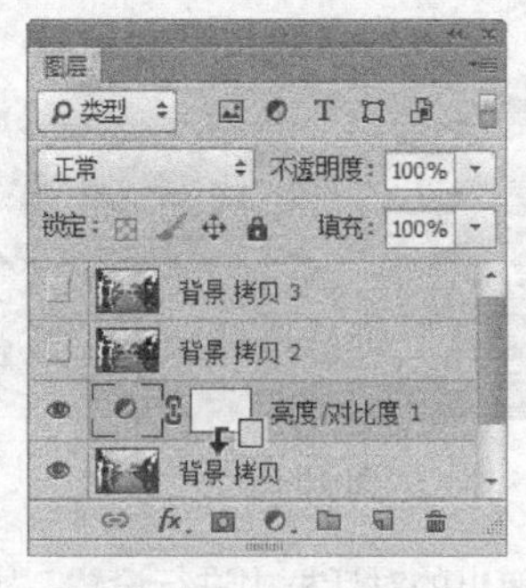

图 15-72

图 15-73

（8）选中并显示“背景 拷贝 2”图层。选择“滤镜 > 杂色 > 中间值”命令，在弹出的对话框中进行设置，如图 15-74 所示，单击“确定”按钮，效果如图 15-75 所示。

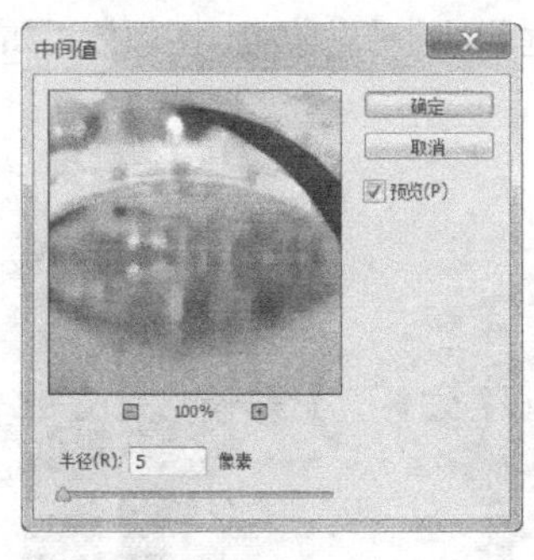

图 15-74

图 15-75

（9）选择“滤镜 > 艺术效果 > 水彩”命令，在弹出的对话框中进行设置，如图 15-76 所示，单击“确定”按钮，效果如图 15-77 所示。

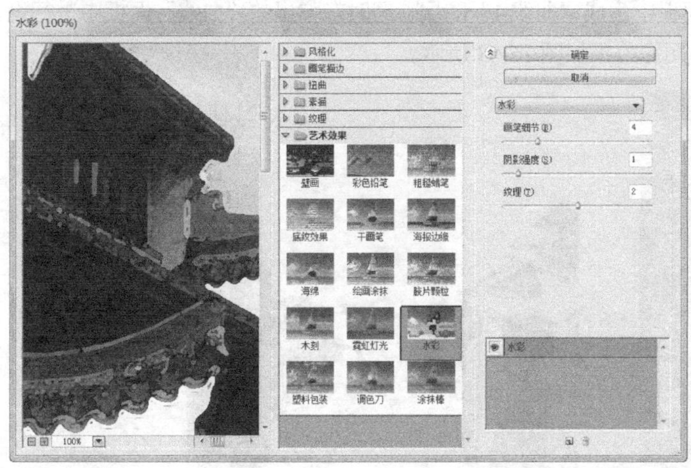

图 15-76

图 15-77

（10）单击“图层”控制面板下方的“创建新的填充或调整图层”按钮，在弹出的菜单中选择“亮度/对比度”命令，在“图层”控制面板中生成“亮度/对比度 2”图层，同时在弹出的“亮度/对比度”面板中进行设置，如图 15-78 所示，按 Enter 键，图像效果如图 15-79 所示。

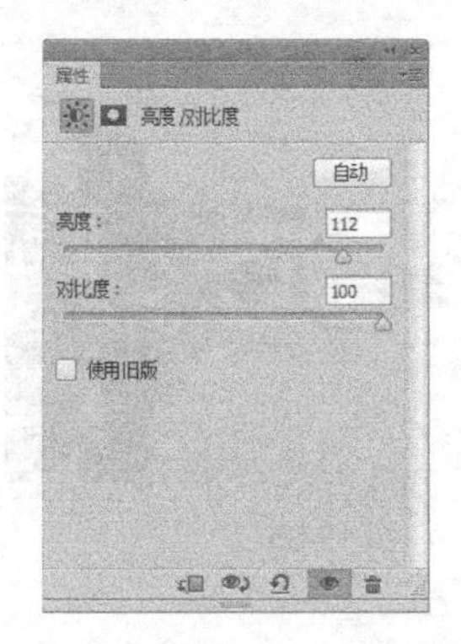

图 15-78

图 15-79

（11）按住 Alt 键的同时，将鼠标光标放在“亮度/对比度 2”图层和“背景 拷贝 2”图层的中间，鼠标光标变为↓□图标，如图 15-80 所示，单击鼠标左键，创建剪贴蒙版，图像效果如图 15-81 所示。

图 15-80

图 15-81

（12）单击“图层”控制面板下方的“创建新的填充或调整图层”按钮 ◐，在弹出的菜单中选择“曲线”命令，在“图层”控制面板中生成“曲线 1”图层，同时在弹出的“曲线”面板中进行设置，如图 15-82 所示，按 Enter 键，图像效果如图 15-83 所示。

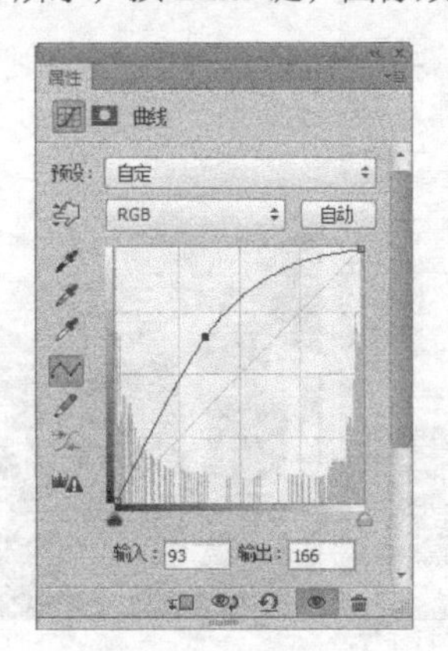

图 15-82

图 15-83

（13）按住 Alt 键的同时，将鼠标光标放在“曲线 1”图层和“亮度/对比度 2”图层的中间，鼠标光标变为↓□图标，如图 15-84 所示，单击鼠标左键，创建剪贴蒙版，图像效果如图 15-85 所示。

图 15-84

图 15-85

（14）在“图层”控制面板上方，将“背景 拷贝 2”图层的混合模式选项设为“正片叠底”，如图 15-86 所示，图像效果如图 15-87 所示。

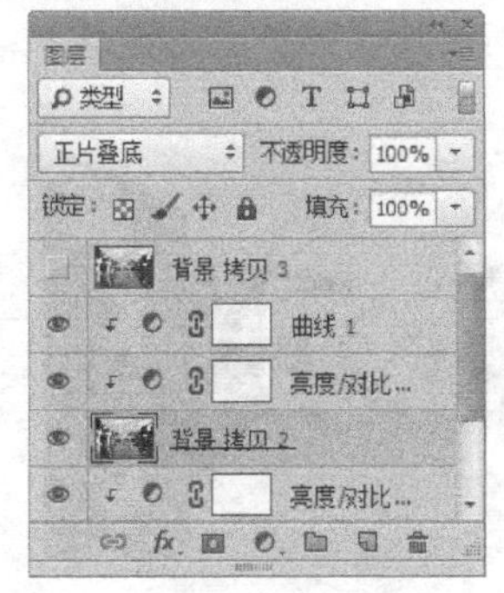

图 15-86　　图 15-87

（15）选中并显示“背景 拷贝 3”图层。选择“滤镜 > 杂色 > 中间值”命令，在弹出的对话框中进行设置，如图 15-88 所示，单击“确定”按钮，效果如图 15-89 所示。

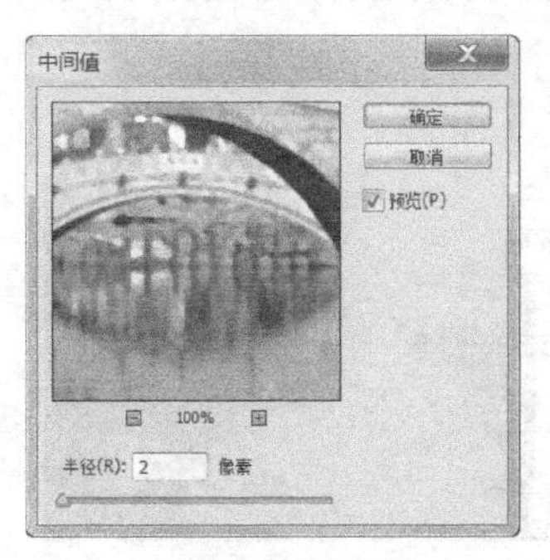

图 15-88　　图 15-89

（16）在“图层”控制面板上方，将“背景 拷贝 3”图层的混合模式选项设为“叠加”，如图 15-90 所示，图像效果如图 15-91 所示。

图 15-90　　图 15-91

（17）单击“图层”控制面板下方的“创建新的填充或调整图层”按钮，在弹出的菜单中选择“曲线”命令，在“图层”控制面板中生成“曲线 2”图层，同时在弹出的“曲线”面板中进行设置，如图 15-92 所示，按 Enter 键，图像效果如图 15-93 所示。

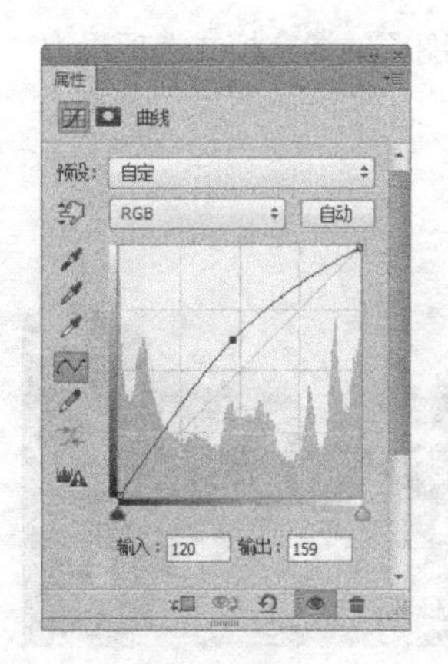

图 15-92

图 15-93

（18）按住 Alt 键的同时，将鼠标光标放在“曲线 2”图层和“背景 拷贝 3”图层的中间，鼠标光标变为↓□图标，如图 15-94 所示，单击鼠标左键，创建剪贴蒙版，图像效果如图 15-95 所示。

图 15-94

图 15-95

（19）按 Ctrl + O 组合键，打开云盘中的“Ch15 > 素材 > 水墨特效制作 2”文件，选择“移动”工具，将文字图片拖曳到图像窗口中适当的位置并调整大小，效果如图 15-96 所示，在“图层”控制面板中生成新图层并将其命名为“文字”。

（20）新建图层并将其命名为“颜色”。将前景色设为绿色（其 R、G、B 的值分别为 183、253、186）。按 Alt+Delete 组合键，用前景色填充“颜色”图层，效果如图 15-97 所示。

图 15-96

图 15-97

（21）在“图层”控制面板上方，将“颜色”图层的混合模式选项设为“颜色”，“不透明度”选项设为 52%，如图 15-98 所示，图像效果如图 15-99 所示。水墨特效完成。

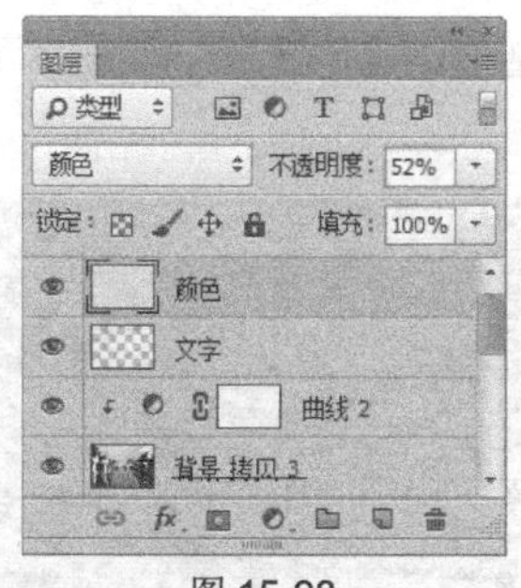

图 15-98

图 15-99

15.2.2　雨景特效制作

（1）按 Ctrl+O 组合键，打开云盘中的“Ch15 > 素材 > 雨景特效制作 1”文件，如图 15-100 所示。将“背景”图层拖曳到“图层”控制面板下方的“创建新图层”按钮上进行复制，生成新的图层“背景 拷贝”。

（2）选择“图像 > 调整 > 亮度/对比度”命令，在弹出的对话框中进行设置，如图 15-101 所示，单击“确定”按钮，效果如图 15-102 所示。

图 15-100

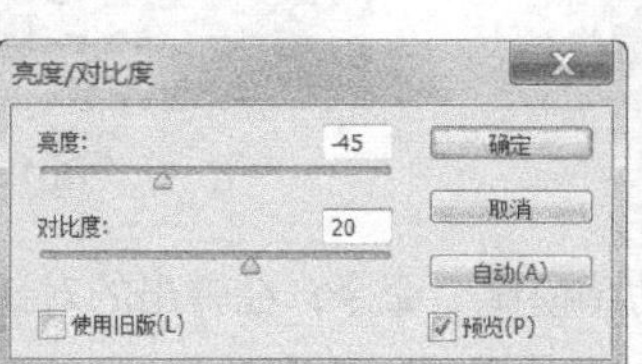

图 15-101

图 15-102

（3）将“背景 拷贝”图层拖曳到“图层”控制面板下方的“创建新图层”按钮上进行复制，生成新的图层“背景 拷贝 2”。

（4）选择“滤镜 > 像素化 > 点状化”命令，在弹出的对话框中进行设置，如图 15-103 所示，单击“确定”按钮，效果如图 15-104 所示。

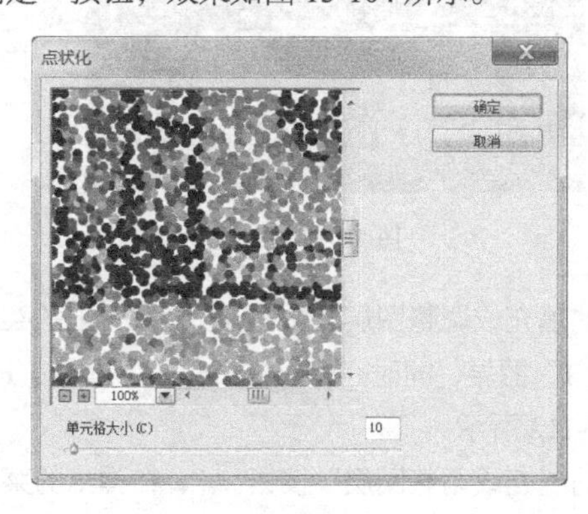

图 15-103

图 15-104

（5）选择“图像 > 调整 > 阈值”命令，在弹出的对话框中进行设置，如图 15-105 所示，单击“确定”按钮，效果如图 15-106 所示。

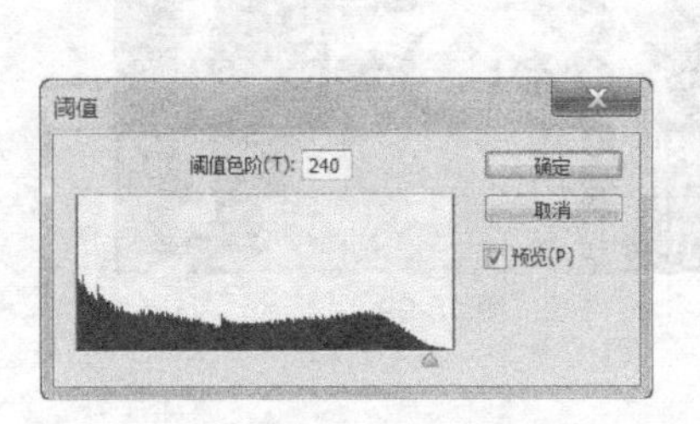

图 15-105

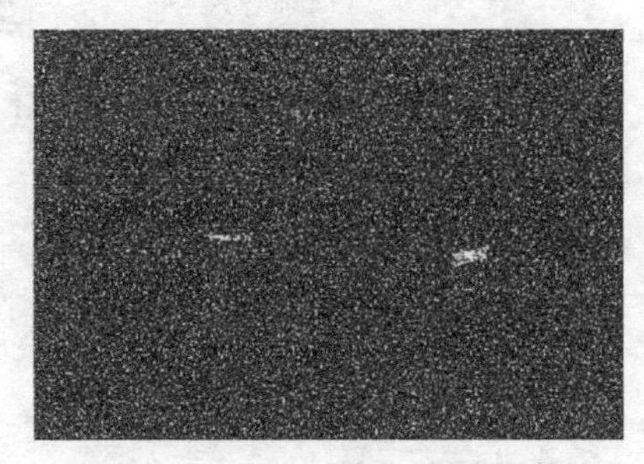

图 15-106

（6）在“图层”控制面板上方，将“背景 拷贝 2”图层的混合模式选项设为“滤色”，如图 15-107 所示，图像效果如图 15-108 所示。

图 15-107

图 15-108

（7）选择“滤镜 > 模糊 > 动感模糊”命令，在弹出的对话框中进行设置，如图 15-109 所示，单击“确定”按钮，效果如图 15-110 所示。

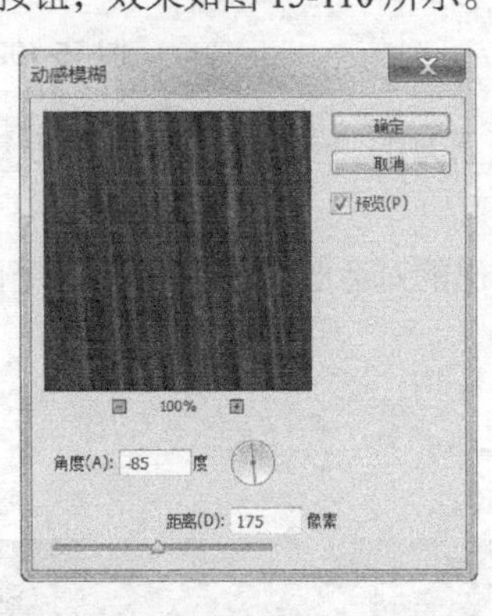

图 15-109

图 15-110

（8）单击“图层”控制面板下方的“创建新的填充或调整图层”按钮 ，在弹出的菜单中选择“色阶”命令，在“图层”控制面板中生成“色阶 1”图层，同时在弹出的“色阶”面板中进行设置，如图 15-111 所示，按 Enter 键，图像效果如图 15-112 所示。

（9）单击“图层”控制面板下方的“创建新的填充或调整图层”按钮 ，在弹出的菜单中选择“色相/饱和度”命令，在“图层”控制面板中生成“色相/饱和度 1”图层，同时在弹出的“色相/饱和度”面板中进行设置，如图 15-113 所示，按 Enter 键，图像效果如图 15-114 所示。

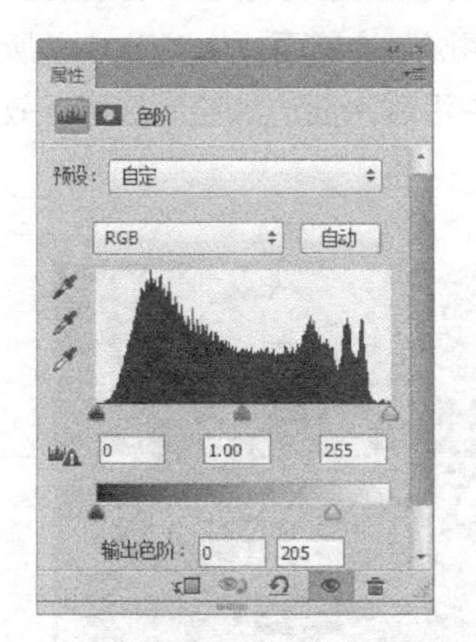

图 15-111　　　　图 15-112

图 15-113　　　　图 15-114

（10）单击“图层”控制面板下方的“创建新的填充或调整图层”按钮 ，在弹出的菜单中选择“曲线”命令，在“图层”控制面板中生成“曲线 1”图层，同时在弹出的“曲线”面板中进行设置，如图 15-115 所示，按 Enter 键，图像效果如图 15-116 所示。

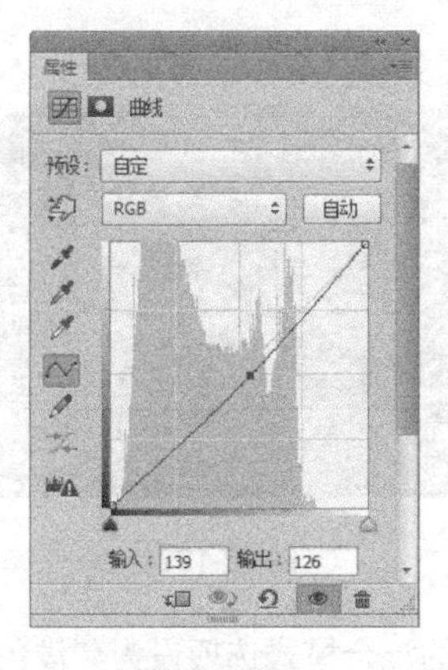

图 15-115　　　　图 15-116

（11）按 Shift+Ctrl+Alt+E 组合键，将所有可见图层中的图像复制并合并到新图层中，将其命名为“图层 1”。将除“图层 1”之外的所有图层隐藏，“图层”控制面板如图 15-117 所示。

（12）选择“多边形套索”工具，在图像窗口中沿着水面边缘绘制选区，效果如图 15-118 所示。

图 15-117

图 15-118

（13）按 Ctrl+J 组合键，将选区中的图像复制到新图层并将其命名为“图层 2”。选择“滤镜 > 像素化 > 点状化”命令，在弹出的对话框中进行设置，如图 15-119 所示，单击“确定”按钮，效果如图 15-120 所示。

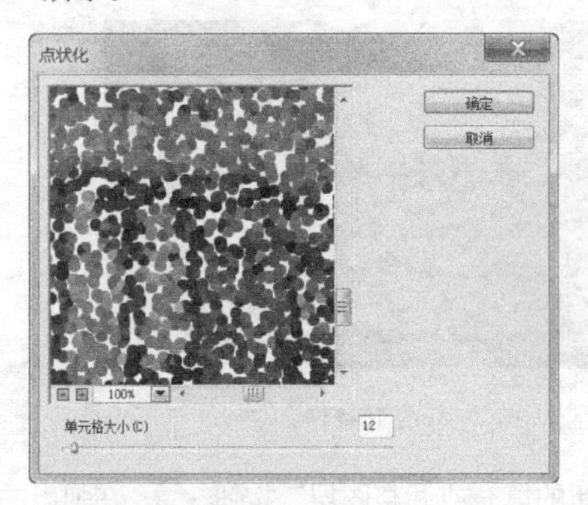

图 15-119

图 15-120

（14）选择“图像 > 调整 > 阈值”命令，在弹出的对话框中进行设置，如图 15-121 所示，单击“确定”按钮，效果如图 15-122 所示。

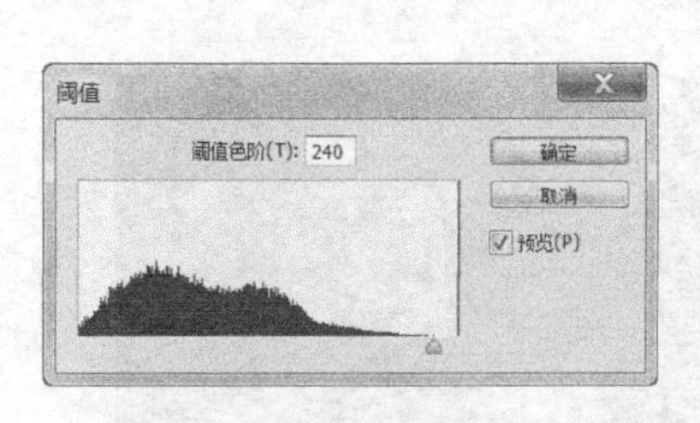

图 15-121

图 15-122

（15）在“图层”控制面板上方，将“图层 2”图层的混合模式选项设为“浅色”，如图 15-123 所示，图像效果如图 15-124 所示。

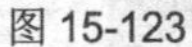
图 15-123

图 15-124

（16）选择“滤镜 > 模糊 > 动感模糊”命令，在弹出的对话框中进行设置，如图 15-125 所示，单击“确定”按钮，效果如图 15-126 所示。

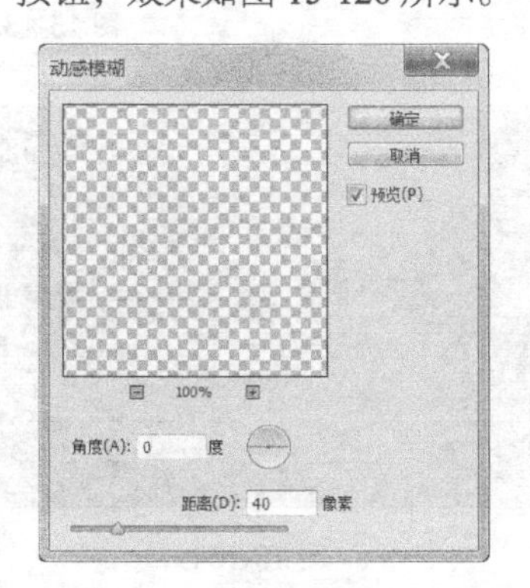

图 15-125

图 15-126

（17）选择“魔棒”工具，在属性栏中将“容差”选项设为 32，在图像窗口中的水面的白色区域单击，图像周围生成选区，如图 15-127 所示。选择“选择 > 修改 > 收缩”命令，在弹出的对话框中进行设置，如图 15-128 所示，单击“确定”按钮。按 Delete 键，删除选区中的图像。按 Ctrl+D 组合键，取消选区，效果如图 15-129 所示。

图 15-127

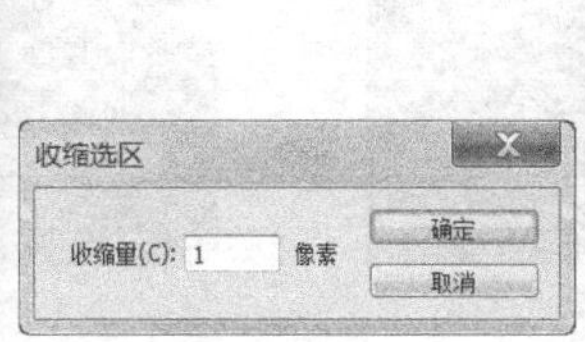

图 15-128

图 15-129

（18）在“图层”控制面板上方，将“图层 2”图层的“不透明度”选项设为 35%，如图 15-130 所示，图像效果如图 15-131 所示。

（19）新建图层并将其命名为“图层 3”。将前景色设为白色。选择“画笔”工具，在属性栏中单击“画笔”选项右侧的按钮，在弹出的画笔面板中选择需要的画笔形状，如图 15-132 所示。

在属性栏中将“不透明度”选项设为 40%。在图像窗口中拖曳鼠标绘制图像窗口中的水面区域，效果如图 15-133 所示。将画笔“大小”选项设为 40，在图像窗口中屋顶区域绘制图像，效果如图 15-134 所示。

图 15-130

图 15-131

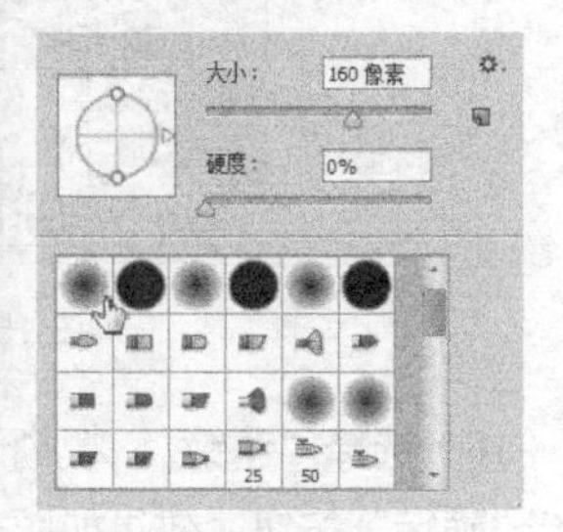

图 15-132

图 15-133

图 15-134

（20）按 Ctrl + O 组合键，打开云盘中的“Ch15 > 素材 > 雨景特效制作 2”文件，选择“移动”工具，将图片拖曳到图像窗口中适当的位置并调整大小，效果如图 15-135 所示，在“图层”控制面板中生成新图层并将其命名为“天空”。在“图层”控制面板上方，将“天空”图层的“不透明度”选项设为 75%，图像效果如图 15-136 所示。

图 15-135

图 15-136

（21）单击“图层”控制面板下方的“添加图层蒙版”按钮，为“天空”图层添加图层蒙版。将前景色设为黑色。选择“画笔”工具，在属性栏中单击“画笔”选项右侧的按钮，在弹出的面板中选择需要的画笔形状，如图 15-137 所示，在属性栏中将“不透明度”选项设为 100%，在图像窗口中拖曳鼠标擦除不需要的图像，效果如图 15-138 所示。雨景特效制作完成。

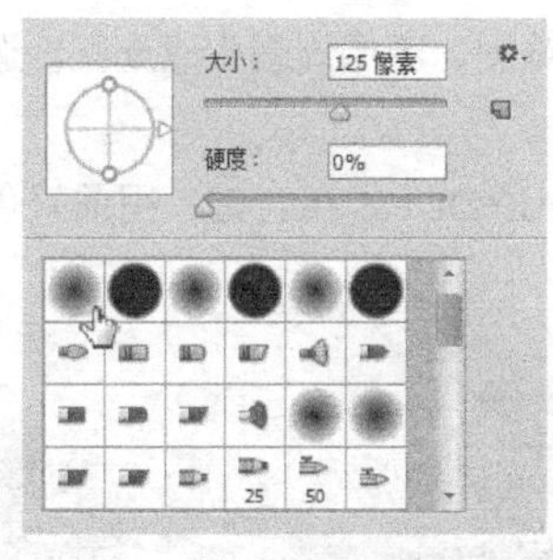

图 15-137

图 15-138

15.2.3　雪景特效制作

（1）按 Ctrl+O 组合键，打开云盘中的“Ch15 > 素材 > 雪景特效制作 1”文件，如图 15-139 所示。

（2）选中“绿”通道，将其拖曳到“通道”控制面板下方的“创建新通道”按钮 上进行复制，生成新的通道“绿 拷贝”，如图 15-140 所示。

图 15-139

图 15-140

（3）选择“滤镜 > 艺术效果 > 胶片颗粒”命令，在弹出的对话框中进行设置，如图 15-141 所示，单击“确定”按钮，效果如图 15-142 所示。

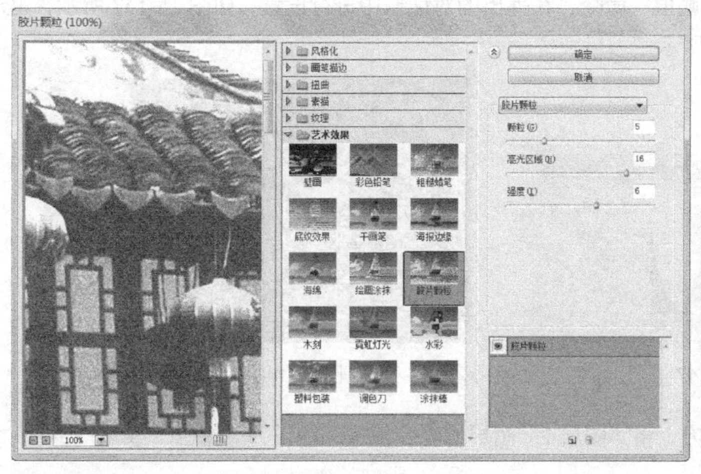

图 15-141

图 15-142

（4）按住 Ctrl 键的同时，单击“绿 拷贝”图层的缩览图，图像周围生成选区。选择“RGB”通道，图像如图 15-143 所示。

（5）新建“图层 1”图层。将前景色设为白色。按 Alt+Delete 组合键，用前景色填充选区，按 Ctrl+D 组合键，取消选区，效果如图 15-144 所示。

图 15-143

图 15-144

（6）新建“图层 2”图层。按 Alt+Delete 组合键，用前景色填充“图层 2”图层。

（7）选择“滤镜 > 像素化 > 点状化”命令，在弹出的对话框中进行设置，如图 15-145 所示，单击“确定”按钮，效果如图 15-146 所示。

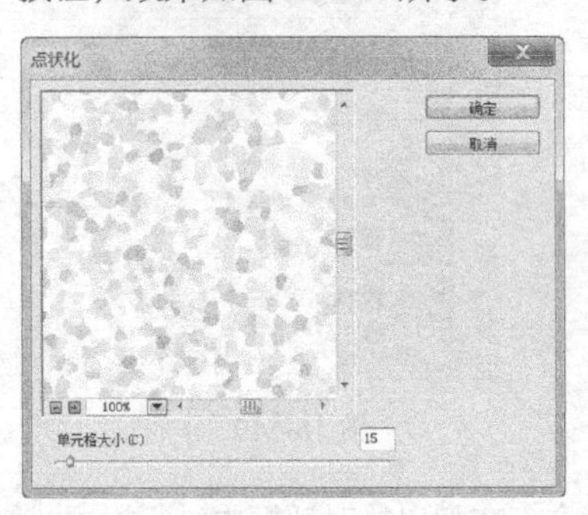

图 15-145

图 15-146

（8）选择“图像 > 调整 > 阈值”命令，在弹出的对话框中进行设置，如图 15-147 所示，单击“确定”按钮，效果如图 15-148 所示。

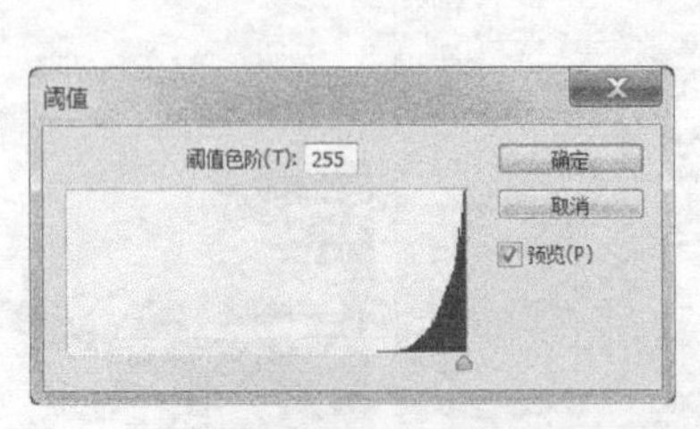

图 15-147

图 15-148

（9）在“图层”控制面板上方，将“图层 2”图层的混合模式选项设为“滤色”，如图 15-149 所示，图像效果如图 15-150 所示。

图 15-149

图 15-150

（10）选择“滤镜 > 模糊 > 动感模糊”命令，在弹出的对话框中进行设置，如图 15-151 所示，单击“确定”按钮，效果如图 15-152 所示。雪景特效制作完成。

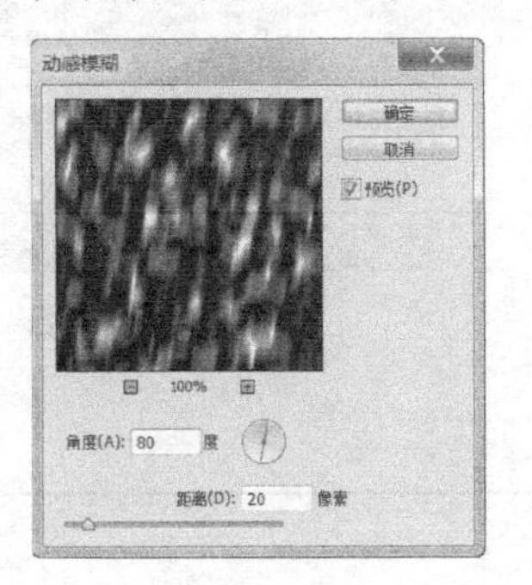

图 15-151

图 15-152

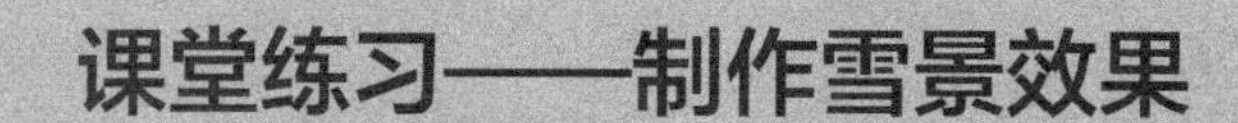

课堂练习——制作雪景效果

练习知识要点

使用滤镜、阈值命令和图层混合模式制作飞雪效果，使用调整图层调整图像色彩，效果如图 15-153 所示。

图 15-153

效果所在位置

云盘/Ch15/效果/课堂练习.psd。

课后习题——制作水墨效果

习题知识要点

使用滤镜、阈值命令和图层混合模式制作水墨效果，使用调整图层调整图像色彩，效果如图 15-154 所示。

图 15-154

效果所在位置

云盘/Ch15/效果/课后习题.psd。